排污单位

PAIWU DANWEI

自行监测技术指南汇编

ZIXING JIANCE JISHU ZHINAN HUIBIAN

生态环境部生态环境监测司
中国环境监测总站 编

中国环境出版集团 · 北京

图书在版编目（CIP）数据

排污单位自行监测技术指南汇编/生态环境部生态环境监测司，中国环境监测总站编. —北京：中国环境出版集团，2023.3
ISBN 978-7-5111-5482-8

Ⅰ. ①排…　Ⅱ. ①生…②中…　Ⅲ. ①排污－环境监测－指南　Ⅳ. ①X506-62

中国国家版本馆 CIP 数据核字（2023）第 052191 号

出 版 人　武德凯
责任编辑　曲　婷
封面设计　彭　杉

出版发行　中国环境出版集团
（100062　北京市东城区广渠门内大街 16 号）
网　　址：http：//www.cesp.com.cn
电子邮箱：bjgl@cesp.com.cn
联系电话：010-67112765（编辑管理部）
发行热线：010-67125803，010-67113405（传真）
印　　刷　天津（玖龙）印刷有限公司
经　　销　各地新华书店
版　　次　2023 年 4 月第 1 版
印　　次　2023 年 4 月第 1 次印刷
开　　本　787×1092　1/16
印　　张　30
字　　数　660 千字
定　　价　135.00 元

《排污单位自行监测技术指南汇编》

编写委员会

主　　编　蒋火华　陈善荣

副 主 编　刘舒生　毛玉如

编　　委　董明丽　敬　红　王军霞　何　劲

编写人员（以姓氏笔画为序）

王伟民　冯亚玲　刘通浩　李文君　李莉娜　杨伟伟　邱立莉

张冬冬　张静星　陈乾坤　陈敏敏　赵　畅　秦承华　夏　青

前　言

“十三五”以来，生态环境部不断探索固定污染源的管理模式，形成了以排污许可为核心的固定污染源监管制度体系。排污单位有责任和义务对污染物排放状况开展自行监测，如实在全国排污许可证管理信息平台上公开污染物自行监测数据。

为规范排污单位自行监测行为，生态环境部生态环境监测司组织中国环境监测总站等单位研究编制，并发布了一系列排污单位自行监测技术指南国家标准。根据《国民经济行业分类》和排污许可证核发技术规范分类，构建了“1+43+1”的排污单位自行监测技术指南体系，以《排污单位自行监测技术指南　总则》（HJ 819—2017）为统领，以43项重点行业和通用工序为主体，以《工业企业土壤和地下水自行监测技术指南（试行）》（HJ 1209—2021）为要素补充，共45项，和排污许可证核发与申领技术规范全面衔接。废弃资源加工、日用化学产品制造等少数无专门自行监测技术指南的行业，可按照总则开展监测。“1+43+1”的设计体系可覆盖大部分行业，能够更好地支撑排污许可制度的实施。

排污单位自行监测技术指南系列标准规定了排污单位在生产运行阶段，对其排放的水污染物、气污染物、噪声及其对周边环境质量的影响开展自行监测的具体要求，提高了生态环境管理部门和企业对自行监测工作的认识水平，规范了企业开展自行监测工作的行为，为生态环境管理部门做好自行监测帮扶指导提供了依据。为进一步做好固定污染源监测管理体系的培训和解读，生态环境监测司正在组织编写45项排污单位自行监测技术指南的配套教程，陆续出版。

固定污染源监管责任重大，关系着污染防治攻坚战的成效，在以企业为主体，持证排污、自证守法的框架下，生态环境管理部门也将做好对排污单位自行监测的规范化管理和帮扶指导工作，共同守卫蓝天、碧水、净土。

为方便社会各界更好使用排污单位自行监测技术指南标准体系，生态环境监测司和中国环境监测总站将45项指南的最终版本进行汇编，形成本书，相信能帮助相关人士了解和更好参与排污单位自行监测工作，共同为排污单位自行监测的发展做出有益贡献。

目 录

HJ

中华人民共和国国家环境保护标准

HJ 819—2017

排污单位自行监测技术指南　总则

Self-monitoring technology guidelines for pollution sources

—General rule

2017-04-25发布　　2017-06-01实施

环　境　保　护　部　发布

前　言

为落实《中华人民共和国环境保护法》《中华人民共和国大气污染防治法》《中华人民共和国水污染防治法》，指导和规范排污单位自行监测工作，制定本标准。

本标准提出了排污单位自行监测的一般要求、监测方案制定、监测质量保证和质量控制、信息记录和报告的基本内容和要求。

本标准为首次发布。

本标准由环境保护部环境监测司、科技标准司提出并组织制订。

本标准主要起草单位：中国环境监测总站。

本标准环境保护部 2017 年 4 月 25 日批准。

本标准自 2017 年 6 月 1 日起实施。

本标准由环境保护部解释。

排污单位自行监测技术指南　总则

1　适用范围

本标准提出了排污单位自行监测的一般要求、监测方案制定、监测质量保证和质量控制、信息记录和报告的基本内容和要求。

排污单位可参照本标准在生产运行阶段对其排放的水、气污染物，噪声以及对其周边环境质量影响开展监测。

本标准适用于无行业自行监测技术指南的排污单位；行业自行监测技术指南中未规定的内容按本标准执行。

2　规范性引用文件

本标准引用了下列文件或其中的条款。凡是未注明日期的引用文件，其最新版本适用于本标准。

GB 12348　工业企业厂界环境噪声排放标准

GB/T 16157　固定污染源排气中颗粒物测定与气态污染物采样方法

HJ 2.1　环境影响评价技术导则　总纲

HJ 2.2　环境影响评价技术导则　大气环境

HJ/T 2.3　环境影响评价技术导则　地表水环境

HJ 2.4　环境影响评价技术导则　声环境

HJ/T 55　大气污染物无组织排放监测技术导则

HJ/T 75　固定污染源烟气排放连续监测技术规范（试行）

HJ/T 76　固定污染源烟气排放连续监测系统技术要求及检测方法（试行）

HJ/T 91　地表水和污水监测技术规范

HJ/T 92　水污染物排放总量监测技术规范

HJ/T 164　地下水环境监测技术规范

HJ/T 166　土壤环境监测技术规范

HJ/T 194　环境空气质量手工监测技术规范

HJ/T 353　水污染源在线监测系统安装技术规范（试行）

HJ/T 354　水污染源在线监测系统验收技术规范（试行）

HJ/T 355　水污染源在线监测系统运行与考核技术规范（试行）

HJ/T 356　水污染源在线监测系统数据有效性判别技术规范（试行）

HJ/T 397　固定源废气监测技术规范

HJ 442　近岸海域环境监测规范

HJ 493　水质　样品的保存和管理技术规定

HJ 494　水质　采样技术指导

HJ 495　水质　采样方案设计技术规定

HJ 610　环境影响评价技术导则　地下水环境

HJ 733　泄漏和敞开液面排放的挥发性有机物检测技术导则

《企业事业单位环境信息公开办法》（环境保护部令　第 31 号）

《国家重点监控企业自行监测及信息公开办法（试行）》（环发〔2013〕81 号）

3　术语和定义

下列术语和定义适用于本标准。

3.1

自行监测　self-monitoring

指排污单位为掌握本单位的污染物排放状况及其对周边环境质量的影响等情况，按照相关法律法规和技术规范，组织开展的环境监测活动。

3.2

重点排污单位　key pollutant discharging entity

指由设区的市级及以上地方人民政府环境保护主管部门商有关部门确定的本行政区域内的重点排污单位。

3.3

外排口监测点位　emission site

指用于监测排污单位通过排放口向环境排放废气、废水（包括向公共污水处理系统排放废水）污染物状况的监测点位。

3.4

内部监测点位　internal monitoring site

指用于监测污染治理设施进口、污水处理厂进水等污染物状况的监测点位，或监测工艺过程中影响特定污染物产生排放的特征工艺参数的监测点位。

4 自行监测的一般要求

4.1 制定监测方案

排污单位应查清所有污染源，确定主要污染源及主要监测指标，制定监测方案。监测方案内容包括：单位基本情况、监测点位及示意图、监测指标、执行标准及其限值、监测频次、采样和样品保存方法、监测分析方法和仪器、质量保证与质量控制等。

新建排污单位应当在投入生产或使用并产生实际排污行为之前完成自行监测方案的编制及相关准备工作。

4.2 设置和维护监测设施

排污单位应按照规定设置满足开展监测所需要的监测设施。废水排放口，废气（采样）监测平台、监测断面和监测孔的设置应符合监测规范要求。监测平台应便于开展监测活动，应能保证监测人员的安全。

废水排放量大于 100 t/d 的，应安装自动测流设施并开展流量自动监测。

4.3 开展自行监测

排污单位应按照最新的监测方案开展监测活动，可根据自身条件和能力，利用自有人员、场所和设备自行监测；也可委托其他有资质的检（监）测机构代其开展自行监测。

持有排污许可证的企业自行监测年度报告内容可以在排污许可证年度执行报告中体现。

4.4 做好监测质量保证与质量控制

排污单位应建立自行监测质量管理制度，按照相关技术规范要求做好监测质量保证与质量控制。

4.5 记录和保存监测数据

排污单位应做好与监测相关的数据记录，按照规定进行保存，并依据相关法规向社会公开监测结果。

5 监测方案制定

5.1 监测内容

5.1.1 污染物排放监测

包括废气污染物（以有组织或无组织形式排入环境）、废水污染物（直接排入环境或排入公共污水处理系统）及噪声污染等。

5.1.2 周边环境质量影响监测

污染物排放标准、环境影响评价文件及其批复或其他环境管理有明确要求的，排污单位应按照要求对其周边相应的空气、地表水、地下水、土壤等环境质量开展监测；其他排污单位根据实际情况确定是否开展周边环境质量影响监测。

5.1.3 关键工艺参数监测

在某些情况下，可以通过对与污染物产生和排放密切相关的关键工艺参数进行测试以补充污染物排放监测。

5.1.4 污染治理设施处理效果监测

若污染物排放标准等环境管理文件对污染治理设施有特别要求的，或排污单位认为有必要的，应对污染治理设施处理效果进行监测。

5.2 废气排放监测

5.2.1 有组织排放监测

5.2.1.1 确定主要污染源和主要排放口

符合以下条件的废气污染源为主要污染源：

a）单台出力 14 MW 或 20 t/h 及以上的各种燃料的锅炉和燃气轮机组；

b）重点行业的工业炉窑（水泥窑、炼焦炉、熔炼炉、焚烧炉、熔化炉、铁矿烧结炉、加热炉、热处理炉、石灰窑等）；

c）化工类生产工序的反应设备（化学反应器/塔、蒸馏/蒸发/萃取设备等）；

d）其他与上述所列相当的污染源。

符合以下条件的废气排放口为主要排放口：

a）主要污染源的废气排放口；

b）“排污许可证申请与核发技术规范”确定的主要排放口；

c）对于多个污染源共用一个排放口的，凡涉及主要污染源的排放口均为主要排放口。

5.2.1.2 监测点位

a）外排口监测点位：点位设置应满足 GB/T 16157、HJ 75 等技术规范的要求。净烟气与原烟气混合排放的，应在排气筒，或烟气汇合后的混合烟道上设置监测点位；净烟气直接排放的，应在净烟气烟道上设置监测点位，有旁路的旁路烟道也应设置监测点位。

b）内部监测点位设置：当污染物排放标准中有污染物处理效果要求时，应在进入相应污染物处理设施单元的进出口设置监测点位。当环境管理文件有要求，或排污单位认为有必要的，可设置开展相应监测内容的内部监测点位。

5.2.1.3 监测指标

各外排口监测点位的监测指标应至少包括所执行的国家或地方污染物排放（控制）标准、环境影响评价文件及其批复、排污许可证等相关管理规定明确要求的污染物指标。排污单位还应根据生产过程的原辅用料、生产工艺、中间及最终产品，确定是否排放纳入相关有毒有害或优先控制污染物名录中的污染物指标，或其他有毒污染物指标，这些指标也应纳入监测指标。

对于主要排放口监测点位的监测指标，符合以下条件的为主要监测指标：

a）二氧化硫、氮氧化物、颗粒物（或烟尘/粉尘）、挥发性有机物中排放量较大的污染物指标；

b）能在环境或动植物体内积蓄对人类产生长远不良影响的有毒污染物指标（存在有毒有害或优先控制污染物相关名录的，以名录中的污染物指标为准）；

c）排污单位所在区域环境质量超标的污染物指标。

内部监测点位的监测指标根据点位设置的主要目的确定。

5.2.1.4 监测频次

a）确定监测频次的基本原则

排污单位应在满足本标准要求的基础上，遵循以下原则确定各监测点位不同监测指标的监测频次：

1）不应低于国家或地方发布的标准、规范性文件、规划、环境影响评价文件及其批复等明确规定的监测频次；

2）主要排放口的监测频次高于非主要排放口；

3）主要监测指标的监测频次高于其他监测指标；

4）排向敏感地区的应适当增加监测频次；

5）排放状况波动大的，应适当增加监测频次；

6）历史稳定达标状况较差的需增加监测频次，达标状况良好的可以适当降低监测频次；

7）监测成本应与排污企业自身能力相一致，尽量避免重复监测。

b）原则上，外排口监测点位最低监测频次按照表 1 执行。废气烟气参数和污染物浓度应同步监测。

表 1 废气监测指标的最低监测频次

排污单位级别	主要排放口		其他排放口的监测指标
	主要监测指标	其他监测指标	
重点排污单位	月—季度	半年—年	半年—年
非重点排污单位	半年—年	年	年

注：为最低监测频次的范围，分行业排污单位自行监测技术指南中依据此原则确定各监测指标的最低监测频次。

c）内部监测点位的监测频次根据该监测点位设置目的、结果评价的需要、补充监测结果的需要等进行确定。

5.2.1.5 监测技术

监测技术包括手工监测、自动监测两种，排污单位可根据监测成本、监测指标以及监测频次等内容，合理选择适当的监测技术。

对于相关管理规定要求采用自动监测的指标，应采用自动监测技术；对于监测频次高、自动监测技术成熟的监测指标，应优先选用自动监测技术；其他监测指标，可选用手工监测技术。

5.2.1.6 采样方法

废气手工采样方法的选择参照相关污染物排放标准及 GB/T 16157、HJ/T 397 等执行。废气自动监测参照 HJ/T 75、HJ/T 76 执行。

5.2.1.7 监测分析方法

监测分析方法的选用应充分考虑相关排放标准的规定、排污单位的排放特点、污染物排放浓度的高低、所采用监测分析方法的检出限和干扰等因素。

监测分析方法应优先选用所执行的排放标准中规定的方法。选用其他国家、行业标准方法的，方法的主要特性参数（包括检出下限、精密度、准确度、干扰消除等）需符合标准要求。尚无国家和行业标准分析方法的，或采用国家和行业标准方法不能得到合格测定数据的，可选用其他方法，但必须做方法验证和对比实验，证明该方法主要特性参数的可靠性。

5.2.2 无组织排放监测

5.2.2.1 监测点位

存在废气无组织排放源的，应设置无组织排放监测点位，具体要求按相关污染物排放标准及 HJ/T 55、HJ 733 等执行。

5.2.2.2　监测指标

按本标准 5.2.1.3 执行。

5.2.2.3　监测频次

钢铁、水泥、焦化、石油加工、有色金属冶炼、采矿业等无组织废气排放较重的污染源，无组织废气每季度至少开展一次监测；其他涉及无组织废气排放的污染源每年至少开展一次监测。

5.2.2.4　监测技术

按本标准 5.2.1.5 执行。

5.2.2.5　采样方法

参照相关污染物排放标准及 HJ/T 55、HJ 733 执行。

5.2.2.6　监测分析方法

按本标准 5.2.1.7 执行。

5.3　废水排放监测

5.3.1　监测点位

5.3.1.1　外排口监测点位

在污染物排放标准规定的监控位置设置监测点位。

5.3.1.2　内部监测点位

按本标准 5.2.1.2　b）执行。

5.3.2　监测指标

符合以下条件的为各废水外排口监测点位的主要监测指标：

a）化学需氧量、五日生化需氧量、氨氮、总磷、总氮、悬浮物、石油类中排放量较大的污染物指标；

b）污染物排放标准中规定的监控位置为车间或生产设施废水排放口的污染物指标，以及有毒有害或优先控制污染物相关名录中的污染物指标；

c）排污单位所在流域环境质量超标的污染物指标。

其他要求按本标准 5.2.1.3 执行。

5.3.3　监测频次

5.3.3.1　监测频次确定的基本原则

按本标准 5.2.1.4　a）执行。

5.3.3.2　原则上，外排口监测点位最低监测频次按照表 2 执行。各排放口废水流量和污染物浓度同步监测。

表 2　废水监测指标的最低监测频次

排污单位级别	主要监测指标	其他监测指标
重点排污单位	日—月	季度—半年
非重点排污单位	季度	年
注：为最低监测频次的范围，在行业排污单位自行监测技术指南中依据此原则确定各监测指标的最低监测频次。		

5.3.3.3　内部监测点位监测频次

按本标准 5.2.1.4　c）执行。

5.3.4　监测技术

按本标准 5.2.1.5 执行。

5.3.5　采样方法

废水手工采样方法的选择参照相关污染物排放标准及 HJ/T 91、HJ/T 92、HJ 493、HJ 494、HJ 495 等执行，根据监测指标的特点确定采样方法为混合采样方法或瞬时采样的方法，单次监测采样频次按相关污染物排放标准和 HJ/T 91 执行。污水自动监测采样方法参照 HJ/T 353、HJ/T 354、HJ/T 355、HJ/T 356 执行。

5.3.6　监测分析方法

按本标准 5.2.1.7 执行。

5.4　厂界环境噪声监测

5.4.1　监测点位

5.4.1.1　厂界环境噪声的监测点位置具体要求按 GB 12348 执行。

5.4.1.2　噪声布点应遵循以下原则：

a）根据厂内主要噪声源距厂界位置布点；

b）根据厂界周围敏感目标布点；

c）“厂中厂”是否需要监测根据内部和外围排污单位协商确定；

d）面临海洋、大江、大河的厂界原则上不布点；

e）厂界紧邻交通干线不布点；

f）厂界紧邻另一排污单位的，在临近另一排污单位侧是否布点由排污单位协商确定。

5.4.2 监测频次

厂界环境噪声每季度至少开展一次监测，夜间生产的要监测夜间噪声。

5.5 周边环境质量影响监测

5.5.1 监测点位

排污单位厂界周边的土壤、地表水、地下水、大气等环境质量影响监测点位参照排污单位环境影响评价文件及其批复及其他环境管理要求设置。

如环境影响评价文件及其批复及其他文件中均未作出要求，排污单位需要开展周边环境质量影响监测的，环境质量影响监测点位设置的原则和方法参照 HJ 2.1、HJ 2.2、HJ/T 2.3、HJ 2.4、HJ 610 等规定。各类环境影响监测点位设置按照 HJ/T 91、HJ/T 164、HJ 442、HJ/T 194、HJ/T 166 等执行。

5.5.2 监测指标

周边环境质量影响监测点位监测指标参照排污单位环境影响评价文件及其批复等管理文件的要求执行，或根据排放的污染物对环境的影响确定。

5.5.3 监测频次

若环境影响评价文件及其批复等管理文件有明确要求的，排污单位周边环境质量监测频次按照要求执行。

否则，涉水重点排污单位地表水每年丰、平、枯水期至少各监测一次，涉气重点排污单位空气质量每半年至少监测一次，涉重金属、难降解类有机污染物等重点排污单位土壤、地下水每年至少监测一次。发生突发环境事故对周边环境质量造成明显影响的，或周边环境质量相关污染物超标的，应适当增加监测频次。

5.5.4 监测技术

按本标准 5.2.1.5 执行。

5.5.5 采样方法

周边水环境质量监测点采样方法参照 HJ/T 91、HJ/T 164、HJ 442 等执行。

周边大气环境质量监测点采样方法参照 HJ/T 194 等执行。

周边土壤环境质量监测点采样方法参照 HJ/T 166 等执行。

5.5.6 监测分析方法

按本标准 5.2.1.7 执行。

5.6 监测方案的描述

5.6.1 监测点位的描述

所有监测点位均应在监测方案中通过语言描述、图形示意等形式明确体现。描述内容包括监测点位的平面位置及污染物的排放去向等。废水监测点需明确其所在废水排放口、对应的废水处理工艺，废气排放监测点位需明确其在排放烟道的位置分布、对应的污染源及处理设施。

5.6.2 监测指标的描述

所有监测指标采用表格、语言描述等形式明确体现。监测指标应与监测点位相对应，监测指标内容包括每个监测点位应监测的指标名称、排放限值、排放限值的来源（如标准名称、编号）等。

国家或地方污染物排放（控制）标准、环境影响评价文件及其批复、排污许可证中的污染物，如排污单位确认未排放，监测方案中应明确注明。

5.6.3 监测频次的描述

监测频次应与监测点位、监测指标相对应，每个监测点位的每项监测指标的监测频次都应详细注明。

5.6.4 采样方法的描述

对每项监测指标都应注明其选用的采样方法。废水采集混合样品的，应注明混合样采样个数。废气非连续采样的，应注明每次采集的样品个数。废气颗粒物采样，应注明每个监测点位设置的采样孔和采样点个数。

5.6.5 监测分析方法的描述

对每项监测指标都应注明其选用的监测分析方法名称、来源依据、检出限等内容。

5.7 监测方案的变更

当有以下情况发生时，应变更监测方案：

a）执行的排放标准发生变化；

b）排放口位置、监测点位、监测指标、监测频次、监测技术任一项内容发生变化；

c）污染源、生产工艺或处理设施发生变化。

6 监测质量保证与质量控制

排污单位应建立并实施质量保证与控制措施方案，以自证自行监测数据的质量。

6.1 建立质量体系

排污单位应根据本单位自行监测的工作需求，设置监测机构，梳理监测方案制定、样品采集、样品分析、监测结果报出、样品留存、相关记录的保存等监测的各个环节中，为保证监测工作质量应制定的工作流程、管理措施与监督措施，建立自行监测质量体系。

质量体系应包括对以下内容的具体描述：监测机构，人员，出具监测数据所需仪器设备，监测辅助设施和实验室环境，监测方法技术能力验证，监测活动质量控制与质量保证等。

委托其他有资质的检（监）测机构代其开展自行监测的，排污单位不用建立监测质量体系，但应对检（监）测机构的资质进行确认。

6.2 监测机构

监测机构应具有与监测任务相适应的技术人员、仪器设备和实验室环境，明确监测人员和管理人员的职责、权限和相互关系，有适当的措施和程序保证监测结果准确可靠。

6.3 监测人员

应配备数量充足、技术水平满足工作要求的技术人员，规范监测人员录用、培训教育和能力确认/考核等活动，建立人员档案，并对监测人员实施监督和管理，规避人员因素对监测数据正确性和可靠性的影响。

6.4 监测设施和环境

根据仪器使用说明书、监测方法和规范等的要求，配备必要的如除湿机、空调、干湿度温度计等辅助设施，以使监测工作场所条件得到有效控制。

6.5 监测仪器设备和实验试剂

应配备数量充足、技术指标符合相关监测方法要求的各类监测仪器设备、标准物质和实验试剂。

监测仪器性能应符合相应方法标准或技术规范要求，根据仪器性能实施自校准或者检定/校准、运行和维护、定期检查。

标准物质、试剂、耗材的购买和使用情况应建立台账予以记录。

6.6 监测方法技术能力验证

应组织监测人员按照其所承担监测指标的方法步骤开展实验活动，测试方法的检出浓度、校准（工作）曲线的相关性、精密度和准确度等指标，实验结果满足方法相应的规定以后，方可确认该人员实际操作技能满足工作需求，能够承担测试工作。

6.7 监测质量控制

编制监测工作质量控制计划，选择与监测活动类型和工作量相适应的质控方法，包括使用标准物质、采用空白试验、平行样测定、加标回收率测定等，定期进行质控数据分析。

6.8 监测质量保证

按照监测方法和技术规范的要求开展监测活动，若存在相关标准规定不明确但又影响监测数据质量的活动，可编写《作业指导书》予以明确。

编制工作流程等相关技术规定，规定任务下达和实施，分析用仪器设备购买、验收、维护和维修，监测结果的审核签发、监测结果录入发布等工作的责任人和完成时限，确保监测各环节无缝衔接。

设计记录表格，对监测过程的关键信息予以记录并存档。

定期对自行监测工作开展的时效性、自行监测数据的代表性和准确性、管理部门检查结论和公众对自行监测数据的反馈等情况进行评估，识别自行监测存在的问题，及时采取纠正措施。管理部门执法监测与排污单位自行监测数据不一致的，以管理部门执法监测结果为准，作为判断污染物排放是否达标、自动监测设施是否正常运行的依据。

7 信息记录和报告

7.1 信息记录

7.1.1 手工监测的记录

7.1.1.1 采样记录：采样日期、采样时间、采样点位、混合取样的样品数量、采样器名称、采样人姓名等。

7.1.1.2 样品保存和交接：样品保存方式、样品传输交接记录。

7.1.1.3 样品分析记录：分析日期、样品处理方式、分析方法、质控措施、分析结果、分析人姓名等。

7.1.1.4　质控记录：质控结果报告单。

7.1.2　自动监测运维记录

包括自动监测系统运行状况、系统辅助设备运行状况、系统校准、校验工作等；仪器说明书及相关标准规范中规定的其他检查项目；校准、维护保养、维修记录等。

7.1.3　生产和污染治理设施运行状况

记录监测期间企业及各主要生产设施（至少涵盖废气主要污染源相关生产设施）运行状况（包括停机、启动情况）、产品产量、主要原辅料使用量、取水量、主要燃料消耗量、燃料主要成分、污染治理设施主要运行状态参数、污染治理主要药剂消耗情况等。日常生产中上述信息也需整理成台账保存备查。

7.1.4　固体废物（危险废物）产生与处理状况

记录监测期间各类固体废物和危险废物的产生量、综合利用量、处置量、贮存量、倾倒丢弃量，危险废物还应详细记录其具体去向。

7.2　信息报告

排污单位应编写自行监测年度报告，年度报告至少应包含以下内容：

a）监测方案的调整变化情况及变更原因；

b）企业及各主要生产设施（至少涵盖废气主要污染源相关生产设施）全年运行天数，各监测点、各监测指标全年监测次数、超标情况、浓度分布情况；

c）按要求开展的周边环境质量影响状况监测结果；

d）自行监测开展的其他情况说明；

e）排污单位实现达标排放所采取的主要措施。

7.3　应急报告

监测结果出现超标的，排污单位应加密监测，并检查超标原因。短期内无法实现稳定达标排放的，应向环境保护主管部门提交事故分析报告，说明事故发生的原因，采取减轻或防止污染的措施，以及今后的预防及改进措施等；若因发生事故或者其他突发事件，排放的污水可能危及城镇排水与污水处理设施安全运行的，应当立即采取措施消除危害，并及时向城镇排水主管部门和环境保护主管部门等有关部门报告。

7.4 信息公开

排污单位自行监测信息公开内容及方式按照《企业事业单位环境信息公开办法》及《国家重点监控企业自行监测及信息公开办法（试行）》执行。非重点排污单位的信息公开要求由地方环境保护主管部门确定。

8 监测管理

排污单位对其自行监测结果及信息公开内容的真实性、准确性、完整性负责。

排污单位应积极配合并接受环境保护主管部门的日常监督管理。

HJ

中华人民共和国国家环境保护标准

HJ 820—2017

排污单位自行监测技术指南
火力发电及锅炉

Self-monitoring guidelines for pollution sources

—Thermal power generation and boiler

2017-04-25发布　　2017-06-01实施

环　境　保　护　部　发布

前　言

为落实《中华人民共和国环境保护法》《中华人民共和国大气污染防治法》《中华人民共和国水污染防治法》，指导和规范火力发电厂及锅炉自行监测工作，制定本标准。

本标准提出了火力发电厂及锅炉自行监测的一般要求、监测方案制定、信息记录和报告的基本内容和要求。

本标准为首次发布。

本标准由环境保护部环境监测司、科技标准司提出并组织制订。

本标准主要起草单位：中国环境监测总站、江苏省环境监测中心。

本标准环境保护部 2017 年 4 月 25 日批准。

本标准自 2017 年 6 月 1 日起实施。

本标准由环境保护部解释。

排污单位自行监测技术指南　火力发电及锅炉

1　适用范围

本标准提出了火力发电厂及锅炉自行监测的一般要求、监测方案制定、信息记录和报告的基本内容和要求。

本标准适用于独立火力发电厂和企业自备火力发电机组（厂）的自行监测，以及排污单位对锅炉的监测；不适用于以生活垃圾、危险废物为燃料的火电厂和锅炉。

排污单位可参照本标准在生产运行阶段对其排放的水、气污染物，噪声以及对周边环境质量影响开展监测。

2　规范性引用文件

本标准引用了下列文件或其中的条款。凡是未注明日期的引用文件，其最新版本适用于本标准。

GB 13223　火电厂大气污染物排放标准

GB 13271　锅炉大气污染物排放标准

HJ/T 164　地下水环境监测技术规范

HJ 819　排污单位自行监测技术指南　总则

3　术语和定义

GB 13223、GB 13271 界定的以及下列术语和定义适用于本标准。

3.1

火力发电厂　thermal power plant

燃烧固体、液体、气体燃料的发电厂。

3.2

自备火力发电机组（厂）　captive power plant

指企业以满足自身生产、办公以及生活的电力需要为主建设的火力发电机组（厂）。

3.3

锅炉　boiler

是利用燃料燃烧释放的热能或其他热能加热热水或其他工质，以生产规定参数（温度、压力）和品质的蒸汽、热水和其他工质的设备。

4　自行监测的一般要求

排污单位应查清本单位的污染源、污染物指标及潜在的环境影响，制定监测方案，设置和维护监测设施，按照监测方案开展自行监测，做好质量保证和质量控制，记录和保存监测数据，依法向社会公开监测结果。

5　监测方案制定

5.1　废气排放监测

5.1.1　有组织废气排放监测点位、指标和频次

5.1.1.1　监测点位

净烟气与原烟气混合排放的，应在锅炉或燃气轮机（内燃机）排气筒，或烟气汇合后的混合烟道上设置监测点位；净烟气直接排放的，应在净烟气烟道上设置监测点位，有旁路的旁路烟道也应设置监测点位。

5.1.1.2　锅炉或燃气轮机排气筒等监测点位的监测指标及最低监测频次按表1执行。

表1　有组织废气监测指标最低监测频次

燃料类型	锅炉或燃气轮机规模	监测指标	监测频次
燃煤	14MW或20 t/h及以上	颗粒物、二氧化硫、氮氧化物	自动监测
		汞及其化合物[a]、氨[b]、林格曼黑度	季度
	14MW或20 t/h以下	颗粒物、二氧化硫、氮氧化物、林格曼黑度、汞及其化合物	月
燃油	14MW或20 t/h及以上	颗粒物、二氧化硫、氮氧化物	自动监测
		氨[b]、林格曼黑度	季度
	14MW或20 t/h以下	颗粒物、二氧化硫、氮氧化物、林格曼黑度	月
燃气[c]	14MW或20 t/h及以上	氮氧化物	自动监测
		颗粒物、二氧化硫、氨[b]、林格曼黑度	季度
	14MW或20 t/h以下	氮氧化物	月
		颗粒物、二氧化硫、林格曼黑度	年

注：1. 型煤、水煤浆、煤矸石锅炉参照燃煤锅炉；油页岩、石油焦、生物质锅炉或燃气轮机组参照以油为燃料的锅炉或燃气轮机组。
2. 多种燃料掺烧的锅炉或燃气轮机应执行最严格的监测频次。
3. 排气筒废气监测应同步监测烟气参数。

[a] 煤种改变时，需对汞及其化合物增加监测频次。
[b] 使用液氨等含氨物质作为还原剂，去除烟气中氮氧化物的，可以选测。
[c] 仅限于以净化天然气为燃料的锅炉或燃气轮机组，其他气体燃料的锅炉或燃气轮机组参照以油为燃料的锅炉或燃气轮机组。

5.1.2　无组织废气排放监测点位、指标和频次

无组织排放监测点位设置、监测指标及监测频次按表 2 执行。

表 2　无组织废气监测指标最低监测频次

燃料类型	监测点位	监测指标	监测频次
煤、煤矸石、石油焦、油页岩、生物质	厂界	颗粒物[a]	季度
油	储油罐周边及厂界	非甲烷总烃	季度
所有燃料	氨罐区周边	氨[b]	季度

[a] 未封闭堆场需增加监测频次。周边无敏感点的，可适当降低监测频次。
[b] 适用于使用液氨或氨水作为还原剂的企业。

5.2　废水排放监测

废水排放监测的监测点位、监测指标、监测频次按表 3 执行。

表 3　废水监测指标最低监测频次

锅炉或燃气轮机规模	燃料类型	监测点位	监测指标	监测频次
涉单台 14MW 或 20 t/h 及以上锅炉或燃气轮机的排污单位	燃煤	企业废水总排放口	pH 值、化学需氧量、氨氮、悬浮物、总磷[a]、石油类、氟化物、硫化物、挥发酚、溶解性总固体（全盐量）、流量	月
		脱硫废水排放口	pH 值、总砷、总铅、总汞、总镉、流量	月
	燃气	企业废水总排放口	pH 值、化学需氧量、氨氮、悬浮物、总磷[a]、溶解性总固体（全盐量）、流量	季度
	燃油	企业废水总排放口	pH 值、化学需氧量、氨氮、悬浮物、总磷[a]、石油类、硫化物、溶解性总固体（全盐量）、流量	月
		脱硫废水排放口	pH 值、总砷、总铅、总汞、总镉、流量	月
	所有	循环冷却水排放口	pH 值、化学需氧量、总磷、流量	季度
	所有	直流冷却水排放口	水温、流量	日
			总余氯	冬、夏各监测一次

锅炉或燃气轮机规模	燃料类型	监测点位	监测指标	监测频次
仅涉单台 14MW 或 20 t/h 以下锅炉的排污单位	所有	企业废水总排放口	pH 值、化学需氧量、氨氮、悬浮物、流量	年
注：除脱硫废水外，废水与其他工业废水混合排放的，参照相关工业行业监测要求执行；脱硫废水不外排的，监测频次可按季度执行。				
[a] 生活污水若不排入总排口，可不测总磷。				

5.3 厂界环境噪声监测

厂界环境噪声监测点位设置应遵循 HJ 819 中的原则，主要考虑表 4 噪声源在厂区内的分布情况。

表 4 厂界环境噪声布点应关注的噪声排放源

序号	燃料和热能转化设施类型	噪声排放源	
		主设备	辅助设备
1	燃煤锅炉	发电机、蒸汽轮机	引风机、冷却塔、脱硫塔、给水泵、灰渣泵房、碎煤机房、循环泵房等
2	以气体为燃料的锅炉或燃气轮机组	燃气轮机（内燃机）	冷却塔、压气机等
3	以油为燃料的锅炉或燃气轮机组	汽轮机、发电机	空压机、风机、水泵等

厂界环境噪声每季度至少开展一次昼夜监测，监测指标为等效 A 声级。周边有敏感点的，应提高监测频次。

5.4 周边环境质量影响监测

5.4.1 环境影响评价文件及其批复及其他环境管理政策有明确要求的，按要求执行。

5.4.2 无明确要求的，燃煤火电厂的灰（渣）场的排污单位，若企业认为有必要的，应按照 HJ/T 164 规定设置地下水监测点位。监测指标为 pH 值、化学需氧量、硫化物、氟化物、石油类、总硬度、总汞、总砷、总铅、总镉等，监测频次为每年至少一次。

5.5 其他要求

5.5.1 除表 1～表 3 中的污染物指标外，5.5.1.1 和 5.5.1.2 中的污染物指标也应纳入监测指标范围，并参照表 1～表 3 和 HJ 819 确定监测频次。

5.5.1.1 排污许可证、所执行的污染物排放（控制）标准、环境影响评价文件及其批复、相关管理规定明确要求的污染物指标。

5.5.1.2 排污单位根据生产过程的原辅用料、生产工艺、中间及最终产品类型、监测结果

确定实际排放的，在相关有毒有害或优先控制污染物名录中的污染物指标，或其他有毒污染物指标。

5.5.2 各指标的监测频次在满足本标准的基础上，可根据 HJ 819 中的确定原则提高监测频次。

5.5.3 采样方法、监测分析方法、监测质量保证与质量控制等按照 HJ 819 执行。

5.5.4 监测方案的描述、变更按照 HJ 819 执行。

6 信息记录和报告

6.1 信息记录

6.1.1 监测信息记录

手工监测记录和自动监测运维记录按照 HJ 819 执行。

6.1.2 生产和污染治理设施运行状况记录要求

6.1.2.1 生产运行情况

燃煤机组：按照发电机组记录每日的运行小时、用煤量、实际发电量、实际供热量、产灰量、产渣量。

燃气机组：按照燃气机组记录每日的运行小时、用气量、实际发电量、实际供热量。

燃油机组：按照发电机组记录每日的运行小时、用油量、实际发电量、实际供热量。

及时记录锅炉或燃气轮机停机、启动情况。

6.1.2.2 燃料分析结果

燃煤锅炉应每日记录煤质分析，包括收到基灰分、含硫量、挥发分和低位发热量等；燃气锅炉应每日记录天然气成分分析；燃油锅炉应每日记录油品品质分析，包括含硫量等；其他燃料的锅炉应每日记录燃料成分。

6.1.2.3 废气处理设施运行情况

应记录脱硫、脱硝、除尘设备的工艺、投运时间等基本情况。

按日记录脱硫剂使用量、脱硝还原剂使用量、脱硫副产物产生量、粉煤灰产生量等。

记录脱硫、脱硝、除尘设施运行、故障及维护情况、布袋除尘器清灰周期及换袋情况等。

6.1.3 工业固体废物记录要求

记录一般工业固体废物和危险废物的产生量、综合利用量、处置量、贮存量，危险废物还应详细记录其具体去向。

一般工业固体废物包括灰渣、脱硫石膏、袋式（电袋）除尘器产生的破旧布袋等。

危险废物包括催化还原脱硝工艺产生的废烟气脱硝催化剂（钒钛系），其他工艺可能产生的危险废物按照《国家危险废物名录》或国家规定的危险废物鉴别标准和鉴别方法认定。

6.2 信息报告、应急报告、信息公开

按照 HJ 819 执行。

7 其他

本标准规定的内容外，按照 HJ 819 执行。

HJ

中华人民共和国国家环境保护标准

HJ 821—2017

排污单位自行监测技术指南 造纸工业

Self-monitoring technology guidelines for pollution sources — Paper industry

2017-04-25发布　　　　2017-06-01实施

环 境 保 护 部 发布

前　言

为落实《中华人民共和国环境保护法》《中华人民共和国水污染防治法》《中华人民共和国大气污染防治法》，指导和规范造纸工业企业排污单位自行监测工作，制定本标准。

本标准提出了造纸工业企业自行监测的一般要求、监测方案制定、信息记录和报告的基本内容和要求。

本标准为首次发布。

本标准由环境保护部环境监测司、科技标准司提出并组织制订。

本标准主要起草单位：中国环境监测总站。

本标准环境保护部 2017 年 4 月 25 日批准。

本标准自 2017 年 6 月 1 日起实施。

本标准由环境保护部解释。

排污单位自行监测技术指南　造纸工业

1　适用范围

本标准提出了造纸工业企业自行监测的一般要求、监测方案制定、信息记录和报告的基本内容和要求。

造纸工业企业可参照本标准在生产运行阶段对其排放的水、气污染物，噪声以及对其周边环境质量影响开展监测。

2　规范性引用文件

本标准引用了下列文件或其中的条款。凡是未注明日期的引用文件，其最新版本适用于本标准。

GB 3544　制浆造纸工业水污染物排放标准

HJ/T 2.3　环境影响评价技术导则　地面水环境

HJ/T 91　地表水和污水监测技术规范

HJ 442　近岸海域环境监测规范

HJ 819　排污单位自行监测技术指南　总则

3　术语和定义

GB 3544 界定的以及下列术语和定义适用于本标准。

3.1

造纸工业　paper industry

指以木材、稻草、芦苇、破布等或废纸等为原料生产纸浆，以纸浆为原料生产纸张、纸板等产品，以及以纸和纸板为原料加工纸制品的企业或生产设施。

3.2

制浆造纸企业　pulp and paper enterprise

指有制浆或造纸工序的企业，包括制浆企业、造纸企业、浆纸联合企业。有制浆或造纸生产工序的纸制品加工企业也视为制浆造纸企业。

3.3

纸制品加工企业 paper products processing enterprises

用纸和纸板为原料加工制成纸制品的企业。

4 自行监测的一般要求

排污单位应查清本单位的污染源、污染物指标及潜在的环境影响，制定监测方案，设置和维护监测设施，按照监测方案开展自行监测，做好质量保证和质量控制，记录和保存监测数据，依法向社会公开监测结果。

5 监测方案制定

5.1 废水排放监测

5.1.1 外排口监测点位

有元素氯漂白工序的造纸工业企业，须在元素氯漂白车间排放口或元素氯漂白车间处理设施排放口设置监测点位。

有脱墨工序，且脱墨工序排放重金属的造纸工业企业，须在脱墨车间排放口或脱墨车间处理设施排放口设置监测点位。

所有造纸工业企业均须在企业废水总排放口设置监测点位。

5.1.2 外排口监测指标及监测频次

直接排放的造纸工业企业废水外排口监测指标及频次按表 1 执行，间接排放的造纸工业企业参照表 1 执行。

表 1 废水排放口监测指标最低监测频次

排污单位级别	监测点位	监测指标	监测频次	备注
重点排污单位[a]	企业废水总排放口	流量、pH 值、化学需氧量	自动监测	—
		氨氮[b]	日	
		悬浮物、色度	日	—
		总氮、总磷[b]	周（日）	水环境质量中总氮（无机氮）/总磷（活性磷酸盐）超标的流域或沿海地区，或总氮/总磷实施总量控制区域，总氮/总磷最低监测频次按日执行

排污单位级别	监测点位	监测指标	监测频次	备注
重点排污单位[a]	企业废水总排放口	五日生化需氧量	周	—
		挥发酚、硫化物、溶解性总固体（全盐量）	季度	选测
	元素氯漂白车间废水排放口	可吸附有机卤素（AOX）、二噁英、流量	年	可吸附有机卤素（AOX）、二噁英监测结果超标的，应适当增加监测频次
	脱墨车间废水排放口	环境影响评价及批复、或摸底监测确定的重金属污染物指标	周	若无重金属排放，则不需要开展监测
非重点排污单位	企业废水总排放口	pH 值、悬浮物、色度、五日生化需氧量、化学需氧量、氨氮、总氮、总磷、流量	季度	—

[a] 制浆造纸企业全部按重点排污单位管理。

[b] 设区的市级及以上环保主管部门明确要求安装自动监测设备的污染物指标，须采取自动监测。

5.2 废气排放监测

5.2.1 有组织废气排放监测点位、指标与频次

5.2.1.1 碱回收炉、石灰窑废气排放口的监测指标及频次按表 2 执行。

5.2.1.2 若排污单位有溶解槽、漂白气体制备等物理/化学反应设备，或其他有组织废气排放源，应根据污染物排放状况，参照 HJ 819 确定监测指标和频次等内容。

表 2 废气排放口监测指标最低监测频次

污染源	监测点位	监测指标	监测频次
碱回收炉	碱回收炉排气筒或烟道上	氮氧化物、二氧化硫	自动监测
		颗粒物、烟气黑度	季度
石灰窑	石灰窑排气筒或烟道上	颗粒物、氮氧化物、二氧化硫	季度

注：排气筒废气监测要同步监测烟气参数。

5.2.2 无组织废气排放监测点位、指标与频次

造纸工业企业无组织废气排放监测点位设置、监测指标及频次按表 3 执行。

表 3 无组织废气监测指标最低监测频次

企业类型	监测点位	监测指标	监测频次
有制浆工序的企业	厂界	臭气浓度[a]、颗粒物	年（月[b]）
采用含氯漂白工艺的企业	漂白车间或二氧化氯制备车间外	氯化氢	年

企业类型	监测点位	监测指标	监测频次
有生化污水处理工序的企业	厂界	臭气浓度、硫化氢、氨	年
有石灰窑的企业	厂界	颗粒物	年
[a] 根据环境影响评价文件及其批复，以及原料工艺等确定是否监测其他臭气污染物。 [b] 适用于有硫酸盐法制浆或硫酸盐法纸浆漂白工序的企业，若周边没有敏感点，可适当降低监测频次。			

5.3 厂界环境噪声监测

厂界环境噪声监测点位设置应遵循 HJ 819 中的原则，主要考虑表 4 噪声源在厂区内的分布情况。

表 4 厂界环境噪声布点应关注的造纸工业企业主要噪声源

噪声源	主要设备
生产车间	备料过程的机械、制浆机械、抄纸机械、纸制品加工机械等
污水处理	生化处理曝气设备、污泥脱水设备等

厂界环境噪声每季度至少开展一次昼夜监测，周边有敏感点的，应提高监测频次。

5.4 周边环境质量影响监测

5.4.1 环境影响评价文件及其批复、相关环境管理政策有明确要求的，按要求执行。

5.4.2 无明确要求的，对于废水直接排入地表水、海水的排污单位，若企业认为有必要的，可按照 HJ/T 2.3、HJ/T 91、HJ 442 及受纳水体环境管理要求设置监测断面和监测点位，监测指标及频次按表 5 执行。

表 5 周边环境质量影响最低监测频次

目标环境	监测指标	监测频次
地表水	pH 值、悬浮物、化学需氧量、五日生化需氧量、氨氮、总磷、总氮、石油类	每年丰、平、枯水期至少各监测一次
海水	pH 值、化学需氧量、五日生化需氧量、溶解氧、活性磷酸盐、无机氮、石油类	每年大潮期、小潮期至少各监测一次

5.5 其他要求

5.5.1 除表 1～表 3 中的污染物指标外，5.5.1.1 和 5.5.1.2 中的污染物指标也应纳入监测指标范围，并参照表 1～表 3 和 HJ 819 确定监测频次。

5.5.1.1 排污许可证、所执行的污染物排放（控制）标准、环境影响评价文件及其批复、相关环境管理规定明确要求的污染物指标；

5.5.1.2 排污单位根据生产过程的原辅用料、生产工艺、中间及最终产品类型、监测结果

确定实际排放的，在有毒有害或优先控制污染物相关名录中的污染物指标，或其他有毒污染物指标。

5.5.2 各指标的监测频次在满足本标准的基础上，可根据 HJ 819 中监测频次的确定原则提高监测频次。

5.5.3 采样方法、监测分析方法、监测质量保证与质量控制等按照 HJ 819 执行。

5.5.4 监测方案的描述、变更按照 HJ 819 执行。

6 信息记录和报告

6.1 信息记录

6.1.1 监测信息记录

手工监测记录和自动监测运维记录按照 HJ 819 执行。

6.1.2 生产和污染治理设施运行状况信息记录

应详细记录企业以下生产及污染治理设施运行状况，日常生产中也应参照以下内容记录相关信息，并整理成台账保存备查。

6.1.2.1 制浆造纸生产运行状况记录

a）分生产线记录每日的原辅料用量及产量：取水量（新鲜水），主要原辅料（木材、竹、芦苇、蔗渣、稻麦草等植物，废纸等）使用量，商品浆和纸板及机制纸产量等；

b）化学浆生产线还需记录粗浆得率、细浆得率、碱回收率、黑液提取率等；

c）半化学浆、化机浆生产线还需记录纸浆得率等。

6.1.2.2 碱回收工艺运行状况记录

按日记录石灰窑石灰石使用量、石灰窑生石灰产量、总固形物处理量、燃料消耗量等。

还应及时记录碱回收炉和石灰窑的停机、启动情况。

6.1.2.3 污水处理运行状况记录

按日记录污水处理量、污水回用量、白水回用率、污水排放量、污泥产生量（记录含水率）、污水处理使用的药剂名称及用量、鼓风机电量等。

6.1.3 工业固体废物和危险废物记录

记录一般工业固体废物和危险废物的产生量、综合利用量、处置量、贮存量、倾倒丢弃量，危险废物还应详细记录其具体去向。原料或辅助工序中产生的其他危险废物的情况也应记录。

表6　一般工业固体废物及危险固体废物来源

<table>
<tr><th>一般工业固体废物产生单元</th><th>一般工业固体废物名称</th><th>危险废物产生单元</th><th>危险废物名称</th></tr>
<tr><td>备料工序</td><td>原料灰渣、原料中的剩余废物</td><td>脱墨工序</td><td>脱墨渣</td></tr>
<tr><td>制浆工序</td><td>浆渣</td><td>碱法制浆蒸煮工序</td><td>废液、废渣</td></tr>
<tr><td>污水处理</td><td>污泥</td><td colspan="2" rowspan="3">其他工艺可能产生的危险废物按照《国家危险废物名录》或国家规定的危险废物鉴别标准和鉴别方法认定</td></tr>
<tr><td>碱回收工序</td><td>白泥、绿泥</td></tr>
<tr><td>石灰窑</td><td>石灰渣</td></tr>
</table>

6.2　信息报告、应急报告和信息公开

按照 HJ 819 执行。

7　其他

本标准规定的内容外，按照 HJ 819 执行。

HJ

中华人民共和国国家环境保护标准

HJ 848—2017

排污单位自行监测技术指南　水泥工业

Self-monitoring technology guidelines for pollution sources

— Cement manufacturing industry

2017-09-19发布　　2017-11-01实施

环　境　保　护　部　发布

前　言

为落实《中华人民共和国环境保护法》《中华人民共和国大气污染防治法》《中华人民共和国水污染防治法》，指导和规范水泥工业排污单位自行监测工作，制定本标准。

本标准提出了水泥工业排污单位自行监测的一般要求、监测方案制定、信息记录和报告等的基本内容和要求。

本标准为首次发布。

本标准由环境保护部环境监测司、科技标准司提出并组织制订。

本标准主要起草单位：中国环境监测总站、辽宁省环境监测实验中心。

本标准环境保护部 2017 年 9 月 19 日批准。

本标准自 2017 年 11 月 1 日起实施。

本标准由环境保护部解释。

排污单位自行监测技术指南　水泥工业

1　适用范围

本标准提出了水泥工业排污单位自行监测的一般要求、监测方案制定、信息记录和报告的基本内容和要求。

本标准适用于水泥工业排污单位在生产运行阶段对其排放的气、水污染物，噪声以及对周边环境质量影响开展监测。

本标准适用于水泥（熟料）制造、矿山开采、散装水泥中转站及水泥制品生产的水泥工业排污单位的自行监测。利用水泥窑协同处置危险废物、生活垃圾（包括废塑料、废橡胶、废纸、废轮胎等，掺加生活垃圾的质量不得超过入窑物料总质量的 30%）、城市和工业污水处理污泥、动植物加工废物、受污染土壤、应急事件废物等固体废物水泥工业排污单位的自行监测适用本标准。

2　规范性引用文件

本标准引用了下列文件或其中的条款。凡是未注明日期的引用文件，其最新版本适用于本标准。

GB 4915　水泥工业大气污染物排放标准

GB 12348　工业企业厂界环境噪声排放标准

GB 30485　水泥窑协同处置固体废物污染控制标准

HJ/T 38　固定污染源排气中非甲烷总烃的测定　气相色谱法

HJ/T 166　土壤环境监测技术规范

HJ 662　水泥窑协同处置固体废物环境保护技术规范

HJ 819　排污单位自行监测技术指南　总则

《国家危险废物名录》

3　术语和定义

GB 4915 和 GB 30485 界定的以及下列术语和定义适用于本标准。

3.1

水泥工业　cement industry

指从事水泥原料矿山开采、水泥（熟料）制造、散装水泥转运以及水泥制品生产的工业部门。

3.2

协同处置固体废物水泥窑的旁路放风系统　cement kiln by-pass system

指水泥窑在协同处置固体废物时为避免熟料中碱、氯、硫化物等含量过高，减轻或防止窑尾系统结皮堵塞，将回转窑窑尾高温烟气按比例从旁路中分离并进行急冷，使以气相形态存在的挥发物冷凝在飞灰上，由除尘器将此飞灰收捕下来排出窑的系统。

4　自行监测的一般要求

排污单位应查清本单位的污染源、污染物指标及潜在的环境影响，制定监测方案，设置和维护监测设施，按照监测方案开展自行监测，做好质量保证和质量控制，记录和保存监测数据，依法向社会公开监测结果。

5　监测方案制定

5.1　废气排放监测

5.1.1　有组织废气排放监测点位、指标和频次

5.1.1.1　监测点位

各工序废气通过排气筒等方式排放至外环境的，应在排气筒或排气筒前的废气排放通道设置监测点位。

5.1.1.2　监测指标与监测频次

水泥工业排污单位各监测点位监测指标及最低监测频次按表 1 执行。协同处置固体废物期间，表 2 中的监测点位，监测指标和最低监测频次按表 2 执行，其他监测点位监测指标及最低监测频次按表 1 执行。

表 1　有组织废气监测指标最低监测频次

生产过程	监测点位	监测指标	监测频次[a]
水泥制造	水泥窑及窑尾余热利用系统排气筒	颗粒物、氮氧化物、二氧化硫	自动监测
		氨[b]	季度
		氟化物（以总 F 计）、汞及其化合物	半年

生产过程	监测点位	监测指标	监测频次[a]
水泥制造	水泥窑窑头（冷却机）排气筒	颗粒物	自动监测
	烘干机、烘干磨、煤磨排气筒	颗粒物、二氧化硫[c]、氮氧化物[c]	半年[d]
	破碎机、磨机、包装机排气筒	颗粒物	半年[d]
	输送设备及其他通风生产设备的排气筒	颗粒物	两年
矿山开采	破碎机排气筒	颗粒物	半年[d]
	输送设备及其他通风生产设备的排气筒	颗粒物	两年
散装水泥中转站及水泥制品生产	水泥仓及其他通风生产设备的排气筒	颗粒物	两年
注：废气监测须按照相应监测分析方法、技术规范同步监测烟气参数。			
[a] 重点控制区可根据管理需要适当增加监测频次； [b] 适用于使用氨水、尿素等含氨物质作为还原剂，去除烟气中氮氧化物的工艺； [c] 适用于采用独立热源的烘干设备或利用窑尾余热烘干经独立排气筒排放的工艺； [d] 排污单位应合理安排监测计划，保证每个季度相同种类治理设施的监测点位数量基本平均分布。			

表 2　协同处置固体废物有组织废气监测指标的最低监测频次

监测点位	监测指标	监测频次[a]	
		协同处置非危险废物	协同处置危险废物
水泥窑及窑尾余热利用系统排气筒	颗粒物、二氧化硫、氮氧化物	自动监测	自动监测
	氨[b]	季度	季度
	汞及其化合物	半年	半年
	氯化氢（HCl），氟化氢（HF），铊、镉、铅、砷及其化合物（以 Tl+Cd +Pb+As 计），铍、铬、锡、锑、铜、钴、锰、镍、钒及其化合物（以 Be+Cr+Sn+Sb+Cu +Co+Mn+Ni+V 计），总有机碳（TOC）[c]	半年	季度
	二噁英类	年	年
水泥窑旁路放风系统排气筒	颗粒物、氮氧化物、二氧化硫、氨[b] 氯化氢（HCl），氟化氢（HF），汞及其化合物，铊、镉、铅、砷及其化合物（以 Tl+Cd+Pb+As 计），铍、铬、锡、锑、铜、钴、锰、镍、钒及其化合物（以 Be+Cr+Sn+Sb+Cu+Co+Mn+Ni+V 计），总有机碳（TOC）[c、d]	半年	季度
	二噁英类	年	年
固体废物储存、预处理单元排气筒[e]	臭气浓度、硫化氢、氨、颗粒物	半年	—
	臭气浓度、硫化氢、氨、非甲烷总烃、颗粒物	—	季度
注：废气监测须按照相应监测分析方法、技术规范同步监测烟气参数。			
[a] 重点控制区可根据管理需要适当增加监测频次； [b] 适用于使用氨水、尿素等含氨物质作为还原剂，去除烟气中氮氧化物的生产工艺； [c] 在国家标准监测方法发布前，TOC 可按照 HJ 662 和 HJ/T 38 等相关标准进行监测； [d] 适用于协同处置危险废物的水泥（熟料）制造排污单位； [e] 2015 年 1 月 1 日（含）后取得环境影响评价批复的排污单位还应根据环境影响评价文件及其批复或其他环境管理要求确定其他监测项目。			

5.1.2 无组织废气排放监测点位、指标和频次

水泥工业排污单位无组织废气排放监测点位、监测指标及最低监测频次按表 3 执行。

表 3 无组织废气排放监测指标的最低监测频次

监测点位	监测指标	监测频次
厂界	颗粒物	季度
	氨[a]、硫化氢[b]、臭气浓度[b]、非甲烷总烃[c]	年
[a] 适用于使用氨水、尿素等含氨物质作为还原剂去除烟气中氮氧化物的水泥工业排污单位，以及利用水泥窑协同处置固体废物的水泥工业排污单位； [b] 适用于利用水泥窑协同处置固体废物的水泥工业排污单位； [c] 适用于利用水泥窑协同处置危险废物的水泥工业排污单位。		

5.2 厂界环境噪声监测

根据 GB 12348 的要求，设置监测点位。每季度至少开展一次昼夜监测，周边有敏感点的，应增加监测频次。

5.3 废水排放监测

废水外排的，监测点位、监测指标和最低监测频次按表 4 执行。

表 4 废水排放监测指标的最低监测频次

监测点位	监测指标	监测频次	适用条件
废水总排放口	pH 值、悬浮物、化学需氧量、五日生化需氧量、石油类、氟化物、氨氮、总磷、水温、流量	半年	适用于废水外排的所有水泥工业排污单位
车间或车间处理设施排放口	总汞、总镉、总铬、六价铬、总砷、总铅	半年	适用于废水外排的协同处置固体废物的水泥工业排污单位
注：2015 年 1 月 1 日（含）后取得环境影响评价批复排污单位的其他监测指标还应依据环境影响评价文件及其批复确定。			

5.4 周边环境质量影响监测

5.4.1 其他环境管理政策或环境影响评价文件及其批复［仅限于 2015 年 1 月 1 日（含）后取得环境影响评价批复的排污单位］有明确要求的，按要求执行。

5.4.2 无明确要求的，协同处置固体废物的水泥工业排污单位，可按照 HJ/T 166 中相关规定设置周边土壤环境影响监测点位，监测指标及最低监测频次按表 5 执行。

表 5　周边环境质量影响监测指标及最低监测频次

监测介质	监测指标	监测频次
土壤	汞、铊、镉、铅、砷、铍、铬、锡、锑、铜、钴、锰、镍、钒	年

5.5　其他要求

5.5.1　除表 1～表 4 中的污染物指标外，5.5.1.1 和 5.5.1.2 中的污染物指标也应纳入监测指标范围，并参照表 1～表 4 和 HJ 819 确定监测频次。

5.5.1.1　排污许可证、所执行的地方污染物排放（控制）标准、环境影响评价文件及其批复［仅限 2015 年 1 月 1 日（含）后取得环境影响评价批复的排污单位］、相关管理规定明确要求的污染物指标。

5.5.1.2　排污单位根据生产过程的原辅用料、生产工艺、中间及最终产品类型、监测结果确定实际排放的，在有毒有害或国家优先控制污染物名录中的污染物指标，或其他有毒污染物指标。

5.5.2　各指标的监测频次在满足本标准的基础上，可根据 HJ 819 中的原则提高监测频次。

5.5.3　采样方法、监测分析方法、监测质量保证与质量控制等按照 HJ 819 执行。

5.5.4　监测方案的描述、变更按照 HJ 819 执行。

6　信息记录和报告

6.1　信息记录

6.1.1　监测信息记录要求

手工监测记录和自动监测运维记录按照 HJ 819 执行。

6.1.2　生产和污染治理设施运行状况记录要求

应详细记录排污单位以下生产及污染治理设施运行状况，并整理成台账保存备查。

6.1.2.1　水泥制造生产运行状况记录

分生产线记录每日的主要原辅料用量及产量：石灰石、黏土、石膏等主要原辅料的使用量，熟料、成品水泥等产品产量。

利用水泥窑协同处置固体废物时，需要记录固废处置量。

及时记录水泥窑停窑、点火、保温等情况。

6.1.2.2　原煤分析结果

结合排污单位生产实际，记录每天的原煤消耗量及每批次煤质的分析结果，包括低位发热量、灰分、挥发分、含硫量等。

6.1.2.3 废气处理设施运行情况

应记录除尘、脱硝、脱硫等工艺的基本情况，按日记录氨水和尿素等含氨物质的消耗情况、脱硫剂使用剂量、脱硫副产物产生量等，并记录除尘、脱硝、脱硫等设施运行、故障及维护情况。

6.1.2.4 旁路放风记录

在排污单位进行旁路放风时，对旁路放风方式、时间、排气量等参数进行记录。

6.1.2.5 噪声防护设施运行情况

应记录降噪设施的完好性及建设维护情况，记录相关参数。

6.1.2.6 废水处理情况

应记录废水处理方式、去向及排放量等相关信息。

6.1.3 一般工业固体废物和危险废物记录要求

记录一般工业固体废物和危险废物的产生量、综合利用量、处置量、贮存量。危险废物还应详细记录其具体去向。原料或辅助工序中产生的其他危险废物的情况也应记录。

表 6 一般工业固体废物及危险废物来源

类别	产生单元	废物名称
一般工业固体废物	除尘工序	用于收尘的废滤袋
	水泥窑	废耐火砖
危险废物	生产过程中可能产生的危险废物按照《国家危险废物名录》或国家规定的危险废物鉴别标准和鉴别方法认定	

6.2 信息报告、应急报告、信息公开

按照 HJ 819 执行。

7 其他

除本标准规定的内容外，按照 HJ 819 执行。

HJ

中华人民共和国国家环境保护标准

HJ 878—2017

排污单位自行监测技术指南 钢铁工业及炼焦化学工业

Self-monitoring technology guidelines for pollution sources

— Iron and steel industry and coking chemical industry

2017-12-21 发布　　　　2018-01-01 实施

环 境 保 护 部 发布

前　　言

为落实《中华人民共和国环境保护法》《中华人民共和国大气污染防治法》《中华人民共和国水污染防治法》，指导和规范钢铁工业及炼焦化学工业排污单位自行监测工作，制定本标准。

本标准提出了钢铁工业及炼焦化学工业排污单位自行监测的一般要求、监测方案制定、信息记录和报告的基本内容和要求。本标准不适用于钢铁生产企业中铁矿采选和铁合金生产工序的自行监测。

本标准为首次发布。

本标准由环境保护部环境监测司、科技标准司提出并组织制订。

本标准主要起草单位：中国环境监测总站、上海市环境监测中心、宝钢环境监测站。

本标准环境保护部 2017 年 12 月 21 日批准。

本标准自 2018 年 1 月 1 日起实施。

本标准由环境保护部解释。

排污单位自行监测技术指南　钢铁工业及炼焦化学工业

1　适用范围

本标准提出了钢铁工业及炼焦化学工业排污单位自行监测的一般要求、监测方案制定、信息记录和报告的基本内容和要求。

本标准适用于钢铁工业及炼焦化学工业排污单位在生产运行阶段对其排放的水、气污染物，噪声以及对其周边环境质量影响开展监测。本标准不适用于钢铁生产企业中铁矿采选和铁合金生产工序的自行监测。

钢铁工业及炼焦化学工业排污单位自备火力发电机组（厂）、配套动力锅炉的自行监测要求按照 HJ 820 执行。

2　规范性引用文件

本标准引用了下列文件或其中的条款。凡是未注明日期的引用文件，其最新版本适用于本标准。

GB 13456　钢铁工业水污染物排放标准

GB 16171　炼焦化学工业污染物排放标准

GB 28662　钢铁烧结、球团工业大气污染物排放标准

GB 28663　炼铁工业大气污染物排放标准

GB 28664　炼钢工业大气污染物排放标准

GB 28665　轧钢工业大气污染物排放标准

HJ 2.2　环境影响评价技术导则　大气环境

HJ/T 2.3　环境影响评价技术导则　地面水环境

HJ/T 55　大气污染物无组织排放监测技术导则

HJ/T 91　地表水和污水监测技术规范

HJ/T 164　地下水环境监测技术规范

HJ/T 166　土壤环境监测技术规范

HJ/T 194　环境空气质量手工监测技术规范

HJ 442　近岸海域环境监测规范

HJ 610　环境影响评价技术导则　地下水环境

HJ 819　排污单位自行监测技术指南　总则

HJ 820　排污单位自行监测技术指南　火力发电及锅炉

《国家危险废物名录》

3　术语和定义

GB 13456、GB 16171、GB 28662、GB 28663、GB 28664、GB 28665、HJ 819 界定的以及下列术语和定义适用于本标准。

3.1

钢铁工业排污单位　iron and steel industry pollutant emission unit

指含有烧结、球团、炼铁、炼钢及轧钢等工业生产工序的排污单位。

3.2

炼焦化学工业排污单位　coking chemical industry pollutant emission unit

指含有炼焦化学工业生产过程的排污单位，包括炼焦化学工业企业及钢铁等工业企业炼焦分厂。

4　自行监测的一般要求

排污单位应查清本单位的污染源，污染物指标及潜在的环境影响，制定监测方案，设置和维护监测设施，按照监测方案开展自行监测，做好质量保证和质量控制，记录和保存监测数据和信息，依法向社会公开监测结果。

5　监测方案制定

5.1　废气排放监测

5.1.1　有组织废气排放监测点位、指标与频次

5.1.1.1　监测点位

各工序废气通过排气筒等方式排放至外环境的，应在排气筒或排气筒前的废气排放通道设置监测点位。

5.1.1.2　监测指标与监测频次

各监测点位监测指标的最低监测频次按照表 1 执行。

表 1　有组织废气监测指标最低监测频次

生产工序	监测点位	监测指标	监测频次
原料系统	供卸料设施、转运站及其他设施排气筒	颗粒物	两年
烧结	配料设施、整粒筛分设施排气筒	颗粒物	季度
	烧结机机头排气筒	颗粒物、二氧化硫、氮氧化物	自动监测
		氟化物	季度
		二噁英类	年
	烧结机机尾排气筒	颗粒物	自动监测
	破碎设施、冷却设施及其他设施排气筒	颗粒物	年
球团	配料设施排气筒	颗粒物	季度
	焙烧设施排气筒	颗粒物、二氧化硫、氮氧化物	自动监测
		氟化物	季度
	破碎、筛分、干燥及其他设施排气筒	颗粒物	年
炼焦	精煤破碎、焦炭破碎、筛分、转运设施排气筒	颗粒物	年
	装煤地面站排气筒	颗粒物、二氧化硫	自动监测
		苯并[*a*]芘	半年
	推焦地面站排气筒	颗粒物、二氧化硫	自动监测
	焦炉烟囱（含焦炉烟气尾部脱硫、脱硝设施排气筒）	颗粒物、二氧化硫、氮氧化物	自动监测
	干法熄焦地面站排气筒	颗粒物、二氧化硫	自动监测
	粗苯管式炉、半焦烘干和氨分解炉等燃用焦炉煤气的设施排气筒	颗粒物、二氧化硫、氮氧化物	半年
	冷鼓、库区焦油各类贮槽排气筒	苯并[*a*]芘、氰化氢、酚类、非甲烷总烃、氨、硫化氢	半年
	苯贮槽排气筒	苯、非甲烷总烃	半年
	脱硫再生塔排气筒	氨、硫化氢	半年
	硫铵结晶干燥排气筒	颗粒物、氨	半年
炼铁	矿槽排气筒	颗粒物	自动监测
	出铁场排气筒	颗粒物、二氧化硫[a]	自动监测
	热风炉排气筒	颗粒物、二氧化硫、氮氧化物	季度
	原料系统、煤粉系统及其他设施排气筒	颗粒物	年
炼钢	转炉二次烟气排气筒	颗粒物	自动监测
	转炉三次烟气排气筒	颗粒物	季度
	电炉烟气排气筒	颗粒物	自动监测
		二噁英类	年
	石灰窑、白云石窑焙烧排气筒	颗粒物、二氧化硫[a]、氮氧化物[a]	季度
	铁水预处理（包括倒罐、扒渣等）、精炼炉、钢渣处理设施排气筒	颗粒物	年

生产工序	监测点位	监测指标	监测频次
炼钢	转炉一次烟气、连铸切割和火焰清理及其他设施排气筒	颗粒物	两年
	电渣冶金排气筒	氟化物	半年
轧钢	热处理炉排气筒	颗粒物、二氧化硫、氮氧化物	季度（自动监测[b]）
	热轧精轧机排气筒	颗粒物	年
	拉矫机、精整机、抛丸机、修磨机、焊接机及其他设施排气筒	颗粒物	两年
	轧制机组排气筒	油雾[c]	半年
	废酸再生排气筒	颗粒物、氯化氢、硝酸雾、氟化物	半年
	酸洗机组排气筒	氯化氢、硫酸雾、硝酸雾、氟化物	半年
	涂镀层机组排气筒	铬酸雾	半年
	脱脂排气筒	碱雾[c]	半年
	涂层机组排气筒	苯、甲苯、二甲苯、非甲烷总烃	半年

注：1. 设区的市级及以上环保主管部门明确要求安装自动监测设备的污染物指标，须采取自动监测。

2. 废气监测须按照相应标准分析方法、技术规范同步监测烟气参数。

[a] 为选测指标。

[b] 燃用发生炉煤气的热处理炉排气筒须采取自动监测。

[c] 待国家污染物监测方法标准发布后实施，未发布前可以选测。

5.1.2 无组织废气排放监测点位、指标和频次

5.1.2.1 生产车间无组织废气排放监测点位、指标和频次

排污单位应按照 GB 16171、GB 28662、GB 28663、GB 28664、GB 28665、HJ/T 55 规定设置生产车间无组织排放监测点位，有地方排放标准要求的，按地方排放标准执行。监测指标及最低监测频次按表 2 执行。

表 2 生产车间无组织废气监测指标最低监测频次

生产工序	无组织排放源	监测指标	监测频次
烧结、球团、炼铁、炼钢	生产车间	颗粒物	年（季度[a]）
炼焦	焦炉	颗粒物、苯并[*a*]芘、硫化氢、氨、苯可溶物	季度
轧钢	板坯加热、磨辊作业、钢卷精整、酸再生下料车间	颗粒物	年
	酸洗机组及废酸再生车间	硫酸雾、氯化氢、硝酸雾	年
	涂层机组车间	苯、甲苯、二甲苯、非甲烷总烃	年

[a] 适用于无完整厂房车间的情况。

5.1.2.2 厂界无组织废气排放监测点位、指标和频次

厂界无组织排放监测指标及最低监测频次按表 3 执行。

表 3　厂界无组织废气监测指标最低监测频次

排污单位类型	监测点位	监测指标	监测频次
有炼焦化学生产过程的	厂界	颗粒物、二氧化硫、苯并[*a*]芘、氰化氢、苯、酚类、硫化氢、氨、氮氧化物	季度
无炼焦化学生产过程的		颗粒物	季度

5.2　废水排放监测

废水排放监测点位、监测指标及最低监测频次按表 4 执行。不同工序废水混合排放的，应覆盖表 4 中相应工序的监测因子，监测频次从严。

表 4　废水监测指标最低监测频次

监测点位	监测指标	监测频次					
		钢铁联合企业（不包括炼焦分厂）	钢铁非联合企业				炼焦
			烧结（球团）	炼铁	炼钢	轧钢	
废水总排放口	流量	自动监测	自动监测	自动监测	自动监测	自动监测	自动监测
	pH 值	自动监测	月	月	月	日	自动监测
	悬浮物	周	月	月	月	周	月
	化学需氧量	自动监测	月	月	月	日	自动监测
	氨氮	自动监测	—	月	月	日	自动监测
	总氮	周（日 [a]）	—	月	月	周（日 [a]）	周（日 [a]）
	总磷	周（日 [a]）	—	—	—	周（日 [a]）	周（日 [a]）
	石油类	周	月	月	月	周	月
	五日生化需氧量	—	—	—	—	—	月
	挥发酚	季度	—	季度	—	—	月
	氰化物	季度	—	季度	—	季度	月
	氟化物	季度	—	—	季度	季度	—
	总铁	季度	—	—	—	季度	—
	总锌	季度	—	季度	—	季度	—
	总铜	季度	—	—	—	季度	—
	苯	—	—	—	—	—	月
	硫化物	—	—	—	—	—	月
车间或生产设施废水排放口	流量	参照钢铁非联合企业车间或生产设施废水排放口监测要求执行	月	月	—	周（月 [b]）	月
	总砷		月	—	—	周（月 [b]）	—
	六价铬		—	—	—	周（月 [b]）	—
	总铬		—	—	—	周（月 [b]）	—
	总铅		月	月	—	—	—
	总镍		—	—	—	周（月 [b]）	—
	总镉		—	—	—	周（月 [b]）	—
	总汞		—	—	—	周（月 [b]）	—
	苯并[*a*]芘	—	—	—	—	—	月 [c]
	多环芳烃	—	—	—	—	—	月 [c]

监测点位	监测指标	监测频次					
		钢铁联合企业（不包括炼焦分厂）	钢铁非联合企业				炼焦
			烧结（球团）	炼铁	炼钢	轧钢	
注：1. 设区的市级及以上环保主管部门明确要求安装自动监测设备的污染物指标，须采取自动监测。 2. 炼焦洗煤、熄焦和高炉冲渣回用水池内和补水口每周至少开展一次监测，补水口监测指标包括pH值、悬浮物、化学需氧量、氨氮、挥发酚、氰化物，回用水池内监测指标为挥发酚。 3. 雨水排放口排放期间每日至少开展一次监测，监测指标包括悬浮物、化学需氧量、氨氮、石油类，确保有流量的情况下，雨后15 min内进行监测。 4. 单独排入外环境的生活污水排放口每月至少开展一次监测，监测指标包括流量、pH值、悬浮物、化学需氧量、氨氮、总氮、总磷、五日生化需氧量、动植物油。							
[a] 总氮/总磷实施总量控制的区域，总氮/总磷最低监测频次按日执行。 [b] 适用于不含冷轧的轧钢车间或生产设施废水排放口。 [c] 若酚氰污水处理站仅处理生产工艺废水，则在酚氰污水处理厂排放口监测；若有其他废水进入酚氰污水处理站混合处理，则在其他废水混入前对生产工艺废水采样监测。							

5.3 厂界环境噪声监测

厂界环境噪声监测点位设置应遵循HJ 819中的原则，主要考虑破碎设备、筛分设备、风机、空压机、水泵等噪声源在厂区内的分布情况。

厂界噪声每季度至少开展一次昼夜监测，监测指标为等效A声级。周边有敏感点的，应增加敏感点位噪声监测。

5.4 周边环境质量影响监测

5.4.1 其他环境管理政策，或环境影响评价文件及其批复［仅限2015年1月1日（含）后取得环境影响评价批复的排污单位］有明确要求的，按要求执行。

5.4.2 无明确要求的，若排污单位认为有必要的，可对周边水、土壤、空气环境质量开展监测。可参照HJ/T 164、HJ/T 166、HJ 610中相关规定设置周边地下水、土壤环境影响监测点位，对于废水直接排入地表水或海水的排污单位，可参照HJ/T 2.3、HJ/T 91、HJ 442中相关规定设置周边地表水、海水环境影响监测点位，监测指标及频次按表5执行。周边空气质量影响监测点位、监测指标、监测频次可参照HJ 2.2、HJ/T 194、HJ 819中相关规定执行。

表5 周边环境质量影响监测指标最低监测频次

目标环境	监测指标	监测频次
地表水	pH值、溶解氧、高锰酸盐指数、五日生化需氧量、氨氮、总磷、总氮、铜、锌、氟化物、砷、汞、镉、六价铬、铅、氰化物、挥发酚、石油类、硫化物、铁、苯、总铬、镍、多环芳烃等	季度

目标环境	监测指标	监测频次
海水	pH 值、溶解氧、化学需氧量、五日生化需氧量、无机氮、非离子氮、活性磷酸盐、汞、镉、铅、六价铬、总铬、砷、铜、锌、镍、氰化物、硫化物、挥发酚、石油类、氟化物、铁、苯、多环芳烃等	半年
地下水	pH 值、总硬度、溶解性总固体、硫酸盐、氯化物、铁、铜、锌、挥发酚、高锰酸盐指数、硝酸盐、亚硝酸盐、氨氮、氟化物、氰化物、汞、砷、镉、六价铬、铅、镍、硫化物、总铬、多环芳烃、苯、甲苯、二甲苯等	年
土壤	pH 值、阳离子交换量、镉、汞、砷、铜、铅、铬、锌、镍、多环芳烃、苯、甲苯、二甲苯等	年

5.5 其他要求

5.5.1 除表 1～表 5 中的污染物指标外，5.5.1.1 和 5.5.1.2 中的污染物指标也应纳入监测指标范围，并参照表 1～表 5 和 HJ 819 确定监测频次。

5.5.1.1 排污许可证、所执行的污染物排放（控制）标准、环境影响评价文件及其批复［仅限 2015 年 1 月 1 日（含）后取得环境影响评价批复的排污单位］、相关环境管理规定明确要求的污染物指标。

5.5.1.2 排污单位根据生产过程的原辅用料、生产工艺、中间及最终产品类型、监测结果确定实际排放的，在有毒有害或优先控制污染物相关名录中的污染物指标，或其他有毒污染物指标。

5.5.2 各指标的监测频次在满足本标准的基础上，可根据 HJ 819 中监测频次的确定原则提高监测频次。

5.5.3 采样方法、监测分析方法、监测质量保证与质量控制等按照 HJ 819 执行。

5.5.4 监测方案的描述、变更按照 HJ 819 执行。

6 信息记录和报告

6.1 信息记录

6.1.1 监测信息记录

手工监测的记录和自动监测运维记录按 HJ 819 执行。

6.1.2 生产和污染治理设施运行状况信息记录

6.1.2.1 生产运行状况记录

按班次记录正常工况各生产单元主要生产设施的累计生产时间、生产负荷、主要产品产量、原辅料及燃料使用情况（包括种类、名称、用量、有毒有害元素成分及占比）等数据。

6.1.2.2　原辅料、燃料采购信息

填写原辅料、燃料采购情况及物质、元素占比情况信息。

6.1.2.3　废气处理设施运行情况

应记录除尘、脱硝、脱硫等工艺的基本情况，按班次记录氨水和尿素等含氨物质的消耗情况、脱硫剂使用剂量、脱硫副产物产生量等，并记录除尘、脱硝、脱硫等设施运行、故障及维护情况。

6.1.2.4　废水处理设施运行情况

应记录废水处理工艺的基本情况，按班次记录废水累计流量、药剂投加种类及投加量、污泥产生量等，并记录废水处理设施运行、故障及维护情况。

6.1.2.5　噪声防护设施运行情况

应记录降噪设施的完好性及建设维护情况，记录相关参数。

6.1.3　一般工业固体废物和危险废物记录要求

记录表 6 中一般工业固体废物和危险废物的产生量、综合利用量、处置量、贮存量，危险废物还应详细记录其具体去向。原料或辅助工序中产生的其他危险废物的情况也应记录。

表 6　一般工业固体废物及危险固体废物来源

<table>
<tr><th>一般工业固体废物产生工序</th><th>一般工业固体废物名称</th><th>危险废物产生工序</th><th>危险废物名称</th></tr>
<tr><td>原料系统</td><td>除尘灰等</td><td>炼焦</td><td>精（蒸）馏等产生的残渣、焦粉、焦油渣、脱硫废液、筛焦过程产生的粉尘等</td></tr>
<tr><td>烧结、球团</td><td>除尘灰、脱硫石膏等</td><td rowspan="2">炼钢</td><td rowspan="2">电炉炼钢过程中集（除）尘装置收集的粉尘和废水处理污泥等</td></tr>
<tr><td>炼焦</td><td>煤粉等</td></tr>
<tr><td>炼铁</td><td>除尘灰、瓦斯灰泥、高炉渣等</td><td>轧钢</td><td>废酸、废矿物油等</td></tr>
<tr><td>炼钢</td><td>钢渣、废钢铁料、氧化铁皮等</td><td colspan="2" rowspan="2">其他可能产生的危险废物按照《国家危险废物名录》或国家规定的危险废物鉴别标准和鉴别方法认定</td></tr>
<tr><td>轧钢</td><td>除尘灰、氧化铁皮等</td></tr>
</table>

6.2　信息报告、应急报告、信息公开

按照 HJ 819 执行。

7 其他

排污单位应如实记录手工监测期间的工况（包括生产负荷、污染治理设施运行情况等），确保监测数据具有代表性。

本标准规定的内容外，按照 HJ 819 执行。

HJ

中华人民共和国国家环境保护标准

HJ 879—2017

排污单位自行监测技术指南 纺织印染工业

Self-monitoring technology guidelines for pollution sources — Textile and dyeing industry

2017-12-21发布　　　　2018-01-01实施

环 境 保 护 部 发布

前　　言

为落实《中华人民共和国环境保护法》《中华人民共和国水污染防治法》《中华人民共和国大气污染防治法》，指导和规范纺织印染工业排污单位自行监测工作，制定本标准。

本标准提出了纺织印染工业排污单位自行监测的一般要求、监测方案制定、信息记录和报告的基本内容和要求。

本标准为首次发布。

本标准由环境保护部环境监测司、科技标准司提出并组织制订。

本标准主要起草单位：中国环境监测总站、中国轻工业清洁生产中心。

本标准环境保护部 2017 年 12 月 21 日批准。

本标准自 2018 年 1 月 1 日起实施。

本标准由环境保护部解释。

排污单位自行监测技术指南　纺织印染工业

1　适用范围

本标准提出了纺织印染工业排污单位自行监测的一般要求、监测方案制定、信息记录和报告的基本内容和要求。

本标准适用于纺织印染工业排污单位在生产运行阶段对其排放的水、气污染物，噪声以及对其周边环境质量影响开展自行监测。

自备火力发电机组（厂）、配套动力锅炉的自行监测要求按照 HJ 820 执行。

2　规范性引用文件

本标准引用了下列文件或其中的条款。凡是未注明日期的引用文件，其最新版本适用于本标准。

GB 4287　纺织染整工业水污染物排放标准

GB 28936　缫丝工业水污染物排放标准

GB 28937　毛纺工业水污染物排放标准

GB 28938　麻纺工业水污染物排放标准

HJ 442　近岸海域环境监测规范

HJ 819　排污单位自行监测技术指南　总则

HJ 820　排污单位自行监测技术指南　火力发电及锅炉

HJ/T 2.3　环境影响评价技术导则　地面水环境

HJ/T 91　地表水和污水监测技术规范

HJ/T 166　土壤环境监测技术规范

《国家危险废物名录》

3　术语和定义

GB 4287、GB 28936、GB 28937、GB 28938、HJ 819 界定的以及下列术语和定义适用于本标准。

3.1

纺织印染工业排污单位　textile and dyeing industry pollutant emission unit

指从事对麻、丝、毛等纺前纤维进行加工，纺织材料前处理、染色、印花、整理为主的印染加工，以及从事织造，服装与服饰加工，并有污染产生的生产单位。

3.2

印染　dyeing and printing

指对纺织材料（纤维、纱、线及织物）进行以化学处理为主的工艺过程，包括前处理、染色、印花、整理（包括一般整理与功能整理）等工序。

3.3

纺织印染工业废水集中处理设施　centralized wastewater treatment plant for textile and dyeing industry

为两家及以上纺织印染工业排污单位提供废水处理服务，且执行 GB 4287、GB 28936、GB 28937、GB 28938 中水污染物排放要求的企业或机构。

4　自行监测的一般要求

应查清本单位的污染源、污染物指标及潜在的环境影响，制定监测方案，设置和维护监测设施，按照监测方案开展自行监测，做好质量保证和质量控制，记录和保存监测数据，依法向社会公开监测结果。

5　监测方案制定

5.1　废水排放监测

5.1.1　监测点位

所有纺织印染工业排污单位均须在废水总排放口设置监测点位。

使用含铬染料及助剂进行染色的纺织印染工业排污单位，须在染色车间或生产设施废水排放口设置监测点位。

有印花工序，且印花工序使用感光制网工艺的纺织印染工业排污单位，须在印花车间或生产设施废水排放口设置监测点位。

所有纺织印染工业废水集中处理设施均须在总排放口设置监测点位。

5.1.2 监测指标及监测频次

印染行业排污单位废水排放监测点位、监测指标及最低监测频次按照表 1 执行。

表 1 印染行业排污单位废水排放监测点位、监测指标及最低监测频次

监测点位	监测指标	监测频次	
		直接排放	间接排放
废水总排放口	流量、pH 值、化学需氧量、氨氮	自动监测	
	悬浮物、色度	日	周
	五日生化需氧量、总磷[a]、总氮[a]	周	月
	苯胺类、硫化物	月	季度
	二氧化氯[b]、可吸附有机卤素（AOX）[b]	季度	半年
	总锑[c]	季度	
车间或生产设施废水排放口	六价铬[d]	月	
雨水排放口	化学需氧量、悬浮物	日[e]	

注：表中所列监测指标，设区的市级及以上环保主管部门明确要求安装自动监测设备的，须采取自动监测。

[a] 总氮/总磷实施总量控制区域，总氮/总磷最低监测频次按日执行。

[b] 适用于含氯漂工艺的排污单位。监测结果超标的，应增加监测频次。

[c] 适用于原料含涤纶的排污单位。水环境质量中总锑超标的流域或沿海地区，总锑最低监测频次按月执行。

[d] 适用于使用含铬染料及助剂、有感光制网工艺进行染色印花的排污单位。

[e] 排放期间按日监测。

毛纺、麻纺、缫丝、织造、水洗行业排污单位废水排放监测点位、监测指标及最低监测频次按照表 2 执行。

表 2 毛纺、麻纺、缫丝、织造、水洗行业排污单位废水排放

监测点位、监测指标及最低监测频次

监测点位	监测指标	监测频次	
		直接排放	间接排放
废水总排放口	流量、pH 值、化学需氧量、氨氮	自动监测	
	悬浮物、色度[a]	日	周
	五日生化需氧量	周	月
	总磷[b]、总氮[b]、动植物油[c]	月	季度
	可吸附有机卤素（AOX）[d]	半年	年
雨水排放口	化学需氧量、悬浮物	日[e]	

注：表中所列监测指标，设区的市级及以上环保主管部门明确要求安装自动监测设备的，须采取自动监测。

[a] 适用于麻纺、水洗行业排污单位。

[b] 总氮/总磷实施总量控制区域，总氮/总磷最低监测频次按日执行。

[c] 适用于毛纺、缫丝行业排污单位。

[d] 适用于麻纺行业排污单位。监测结果超标的，应增加监测频次。

[e] 排放期间按日监测。

纺织印染工业废水集中处理设施废水排放监测点位、监测指标及最低监测频次按照表3执行。

表3 纺织印染工业废水集中处理设施废水排放监测点位、监测指标及最低监测频次

监测点位	监测指标	监测频次
纺织印染工业废水集中处理设施总排放口	流量、pH值、化学需氧量、氨氮	自动监测
	悬浮物、色度、总磷[a]、总氮[a]	日
	五日生化需氧量	周
	总锑[b]、二氧化氯[c]、可吸附有机卤素（AOX）[c]、硫化物[c]、苯胺类[c]、六价铬[c]、动植物油[c]	月
注：表中所列监测指标，设区的市级及以上环保主管部门明确要求安装自动监测设备的，须采取自动监测。		
[a] 总氮/总磷实施总量控制区域，总氮/总磷最低监测频次按日执行。 [b] 水环境质量中总锑超标的流域或沿海地区，总锑按周执行。 [c] 根据接收废水排放排污单位情况确定具体监测指标。		

5.2 废气排放监测

5.2.1 有组织废气排放监测点位、监测指标与监测频次

纺织印染工业排污单位有组织废气排放监测点位、监测指标及最低监测频次按照表4执行。

表4 纺织印染工业排污单位有组织废气排放监测点位、监测指标及最低监测频次

污染源	监测点位	监测指标	监测频次
印花设施	印花设施排气筒或车间废气处理设施排放口	非甲烷总烃	季度
		甲苯、二甲苯	半年
定型设施	定型设施排气筒或车间废气处理设施排放口	颗粒物	半年
		非甲烷总烃	季度
涂层设施	涂层设施排气筒或车间废气处理设施排放口	非甲烷总烃	季度
		甲苯、二甲苯	半年
注：1. 排气筒废气监测要同步监测烟气参数。 2. 监测结果超标的，应增加相应指标的监测频次。 3. 根据环境影响评价文件及其批复，以及原料、工艺等确定是否监测其他有机废气污染物。 4. 印花设施指蒸化、静电植绒、数码印花、转移印花等产生废气重点工段的设施。			

若纺织印染工业排污单位有其他有组织废气排放源，应根据污染物排放状况，参照HJ 819确定监测指标和监测频次等内容。

5.2.2 无组织废气排放监测点位、监测指标与监测频次

纺织印染工业排污单位无组织废气排放监测点位、监测指标及最低监测频次按照表5执行。

表 5　纺织印染工业排污单位无组织废气排放监测点位、监测指标及最低监测频次

排污单位	监测点位	监测指标	监测频次
印染行业排污单位	厂界	颗粒物、臭气浓度[a]、氨[b]、硫化氢[b]、非甲烷总烃	半年
毛纺、麻纺、缫丝行业排污单位	厂界	颗粒物、臭气浓度[a]、氨[b]、硫化氢[b]	半年
织造、水洗行业排污单位	厂界	颗粒物、臭气浓度[b]、氨[b]、硫化氢[b]	半年
注：若周边有敏感点，应适当增加监测频次。			
[a] 根据环境影响评价文件及其批复，以及原料、工艺等确定是否监测其他臭气污染物。 [b] 有废水处理设施的排污单位监测该污染物指标。			

纺织印染工业废水集中处理设施无组织废气排放监测点位、监测指标及最低监测频次按照表 6 执行。

表 6　纺织印染工业废水集中处理设施无组织废气排放监测点位、监测指标及最低监测频次

单位	监测点位	监测指标	监测频次
纺织印染工业废水集中处理设施	厂界	臭气浓度[a]、氨、硫化氢	季度
[a] 根据环境影响评价文件及其批复，以及原料、工艺等确定是否监测其他臭气污染物。			

5.3　厂界环境噪声监测

厂界环境噪声监测点位设置应遵循 HJ 819 中的原则，主要考虑表 7 中噪声源在厂区内的分布情况和周边环境敏感点的位置。厂界环境噪声每季度至少开展一次昼夜监测，周边有敏感点的，应提高监测频次。

表 7　厂界环境噪声监测布点应关注的主要噪声源

噪声源	主要设备
生产车间	洗毛设施、麻脱胶设施、缫丝设施、织造设施、印染生产设施、水洗设施等
废水处理设施	废水处理的风机、水泵、曝气设备，污泥脱水设备等

5.4　周边环境质量影响监测

5.4.1　环境影响评价文件及其批复［仅限 2015 年 1 月 1 日（含）后取得的环境影响评价批复］、相关环境管理政策有明确要求的，按要求执行。

5.4.2　无明确要求的，若纺织印染工业排污单位、纺织印染工业废水集中处理设施运行单位认为有必要，可对周边地表水、海水和土壤开展监测。对于废水直接排入地表水、海水的纺织印染工业排污单位和纺织印染工业废水集中处理设施，可按照 HJ/T 2.3、HJ/T 91、HJ 442 及受纳水体环境管理要求设置监测断面和监测点位。开展土壤监测的纺织印染工业排污单位和纺织印染工业废水集中处理设施，可按照 HJ/T 166 及土壤环境管理要求设

置监测点位。监测指标及最低监测频次按照表 8 执行。

表 8　周边环境质量影响监测指标及最低监测频次

目标环境	监测指标	监测频次
地表水	pH 值、悬浮物、高锰酸盐指数、五日生化需氧量、氨氮、总磷、总氮、总锑[a]、总铬[b]、苯胺类[c]等	季度
海水	pH 值、高锰酸盐指数、五日生化需氧量、溶解氧、活性磷酸盐、无机氮、总锑[a]、总铬[b]、苯胺类[c]等	半年
土壤	pH 值、铬等	年[b]
[a]适用于原料含涤纶的排污单位，以及接收此类排污单位废水的集中处理设施。 [b]适用于使用含铬染料及助剂、有感光制网工艺进行染色印花的排污单位，以及接收此类排污单位废水的集中处理设施。 [c]适用于印染行业排污单位，以及接收此类排污单位废水的集中处理设施。		

5.5　其他要求

5.5.1　除表 1～表 6、表 8 中的污染物指标外，5.5.1.1 和 5.5.1.2 中的污染物指标也应纳入监测指标范围，并参照表 1～表 6、表 8 和 HJ 819 确定监测频次。

5.5.1.1　排污许可证、所执行的污染物排放（控制）标准、环境影响评价文件及其批复［仅限 2015 年 1 月 1 日（含）后取得的环境影响评价批复］、相关环境管理规定明确要求的污染物指标；

5.5.1.2　根据生产过程的原辅用料、生产工艺、中间及最终产品类型、监测结果确定实际排放的，在有毒有害或优先控制污染物相关名录中的污染物指标，或其他有毒污染物指标。

5.5.2　各指标的监测频次在满足本标准的基础上，可根据 HJ 819 中监测频次的确定原则提高监测频次。

5.5.3　采样方法、监测分析方法、监测质量保证与质量控制等按照 HJ 819 执行。

5.5.4　监测方案的描述、变更按照 HJ 819 执行。

6　信息记录和报告

6.1　信息记录

6.1.1　监测信息记录

手工监测记录和自动监测运维记录按照 HJ 819 执行。

6.1.2 生产和污染治理设施运行状况信息记录

详细记录生产及污染治理设施运行状况，日常生产中应参照以下内容记录相关信息，并整理成台账保存备查。

6.1.2.1 生产运行状况记录

a）分生产线记录每日的原辅料用量、产品产量：取水量（新鲜水），主要原辅料（天然纤维或化学纤维、坯布、织物、成衣等，生产过程中添加的化学品等）使用量，生丝、净毛、精干麻、纱、坯布、色纤、色纱、面料、水洗成衣等产量；

b）染色生产线每日记录上染率、浴比等。

6.1.2.2 废水处理设施运行状况记录

按日记录废水处理量、废水回用量、废水排放量、污泥产生量（记录含水率）、废水处理使用的药剂名称及用量、电耗等；记录废水处理设施运行、故障及维护情况等。

6.1.2.3 废气处理设施运行状况记录

按日记录废气处理使用的药剂等耗材名称及用量；记录废气处理设施运行参数、故障及维护情况等。

6.1.3 一般工业固体废物和危险废物记录

记录一般工业固体废物的产生量、综合利用量、处置量、贮存量；按照危险废物管理的相关要求，按日记录危险废物的产生量、综合利用量、处置量、贮存量及其具体去向。原料或辅助工序中产生的其他危险废物的情况也应记录。一般工业固体废物及危险废物产生情况见表 9。

表 9 一般工业固体废物及危险废物来源

类别	来源	固体废物
一般工业固体废物	生产车间、废水/气处理设施	工业粉尘、废纸类、废木材、废玻璃及其他废物（原料中的剩余废物、金属零件等）；含氮有机废物、有机废水污泥（根据地方管理要求执行）
危险废物	生产车间、废气处理设施	废矿物油与含矿物油废物、废有机溶剂与含有机溶剂废物、染料和涂料废物、沾染染料和有机溶剂等危险废物的废弃包装物、容器等
注：其他可能产生的危险废物按照《国家危险废物名录》或国家规定的危险废物鉴别标准和鉴别方法认定。		

6.2 信息报告、应急报告和信息公开

按照 HJ 819 执行。

7 其他

排污单位应如实记录手工监测期间的工况（包括生产负荷、污染治理设施运行情况等），确保监测数据具有代表性。

本标准规定的内容外，按 HJ 819 执行。

HJ

中华人民共和国国家环境保护标准

HJ 880—2017

排污单位自行监测技术指南 石油炼制工业

Self-monitoring technology guidelines for pollution sources — Petroleum refining industry

2017-12-21发布　　　　2018-01-01实施

环境保护部 发布

前　言

为落实《中华人民共和国环境保护法》《中华人民共和国水污染防治法》《中华人民共和国大气污染防治法》，指导和规范石油炼制工业排污单位自行监测工作，制定本标准。

本标准提出了石油炼制工业排污单位自行监测的一般要求、监测方案制定、信息记录和报告的基本内容和要求。

本标准为首次发布。

本标准由环境保护部环境监测司、科技标准司提出并组织制订。

本标准主要起草单位：中国环境监测总站、中国石油集团安全环保技术研究院、河北省环境监测中心站、中国石油天然气股份有限公司独山子石化分公司环境监测中心、中国石油天然气股份有限公司辽阳石化分公司环境监测站。

本标准环境保护部 2017 年 12 月 21 日批准。

本标准自 2018 年 1 月 1 日起实施。

本标准由环境保护部解释。

排污单位自行监测技术指南　石油炼制工业

1　适用范围

本标准提出了石油炼制工业排污单位自行监测的一般要求、监测方案制定、信息记录和报告的基本内容和要求。

本标准适用于石油炼制工业排污单位在生产运行阶段对其排放的水、气污染物，噪声以及对其周边环境质量影响开展监测。

排污单位自备火力发电机组（厂）、配套动力锅炉的自行监测要求按照 HJ 820 执行。

2　规范性引用文件

本标准引用了下列文件或其中的条款。凡是未注明日期的引用文件，其最新版本适用于本标准。

GB 14554　恶臭污染物排放标准

GB 18484　危险废物焚烧污染控制标准

GB 31570　石油炼制工业污染物排放标准

HJ/T 55　大气污染物无组织排放监测技术导则

HJ/T 91　地表水和污水监测技术规范

HJ/T 164　地下水环境监测技术规范

HJ/T 166　土壤环境监测技术规范

HJ/T 194　环境空气质量手工监测技术规范

HJ 442　近岸海域环境监测规范

HJ 664　环境空气质量监测点位布设技术规范（试行）

HJ 733　泄漏和敞开液面排放的挥发性有机物检测技术导则

HJ 819　排污单位自行监测技术指南　总则

HJ 820　排污单位自行监测技术指南　火力发电及锅炉

《国家危险废物名录》

3 术语和定义

GB 31570、HJ 819 界定的以及下列术语和定义适用于本标准。

3.1

石油炼制工业　petroleum refining industry

以原油、重油等为原料，生产汽油馏分、柴油馏分、燃料油、润滑油、石油蜡、石油沥青和石油化工原料等的工业。

3.2

挥发性有机物　volatile organic compounds

指参与大气光化学反应的有机化合物，或者根据规定的方法测量或核算确定的有机化合物。本标准使用非甲烷总烃作为排气筒和企业边界挥发性有机物排放的综合控制指标。

3.3

含汞原油　hydrargyrate crude oil

本标准特指汞含量大于 5 μg/g 的原油。

4 自行监测的一般要求

排污单位应查清本单位的污染源，污染物指标及潜在的环境影响，制定监测方案，设置和维护监测设施，按照监测方案开展自行监测，做好质量保证和质量控制，记录和保存监测数据，依法向社会公开监测结果。

5 监测方案制定

5.1 废水排放监测

5.1.1 监测点位

排污单位须在废水总排放口、雨水排放口设置监测点位。车间或生产设施废水排放口监测点位的设置按照表 1 中的规定执行。

5.1.2 监测指标与频次

废水排放监测指标及最低监测频次按表 1 执行。

表 1　废水排放监测指标最低监测频次

监测点位	监测指标	监测频次	
		直接排放	间接排放
废水总排放口	流量、化学需氧量、氨氮	自动监测	周
	石油类、pH 值、悬浮物、总氮、总磷、硫化物、挥发酚	周	月
	五日生化需氧量、总有机碳、总钒、苯、甲苯、邻二甲苯、间二甲苯、对二甲苯、乙苯、总氰化物	月	季度
延迟焦化装置冷焦水、切焦水废水排放口	苯并[*a*]芘	半年[a]	
常减压蒸馏装置电脱盐废水排放口[b]	总汞	月	
	烷基汞	半年[a]	
酸性水汽提装置废水排放口	总砷	月	
催化裂化装置烟气脱硫废水排放口 催化汽油吸附脱硫装置烟气脱硫废水排放口	总镍	月	
航空汽油调和车间废水排放口 四乙基铅生产装置废水排放口	总铅	月	
雨水排放口	pH 值、化学需氧量、氨氮、石油类、悬浮物	日[c]	

注：1. 设区的市级及以上环境保护主管部门明确要求安装自动监测设备的污染物指标，须采取自动监测。
　　2. 监测污染物浓度时应同步监测流量。

[a] 2020 年 1 月 1 日起按月执行。
[b] 适用于加工含汞原油的情况。
[c] 排放期间按日监测。

5.2　废气排放监测

5.2.1　有组织废气排放监测点位、指标与频次

5.2.1.1　监测点位

废气通过排气筒等方式排放至外环境的，应在烟道上设置监测点位；相同监测指标多股废气混合排放的，应在废气汇合后的共用烟道上或分别在各个烟道上设置监测点位；有旁路的旁路烟道也应设置监测点位；有机废气回收处理装置应分别在其废气进口及排放口设置监测点位。

5.2.1.2　监测指标与频次

有组织废气排放监测指标及最低监测频次按表 2 执行。

表 2　有组织废气监测指标最低监测频次

监测点位	监测指标	监测频次
工艺加热炉排气筒（单台额定功率≥14MW）	氮氧化物	自动监测
	二氧化硫、颗粒物	季度（月[a]）
工艺加热炉排气筒（单台额定功率＜14MW）	氮氧化物、二氧化硫、颗粒物	季度（月[a]）

监测点位	监测指标	监测频次
催化裂化催化剂再生烟气排气筒	氮氧化物、二氧化硫、颗粒物	自动监测
	镍及其化合物	季度
重整催化剂再生烟气排气筒 离子液法烷基化装置催化剂再生烟气排气筒	非甲烷总烃	月
	氯化氢	季度
催化汽油吸附脱硫再生烟气排气筒	颗粒物、二氧化硫	季度
酸性气回收装置排气筒	二氧化硫	自动监测
	硫化氢、氮氧化物[b]	月
	硫酸雾[c]	季度
氧化沥青装置排气筒	沥青烟	季度
	苯并[*a*]芘	半年
废水处理有机废气收集处理装置排气筒	非甲烷总烃、硫化氢	月
	苯、甲苯、二甲苯	季度
有机废气回收处理装置进口及其排放口[d]	非甲烷总烃	月
危险废物焚烧炉排气筒[e]	氮氧化物、二氧化硫、颗粒物	自动监测
	烟气黑度、一氧化碳、氟化氢、氯化氢、汞及其化合物、镉及其化合物、（砷、镍及其化合物）、铅及其化合物、（铬、锡、锑、铜、锰及其化合物）	月
	二噁英类	年

注：1. 设区的市级及以上环境保护主管部门明确要求安装自动监测设备的污染物指标，须采取自动监测。
2. 废气监测须按照相应标准分析方法、技术规范同步监测烟气参数。

[a] 若燃料为净化后干气、瓦斯气、天然气则按季度监测，若采用其他燃料，则在使用期间按月监测。
[b] 适用于采用氧化法尾气污染物控制的酸性气回收装置。
[c] 适用于酸性气回收装置生产硫酸的情况。
[d] 有机废气排放口排气中若含有颗粒物、二氧化硫或氮氧化物，须进行监测。
[e] 危险废物焚烧炉排气筒监测的其他要求按 GB 18484 执行。

5.2.2 无组织废气排放监测点位、指标与频次

无组织废气排放监测点位设置、监测指标及最低监测频次按表 3 执行。

表 3 无组织废气监测指标最低监测频次

监测点位	监测指标	监测频次
企业边界	非甲烷总烃、颗粒物、氯化氢[a]、苯、甲苯、二甲苯、氨、硫化氢、臭气浓度	季度
	苯并[*a*]芘	年
泵、压缩机、阀门、开口阀或开口管线、气体/蒸气泄压设备、取样连接系统	挥发性有机物	季度
法兰及其他连接件、其他密封设备	挥发性有机物	半年

注：1. 对于设备与管线组件密封点泄漏检测，若同一密封点连续三个周期检测无泄漏情况，则检测周期可延长一倍，但在后续监测中该检测点位一旦检测出现泄漏情况，则监测频次按原规定执行。
2. 根据环境影响评价文件及其批复，以及原料工艺等确定是否监测 GB 14554 中的其他恶臭污染物。
3. 挥发性有机物监测的其他要求按 HJ 733 及其他国家挥发性有机物管理规定执行。

[a] 适用于工艺装置中有连续重整装置或采用离子液法的烷基化装置的情况。

5.3 厂界环境噪声监测

厂界环境噪声监测点位设置应遵循 HJ 819 中的原则，主要考虑机泵电机、空冷电机、压缩电机、风机等噪声源在厂区内的分布情况。

厂界环境噪声每季度至少开展一次昼夜监测，监测指标为等效 A 声级。周边有敏感点的，应提高监测频次。

5.4 周边环境质量影响监测

5.4.1 其他环境管理政策，或环境影响评价文件及其批复［仅限 2015 年 1 月 1 日（含）后取得环境影响评价批复的排污单位］有明确要求的，按要求执行。

5.4.2 无明确要求的，若排污单位认为有必要的，可对周边水、土壤、环境空气质量开展监测。可按照 HJ 664、HJ/T 55、HJ/T 164、HJ/T 166、HJ/T 194 中相关规定设置环境空气、地下水、土壤监测点位，对于废水直接排入地表水、海水的排污单位，可按照 HJ/T 91、HJ 442 中相关规定设置周边地表水、海水监测点位，监测指标及最低监测频次可参照表 4 执行。

表 4 周边环境质量影响监测指标最低监测频次

类别	监测指标	监测频次
环境空气[a]	非甲烷总烃、颗粒物、氯化氢[b]、苯、甲苯、二甲苯、氨、硫化氢	半年
	苯并[*a*]芘	年
地表水	pH 值、化学需氧量、氨氮、石油类、悬浮物、总氮、总磷、硫化物、挥发酚、五日生化需氧量、总有机碳、总钒、苯、甲苯、邻二甲苯、间二甲苯、对二甲苯、乙苯、总氰化物、苯并[*a*]芘、总砷、总镍、总铅、总汞、烷基汞等	季度
地下水	pH 值、高锰酸盐指数、氨氮、石油类、总氮、总磷、硫化物、挥发酚、五日生化需氧量、总有机碳、总钒、苯、甲苯、邻二甲苯、间二甲苯、对二甲苯、乙苯、总氰化物、苯并[*a*]芘、总砷、总镍、总铅、总汞、烷基汞等	年
海水	pH 值、化学需氧量、氨氮、石油类、悬浮物、总氮、总磷、硫化物、挥发酚、五日生化需氧量、总有机碳、总钒、苯、甲苯、邻二甲苯、间二甲苯、对二甲苯、乙苯、总氰化物、苯并[*a*]芘、总砷、总镍、总铅、总汞、烷基汞等	半年
土壤	pH 值、硫化物、苯、甲苯、二甲苯、苯并[*a*]芘、总砷、总镍、总铅、总汞等	年

[a] 每次连测 3 天。
[b] 适用于工艺装置中有连续重整装置或采用离子液法的烷基化装置的情况。

5.5 其他要求

5.5.1 除表 1～表 3 中的污染物指标外，5.5.1.1 和 5.5.1.2 中的污染物指标也应纳入监测指标范围，并参照表 1～表 3 和 HJ 819 确定监测频次。

5.5.1.1 排污许可证、所执行的污染物排放（控制）标准、环境影响评价文件及其批复［仅限 2015 年 1 月 1 日（含）后取得环境影响评价批复的排污单位]、相关环境管理规定明确要求的污染物指标。

5.5.1.2　排污单位根据生产过程的原辅用料、生产工艺、中间及最终产品类型、监测结果确定实际排放的，在有毒有害或优先控制污染物相关名录中的污染物指标，或其他有毒污染物指标。

5.5.2　各指标的监测频次在满足本标准的基础上，可根据 HJ 819 中监测频次的确定原则提高监测频次。

5.5.3　采样方法、监测分析方法、监测质量保证与质量控制等按照 HJ 819 执行。

5.5.4　监测方案的描述、变更按照 HJ 819 执行。

6　信息记录和报告

6.1　信息记录

6.1.1　监测信息记录

手工监测记录和自动监测运维记录按照 HJ 819 执行。

6.1.2　生产和污染治理设施运行状况记录要求

6.1.2.1　生产设施运行状况

a）主体设施

按班次记录正常工况各主要生产单元每套装置的运行状态、生产负荷，重点记录各装置的原料用量、辅料用量、主产品产量、副产品产量、取水量（新鲜水）、废水排放量、燃料消耗量、燃料含硫量、原料含硫量与各种金属类含量、运行时间等参数情况。催化裂化装置还应记录新催化剂主要成分及用量、废催化剂排放量、再生催化剂循环量等。

b）公辅设施

包括污水处理装置、储罐、火炬系统、动力站等，储罐包括设计规模、工艺参数（温度、液位、周转量）等，火炬系统应连续记录引燃设施和火炬工作状态（火炬气流量、火炬头温度、火种气流量、火种温度等）。

c）全厂运行情况

年生产时间分正常工况和非正常工况（生产装置或设施开停工、检维修）、原辅燃料使用量、主要产品产量等。辅料重点记录与污染治理设施和污染物排放相关的内容。

6.1.2.2　污染治理设施运行状况

污染治理设施运行管理信息应当包括设备运行校验关键参数，能充分反映生产设施及治理设施运行管理情况。

a）废水治理设施包括预处理设施和集中污水处理设施两部分，需每天记录废水处理量、回用水量、运行参数（包括运行工况等）、药剂使用量、投放频次、电耗、污泥产生量等。如出现设施停运、检维修、事故等异常情况，需进行记录。

b）有组织废气治理设施需记录污染治理设施运行时间、运行参数（包括运行工况等）、使用药剂、投放频次等。如出现设施停运、检维修、事故等异常情况，需进行记录。

6.1.3 一般工业固体废物和危险废物记录

记录一般工业固体废物的产生量、综合利用量、处置量、贮存量；按照危险废物管理的相关要求，按日记录危险废物的产生量、综合利用量、处置量、贮存量及其具体去向。原料或辅助工序中产生的其他危险废物的情况也应记录。一般工业固体废物及危险废物产生情况见表 5。

表 5 一般工业固体废物及危险废物来源

类别	废物名称
一般工业固体废物	灰渣、脱硫石膏、袋式（电袋）除尘器产生的破旧布袋
危险废物	废碱液、废酸液、废催化剂、含油污泥等。
注：其他可能产生的危险废物按照《国家危险废物名录》或国家规定的危险废物鉴别标准和鉴别方法认定。	

6.2 信息报告、应急监测报告、信息公开

按照 HJ 819 执行。

7 其他

排污单位应如实记录手工监测期间的工况（包括生产负荷、污染治理设施运行情况等），确保监测数据具有代表性。

本标准规定的内容外，按照 HJ 819 执行。

HJ

中华人民共和国国家环境保护标准

HJ 881—2017

排污单位自行监测技术指南 提取类制药工业

Self-monitoring technology guidelines for pollution sources —Pharmaceutical industry extraction products category

2017-12-21 发布　　2018-01-01 实施

环 境 保 护 部 发 布

前　言

为落实《中华人民共和国环境保护法》《中华人民共和国水污染防治法》《中华人民共和国大气污染防治法》，指导和规范提取类制药工业排污单位自行监测工作，制定本标准。

本标准提出了提取类制药工业排污单位自行监测的一般要求、监测方案制定、信息记录和报告的基本内容和要求。

本标准为首次发布。

本标准由环境保护部环境监测司、科技标准司提出并组织制订。

本标准主要起草单位：中国环境监测总站、南京市环境监测中心站。

本标准环境保护部 2017 年 12 月 21 日批准。

本标准自 2018 年 1 月 1 日起实施。

本标准由环境保护部解释。

排污单位自行监测技术指南　提取类制药工业

1　适用范围

本标准提出了提取类制药工业排污单位自行监测的一般要求、监测方案制定、信息记录和报告的基本内容和要求。

本标准适用于提取类制药工业排污单位在生产运行阶段对其排放的水、气污染物，噪声以及对其周边环境质量影响开展监测。

本标准也适用于与提取类药物结构相似的兽药生产排污单位。

自备火力发电机组（厂）、配套动力锅炉的自行监测要求按照 HJ 820 执行。

2　规范性引用文件

本标准引用了下列文件或其中的条款。凡是未注明日期的引用文件，其最新版本适用于本标准。

GB 14554　恶臭污染物排放标准

GB 16297　大气污染物综合排放标准

GB 21905　提取类制药工业水污染物排放标准

HJ/T 2.3　环境影响评价技术导则　地面水环境

HJ/T 91　地表水和污水监测技术规范

HJ/T 166　土壤环境监测技术规范

HJ 442　近岸海域环境监测规范

HJ 819　排污单位自行监测技术指南　总则

HJ 820　排污单位自行监测技术指南　火力发电及锅炉

《国家危险废物名录》

3　术语和定义

GB 21905 界定的以及下列术语和定义适用于本标准。

3.1

提取　extract

指通过溶剂（如乙醇）处理、蒸馏、脱水、经受压力或离心力作用，或通过其他化学或机械工艺过程从物质中制取（如组成成分或汁液）。

3.2

提取类制药　extraction pharmacy

指运用物理的、化学的、生物化学的方法，将生物体中起重要生理作用的各种基本物质经过提取、分离、纯化等手段制造药物的过程。

3.3

直接排放　direct discharge

指排污单位直接向环境水体排放水污染物的行为。

3.4

间接排放　indirect discharge

指排污单位向公共污水处理系统排放水污染物的行为。

3.5

挥发性有机物　volatile organic compounds（VOCs）

指参与大气光化学反应的有机化合物，或者根据规定的方法测量或核算确定的有机化合物。

4　自行监测的一般要求

排污单位应查清本单位的污染源、污染物指标及潜在的环境影响，制定监测方案，设置和维护监测设施，按照监测方案开展自行监测，做好质量保证和质量控制，记录和保存监测数据和信息，依法向社会公开监测结果。

5　监测方案制定

5.1　废水排放监测

5.1.1　监测点位

所有提取类制药工业排污单位均须在废水总排放口、雨水排放口设置监测点位，生活污水单独排入外环境的须在生活污水排放口设置监测点位。

5.1.2 监测指标及监测频次

排污单位废水排放监测点位、监测指标及最低监测频次按照表 1 执行。

表 1 废水排放监测点位、监测指标及最低监测频次

监测点位	监测指标	监测频次	
		直接排放	间接排放
废水总排放口	流量、pH 值、化学需氧量、氨氮	自动监测	
	总磷	日（自动监测[a]）	月（自动监测[a]）
	总氮	日[b]	月（日[b]）
	悬浮物、色度、动植物油、五日生化需氧量、总有机碳、急性毒性（$HgCl_2$ 毒性当量）	月	季度
生活污水排放口	流量、pH 值、化学需氧量、氨氮	自动监测	—
	总磷	月（自动监测[a]）	—
	总氮	月（日[b]）	—
	悬浮物、五日生化需氧量、动植物油	月	—
雨水排放口	pH 值、化学需氧量、氨氮、悬浮物	日[c]	

注：表中所列监测指标设区的市级及以上环保主管部门明确要求安装自动监测设备的，须采取自动监测。

[a] 水环境质量中总磷实施总量控制区域，总磷须采取自动监测。

[b] 水环境质量中总氮实施总量控制区域，总氮目前最低监测频次按日执行，待自动监测技术规范发布后，须采取自动监测。

[c] 排放期间按日监测。

5.2 废气排放监测

5.2.1 有组织废气排放监测点位、监测指标及监测频次

5.2.1.1 监测点位

各工序废气通过排气筒等方式排放至外环境，须在排气筒或排气筒前的废气管道设置监测点位。

5.2.1.2 监测指标及监测频次

各工序有组织废气监测点位、监测指标及最低监测频次按照表 2 执行。对于多个污染源或生产设备共用一个排气筒的，监测点位可布设在共用排气筒上，监测指标应涵盖所对应的污染源或生产设备监测指标，最低监测频次按照严格的执行。

表 2 有组织废气排放监测点位、监测指标及最低监测频次

生产工序	监测点位	废气类型	监测指标	监测频次
原料选择和预处理、清洗、粉碎等	破碎、筛分机等设备排气筒或密闭车间排气筒	工艺含尘废气	颗粒物	季度

生产工序	监测点位	废气类型	监测指标	监测频次
提取、精制、溶剂回收	酸化罐、吸附塔、结晶罐、蒸馏回收等设备排气筒	工艺有机废气	挥发性有机物[a]	月
			特征污染物[b]	年
干燥	干燥塔、真空干燥器、真空泵等干燥设备排气筒	工艺含尘废气	颗粒物	季度
		工艺有机废气	挥发性有机物[a]	月
			特征污染物[b]	年
成品	粉碎、研磨、包装等设备排气筒	工艺含尘废气	颗粒物	季度
其他	危废暂存废气排气筒	—	挥发性有机物[a]	季度
			臭气浓度、特征污染物[b]	年
	危险废物焚烧炉排气筒	—	烟尘、二氧化硫、氮氧化物	自动监测
			烟气黑度、一氧化碳、氯化氢、氟化氢、汞及其化合物、镉及其化合物、（砷、镍及其化合物）、铅及其化合物、（锑、铬、锡、铜、锰及其化合物）	半年
			二噁英类	年
	污水处理设施排气筒	—	挥发性有机物[a]	月
			臭气浓度、特征污染物[b]	年

注：1. 废气监测须按照相应监测分析方法、技术规范同步监测烟气参数。

2. 表中所列监测指标设区的市级及以上环保主管部门明确要求安装自动监测设备的，须采取自动监测。

[a] 根据行业特征和环境管理需求，挥发性有机物可选择对主要 VOCs 物种进行定量加和的方法测量总有机化合物，或者选用按基准物质标定，检测器对混合进样中 VOCs 综合响应的方法测量非甲烷有机化合物。由于现阶段国家还未出台标准测定方法，本标准暂时使用非甲烷总烃作为挥发性有机物排放的综合控制指标，待相关标准方法发布后，从其规定。

[b] 特征污染物见 GB 14554、GB 16297 所列污染物，根据排污许可证、所执行的污染物排放（控制）标准、环境影响评价文件及其批复等相关环境管理规定，以及生产工艺、原辅用料、中间及最终产品，确定具体污染物项目。待制药工业大气污染物排放标准发布后，从其规定。地方排放标准中有要求的，按照严格的执行。

5.2.2 无组织废气排放监测点位、监测指标及监测频次

无组织废气排放监测点位、监测指标及最低监测频次按照表 3 执行。

表 3 无组织废气排放监测点位、监测指标及最低监测频次

监测点位	监测指标	监测频次
厂界	挥发性有机物[a]、臭气浓度、特征污染物[b]	半年

[a] 根据行业特征和环境管理需求，挥发性有机物可选择对主要 VOCs 物种进行定量加和的方法测量总有机化合物，或者选用按基准物质标定，检测器对混合进样中 VOCs 综合响应的方法测量非甲烷有机化合物。由于现阶段国家还未出台标准测定方法，本标准暂时使用非甲烷总烃作为挥发性有机物排放的综合控制指标，待相关标准方法发布后，从其规定。

[b] 特征污染物见 GB 14554、GB 16297 所列污染物，根据排污许可证、所执行的污染物排放（控制）标准、环境影响评价文件及其批复等相关环境管理规定，以及生产工艺、原辅用料、中间及最终产品，确定具体污染物项目。待制药工业大气污染物排放标准发布后，从其规定。地方排放标准中有要求的，按照严格的执行。

5.3 厂界环境噪声监测

厂界环境噪声监测点位设置应遵循 HJ 819 中的原则，主要考虑表 4 中噪声源在厂区内的分布情况和周边环境敏感点的位置。厂界环境噪声每季度至少开展一次昼间噪声监测，夜间生产的排污单位须监测夜间噪声。周边有敏感点的，应提高监测频次。

表 4　厂界环境噪声监测布点应关注的主要噪声源

噪声源	主要设备
原料选择、预处理、清洗、粉碎工序	备料过程的机械、清洗机械、粉碎机械等
提取、精制、干燥、灭菌、制剂工序	电机、离心机、泵、风机、冷冻机、空调机组、凉水塔等
污水处理设施	污水提升泵、曝气设备、风机、污泥脱水设备等

5.4 周边环境质量影响监测

5.4.1　环境管理政策或环境影响评价文件及其批复［仅限 2015 年 1 月 1 日（含）后取得环境影响评价批复的排污单位］有明确要求的，按要求执行。

5.4.2　无明确要求的，若排污单位认为有必要的，可对周边地表水、海水和土壤开展监测。对于废水直接排入地表水、海水的排污单位，可按照 HJ/T 2.3、HJ/T 91、HJ 442 及受纳水体环境管理要求设置监测断面和监测点位；开展土壤监测的排污单位，可按照 HJ/T 166 及土壤环境管理要求设置监测点位。监测指标及最低监测频次按照表 5 执行。

表 5　周边环境质量影响监测指标及最低监测频次

目标环境	监测指标	监测频次
地表水	pH 值、化学需氧量、溶解氧、五日生化需氧量、氨氮、总磷、总氮等	季度
海水	pH 值、化学需氧量、五日生化需氧量、溶解氧、活性磷酸盐、无机氮等	半年
土壤	pH 值、二氯甲烷、三氯甲烷、丙酮等	年
注：地表水、海水、土壤的具体监测指标根据生产过程的原辅用料、产品和副产物确定。		

5.5 其他要求

5.5.1　除表 1～表 3、表 5 中的污染物指标外，5.5.1.1 和 5.5.1.2 中的污染物指标也应纳入监测指标范围，并参照表 1～表 3、表 5 和 HJ 819 确定监测频次。

5.5.1.1　排污许可证、所执行的污染物排放（控制）标准、环境影响评价文件及其批复［仅限 2015 年 1 月 1 日（含）后取得环境影响评价批复的排污单位］、相关环境管理规定明确要求的污染物指标。

5.5.1.2　排污单位根据生产过程的原辅用料、生产工艺、中间及最终产品类型、监测结果

确定实际排放的，在有毒有害或优先控制污染物相关名录中的污染物指标，或其他有毒污染物指标。

5.5.2 各指标的监测频次在满足本标准的基础上，可根据 HJ 819 中监测频次的确定原则提高监测频次。

5.5.3 涉及化学合成类、发酵类和提取类两种以上工业类型的排污单位，监测方案中应涵盖所涉及工业类型的所有监测指标，监测频次按照严格的执行。

5.5.4 采样方法、监测分析方法、监测质量保证与质量控制等按照 HJ 819 相关要求执行。

5.5.5 监测方案的描述、变更按照 HJ 819 规定执行。

6 信息记录和报告

6.1 信息记录

6.1.1 监测信息记录

手工监测记录和自动监测运维记录按照 HJ 819 规定执行。

6.1.2 生产和污染治理设施运行状况信息记录

排污单位应详细记录其生产及污染治理设施运行状况，日常生产中应参照以下内容记录相关信息，并整理成台账保存备查。

6.1.2.1 生产运行状况记录

按照药品生产批次记录以下相关信息：

a）原料选择和预处理、清洗、粉碎生产工序：记录取水量（新鲜水），主要原辅料（人体、植物、动物、海洋生物）使用量等；

b）提取工序：记录溶剂的使用量和药物粗品的产生量等；

c）精制工序：记录活性炭、碳纤维滤膜、树脂等过滤物及载体使用量，无机盐（氯化钠、硫酸铵、硫酸镁、硫酸钠、磷酸钠等）使用量，溶剂（盐酸、乙醇、丙酮、三氯甲烷、二氯甲烷、乙酸乙酯等）使用量等。

6.1.2.2 溶剂回收运行状况记录

按各产品生产批次记录溶剂名称、回收量、补充量，以及溶剂回收设备能源、耗材使用量等。

6.1.2.3 污水处理设施运行状况记录

按日记录污水处理量、排放量、回用水量、回用率、污泥产生量（记录含水率）、污水处理使用的药剂名称及用量、鼓风机电量等；记录污水处理设施运行、故障及维护情况等。

6.1.2.4 废气处理设施运行状况记录

按日记录废气处理使用的吸附剂、过滤材料等耗材的名称及用量；记录废气处理设施运行参数、故障及维护情况等。

6.1.3 一般工业固体废物和危险废物信息记录

按日记录一般工业固体废物的产生量、综合利用量、处置量、贮存量；按照危险废物管理的相关要求，按日记录危险废物的产生量、综合利用量、处置量、贮存量及其具体去向。原料或辅助工序中产生的其他危险废物的情况也应记录。一般工业固体废物及危险废物产生情况见表 6。

表 6 一般工业固体废物及危险废物来源

种类	主要产生来源	名称
一般工业固体废物	原料选择、预处理、粉碎、清洗工序	原料中的杂物、废包装材料、变质的动物或海洋生物尸体、动物组织中剔除的结缔组织或脂肪组织等
危险废物	提取、精制、有机溶剂回收、废气处理工序	残余液、废滤芯（滤膜）等吸附过滤物及载体、含菌废液、废药品、废试剂、废催化剂、废渣等
注：污水处理设施（站）污泥及其他可能产生的危险废物按照《国家危险废物名录》或国家规定的危险废物鉴别标准和鉴别方法认定。		

6.2 信息报告、应急报告、信息公开

信息报告、应急报告和信息公开按照 HJ 819 规定执行。

7 其他

排污单位应如实记录手工监测期间的工况（包括生产负荷、污染治理设施运行情况等），确保监测数据具有代表性。

本标准规定的内容外，其他内容按照 HJ 819 规定执行。

HJ

中华人民共和国国家环境保护标准

HJ 882—2017

排污单位自行监测技术指南 发酵类制药工业

Self-monitoring technology guidelines for pollution sources —Pharmaceutical industry fermentation products category

2017-12-21发布　　　　2018-01-01实施

环 境 保 护 部 发布

前　言

为落实《中华人民共和国环境保护法》《中华人民共和国水污染防治法》《中华人民共和国大气污染防治法》，指导和规范发酵类制药工业排污单位自行监测工作，制定本标准。

本标准提出了发酵类制药工业排污单位自行监测的一般要求、监测方案制定、信息记录和报告的基本内容和要求。

本标准为首次发布。

本标准由环境保护部环境监测司、科技标准司提出并组织制订。

本标准主要起草单位：中国环境监测总站、南京市环境监测中心站。

本标准环境保护部 2017 年 12 月 21 日批准。

本标准自 2018 年 1 月 1 日起实施。

本标准由环境保护部解释。

排污单位自行监测技术指南　发酵类制药工业

1　适用范围

本标准提出了发酵类制药工业排污单位自行监测的一般要求、监测方案制定、信息记录和报告的基本内容和要求。

本标准适用于发酵类制药工业排污单位在生产运行阶段对其排放的水、气污染物，噪声以及对其周边环境质量影响开展监测。

本标准也适用于与发酵类药物结构相似的兽药生产排污单位。

自备火电发电机组（厂）、配套动力锅炉的自行监测要求按照 HJ 820 执行。

2　规范性引用文件

本标准引用了下列文件或其中的条款。凡是未注明日期的引用文件，其最新版本适用于本标准。

GB 14554　恶臭污染物排放标准

GB 16297　大气污染物综合排放标准

GB 21903　发酵类制药工业水污染物排放标准

HJ/T 2.3　环境影响评价技术导则　地面水环境

HJ/T 91　地表水和污水监测技术规范

HJ/T 166　土壤环境监测技术规范

HJ 442　近岸海域环境监测规范

HJ 819　排污单位自行监测技术指南　总则

HJ 820　排污单位自行监测技术指南　火力发电及锅炉

《国家危险废物名录》

3　术语和定义

GB 21903 界定的以及下列术语和定义适用于本标准。

3.1

发酵　fermentation

指借助微生物在有氧或无氧条件下的生命活动来制备微生物菌体本身，或者直接代谢产物或次级代谢产物的过程。

3.2

发酵类制药　fermentation　pharmacy

指通过发酵的方法产生抗生素或其他的活性成分，然后经过分离、纯化、精制等工序生产出药物的过程。按产品种类分为抗生素类、维生素类、氨基酸类和其他类。

3.3

直接排放　direct discharge

指排污单位直接向环境水体排放水污染物的行为。

3.4

间接排放　indirect discharge

指排污单位向公共污水处理系统排放水污染物的行为。

3.5

挥发性有机物　volatile organic compounds（VOCs）

指参与大气光化学反应的有机化合物，或者根据规定的方法测量或核算确定的有机化合物。

4　自行监测的一般要求

排污单位应查清本单位的污染源、污染物指标及潜在的环境影响，制定监测方案，设置和维护监测设施，按照监测方案开展自行监测，做好质量保证和质量控制，记录和保存监测数据和信息，依法向社会公开监测结果。

5　监测方案制定

5.1　废水排放监测

5.1.1　监测点位

所有发酵类制药工业排污单位均须在废水总排放口、雨水排放口设置监测点位，生活污水单独排入外环境的须在生活污水排放口设置监测点位。

5.1.2 监测指标及监测频次

排污单位废水排放监测点位、监测指标及最低监测频次按照表 1 执行。

表 1 废水排放监测点位、监测指标及最低监测频次

<table>
<tr><td rowspan="2">监测点位</td><td rowspan="2">监测指标</td><td colspan="2">监测频次</td></tr>
<tr><td>直接排放</td><td>间接排放</td></tr>
<tr><td rowspan="4">废水
总排放口</td><td>流量、pH 值、化学需氧量、氨氮</td><td colspan="2">自动监测</td></tr>
<tr><td>总磷</td><td>日（自动监测[a]）</td><td>月（自动监测[a]）</td></tr>
<tr><td>总氮</td><td>日[b]</td><td>月（日[b]）</td></tr>
<tr><td>悬浮物、色度、总有机碳、五日生化需氧量、总氰化物、总锌、急性毒性（$HgCl_2$毒性当量）</td><td>月</td><td>季度</td></tr>
<tr><td rowspan="4">生活污水
排放口</td><td>流量、pH 值、化学需氧量、氨氮</td><td>自动监测</td><td>—</td></tr>
<tr><td>总磷</td><td>月（自动监测[a]）</td><td>—</td></tr>
<tr><td>总氮</td><td>月（日[b]）</td><td>—</td></tr>
<tr><td>悬浮物、五日生化需氧量、动植物油</td><td>月</td><td>—</td></tr>
<tr><td>雨水排放口</td><td>pH 值、化学需氧量、氨氮、悬浮物</td><td colspan="2">日[c]</td></tr>
<tr><td colspan="4">注：表中所列监测指标，设区的市级及以上环保主管部门明确要求安装自动监测设备的，须采取自动监测。</td></tr>
<tr><td colspan="4">[a] 水环境质量中总磷实施总量控制区域，总磷须采取自动监测。
[b] 水环境质量中总氮实施总量控制区域，总氮目前最低监测频次按日执行，待自动监测技术规范发布后，须采取自动监测。
[c] 排放期间按日监测。</td></tr>
</table>

5.2 废气排放监测

5.2.1 有组织废气排放监测点位、监测指标及监测频次

5.2.1.1 监测点位

各工序废气通过排气筒等方式排放至外环境，须在排气筒或排气筒前的废气烟道设置监测点位。

5.2.1.2 监测指标与监测频次

各工序有组织废气监测点位、监测指标及最低监测频次按照表 2 执行。对于多个污染源或生产设备共用一个排气筒的，监测点位可布设在共用排气筒上，监测指标应涵盖所对应的污染源或生产设备监测指标，最低监测频次按照严格的执行。

表 2　有组织废气排放监测点位、监测指标及最低监测频次

生产工序	监测点位	废气类型	监测指标	监测频次
配料及投料	有机液体配料等设备排气筒	工艺有机废气	挥发性有机物[a]	月
			特征污染物[b]	年
	酸碱调节等设备排气筒	工艺酸碱废气	特征污染物[b]	年
	固体配料机、整粒筛分机、破碎机等设备排气筒	工艺含尘废气	颗粒物	季度
发酵	种子罐、发酵罐、消毒罐、配料补加罐等设备排气筒	发酵废气	颗粒物、挥发性有机物[a]	月
			臭气浓度	年
提取、精制	酸化罐、吸附塔、液贮罐、干燥器、脱色罐、结晶罐等设备排气筒	工艺有机废气	挥发性有机物[a]	月
			特征污染物[b]	年
干燥	干燥塔、真空干燥器、真空泵、菌渣干燥器等排气筒	工艺有机废气	挥发性有机物[a]	月
			特征污染物[b]	年
		工艺含尘废气	颗粒物	季度
成品	粉碎、研磨机械、分装、包装机械等设备排气筒	工艺含尘废气	颗粒物	季度
其他	溶剂回收设备排气筒	工艺有机废气	挥发性有机物[a]	月
			特征污染物[b]	年
	污水处理厂或处理设施排气筒	—	挥发性有机物[a]	月
			臭气浓度、特征污染物[b]	年
	罐区废气排气筒	—	挥发性有机物[a]	季度
			特征污染物[b]	年
	危废暂存废气排气筒	—	挥发性有机物[a]	季度
			臭气浓度、特征污染物[b]	年
	危险废物焚烧炉排气筒	—	烟尘、二氧化硫、氮氧化物	自动监测
			烟气黑度、一氧化碳、氯化氢、氟化氢、汞及其化合物、镉及其化合物、（砷、镍及其化合物）、铅及其化合物、（锑、铬、锡、铜、锰及其化合物）	半年
			二噁英类	年

注：1. 废气监测须按照相应监测分析方法、技术规范同步监测烟气参数。

2. 表中所列监测指标设区的市级及以上环保主管部门明确要求安装自动监测设备的，须采取自动监测。

[a] 根据行业特征和环境管理需求，挥发性有机物可选择对主要 VOCs 物种进行定量加和的方法测量总有机化合物，或者选用按基准物质标定，检测器对混合进样中 VOCs 综合响应的方法测量非甲烷有机化合物。由于现阶段国家还未出台标准测定方法，本标准暂时使用非甲烷总烃作为挥发性有机物排放的综合控制指标，待相关标准方法发布后，从其规定。

[b] 特征污染物见 GB 14554、GB 16297 所列污染物，根据排污许可证、所执行的污染物排放（控制）标准、环境影响评价文件及其批复等相关环境管理规定，以及生产工艺、原辅用料、中间及最终产品，确定具体污染物项目。待制药工业大气污染物排放标准发布后，从其规定。地方排放标准中有要求的，按照严格的执行。

5.2.2 无组织废气排放监测点位、监测指标与监测频次

无组织废气排放监测点位、监测指标及最低监测频次按表 3 执行。

表 3 无组织废气排放监测点位、监测指标及最低监测频次

监测点位	监测指标	监测频次
厂界	挥发性有机物[a]、臭气浓度、特征污染物[b]	半年

[a] 根据行业特征和环境管理需求，挥发性有机物可选择对主要 VOCs 物种进行定量加和的方法测量总有机化合物，或者选用按基准物质标定，检测器对混合进样中 VOCs 综合响应的方法测量非甲烷有机化合物。由于现阶段国家还未出台标准测定方法，本标准暂时使用非甲烷总烃作为挥发性有机物排放的综合控制指标，待相关标准方法发布后，从其规定。

[b] 特征污染物见 GB 14554、GB 16297 所列污染物，根据排污许可证、所执行的污染物排放（控制）标准、环境影响评价文件及其批复等相关环境管理规定，以及生产工艺、原辅用料、中间及最终产品，确定具体污染物项目。待制药工业大气污染物排放标准发布后，从其规定。地方排放标准中有要求的，按照严格的执行。

5.3 厂界环境噪声监测

厂界环境噪声监测点位设置应遵循 HJ 819 中的原则，主要考虑表 4 中噪声源在厂区内的分布情况和周边环境敏感点的位置。厂界环境噪声每季度至少开展一次昼间噪声监测，夜间生产的排污单位须监测夜间噪声。周边有敏感点的，应提高监测频次。

表 4 厂界环境噪声监测布点应关注的主要噪声源

噪声源	主要设备
生产车间及配套工程	发酵设备、提取、精制机械及设备（过滤和离心设备）、干燥机械及设备、真空设备、空调机组、空压机、冷却塔等
污水处理设施	污水提升泵、曝气设备、风机、污泥脱水设备等

5.4 周边环境质量影响监测

5.4.1 环境管理政策或环境影响评价文件及其批复［仅限 2015 年 1 月 1 日（含）后取得环境影响评价批复的排污单位］有明确要求的，按要求执行。

5.4.2 无明确要求的，若排污单位认为有必要的，可对周边地表水、海水和土壤开展监测。对于废水直接排入地表水、海水的排污单位，可按照 HJ/T 2.3、HJ/T 91、HJ 442 及受纳水体环境管理要求设置监测断面和监测点位；开展土壤监测的排污单位，可按照 HJ/T 166 及土壤环境管理要求设置监测点位。监测指标及最低频次按照表 5 执行。

表 5　周边环境质量影响监测指标及最低监测频次

目标环境	监测指标	监测频次
地表水	pH 值、化学需氧量、溶解氧、五日生化需氧量、氨氮、总磷、总氮等	季度
海水	pH 值、化学需氧量、五日生化需氧量、溶解氧、活性磷酸盐、无机氮等	半年
土壤	pH 值、二氯甲烷、苯、甲苯、二甲苯、酚类化合物等	年
注：地表水、海水、土壤的具体监测指标根据生产过程的原辅用料、产品和副产物确定。		

5.5　其他要求

5.5.1　除表 1～表 3、表 5 中的污染物指标外，5.5.1.1 和 5.5.1.2 中的污染物指标也应纳入监测指标范围，并参照表 1～表 3、表 5 和 HJ 819 确定监测频次。

5.5.1.1　排污许可证、所执行的污染物排放（控制）标准、环境影响评价文件及其批复［仅限 2015 年 1 月 1 日（含）后取得环境影响评价批复的排污单位］、相关环境管理规定明确要求的污染物指标。

5.5.1.2　排污单位根据生产过程的原辅用料、生产工艺、中间及最终产品类型、监测结果确定实际排放的，在有毒有害或优先控制污染物相关名录中的污染物指标，或其他有毒污染物指标。

5.5.2　各指标的监测频次在满足本标准的基础上，可根据 HJ 819 中监测频次的确定原则提高监测频次。

5.5.3　涉及化学合成类、发酵类和提取类两种以上工业类型的排污单位，监测方案中应涵盖所涉及工业类型的所有监测指标，监测频次按照严格的执行。

5.5.4　采样方法、监测分析方法、监测质量保证与质量控制等按照 HJ 819 相关要求执行。

5.5.5　监测方案的描述、变更按照 HJ 819 规定执行。

6　信息记录和报告

6.1　信息记录

6.1.1　监测信息记录

手工监测记录和自动监测运维记录按照 HJ 819 规定执行。

6.1.2　生产和污染治理设施运行状况信息记录

排污单位应详细记录其生产及污染治理设施运行状况，日常生产中应参照以下内容记录相关信息，并整理成台账保存备查。

6.1.2.1 生产运行状况记录

按照发酵类制药产品种类，记录各生产批次以下相关信息：

a）发酵工序：记录取水量（新鲜水）和主要原辅料使用量等；

b）提取工序：记录溶剂的使用量和药品粗品的产生量等；

c）精制工序：记录活性炭、碳纤维滤膜、树脂等过滤物及载体使用量，无机盐（硫酸钙、碳酸钙、硫酸镁、磷酸二氢钾等）使用量，溶剂（盐酸、乙醇、丙酮、三氯甲烷、二氯甲烷、乙酸丁酯等）使用量等。

6.1.2.2 溶剂回收设备运行状况记录

按各产品生产批次记录溶剂名称、回收量、补充量，以及溶剂回收设备能源、耗材使用量等。

6.1.2.3 污水处理设施运行状况记录

按日记录污水处理量、排放量、回用水量、回用率、污泥产生量（记录含水率）、污水处理使用的药剂名称及用量、鼓风机电量等；记录污水处理设施运行、故障及维护情况等。

6.1.2.4 废气处理设施运行状况记录

按日记录废气处理使用的吸附剂、过滤材料等耗材的名称及用量；记录废气处理设施运行参数、故障及维护情况等。

6.1.3 一般工业固体废物和危险废物信息记录

记录一般工业固体废物的产生量、综合利用量、处置量、贮存量；按照危险废物管理的相关要求，按日记录危险废物的产生量、综合利用量、处置量、贮存量及其具体去向。原料或辅助工序中产生的其他危险废物的情况也应记录。一般工业固体废物及危险废物产生情况见表 6。

表 6 一般工业固体废物及危险废物来源

种类	主要产生来源	名称
危险废物	发酵工序	抗生素菌丝废渣等
	提取、精制工序	废溶剂、釜残、废吸附剂、废活性炭等
	危险废物焚烧	焚烧处置残渣
一般工业固体废物	生产过程中产生的其他固体废物	
注：其他可能产生的危险废物按照《国家危险废物名录》或国家规定的危险废物鉴别标准和鉴别方法认定。		

6.2 信息报告、应急报告、信息公开

信息报告、应急报告和信息公开按照 HJ 819 规定执行。

7 其他

排污单位应如实记录手工监测期间的工况（包括生产负荷、污染治理设施运行情况等），确保监测数据具有代表性。

本标准规定的内容外，其他内容按照 HJ 819 规定执行。

HJ

中华人民共和国国家环境保护标准

HJ 883—2017

排污单位自行监测技术指南
化学合成类制药工业

Self-monitoring technology guidelines for pollution sources

—Pharmaceutical industry chemical synthesis products category

2017-12-21发布　　2018-01-01实施

环　境　保　护　部　发布

前　言

为落实《中华人民共和国环境保护法》《中华人民共和国水污染防治法》《中华人民共和国大气污染防治法》，指导和规范化学合成类制药工业排污单位自行监测工作，制定本标准。

本标准提出了发酵类制药工业排污单位自行监测的一般要求、监测方案制定、信息记录和报告的基本内容和要求。

本标准为首次发布。

本标准由环境保护部环境监测司、科技标准司提出并组织制订。

本标准主要起草单位：中国环境监测总站、南京市环境监测中心站。

本标准环境保护部 2017 年 12 月 21 日批准。

本标准自 2018 年 1 月 1 日起实施。

本标准由环境保护部解释。

排污单位自行监测技术指南 化学合成类制药工业

1 适用范围

本标准提出了化学合成类制药工业排污单位自行监测的一般要求、监测方案制定、信息记录和报告的基本内容和要求。

本标准适用于化学合成类制药工业排污单位在生产运行阶段对其排放的水、气污染物，噪声以及对其周边环境质量影响开展监测。

本标准也适用于专供药物生产的医药中间体工厂、与化学合成类药物结构相似的兽药生产企业等排污单位。

自备火力发电机组（厂）、配套动力锅炉的自行监测要求按照 HJ 820 执行。

2 规范性引用文件

本标准引用了下列文件或其中的条款。凡是未注明日期的引用文件，其最新版本适用于本标准。

GB 14554 恶臭污染物排放标准

GB 16297 大气污染物综合排放标准

GB 21904 化学合成类制药工业水污染物排放标准

HJ/T 2.3 环境影响评价技术导则 地面水环境

HJ/T 91 地表水和污水监测技术规范

HJ/T 164 地下水环境监测技术规范

HJ/T 166 土壤环境监测技术规范

HJ 442 近岸海域环境监测规范

HJ 610 环境影响评价技术导则 地下水环境

HJ 819 排污单位自行监测技术指南 总则

HJ 820 排污单位自行监测技术指南 火力发电及锅炉

《国家危险废物名录》

3 术语和定义

GB 21904 界定的以及下列术语和定义适用于本标准。

3.1

化学合成类制药　chemical synthesis pharmacy

指采用一个化学反应或一系列化学反应生产药物活性成分的过程。

3.2

直接排放　direct discharge

指排污单位直接向环境水体排放水污染物的行为。

3.3

间接排放　indirect discharge

指排污单位向公共污水处理系统排放水污染物的行为。

3.4

反应　reaction

指通过采用合成反应、药物结构改造、脱保护基等一系列方法最终制得药物活性成分或含有药物活性成分的混合物的过程。

3.5

分离纯化　separation and purification

指用物理、化学或其他方法把某一药物活性成分或反应过程中间产物（如医药中间体）从反应混合物中分离出来，必要时进一步去除杂质从而获得纯品的过程，主要包括分离、提取、精制、干燥等阶段。

3.6

溶剂回收设备　solvent recovery equipment

指将化学合成类制药工业生产过程中使用的溶剂收集、提纯以达到再利用目的的装置。

3.7

挥发性有机物　volatile organic compounds（VOCs）

指参与大气光化学反应的有机化合物，或者根据规定的方法测量或核算确定的有机化合物。

4 自行监测的一般要求

排污单位应查清本单位的污染源、污染物指标及潜在的环境影响，制定监测方案，设置和维护监测设施，按照监测方案开展自行监测，做好质量保证和质量控制，记录和保存监测数据及信息，依法向社会公开监测结果。

5 监测方案制定

5.1 废水排放监测

5.1.1 监测点位

所有化学合成类制药工业排污单位均须在废水总排放口、雨水排放口设置监测点位，排放总汞、总镉、六价铬、总砷、总铅、总镍、烷基汞的，须在车间或生产设施废水排放口设置监测点位，生活污水单独排入外环境的还须在生活污水排放口设置监测点位。

5.1.2 监测指标及监测频次

排污单位废水排放监测点位、监测指标及最低监测频次按照表 1 执行。

表 1 废水排放监测点位、监测指标及最低监测频次

<table>
<tr><th rowspan="2">监测点位</th><th rowspan="2">监测指标</th><th colspan="2">监测频次</th><th rowspan="2">备注</th></tr>
<tr><th>直接排放</th><th>间接排放</th></tr>
<tr><td rowspan="6">废水总排放口</td><td>流量、pH 值、化学需氧量、氨氮</td><td colspan="2">自动监测</td><td>—</td></tr>
<tr><td>总磷</td><td colspan="2">月（自动监测[a]）</td><td>—</td></tr>
<tr><td>总氮</td><td colspan="2">月（日[b]）</td><td>—</td></tr>
<tr><td>悬浮物、色度、五日生化需氧量、急性毒性（$HgCl_2$ 毒性当量）、总有机碳</td><td>月</td><td>季度</td><td>—</td></tr>
<tr><td>总氰化物、挥发酚、总铜、总锌、硝基苯类、苯胺类、二氯甲烷</td><td>月</td><td>季度</td><td>根据生产使用的原辅料、生产的产品、副产物确定具体的监测指标</td></tr>
<tr><td>硫化物</td><td>季度</td><td>半年</td><td>根据生产使用的原辅料、生产的产品、副产物确定是否开展监测</td></tr>
<tr><td rowspan="2">车间或生产设施废水排放口</td><td>流量、总汞、总镉、六价铬、总砷、总铅、总镍</td><td colspan="2">月</td><td>根据生产使用的原辅料、生产的产品、副产物确定具体监测的重金属指标</td></tr>
<tr><td>烷基汞</td><td colspan="2">年</td><td>—</td></tr>
<tr><td rowspan="3">生活污水排放口</td><td>流量、pH 值、化学需氧量、氨氮</td><td>自动监测</td><td>—</td><td>—</td></tr>
<tr><td>总磷</td><td>月（自动监测[a]）</td><td>—</td><td>—</td></tr>
<tr><td>总氮</td><td>月（日[b]）</td><td>—</td><td>—</td></tr>
</table>

监测点位	监测指标	监测频次		备注
		直接排放	间接排放	
	悬浮物、五日生化需氧量、动植物油	月	—	—
雨水排放口	pH 值、化学需氧量、氨氮、悬浮物	日[c]		—

注：表中所列监测指标，设区的市级及以上环保主管部门明确要求安装自动监测设备的，须采取自动监测。

[a] 水环境质量中总磷实施总量控制区域，总磷须采取自动监测。

[b] 水环境质量中总氮实施总量控制区域，总氮目前最低监测频次按日执行，待自动监测技术规范发布后，须采取自动监测。

[c] 排放期间按日监测。

5.2 废气排放监测

5.2.1 有组织废气排放监测点位、监测指标及监测频次

5.2.1.1 监测点位

各工序废气通过排气筒等方式排放至外环境，须在排气筒或排气筒前的废气烟道设置监测点位。

5.2.1.2 监测指标与监测频次

各工序有组织废气监测点位、监测指标及最低监测频次按照表 2 执行。对于多个污染源或生产设备共用一个排气筒的，监测点位可布设在共用排气筒上，监测指标应涵盖所对应的污染源或生产设备的监测指标，最低监测频次按照严格的执行。

表 2 有组织废气排放监测点位、监测指标及最低监测频次

生产工序	监测点位	废气类型	监测指标	监测频次
配料及投料	有机液体配料机械等设备、设施排气筒	工艺有机废气	挥发性有机物[a]	月
			特征污染物[b]	年
	酸碱调节等设备排气筒	工艺酸碱废气	特征污染物[b]	年
	固体配料机、整粒筛分机、破碎机等设备排气筒	工艺含尘废气	颗粒物	季度
反应	反应釜、缩合罐、裂解罐等反应设备排气筒	工艺有机废气	挥发性有机物[a]	月
			特征污染物[b]	年
分离纯化（分离、提取、精制、干燥）	离心机、过滤器、萃取罐、酸化罐、吸附塔、结晶罐、脱色罐等分离、提取、精制工艺设备排气筒	工艺有机废气	挥发性有机物[a]	月
			特征污染物[b]	年
	干燥塔、真空干燥器、真空泵等干燥机械及设备排气筒	工艺有机废气	挥发性有机物[a]	月
			特征污染物[b]	年
		工艺含尘废气	颗粒物	季度
成品	粉碎、研磨机械、分装、包装机械等设备排气筒	工艺含尘废气	颗粒物	季度

生产工序	监测点位	废气类型	监测指标	监测频次
其他	危险废物焚烧炉排气筒	—	烟尘、二氧化硫、氮氧化物	自动监测
			烟气黑度、一氧化碳、氯化氢、氟化氢、汞及其化合物、镉及其化合物、（砷、镍及其化合物）、铅及其化合物、（锑、铬、锡、铜、锰及其化合物）	半年
			二噁英类	年
	溶剂回收设备排气筒	工艺有机废气	挥发性有机物[a]	月
			特征污染物[b]	年
	污水处理厂或处理设施排气筒	—	挥发性有机物[a]	月
			臭气浓度、特征污染物[b]	年
	罐区废气排气筒	—	挥发性有机物[a]	季度
			特征污染物[b]	年
	危废暂存废气排气筒	—	挥发性有机物[a]	季度
			臭气浓度、特征污染物[b]	年

注：1. 废气监测须按照相应监测分析方法、技术规范同步监测烟气参数。

2. 表中所列监测指标，设区的市级及以上环保主管部门明确要求安装自动监测设备的，须采取自动监测。

[a] 根据行业特征和环境管理需求，挥发性有机物可选择对主要 VOCs 物种进行定量加和的方法测量总有机化合物，或者选用按基准物质标定，检测器对混合进样中 VOCs 综合响应的方法测量非甲烷有机化合物。由于现阶段国家还未出台标准测定方法，本标准暂时使用非甲烷总烃作为挥发性有机物排放的综合控制指标，待相关标准方法发布后，从其规定。

[b] 特征污染物见 GB 14554、GB 16297 所列污染物，根据排污许可证、所执行的污染物排放（控制）标准、环境影响评价文件及其批复等相关环境管理规定，以及生产工艺、原辅用料、中间及最终产品，确定具体污染物项目。待制药工业大气污染物排放标准发布后，从其规定。地方排放标准中有要求的，按照严格的执行。

5.2.2 无组织废气排放监测点位、监测指标及监测频次

无组织废气排放监测点位、监测指标及最低监测频次按照表 3 执行。

表 3 无组织废气排放监测点位、监测指标及最低监测频次

监测点位	监测指标	监测频次
厂界	挥发性有机物[a]、臭气浓度、特征污染物[b]	半年

[a] 根据行业特征和环境管理需求，挥发性有机物可选择对主要 VOCs 物种进行定量加和的方法测量总有机化合物，或者选用按基准物质标定，检测器对混合进样中 VOCs 综合响应的方法测量非甲烷有机化合物。由于现阶段国家还未出台标准测定方法，本标准暂时使用非甲烷总烃作为挥发性有机物排放的综合控制指标，待相关标准方法发布后，从其规定。

[b] 特征污染物见 GB 14554、GB 16297 所列污染物，根据排污许可证、所执行的污染物排放（控制）标准、环境影响评价文件及其批复等相关环境管理规定，以及生产工艺、原辅用料、中间及最终产品，确定具体污染物项目。待制药工业大气污染物排放标准发布后，从其规定。地方排放标准中有要求的，按照严格的执行。

5.3 厂界环境噪声监测

厂界环境噪声监测点位设置应遵循 HJ 819 中的原则，主要考虑表 4 中噪声源在厂区内的分布情况和周边环境敏感点的位置。厂界环境噪声每季度至少开展一次昼间噪声监测，夜间生产的排污单位须监测夜间噪声。周边有敏感点的，应提高监测频次。

表 4　厂界环境噪声监测布点应关注的主要噪声源

噪声源	主要设备
生产车间及配套工程	生产过程中使用的反应设备、结晶设备、分离机械及设备（过滤、离心设备）、萃取设备、蒸发设备、蒸馏设备、干燥机械及设备、粉碎机械、热交换设备等，以及原料搅拌机械、鼓风机、空压机、水泵、真空泵等辅助设备等
污水处理设施	污水提升泵、曝气设备、污泥脱水设备、风机等

5.4 周边环境质量影响监测

5.4.1　环境管理政策或环境影响评价文件及其批复［仅限 2015 年 1 月 1 日（含）后取得环境影响评价批复的排污单位］有明确要求的，按要求执行。

5.4.2　无明确要求的，若排污单位认为有必要的，可对周边地表水、海水、地下水和土壤开展监测。对于废水直接排入地表水、海水的排污单位，可按照 HJ/T 2.3、HJ/T 91、HJ 442 及受纳水体环境管理要求设置监测断面和监测点位；开展地下水、土壤监测的排污单位，可按照 HJ 610、HJ/T 164、HJ/T 166 及地下水、土壤环境管理要求设置监测点位。监测指标及最低监测频次按表 5 执行。

表 5　周边环境质量影响监测指标及最低监测频次

<table>
<tr><th>目标环境</th><th>监测指标</th><th>监测频次</th><th>备注</th></tr>
<tr><td rowspan="2">地表水</td><td>pH 值、溶解氧、五日生化需氧量、化学需氧量、氨氮、总氮、总磷等</td><td rowspan="2">季度</td><td>—</td></tr>
<tr><td>铜、锌、汞、镉、六价铬、砷、铅、硝基苯、苯胺、二氯甲烷、镍、氰化物、挥发酚、硫化物等</td><td>根据生产使用的原辅料、生产的产品、副产物确定具体的监测指标</td></tr>
<tr><td rowspan="2">海水</td><td>pH 值、溶解氧、悬浮物质、五日生化需氧量、化学需氧量、非离子氨、无机氮、活性磷酸盐等</td><td rowspan="2">半年</td><td>—</td></tr>
<tr><td>铜、锌、汞、镉、六价铬、砷、铅、镍、氰化物、挥发性酚、硫化物等</td><td>根据生产使用的原辅料、生产的产品、副产物确定具体的监测指标</td></tr>
<tr><td>地下水</td><td>pH 值、铜、锌、汞、镉、六价铬、砷、铅、镍、氰化物、挥发性酚类等</td><td>年</td><td>根据生产使用的原辅料、生产的产品、副产物确定具体的监测指标</td></tr>
<tr><td>土壤</td><td>pH 值、铜、锌、汞、镉、铬、砷、铅、镍、氰化物、硝基苯、甲基汞、苯胺、苯、甲苯、二甲苯、二氯甲烷、氯苯、各种酚类化合物等</td><td>年</td><td>根据生产使用的原辅料、生产的产品、副产物确定具体的监测指标</td></tr>
</table>

5.5 其他要求

5.5.1 除表 1～表 3、表 5 中的污染物指标外，5.5.1.1 和 5.5.1.2 中的污染物指标也应纳入监测指标范围，并参照表 1～表 3、表 5 和 HJ 819 确定监测频次。

5.5.1.1 排污许可证、所执行的污染物排放（控制）标准、环境影响评价文件及其批复［仅限 2015 年 1 月 1 日（含）后取得环境影响评价批复的排污单位］、相关环境管理规定明确要求的污染物指标。

5.5.1.2 排污单位根据生产过程的原辅用料、生产工艺、中间及最终产品类型、监测结果确定实际排放的，在有毒有害或优先控制污染物相关名录中的污染物指标，或其他有毒污染物指标。

5.5.2 各指标的监测频次在满足本标准的基础上，可根据 HJ 819 中监测频次的确定原则提高监测频次。

5.5.3 涉及化学合成类、发酵类和提取类两种以上工业类型的排污单位，监测方案中应涵盖所涉及工业类型的所有监测指标，监测频次按照严格的执行。

5.5.4 采样方法、监测分析方法、监测质量保证与质量控制等按照 HJ 819 相关要求执行。

5.5.5 监测方案的描述、变更按照 HJ 819 规定执行。

6 信息记录和报告

6.1 信息记录

6.1.1 监测信息记录

手工监测的记录和自动监测运维记录按照 HJ 819 规定执行。

6.1.2 生产和污染治理设施运行状况信息记录

排污单位应详细记录其生产及污染治理设施运行状况，日常生产中应参照以下内容记录相关信息，并整理成台账保存备查。

6.1.2.1 生产运行状况记录

按照化学合成类制药产品种类，记录各生产批次以下相关信息：

a）原辅料用量，主要包括原料用量、催化剂使用量、各类溶剂用量、吸附剂用量、其他辅料用量等；

b）产品产量，产出率及物料平衡；

c）新鲜用水取水量、用水量、用电量等；

d）使用的主要生产设备、设施的操作使用记录等。

6.1.2.2 污水处理设施运行状况记录

按日记录污水处理量、回水用量、回用率、污水排放量、污泥产生量（记录含水率）、污水处理使用的药剂名称及用量、鼓风机电量等；记录污水处理设施运行、故障及维护情况等。

6.1.2.3 废气处理设施运行状况记录

按日记录废气处理使用的吸附剂、过滤材料等耗材的名称及用量；记录废气处理设施运行参数、故障及维护情况等。

6.1.2.4 溶剂回收设备运行状况记录

按各产品生产批次记录溶剂名称、回收量、补充量，以及溶剂回收设备能源、耗材使用量等。

6.1.3 一般工业固体废物和危险废物信息记录

记录一般工业固体废物的产生量、综合利用量、处置量和贮存量；按照危险废物管理的相关要求，按日记录危险废物的产生量、综合利用量、处置量、贮存量及其具体去向。原料或辅助工序中产生的其他危险废物的情况也应记录。一般工业固体废物及危险废物产生情况见表 6。

表 6 一般工业固体废物及危险废物来源

种类	主要产生来源	名称
危险废物	反应	反应残余物、反应基废物、废催化剂、废有机溶剂与含有机溶剂废物[a]
	分离纯化	蒸馏残余物、废母液、废脱色过滤介质、废吸附剂、废活性炭、废有机溶剂与含有机溶剂废物[a]
	成品包装、检验	废弃产品及废弃中间体
	危险废物焚烧	焚烧处置残渣[a]
一般工业固体废物	生产过程中产生的其他固体废物	
注：其他可能产生的危险废物按照《国家危险废物名录》或国家规定的危险废物鉴别标准和鉴别方法认定。		
[a] 具体危险废物种类见《国家危险废物名录》。		

6.2 信息报告、应急报告、信息公开

信息报告、应急报告和信息公开按照 HJ 819 规定执行。

7 其他

排污单位应如实记录手工监测期间的工况（包括生产负荷、污染治理设施运行情况等），确保监测数据具有代表性。

本标准规定的内容外，其他内容按照 HJ 819 规定执行。

HJ

中华人民共和国国家环境保护标准

HJ 946—2018

排污单位自行监测技术指南 制革及毛皮加工工业

Self-monitoring technology guidelines for pollution sources —Leather and furmaking industry

2018-07-31 发布　　　　2018-10-01 实施

生　态　环　境　部　发布

前　言

为落实《中华人民共和国环境保护法》《中华人民共和国水污染防治法》《中华人民共和国大气污染防治法》，指导和规范制革及毛皮加工排污单位自行监测工作，制定本标准。

本标准提出了制革及毛皮加工排污单位自行监测的一般要求、监测方案制定、信息记录和报告的基本内容和要求。

本标准为首次发布。

本标准由环境保护部环境监测司、科技标准司提出并组织制订。

本标准主要起草单位：中国环境监测总站、天津市环境监测中心。

本标准环境保护部 2018 年 7 月 31 日批准。

本标准自 2018 年 10 月 1 日起实施。

本标准由环境保护部解释。

排污单位自行监测技术指南　制革及毛皮加工工业

1　适用范围

本标准提出了制革及毛皮加工工业排污单位自行监测的一般要求、监测方案制定、信息记录和报告的基本内容和要求。

本标准适用于制革及毛皮加工工业排污单位在生产运行阶段对其排放的水、气污染物，噪声以及对其周边环境质量影响开展监测。

本标准适用于制革及毛皮加工工业排污单位，也适用于制革及毛皮加工工业园区。

自备火力发电机组（厂）、配套动力锅炉的自行监测要求按照 HJ 820 执行。

2　规范性引用文件

本标准引用了下列文件或其中的条款。凡是未注明日期的引用文件，其最新版本适用于本标准。

GB 30486　制革及毛皮加工工业水污染物排放标准

HJ 442　近岸海域环境监测规范

HJ 819　排污单位自行监测技术指南　总则

HJ 820　排污单位自行监测技术指南　火力发电及锅炉

HJ/T 2.3　环境影响评价技术导则　地面水环境

HJ/T 91　地表水和污水监测技术规范

3　术语和定义

GB 30486 界定的以及下列术语和定义适用于本标准。

3.1

原料皮　raw hide/skin

指制革或毛皮加工排污单位加工皮革或毛皮所用的最初状态的皮料，包括成品革或成品毛皮之前的所有阶段的产品，如生皮、蓝湿皮、坯革等。

3.2

制革工业　leather making industry

把从猪、牛、羊等动物体上剥下来的皮（即生皮），进行系统的化学和物理处理，制作成适合各种用途的半成品革或成品革的过程。从半成品革经过整饰加工成成品革也属于制革的范畴。

3.3

制革工业排污单位　leather making industry pollutant emission unit

以生皮或半成品革（包括蓝湿革和坯革）为原料进行制革的排污单位。

3.4

毛皮加工工业排污单位　fur making industry pollutant emission unit

以羊皮、狐狸皮、水貂皮等生毛皮为原料生产成品毛皮或剪绒毛皮的排污单位。

3.5

制革及毛皮加工工业园区　leather and fur making park

指容纳制革及毛皮加工排污单位进行生产活动的、具有一定范围的工业园区、开发区、工业聚集地等。

4　自行监测的一般要求

排污单位应查清本单位的污染源、污染物指标及潜在的环境影响，制定监测方案，设置和维护监测设施，按照监测方案开展自行监测，做好质量保证和质量控制，记录和保存监测数据和信息，依法向社会公开监测结果。

5　监测方案制定

5.1　废水排放监测

5.1.1　监测点位

所有制革及毛皮加工排污单位均须在废水总排放口设置监测点位。采用含铬鞣剂（包括铬复鞣剂）的制革及毛皮加工排污单位，须在车间或生产设施废水排放口设置监测点位。

5.1.2　监测指标及监测频次

制革及毛皮加工排污单位废水总排放口监测指标及最低监测频次按照表 1 执行。

表 1　废水排放口监测指标最低监测频次

排污单位级别	监测点位	监测指标	监测频次	
			直接排放	间接排放
重点排污单位	废水总排放口	流量、pH、化学需氧量、氨氮	自动监测	
		总氮	日（自动监测[a]）	

排污单位级别	监测点位	监测指标	监测频次	
			直接排放	间接排放
重点排污单位	废水总排放口	五日生化需氧量、悬浮物、色度、硫化物、动植物油、氯离子、总磷	月	季度
	车间或生产设施废水排放口	总铬、流量	周	
		六价铬	月	
	雨水排放口	化学需氧量、悬浮物	日[b]	
非重点排污单位	废水总排放口	流量、pH、化学需氧量、氨氮、总氮、总磷、五日生化需氧量、悬浮物、色度、硫化物、动植物油、氯离子	季度	半年
注：设区的市级及以上环境保护主管部门明确要求安装自动监测设备的污染物指标，须采取自动监测。				
[a] 待总氮自动监测技术规范发布后，须采取自动监测。 [b] 在雨水排放期间按日监测。				

5.2 废气排放监测

5.2.1 有组织废气排放监测点位、监测指标及监测频次

制革及毛皮加工排污单位有组织废气排放监测点位、监测指标及最低监测频次按照表2执行。

5.2.2 无组织废气排放监测点位、指标与频次

制革及毛皮加工排污单位无组织废气监测点位设置应遵循 HJ 819 中的原则，其排放监测点位、监测指标及最低监测频次按照表 3 执行。

制革及毛皮加工工业园区无组织废气的排放监测点位设置、监测指标及最低监测频次按照表 4 执行。

表 2 有组织废气排放监测指标及最低监测频次

污染源	监测点位	监测指标[a]	监测频次
污水处理设施[b]	排气筒	臭气浓度[c]、氨、硫化氢	年
喷浆设施[d]	排气筒	苯、甲苯、二甲苯、非甲烷总烃	半年
[a] 废气监测须按照相关标准分析方法、技术规范同步监测烟气参数。 [b] 采用全生化除臭等先进污水处理技术的，其污染物纳入无组织排放管理。 [c] 根据环境影响评价文件及其批复［仅限 2015 年 1 月 1 日（含）后取得环境影响评价批复的排污单位］以及原料工艺等确定是否监测其他臭气污染物。 [d] 仅使用水性涂饰材料的排污单位可不监测。如环境影响评价文件及其批复有特殊要求的，按要求监测污染物指标。			

表 3　无组织废气监测指标最低监测频次

排污单位类型	监测点位	监测指标	监测频次
建有原料皮库的排污单位[a]	厂界	臭气浓度[g]、氨	年
建有硫化物脱毛车间的排污单位[b]	厂界	臭气浓度[g]、硫化氢	年
建有磨革车间的排污单位[c]	厂界	颗粒物	年
纳入无组织管理的污水处理设施[d]	厂界	臭气浓度[g]、氨、硫化氢	年
建有涂饰车间的排污单位[e]	厂界	苯、甲苯、二甲苯、非甲烷总烃	年
建有煤场的排污单位[f]	厂界	颗粒物	年

[a] 仅贮存生皮的原料皮库监测表中指标，贮存蓝湿革、坯革等其他原料皮的排污单位可不监测。

[a,b,c,d,e,f] 如建有废气收集处理系统，经排气筒排放，其监测点位为排气筒出口，监测项目与监测频次保持不变。

[e] 指辊涂、补伤、刷涂等可能造成废气无组织排放的排污单位，仅使用水性涂饰材料的涂饰车间可不监测。

[f] 煤场完全封闭的排污单位可不监测表中指标。

[g] 根据环境影响评价文件及其批复［仅限 2015 年 1 月 1 日（含）后取得环境影响评价批复的排污单位］以及原料工艺等确定是否监测其他臭气污染物。

表 4　无组织废气监测指标及最低监测频次

排污单位	监测点位	监测指标	监测频次
制革及毛皮加工工业园区	工业园区边界	臭气浓度[a]、氨、硫化氢、颗粒物、苯[b]、甲苯[c]、二甲苯[d]、非甲烷总烃[e]	半年

注：监测结果超标的，应增加相应指标的监测频次。

[a] 根据环境影响评价文件及其批复［仅限 2015 年 1 月 1 日（含）后取得环境影响评价批复的排污单位］以及原料工艺等确定是否监测其他臭气污染物。

[b,c,d,e] 园区内所有排污单位仅使用水性涂饰材料可不监测。

5.3　厂界环境噪声监测

厂界环境噪声监测点位设置应遵循 HJ 819 中的原则，主要考虑转鼓、风机、磨革机设备等噪声源在厂区内的分布情况。

厂界环境噪声每季度至少开展一次昼夜监测，监测指标为等效 A 声级。周边有敏感点的，应增加敏感点位噪声监测。

上述要求同样适用于制革及毛皮加工工业园区边界及周边环境噪声监测。

5.4　周边环境质量影响监测

5.4.1　其他环境管理政策，或环境影响评价文件及其批复［仅限 2015 年 1 月 1 日（含）后取得环境影响评价批复的排污单位］有明确要求的，按要求执行。

5.4.2　无明确要求的，若排污单位认为有必要的，可对周边水、土壤环境质量开展监测。可参照 HJ/T 164、HJ/T 166、HJ 610 中相关规定设置周边地下水、土壤环境影响监测点位，对于废水直接排入地表水、海水的排污单位或工业园区，可按照 HJ/T 2.3、HJ/T 91、HJ 442

设置监测断面和监测点位，监测指标及最低监测频次按照表 5 执行。

表 5 周边环境质量影响监测指标及最低监测频次

目标环境	监测指标	监测频次
地表水	pH、化学需氧量、五日生化需氧量、氨氮、总磷、总氮、动植物油、总铬、六价铬	季度
海水	pH、化学需氧量、五日生化需氧量、溶解氧、活性磷酸盐、无机氮、动植物油、总铬、六价铬	半年
土壤	pH、总铬、六价铬等	年

5.5 其他要求

5.5.1 除表 1～表 3、表 5 中的污染物指标外，5.5.1.1 和 5.5.1.2 中的污染物指标也应纳入监测指标范围，并参照表 1～表 5 和 HJ 819 确定监测频次。

5.5.1.1 排污许可证、所执行的污染物排放（控制）标准、环境影响评价文件及其批复［仅限 2015 年 1 月 1 日（含）后取得环境影响评价批复的排污单位］、相关环境管理规定明确要求的污染物指标。

5.5.1.2 排污单位根据生产过程的原辅用料、生产工艺、中间及最终产品类型、监测结果确定实际排放的，在有毒有害或优先控制污染物相关名录中的污染物指标，或其他有毒污染物指标。

5.5.2 各指标的监测频次在满足本标准的基础上，可根据 HJ 819 中监测频次的确定原则提高监测频次。

5.5.3 采样方法、监测分析方法、监测质量保证与质量控制等按照 HJ 819 的相关要求执行。

5.5.4 监测方案的描述、变更按照 HJ 819 的规定执行。

6 信息记录和报告

6.1 信息记录

6.1.1 监测信息记录

手工监测记录和自动监测运维记录按照 HJ 819 的规定执行。

6.1.2 生产和污染治理设施运行状况信息记录

应详细记录企业以下生产及污染治理设施运行状况，日常生产中也应参照以下内容记录相关信息，并整理成台账保存备查。

6.1.2.1 生产运行状况记录

分生产线记录每日的原辅料用量及产量：取水量（新鲜水），主要原辅料（原料皮、化学药品等）使用量，主要鞣剂名称，主要鞣剂用量和产品产量等。

6.1.2.2 废水处理运行状况记录

按日记录废水处理量、废水回用量、废水排放量、综合污泥产生量（记录含水率）、含铬污泥产生量（记录含水率）、废水处理使用的药剂名称及用量、鼓风机电量等；记录污水处理设施运行、故障及维护情况。

6.1.2.3 废气处理运行状况记录

按日记录废气处理使用的药剂等耗材名称及用量；记录废气处理设施运行参数、故障及维护情况等。

6.1.3 一般工业固体废物和危险废物记录

记录一般工业固体废物和皮革边角料、含铬污泥等危险废物的产生量、综合利用量、处置量、贮存量。危险废物还应详细记录其具体去向。原料或辅助工序中产生的其他危险废物的情况也应记录。

6.2 信息报告、应急报告、信息公开

按照 HJ 819 的规定执行。

7 其他

排污单位应如实记录手工监测期间的工况（包括生产负荷、污染治理设施运行情况等），确保监测数据具有代表性。

本标准规定的内容外，其他内容按照 HJ 819 的规定执行。

HJ

中华人民共和国国家环境保护标准

HJ 947—2018

排污单位自行监测技术指南 石油化学工业

Self-monitoring technology guidelines for pollution sources —Petroleum chemistry industry

2018-07-31 发布　　2018-10-01 实施

生 态 环 境 部 发布

前　　言

为落实《中华人民共和国环境保护法》《中华人民共和国水污染防治法》《中华人民共和国大气污染防治法》，指导和规范石油化学工业排污单位自行监测工作，制定本标准。

本标准提出了石油化学工业和合成树脂工业（聚氯乙烯树脂生产装置除外）排污单位自行监测的一般要求、监测方案制定、信息记录和报告的基本内容和要求。

本标准为首次发布。

本标准由生态环境部提出并组织制订。

本标准主要起草单位：中国环境监测总站、中国石油集团安全环保技术研究院、中国石油化工股份有限公司抚顺石油化工研究院、中国石油天然气股份有限公司兰州石化分公司环境监测站、北京飞燕石化环保科技发展有限公司。

本标准生态环境部 2018 年 7 月 31 日批准。

本标准自 2018 年10 月1 日起实施。本标准由生态环境部解释。

排污单位自行监测技术指南　石油化学工业

1　适用范围

本标准提出了石油化学工业排污单位自行监测的一般要求、监测方案制定、信息记录和报告的基本内容和要求。

本标准适用于石油化学工业和合成树脂工业（聚氯乙烯树脂生产装置除外）排污单位在生产运行阶段对其排放的水、气污染物，噪声以及对其周边环境质量影响开展监测。

排污单位自备火力发电机组（厂）、配套动力锅炉的自行监测要求按照 HJ 820 执行。

2　规范性引用文件

本标准内容引用了下列文件或其中的条款。凡是不注明日期的引用文件，其有效版本适用于本标准。

GB 14554　恶臭污染物排放标准

GB 18484　危险废物焚烧污染控制标准

GB 31571　石油化学工业污染物排放标准

GB 31572　合成树脂工业污染物排放标准

HJ/T 55　大气污染物无组织排放监测技术导则

HJ/T 91　地表水和污水监测技术规范

HJ/T 164　地下水环境监测技术规范

HJ/T 166　土壤环境监测技术规范

HJ/T 194　环境空气质量手工监测技术规范

HJ 442　近岸海域环境监测规范

HJ 664　环境空气质量监测点位布设技术规范（试行）

HJ 733　泄漏和敞开液面排放的挥发性有机物检测技术导则

HJ 819　排污单位自行监测技术指南　总则

HJ 820　排污单位自行监测技术指南　火力发电及锅炉

《国家危险废物名录》

3 术语和定义

GB 31571、GB 31572、HJ 819 界定的以及下列术语和定义适用于本标准。

3.1

石油化学工业 petroleum chemistry industry

以石油馏分、天然气等为原料，生产有机化学品（参见 GB 31571 附录 A）、合成树脂、合成纤维、合成橡胶等的工业。

3.2

合成树脂工业 synthetic resin industry

以低分子化合物——单体为主要原料，采用聚合反应结合成大分子的方式生产合成树脂的工业，或者以普通合成树脂为原料，采用改性等方法生产新的合成树脂产品的工业。也包括以合成树脂为原料，采用混合、共混、改性等工艺，通过挤出、注射、压制、压延、发泡等方法生产合成树脂制品的工业，或者以废合成树脂为原料，通过再生的方法生产新的合成树脂或合成树脂制品的工业。

3.3

废水有机特征污染物 organic characteristic wastewater pollutants

附录 A 列出的废水中的有机污染物。石油化学工业企业根据生产过程使用或产生量大于等于 10 t/a 的原料、产品、副产品和中间产品，对照附录 A 确定企业排放废水中应控制的废水有机特征污染物。

3.4

废气有机特征污染物 organic characteristic air pollutants

附录 B 列出的废气中的有机污染物。石油化学工业企业根据生产过程使用或产生量大于等于 10 t/a 的原料、产品、副产品和中间产品，对照附录 B 确定企业排放废气中应控制的废气有机特征污染物。

3.5

挥发性有机物 volatile organic compounds

指参与大气光化学反应的有机化合物，或者根据规定的方法测量或核算确定的有机化合物。本标准使用非甲烷总烃作为排气筒和企业边界挥发性有机物排放的综合控制指标。

4 自行监测的一般要求

排污单位应查清本单位的污染源、污染物指标及潜在的环境影响，制定监测方案，设置和维护监测设施，按照监测方案开展自行监测，做好质量保证和质量控制，记录和保存监测数据，依法向社会公开监测结果。

5 监测方案制定

5.1 废水排放监测

5.1.1 监测点位

排污单位须在废水总排放口、车间或生产设施废水排放口、雨水排放口设置监测点位。

5.1.2 监测指标与频次

执行 GB 31571 的排污单位，应执行表 1 石油化学工业企业类型相应监测要求，还应根据使用原料，生产工艺过程，生产的产品、副产品，从附录 A 中筛选废水有机特征污染物指标开展自行监测。

表 1 废水排放监测指标最低监测频次

企业类型	监测点位	监测指标	监测频次	
			直接排放	间接排放
石油化学工业	废水总排放口	化学需氧量、氨氮、流量	自动监测	周
		pH 值、悬浮物、总氮、总磷、石油类、硫化物、挥发酚	周	月
		五日生化需氧量、总有机碳、氟化物、总钒、总铜、总锌、总氰化物、可吸附有机卤化物	月	季度
		废水有机特征污染物	半年	
	车间或生产设施废水排放口[a]	总铅、总镉、总砷、总镍、总汞、总铬、六价铬	月	
		苯并[*a*]芘、烷基汞	半年[b]	
	雨水排放口	pH 值、化学需氧量、氨氮、石油类、悬浮物	日[c]	
合成树脂工业	废水总排放口	化学需氧量、氨氮、流量	自动监测	周
		pH 值、悬浮物、总氮、总磷	周	月
		五日生化需氧量、总有机碳、可吸附有机卤化物	月	季度
		其他废水污染物[d]	半年	
	车间或生产设施废水排放口	总铅、总镉、总砷、总镍、总汞、总铬、六价铬	月	
		烷基汞	半年[b]	
	雨水排放口	pH 值、化学需氧量、氨氮、悬浮物	日[c]	

注：1. 设区的市级及以上环境保护主管部门明确要求安装自动监测设备的污染物指标，须采取自动监测。

2. 监测污染物浓度时应同步监测流量。

[a] 凡涉及附录 E 中规定的生产工艺及产品种类，须在涉及该生产工艺及产品的车间或生产设施废水排放口监测产生的污染物指标；附录 E 中不涉及的，应根据使用的原料，生产工艺过程，生产的产品、副产品，确定是否在车间或生产设施废水排放口进行该项指标的监测。

[b] 2020 年 1 月 1 日起按月执行。

[c] 排放期间按日监测。

[d] 指附录 C 中列举的其他废水污染物。

执行 GB 31572 的排污单位，应执行表 1 合成树脂工业企业类型相应监测要求，若生产附录 C 中列举的合成树脂，还应根据产品类型从附录 C 中选取其他废水污染物指标开展自行监测。

5.2 废气排放监测

5.2.1 有组织废气排放监测点位、指标与频次

5.2.1.1 监测点位

废气通过排气筒等方式排放至外环境的，应在烟道上设置监测点位；相同监测指标多股废气混合排放的，应在废气汇合后的共用烟道上或分别在各个烟道上设置监测点位；有机废气回收处理装置应分别在其废气入口及排放口设置监测点位。

5.2.1.2 监测指标与频次

执行 GB 31571 的排污单位，应执行表 2 石油化学工业企业类型相应监测要求，还应根据使用原料，生产工艺过程，生产的产品、副产品，从附录 B 中筛选废气有机特征污染物指标开展自行监测。

执行 GB 31572 的排污单位，应执行表 2 合成树脂工业企业类型相应监测要求，若生产附录 D 中列举的合成树脂，还应根据产品类型从附录 D 中选取其他废气污染物指标开展自行监测。

表 2 有组织废气监测指标最低监测频次

监测点位	监测指标	监测频次
工艺加热炉排气筒（单台额定功率≥14 MW）	氮氧化物	自动监测
	二氧化硫、颗粒物	季度（月[a]）
工艺加热炉排气筒（单台额定功率＜14 MW）	氮氧化物、二氧化硫、颗粒物	季度（月[a]）
含卤代烃有机废气排气筒[c]	非甲烷总烃[b]	月
	氯化氢、氟化氢、溴化氢[d]、氯气	季度
	废气有机特征污染物	半年
其他有机废气排气筒[c]	非甲烷总烃[b]	月
	废气有机特征污染物	半年
废水处理有机废气收集处理装置排气筒	非甲烷总烃、硫化氢	月
	废气有机特征污染物	半年
合成树脂生产设施排气筒	非甲烷总烃、颗粒物	月
	其他废气污染物[e]	半年
合成树脂废水、废气焚烧设施排气筒	非甲烷总烃、颗粒物、二氧化硫、氮氧化物、二氧化碳、一氧化碳	月
	其他废气污染物[e]	半年
	二噁英类[f]	年

监测点位	监测指标	监测频次
危险废物焚烧炉排气筒[g]	氮氧化物、二氧化硫、颗粒物	自动监测
	烟气黑度、一氧化碳、氟化氢、氯化氢、汞及其化合物、镉及其化合物（砷、镍及其化合物）、铅及其化合物（铬、锡、锑、铜、锰及其化合物）	月
	二噁英类	年

注：1. 设区的市级及以上环境保护主管部门明确要求安装自动监测设备的污染物指标，须采取自动监测。
2. 废气监测须按照相应标准分析方法、技术规范同步监测烟气参数。
3. 对于多个乙烯裂解炉（工艺加热炉），仅需选择炉膛温度最高的裂解炉排气筒进行自动监测。

[a] 若燃料为净化后干气、瓦斯气、天然气或甲烷氢，则按季度监测，若采用其他燃料，则在使用期间按月监测，特殊时段时应加密监测频次。
[b] 非甲烷总烃有去除效率要求的，应同时监测污染治理设施进口。
[c] 有机废气排放口排气中若含有颗粒物、二氧化硫或氮氧化物，须按月进行监测。
[d] 待国家污染物监测方法标准发布后实施。
[e] 指附录 D 中列举的其他废气污染物。
[f] 适用于废水、废气中含有卤素的情况。
[g] 危险废物焚烧炉排气筒监测的其他要求按 GB 18484 执行。

5.2.2 无组织废气排放监测点位、指标与频次

无组织废气排放监测点位设置、监测指标及最低监测频次按表 3 执行。

表 3 无组织废气监测指标最低监测频次

监测点位	监测指标	监测频次
企业边界	非甲烷总烃、颗粒物、氯化氢[a]、苯、甲苯、二甲苯[b]、氨、硫化氢、臭气浓度	季度
	苯并[*a*]芘[b]	年
泵、压缩机、阀门、开口阀或开口管线、气体/蒸气泄压设备、取样连接系统	挥发性有机物	季度
法兰及其他连接件、其他密封设备	挥发性有机物	半年

注：1. 对于设备与管线组件密封点泄漏检测，若同一密封点连续三个周期检测无泄漏情况，则检测周期可延长一倍，但在后续监测中该检测点位一旦检测出现泄漏情况，则监测频次按原规定执行。
2. 根据环境影响评价文件及其批复，以及原料工艺等确定是否监测 GB 14554 中的其他恶臭污染物。
3.挥发性有机物监测的其他要求按 HJ 733 及其他国家挥发性有机物管理规定执行。

[a] 适用于生产装置的原料、排气中含卤代烃的情况。
[b] 对于仅含有合成树脂生产装置的排污单位，可不监测二甲苯、苯并[*a*]芘。

5.3 厂界环境噪声监测

厂界环境噪声监测点位设置应遵循 HJ 819 中的原则，主要考虑机泵电机、空冷电机、压缩电机、风机等噪声源在厂区内的分布情况。

厂界环境噪声每季度至少开展一次昼夜监测，监测指标为等效 A 声级。周边有敏感点的，应提高监测频次。

5.4 周边环境质量影响监测

5.4.1 其他环境管理政策，或环境影响评价文件及其批复［仅限 2015 年 1 月 1 日（含）后取得环境影响评价批复的排污单位］有明确要求的，按要求执行。

5.4.2 无明确要求的，若排污单位认为有必要的，可对周边水、土壤、环境空气质量开展监测。可按照 HJ 664、HJ/T 55、HJ/T 164、HJ/T 166、HJ/T 194 中相关规定设置环境空气、地下水、土壤监测点位，对于废水直接排入地表水、海水的排污单位，可按照 HJ/T 91、HJ 442 中相关规定设置周边地表水、海水监测点位，监测指标及最低监测频次可参照表 4 执行。

表 4 周边环境质量影响监测指标最低监测频次

企业类型	类别	监测指标	监测频次
石油化学工业	环境空气[a]	非甲烷总烃、颗粒物、氯化氢[b]、苯、甲苯、二甲苯、氨、硫化氢	半年
		苯并[*a*]芘、废气有机特征污染物等	年
	地表水	pH 值、悬浮物、化学需氧量、五日生化需氧量、氨氮、总氮、总磷、总有机碳、石油类、硫化物、氟化物、挥发酚、总钒、总铜、总锌、总氰化物、可吸附有机卤化物、总铅、总镉、总砷、总镍、总汞、总铬、六价铬	季度
		苯并[*a*]芘、烷基汞、废水有机特征污染物等	年
	地下水	pH 值、高锰酸盐指数、五日生化需氧量、氨氮、总氮、总磷、总有机碳、石油类、硫化物、氟化物、挥发酚、总钒、总铜、总锌、总氰化物、可吸附有机卤化物、苯并[*a*]芘、总铅、总镉、总砷、总镍、总汞、烷基汞、总铬、六价铬、废水有机特征污染物等	年
	海水	pH 值、悬浮物、化学需氧量、五日生化需氧量、氨氮、总氮、总磷、总有机碳、石油类、硫化物、氟化物、挥发酚、总钒、总铜、总锌、总氰化物、可吸附有机卤化物、总铅、总镉、总砷、总镍、总汞、总铬、六价铬	半年
		苯并[*a*]芘、烷基汞、废水有机特征污染物等	年
	土壤	pH 值、硫化物、苯并[*a*]芘、总铅、总镉、总砷、总镍、总汞、烷基汞、总铬、六价铬等	年
合成树脂工业	环境空气[a]	非甲烷总烃、颗粒物、氯化氢、苯、甲苯、氨、硫化氢	半年
		其他废气污染物[c]等	年
	地表水	pH 值、悬浮物、化学需氧量、五日生化需氧量、氨氮、总氮、总磷、总有机碳、可吸附有机卤化物、总铅、总镉、总砷、总镍、总汞、总铬、六价铬	季度
		烷基汞、其他废水污染物[d]等	年
	地下水	pH 值、高锰酸盐指数、五日生化需氧量、氨氮、总氮、总磷、总有机碳、可吸附有机卤化物、总铅、总镉、总砷、总镍、总汞、烷基汞、总铬、六价铬、其他废水污染物[d]等	年
	海水	pH 值、悬浮物、化学需氧量、五日生化需氧量、氨氮、总氮、总磷、总有机碳、可吸附有机卤化物、总铅、总镉、总砷、总镍、总汞、总铬、六价铬	半年
		烷基汞、其他废水污染物[d]等	年
	土壤	pH 值、总铅、总镉、总砷、总镍、总汞、烷基汞、总铬、六价铬等	年

企业类型	类别	监测指标	监测频次
[a] 每次连测 3 天。			
[b] 适用于生产装置的原料、排气中含卤代烃的情况。			
[c] 指附录 D 中列举的其他废气污染物。			
[d] 指附录 C 中列举的其他废水污染物。			

5.5 其他要求

5.5.1 除表 1～表 3 中的污染物指标外，5.5.1.1 和 5.5.1.2 中的污染物指标也应纳入监测指标范围，并参照表 1～表 3 和 HJ 819 确定监测频次。

5.5.1.1 排污许可证、所执行的污染物排放（控制）标准、环境影响评价文件及其批复［仅限 2015 年 1 月 1 日（含）后取得环境影响评价批复的排污单位］、相关环境管理规定明确要求的污染物指标。

5.5.1.2 排污单位根据生产过程的原辅用料、生产工艺、中间及最终产品类型、监测结果确定实际排放的，在相关有毒有害或优先控制污染物名录中的污染物指标，或其他有毒污染物指标。

5.5.2 各指标的监测频次在满足本标准的基础上，可根据 HJ 819 中监测频次的确定原则提高监测频次。

5.5.3 采样方法、监测分析方法、监测质量保证与质量控制等按照 HJ 819 执行。

5.5.4 监测方案的描述、变更按照 HJ 819 执行。

6 信息记录和报告

6.1 信息记录

6.1.1 监测信息记录

手工监测记录和自动监测运维记录按照 HJ 819 执行。

6.1.2 生产和污染治理设施运行状况记录要求

6.1.2.1 生产设施运行状况

a）主体设施

按班次记录正常工况各主要生产单元每套装置的运行状态、生产负荷，重点记录各装置的原料用量、辅料用量、主产品产量、副产品产量、取水量（新鲜水）、废水排放量、燃料消耗量、燃料含硫量、原料含硫量与各种金属类含量、运行时间等参数情况。

b）公辅设施

包括污水处理装置、储罐、火炬系统、动力站等，储罐包括设计规模、工艺参数（温度、液位、周转量）等，火炬系统应连续记录引燃设施和火炬工作状态（火炬气流量、火炬头温度、火种气流量、火种温度等）。

c）全厂运行情况

年生产时间分正常工况和非正常工况（生产装置或设施开停工、检维修）、原辅燃料使用量、主要产品产量等。辅料重点记录与污染治理设施和污染物排放相关的内容。

6.1.2.2 污染治理设施运行状况

污染治理设施运行管理信息应当包括设备运行校验关键参数，能充分反映生产设施及治理设施运行管理情况。

a）废水治理设施包括预处理设施和集中污水处理设施两部分，需每天记录废水处理量、回用水量、运行参数（包括运行工况等）、药剂使用量、投放频次、电耗、污泥产生量等。如出现设施停运、检维修、事故等异常情况，需进行记录。

b）有组织废气治理设施需记录污染治理设施运行时间、运行参数（包括运行工况等）、使用药剂、投放频次等。如出现设施停运、检维修、事故等异常情况，需进行记录。

c）无组织废气排放控制需记录措施执行情况，包括储罐、动静密封点、装卸的维护、保养、检查等运行管理情况。

6.1.3 一般工业固体废物和危险废物记录

记录一般工业固体废物的产生量、综合利用量、处置量、贮存量；按照危险废物管理的相关要求，按日记录危险废物的产生量、综合利用量、处置量、贮存量及其具体去向。原料或辅助工序中产生的其他危险废物的情况也应记录。一般工业固体废物及危险废物产生情况见表 5。

表 5 一般工业固体废物及危险废物来源

类别	废物名称
一般工业固体废物	灰渣、脱硫石膏、袋式（电袋）除尘器产生的破旧布袋
危险废物	废碱液、废酸液、废催化剂、含油污泥等
注：其他可能产生的危险废物应按照《国家危险废物名录》或国家规定的危险废物鉴别标准和鉴别方法认定。	

6.2 信息报告、应急监测报告、信息公开

按照 HJ 819 执行。

7 其他

排污单位应如实记录手工监测期间的工况（包括生产负荷、污染治理设施运行情况等），确保监测数据具有代表性。

本标准规定的内容外，按照 HJ 819 执行。

附 录 A

（规范性附录）

废水有机特征污染物

序号	废水中有机特征污染物	序号	废水中有机特征污染物
1	一氯二溴甲烷	31	异丙苯
2	二氯一溴甲烷	32	多环芳烃
3	二氯甲烷	33	多氯联苯
4	1,2-二氯乙烷	34	甲醛
5	三氯甲烷	35	乙醛
6	1,1,1-三氯乙烷	36	丙烯醛
7	五氯丙烷	37	戊二醛
8	三溴甲烷	38	三氯乙醛
9	环氧氯丙烷	39	双酚 A
10	氯乙烯	40	β-萘酚
11	1,1-二氯乙烯	41	2,4-二氯酚
12	1,2-二氯乙烯	42	2,4,6-三氯酚
13	三氯乙烯	43	苯甲醚
14	四氯乙烯	44	丙烯腈
15	氯丁二烯	45	丙烯酸
16	六氯丁二烯	46	二氯乙酸
17	二溴乙烯	47	三氯乙酸
18	苯	48	环烷酸
19	甲苯	49	黄原酸丁酯
20	邻二甲苯	50	邻苯二甲酸二乙酯
21	间二甲苯	51	邻苯二甲酸二丁酯
22	对二甲苯	52	邻苯二甲酸二辛酯
23	乙苯	53	二（2-乙基己基）己二酸酯
24	苯乙烯	54	苯胺类
25	硝基苯类	55	丙烯酰胺
26	氯苯	56	水合肼
27	1,2-二氯苯	57	吡啶
28	1,4-二氯苯	58	四氯化碳
29	三氯苯	59	四乙基铅
30	四氯苯	60	二噁英类

注：无国家污染物监测方法标准的指标待国家污染物监测方法标准发布后实施。

附　录　B

（规范性附录）

废气有机特征污染物

序号	废气中有机特征污染物	序号	废气中有机特征污染物
1	正己烷	33	丙烯醛
2	环己烷	34	丙酮
3	氯甲烷	35	2-丁酮
4	二氯甲烷	36	异佛尔酮
5	三氯甲烷	37	酚类
6	四氯化碳	38	氯甲基甲醚
7	1,2-二氯乙烷	39	二氯甲基醚
8	1,2-二氯丙烷	40	氯乙酸
9	溴甲烷	41	丙烯酸
10	溴乙烷	42	邻苯二甲酸酐
11	1,3-丁二烯	43	马来酸酐
12	氯乙烯	44	乙酸乙烯酯
13	三氯乙烯	45	甲基丙烯酸甲酯
14	四氯乙烯	46	异氰酸甲酯
15	氯丙烯	47	甲苯二异氰酸酯
16	氯丁二烯	48	硫酸二甲酯
17	二氯乙炔	49	乙腈
18	环氧乙烷	50	丙烯腈
19	环氧丙烷	51	苯胺类
20	环氧氯丙烷	52	二甲基甲酰胺
21	苯	53	丙烯酰胺
22	甲苯	54	肼（联氨）
23	二甲苯	55	甲肼
24	乙苯	56	偏二甲肼
25	苯乙烯	57	吡啶
26	氯苯类	58	四氢呋喃
27	氯萘	59	光气
28	硝基苯类	60	氰化氢
29	甲醇	61	二硫化碳
30	乙二醇	62	苯并[*a*]芘
31	甲醛	63	多氯联苯
32	乙醛	64	二噁英类

注：无国家污染物监测方法标准的指标待国家污染物监测方法标准发布后实施。

附 录 C

（规范性附录）

不同合成树脂类型废水污染物

序号	废水污染物	适用合成树脂类型	序号	废水污染物	适用合成树脂类型
1	苯乙烯	聚苯乙烯树脂 ABS 树脂 不饱和聚酯树脂	9	总氰化物	丙烯酸树脂
2	丙烯腈	ABS 树脂	10	丙烯酸	丙烯酸树脂
3	环氧氯丙烷	环氧树脂 氨基树脂	11	苯	聚甲醛树脂
4	苯酚	酚醛树脂	12	甲苯	聚苯乙烯树脂 ABS 树脂 环氧树脂 有机硅树脂 聚砜树脂
5	双酚 A	环氧树脂 聚碳酸酯树脂 聚砜树脂	13	乙苯	聚苯乙烯树脂 ABS 树脂
6	甲醛	酚醛树脂 氨基树脂 聚甲醛树脂	14	氯苯	聚碳酸酯树脂
7	乙醛	热塑性聚酯树脂	15	1,4-二氯苯	聚苯硫醚树脂
8	氟化物	氟树脂	16	二氯甲烷	聚碳酸酯树脂

注：无国家污染物监测方法标准的指标待国家污染物监测方法标准发布后实施。

附　录　D

（规范性附录）

不同合成树脂类型废气污染物

序号	废气污染物	适用合成树脂类型	序号	废气污染物	适用合成树脂类型
1	苯乙烯	聚苯乙烯树脂 ABS 树脂 不饱和聚酯树脂	15	光气	光气法聚碳酸酯树脂
2	丙烯腈	ABS 树脂	16	二氧化硫	聚砜树脂 聚醚砜树脂 聚醚醚酮树脂
3	1,3-丁二烯	ABS 树脂	17	硫化氢	聚苯硫醚树脂
4	环氧氯丙烷	环氧树脂 氨基树脂	18	丙烯酸	丙烯酸树脂
5	酚类	酚醛树脂 环氧树脂 聚碳酸酯树脂 聚醚醚酮树脂	19	丙烯酸甲酯	丙烯酸树脂
6	甲醛	酚醛树脂 氨基树脂 聚甲醛树脂	20	丙烯酸丁酯	丙烯酸树脂
7	乙醛	热塑性聚酯树脂	21	甲基丙烯酸甲酯	丙烯酸树脂
8	甲苯二异氰酸酯（TDI）	聚氨酯树脂	22	苯	聚甲醛树脂
9	二苯基甲烷二异氰酸酯（MDI）	聚氨酯树脂	23	甲苯	聚苯乙烯树脂 ABS 树脂 环氧树脂 有机硅树脂 聚砜树脂
10	异佛尔酮二异氰酸酯（IPDI）	聚氨酯树脂	24	乙苯	聚苯乙烯树脂 ABS 树脂
11	多亚甲基多苯基异氰酸酯（PAPI）	聚氨酯树脂	25	氯苯类	聚碳酸酯树脂 聚苯硫醚树脂
12	氨	氨基树脂 聚酰胺树脂 聚酰亚胺树脂	26	二氯甲烷	聚碳酸酯树脂
13	氟化氢	氟树脂	27	四氢呋喃	聚对苯二甲酸丁二醇酯树脂
14	氯化氢	有机硅树脂	28	邻苯二甲酸酐	醇酸树脂

注：无国家污染物监测方法标准的指标待国家污染物监测方法标准发布后实施。

附　录　E

（资料性附录）

产生含金属废水的生产工艺及产品种类

产品	生产工艺	产品	生产工艺
产生含铅废水的生产工艺及产品种类			
醇酸树脂	缩合聚合	醇酸树脂	邻苯二甲酸酐+丙三醇+植物油酯，缩合聚合
二烷基二硫代氨基甲酸盐（金属盐）	二烷基胺+二硫化碳	秋兰姆（二甲基二硫代氨基甲酸盐）六硫化物	二甲基二硫代氨基甲酸盐+硫
三苯甲烷染料（甲基紫）	福尔马林+*N*-甲基苯胺+*N*,*N*-二甲基苯胺缩合反应，氧化其反应产物	4,4′-二-（*N*,*N*-二甲基苯胺）甲醇、迈克尔加成的二聚水分子	4,4′-亚甲基-二-（*N*,*N*-二甲基苯胺）在氧化铅条件下氧化
环烷酸盐、硬脂酸、金属盐	与金属碱中和		
产生含镍废水的生产工艺及产品种类			
乙酸盐、7,11-十六双烯-1-醇	偶合反应，低压加氢，酯化反应	乙酸盐、9-十二烯-1-醇	偶合反应，低压加氢，酯化反应
丙烯酸	丙烯经过丙烯醛氧化	丙烯腈	丙烯氨氧化
正构烷烃	C6-C22 α-烯烃（乙烯低聚物）加氢反应	己二腈	丁二烯直接氰化
烷基胺	醇类胺化	对氨基乙酰苯胺	对硝基乙酰苯胺加氢
苯-甲苯-二甲苯	石蜡（环己烷）加氢	氢化三联苯	以镍为催化剂，三联苯加氢
氢化双酚-A（双环己醇-A）	双酚-A 加氢	1,3-丁二烯	蒸馏提取 C4 的热裂解产物
正丁醇	将氧化合成的正丁醛加氢	1,3-丁二烯乙二醇	丁间醇醛加氢
1,4-丁二醇	1,4-丁炔二醇加氢	4-氯-2-氨基苯酚	4-氯-2-硝基苯酚
丁烯（混合物）	蒸馏 C4 的热裂解物	环烷烃	芳香烃在煤油中催化加氢
铃兰醛（羟基二氢香茅醛）	香茅醇水合氧化	环己酮	以环己醇为中间体，由苯酚经过加氢-脱氢
环己醇	苯酚蒸馏，催化加氢	乙胺	乙醇胺化还原
二烷基二硫代氨基甲酸盐（金属盐）	二烷基胺+二硫化碳	异丁子香酚（反式）	正、反式异丁子香酚混合物分离
乙胺类（一乙基胺、二乙基胺、三乙基胺）	乙醇的氨合物（氨+氢）还原	氢化脂肪酸	动物脂酸或椰油酸加氢
2-乙基己醇	正丁醛经过正丁醇醛缩合加氢	脂肪胺	动物脂肪腈或植物脂肪腈加氢
脂肪胺	脂肪腈加氢	11-十六碳醛	偶合反应，低压加氢
脲醛织物树脂	*N*-二（羟甲基）脲+*N*,*N*′-二羟乙基脲缩合	异丁醇	将氧化合成的异丁醛加氢
六氢苯酐	丁二烯或马来酸酐（Diels- Alder 反应）+氢，缩合反应	异丙基胺（异丙基一胺，异丙基二胺）	异丙醇氨基化（氨+氢）还原

产品	生产工艺	产品	生产工艺
二异丁基胺	异丁醇氨解	甲醇	天然气经过合成气高压合成
芳樟醇	2-蒎醇高温分解	甲醇	丁烷氧化
甲醇	天然气经过合成气低压合成	*N*-甲基吗啉	吗啉+甲醇
三（羟甲基）甲基胺	三（羟甲基）硝基甲烷加氢	2-甲基-7,8-环氧十八烷	偶合反应、低压加氢、环氧化作用
N-乙基吗啉	吗啉+乙醇	石油烃树脂氢化物	石油烃产品加氢
α-烯烃	乙烯低聚物&齐格勒－纳塔聚合	2-蒎醇	氢过氧化蒎烷还原
蒎烷	α-蒎烯加氢	哌嗪	乙醇胺氨基化还原（氨+氢，金属催化剂）
2-（*ρ*-辛基酚）硫镍盐	*ρ*-辛基酚+氯化硫（S_2Cl_2），用镍碱中和	聚氧化烯烃胺	聚氧化烯二醇+氨
N,N-二甲基哌嗪	哌嗪+福尔马林，加氢缩合	2-氨基-2-甲基-1-丙醇	2-硝基-2-甲基-1-丙醇加氢
聚氧丙烯二胺	聚丙烯乙二醇+氨	正丙胺	正丙醇氨基化还原（氨、氢）
3-甲氧基丙基胺	丙烯酰胺氨基化还原（甲醇、氢）	环丁砜	丁二烯+二氧化硫加氢缩合
山梨醇	糖加氢	甲苯二胺（混合物）	二硝基苯催化氧化
乙硫胺酯	异丙基黄酸盐+乙胺	甲基化乙二醛脲醛树脂	甲基化的脲醛树脂和乙二醛反应
甲基化脲醛树脂（纺织树脂）	脲醛树脂甲基化加和		
产生含铬废水的生产工艺及产品种类			
松香酸甲酯	松香酸（树脂）和甲醇酯化	丙烯酸	丙烯经过丙烯醛氧化
正丁醇	将氧化合成的正丁醛加氢	环己酮	以环己醇为中间体，由苯酚经过加氢-脱氢
脂肪胺	脂肪腈加氢	洋茉莉醛	以铬为催化剂，异黄樟素氧化
异丁醇	将氧化合成的异丁醛加氢	环己硫醇	环己醇+硫化氢
乙硫醇	乙醇+硫化氢	甲醇	天然气经过合成气 H.P.合成
羰基醇（C_7～C_{11}）	C_6～C_{10}烯烃羰基合成和加氢	聚氧丙烯二胺	聚丙烯二醇+氨
正丙基醇	将氧化合成的丙醛加氢	SAN 树脂	悬浮聚合
苯乙烯	乙苯脱氢	苯乙烯	甲基苯甲醇脱水
1-四氢萘酚、1-四氢萘酮混合物	萘满（1,2,3,4-四氢化萘）氧化	3,3,3-三氟丙烯	氟化氢催化取代氯丙烷
乙烯基甲苯	乙基甲苯脱氢		

HJ

中华人民共和国国家环境保护标准

HJ 948.1—2018

排污单位自行监测技术指南 化肥工业—氮肥

Self-monitoring technology guidelines for pollution sources Chemical fertilizer industry—nitrogenous fertilizer

2018-07-31发布 2018-10-01实施

生 态 环 境 部 发布

前　言

为落实《中华人民共和国环境保护法》《中华人民共和国水污染防治法》《中华人民共和国大气污染防治法》，指导和规范氮肥工业排污单位自行监测工作，制定本标准。

本标准提出了氮肥工业排污单位自行监测的一般要求、监测方案制定、信息记录和报告的基本内容和要求。

本标准为首次发布。

本标准由生态环境部提出并组织制订。

本标准主要起草单位：中国环境监测总站、重庆市生态环境监测中心。

本标准生态环境部 2018 年 7 月 31 日批准。

本标准自 2018 年 10 月 1 日起实施。

本标准由生态环境部解释。

排污单位自行监测技术指南　化肥工业—氮肥

1　适用范围

本标准提出了氮肥工业排污单位自行监测的一般要求、监测方案制定、信息记录和报告的基本内容和要求。

本标准适用于氮肥工业排污单位在生产运行阶段对其排放的水、气污染物，噪声以及周边环境质量影响开展监测。

自备火力发电机组（厂）、配套动力锅炉的自行监测要求按照 HJ 820 执行。

2　规范性引用文件

本标准内容引用了下列文件或其中的条款。凡是不注明日期的引用文件，其有效版本适用于本标准。

GB 13458　合成氨工业水污染物排放标准

HJ 2.2　环境影响评价技术导则 大气环境

HJ/T 2.3　环境影响评价技术导则　地面水环境

HJ/T 91　地表水和污水监测技术规范

HJ/T 194　环境空气质量手工监测技术规范

HJ 442　近岸海域环境监测规范

HJ 819　排污单位自行监测技术指南　总则

HJ 820　排污单位自行监测技术指南　火力发电及锅炉

《国家危险废物名录》

3　术语和定义

GB 13458 界定的以及下列术语和定义适用于本标准。

氮肥工业　nitrogenous fertilizer industry

氮肥工业包括生产合成氨以及以合成氨为原料生产尿素、硝酸铵、碳酸氢铵以及醇氨联产的生产企业或生产设施。

4 自行监测的一般要求

排污单位应查清本单位的污染源、污染物指标及潜在的环境影响，制定监测方案，设置和维护监测设施，按照监测方案开展自行监测，做好质量保证和质量控制，记录和保存监测数据，依法向社会公开监测结果。

5 监测方案制定

5.1 废水排放监测

所有氮肥工业排污单位均须在其废水总排放口、雨水排放口设置监测点位，监测指标及最低监测频次按表1执行。

表1 废水排放口监测指标及最低监测频次

监测点位	监测指标	监测频次	
		直接排放	间接排放
废水总排放口	流量、pH 值、化学需氧量、氨氮	自动监测	
	总氮	日（自动监测[a]）	
	悬浮物、总磷[b]	周	月
	石油类、硫化物[c]、氰化物[c]、挥发酚[c]	月	季度
雨水排放口	pH 值、化学需氧量、氨氮、悬浮物	日[d]	
注：设区的市级及以上环境保护主管部门明确要求安装自动监测设备的污染物指标，须采用自动监测。			

[a] 待总氮自动监测技术规范发布后，须采取自动监测。
[b] 总磷实施总量控制的区域，总磷最低监测频次按日执行。
[c] 以天然气为原料的排污单位硫化物、氰化物、挥发酚的监测频次按年执行。
[d] 排放期间按日监测。

5.2 废气排放监测

5.2.1 有组织废气排放监测

各生产工序有组织废气排放监测点位、监测指标及监测频次按表2执行。

5.2.2 无组织废气排放监测

无组织废气排放监测点位、监测指标及监测频次按表3执行。

表 2　有组织废气排放口监测指标及最低监测频次

生产工序				监测点位	监测指标	监测频次
合成氨	以煤为原料	备煤		含尘废气排气筒	颗粒物	半年
		固定床常压煤气化工艺	原料气制备	吹风气余热回收系统或“三废”混燃系统排气筒	颗粒物、二氧化硫、氮氧化物	自动监测
					汞及其化合物[a]	半年
					烟气黑度	年
				造气废水沉淀池废气收集处理设施排气筒	氨、硫化氢、非甲烷总烃、酚类、氰化氢	季度
					苯并[a]芘	半年
				造气炉放空管	颗粒物、氨、硫化氢、非甲烷总烃、苯并[a]芘	放空期间
			原料气净化	脱碳气提塔排气筒	氨、硫化氢、非甲烷总烃	季度
		干煤粉气流床气化工艺	原料气制备	磨煤及干燥系统排气筒	颗粒物、氮氧化物	季度
				煤粉输送及加压进料系统粉煤仓排气筒	颗粒物	季度
					甲醇[b]、硫化氢[b]	年
			原料气净化	低温甲醇洗尾气洗涤塔排气筒	甲醇、硫化氢	季度
				硫回收尾气排气筒	二氧化硫	自动监测
					硫酸雾[c]	半年
合成氨	以煤为原料	水煤浆气流床气化工艺	原料气净化	低温甲醇洗尾气洗涤塔排气筒	甲醇、硫化氢	季度
				硫回收尾气排气筒	二氧化硫	自动监测
					硫酸雾[c]	半年
		碎煤固定床加压气化工艺	原料气净化	酸性气体脱除设施排气筒	甲醇、非甲烷总烃、二氧化硫、氮氧化物	季度
				硫回收尾气排气筒	二氧化硫	自动监测
					硫酸雾[c]	半年
	以天然气为原料	蒸汽转化法	原料气制备	一段转化炉排气筒	颗粒物、氮氧化物	季度
	以焦炉气为原料	部分转化法	原料气制备	脱硫再生槽废气排气筒	硫化氢、氨	月
				一段转化炉排气筒	颗粒物、氮氧化物	季度
	以油为原料	重油部分氧化法	原料气净化	低温甲醇洗尾气洗涤塔排气筒	甲醇、硫化氢	季度
				硫回收尾气排气筒	二氧化硫	自动监测
					硫酸雾[c]	半年
尿素				放空气洗涤塔（或吸收塔）排气筒	氨	季度
				造粒塔或造粒机排气筒	颗粒物、氨、甲醛[d]	季度
				包装机排气筒	颗粒物	年

生产工序	监测点位	监测指标	监测频次
硝酸铵	造粒塔排气筒	颗粒物、氨	季度
	包装机排气筒	颗粒物	年
污水处理环保设施	污水处理场废气收集处理设施排气筒	硫化氢、氨、酚类[e]	半年
		非甲烷总烃[e]	季度
注：废气监测须按照相应标准分析方法、技术规范同步监测烟气参数（造气炉放空管除外）。氮肥工业造粒塔尾气排气筒若无法进行废气流量监测，可采用物料衡算估算污染物排放量。			
[a] 采用“三废”混燃系统时，应监测汞及其化合物。 [b] 干煤粉气流床气化装置煤粉输送载气采用来自低温甲醇洗脱硫脱碳设施的二氧化碳气时，应测定硫化氢、甲醇。 [c] 适用于硫回收生产硫酸的排污单位。 [d] 造粒过程使用甲醛时，应监测甲醛。 [e] 采用固定床常压煤气化工艺的排污单位须监测酚类和非甲烷总烃。			

表 3　无组织废气监测指标及最低监测频次

监测点位	监测指标	监测频次
排污单位厂界	氨、非甲烷总烃、臭气浓度、硫化氢[a]	季度
	颗粒物[a]、甲醇[b]、苯并[*a*]芘[c]、酚类[c]	年
[a] 以天然气为原料和燃料的排污单位可不监测硫化氢和颗粒物。 [b] 副产甲醇或采用低温甲醇洗工艺的排污单位应监测甲醇。 [c] 采用固定床常压煤气化工艺的排污单位，应监测酚类、苯并[*a*]芘。		

5.3　厂界环境噪声监测

厂界环境噪声监测点位设置应遵循 HJ 819 中的原则，主要考虑破碎设备、筛分设备、风机、空压机、各类压缩机、水泵等噪声源在厂区内的分布情况。

厂界噪声每季度至少开展一次昼间、夜间监测，监测指标为等效连续 A 声级。周边有敏感点的，应增加敏感点位噪声监测。

5.4　周边环境质量影响监测

5.4.1　其他环境管理政策，或环境影响评价文件及其批复［仅限 2015 年 1 月 1 日（含）后取得环境影响评价批复的排污单位］有明确要求的，按要求执行。

5.4.2　无明确要求的，若排污单位认为有必要的，可对周边水、空气环境质量开展监测。可参照 HJ 2.2、HJ/T 2.3、HJ/T 91、HJ /T 194、HJ 442 中相关规定设置地表水、海水监测断面及环境空气监测点位，监测指标及频次按表 4 执行。环境空气监测时间应与厂界周边无组织废气排放监测时间同步。

表 4　周边环境质量影响监测指标及最低监测频次

目标环境	监测指标	监测频次
地表水	pH 值、悬浮物、化学需氧量、氨氮、总磷、总氮、石油类、氰化物、挥发酚、硫化物	季度
海水	pH 值、化学需氧量、溶解氧、总氮、总磷、活性磷酸盐、无机氮、石油类、氰化物、挥发酚、硫化物	半年
环境空气	二氧化硫、二氧化氮、颗粒物、苯并[*a*]芘[a]、氨	半年
[a] 采用固定床常压煤气化工艺的排污单位应监测环境空气中的苯并[*a*]芘。		

5.5　其他要求

5.5.1　除表 1～表 3 中的污染物指标外，5.5.1.1 和 5.5.1.2 中的污染物指标也应纳入监测指标范围，并参照表 1～表 3 和 HJ 819 确定监测频次。

5.5.1.1　排污许可证、所执行的污染物排放（控制）标准、环境影响评价文件及其批复［仅限 2015 年 1 月 1 日（含）后取得环境影响评价批复的排污单位］、相关管理规定明确要求的污染物指标。

5.5.1.2　排污单位根据生产过程的原辅用料、生产工艺、中间及最终产品类型、监测结果确定实际排放的，在有毒有害或优先控制污染物相关名录中的污染物指标，或其他有毒污染物指标。

5.5.2　各指标的监测频次在满足本标准的基础上，可根据需求按照 HJ 819 中监测频次的确定原则提高监测频次。

5.5.3　采样方法、监测分析方法、监测质量保证与质量控制等按照 HJ 819 执行。

5.5.4　监测方案的描述、变更按照 HJ 819 执行。

6　信息记录和报告

6.1　信息记录

6.1.1　监测信息记录

手工监测记录和自动监测运维记录按照 HJ 819 执行。排污单位应如实记录手工监测期间的工况（包括生产负荷、污染治理设施运行情况等），确保监测数据具有代表性。

6.1.2　生产和污染治理设施运行状况信息记录

排污单位应详细记录生产及污染治理设施运行状况，日常生产中也应参照以下内容记录相关信息，并整理成台账保存备查，台账保存期限不得少于三年。

6.1.2.1 生产运行状况记录

按班次记录正常工况各主要生产单元每项生产设施的运行状态、生产负荷、主要产品产量、原辅料及燃料使用情况（包括种类、名称、用量、成分分析）、火炬系统及冷却塔的工作状态等数据。

6.1.2.2 污染治理设施运行情况记录

污染治理设施运行管理记录应至少包括以下内容：有组织、无组织排放废气以及废水污染治理设施名称及工艺、污染治理设施编号、对应生产设施名称及编号、污染因子、治理设施设计参数、风量、对应生产设施生产负荷、运行参数。

6.1.3 一般工业固体废物和危险废物信息记录

记录一般工业固体废物的产生量、综合利用量、处置量、贮存量；按照危险废物管理的相关要求，按日记录危险废物的产生量、综合利用量、处置量、贮存量及其具体去向。原料或辅助工序中产生的其他危险废物的情况也应记录。一般工业固体废物及危险废物产生情况见表 5。

表 5 一般工业固体废物及危险废物来源

类别	废物名称
一般工业固体废物	造气炉渣、锅炉炉渣、除尘器灰渣、污水处理过程中产生的污泥、生活垃圾
危险废物	铜泥、废催化剂、废活性炭等
注：其他可能产生的危险废物按照《国家危险废物名录》或国家规定的危险废物鉴别标准和鉴别方法认定。	

6.2 信息报告、应急报告和信息公开

按照 HJ 819 执行。

7 其他

本标准规定的内容外，按照 HJ 819 执行。

HJ

中华人民共和国国家环境保护标准

HJ 985—2018

排污单位自行监测技术指南 电镀工业

Self-monitoring technology guidelines for pollution sources —Electroplating industry

2018-12-04发布　　2019-03-01实施

生　态　环　境　部　发布

前　言

为落实《中华人民共和国环境保护法》《中华人民共和国水污染防治法》《中华人民共和国大气污染防治法》《排污许可管理办法（试行）》，指导和规范电镀工业排污单位以及专门处理电镀废水的集中式污水处理厂自行监测工作，制定本标准。

本标准提出了电镀工业排污单位以及专门处理电镀废水的集中式污水处理厂自行监测的一般要求、监测方案制定、信息记录和报告的基本内容和要求。

本标准为首次发布。

本标准由生态环境部提出并组织制订。

本标准主要起草单位：中国环境监测总站、江苏省环境监测中心、厦门市环境监测中心站。

本标准生态环境部 2018 年 12 月 4 日批准。

本标准自 2019 年 3 月 1 日起实施。

本标准由生态环境部解释。

排污单位自行监测技术指南　电镀工业

1　适用范围

本标准规定了电镀工业排污单位以及专门处理电镀废水的集中式污水处理厂自行监测的一般要求、监测方案制定、信息记录和报告的基本内容及要求。

本标准适用于电镀工业排污单位以及专门处理电镀废水的集中式污水处理厂，对其在生产运行时排放的水、气污染物，噪声以及对周边环境质量影响开展自行监测。

自备火力发电机组（厂）、配套动力锅炉的自行监测要求按照《排污单位自行监测技术指南　火力发电及锅炉》（HJ 820）执行。

2　规范性引用文件

本标准引用了下列文件或其中的条款。凡是未注明日期的引用文件，其最新版本适用于本标准。

GB 14554　恶臭污染物排放标准

GB 21900　电镀污染物排放标准

HJ/T 91.1　污水监测技术规范

HJ/T 164　地下水环境监测技术规范

HJ/T 166　土壤环境监测技术规范

HJ 819　排污单位自行监测技术指南　总则

HJ 820　排污单位自行监测技术指南　火力发电及锅炉

HJ 855　排污许可证申请与核发技术规范　电镀工业

《国家危险废物名录》

3　术语和定义

GB 21900 界定的以及下列术语和定义适用于本标准。

3.1

电镀工业排污单位 electroplating industry pollutant emission unit

指有电镀、化学镀、化学转化膜等生产工序和设施的排污单位，包括专业电镀排污单位和有电镀工序的排污单位。

3.2

专门处理电镀废水的集中式污水处理厂 centralized sewage treatment plant specially treated with electroplating wastewater

指位于电镀集中区内并拥有专门处理电镀废水集中处理设施的单位。

4 自行监测的一般要求

排污单位应查清本单位的污染源、污染物指标及潜在的环境影响，制定监测方案，设置和维护监测设施，按照监测方案开展自行监测，做好质量保证和质量控制，记录和保存监测数据，依法向社会公开监测结果。

5 监测方案制定

5.1 废水排放监测

5.1.1 监测点位

电镀工业排污单位须在废水总排放口，以及排放总铬、六价铬、总镍、总镉、总银、总铅、总汞相应的车间或生产设施排放口设置监测点位。

专门处理电镀废水的集中式污水处理厂须在废水总排放口，以及排放总铬、六价铬、总镍、总镉、总银、总铅、总汞相应的车间或生产设施排放口设置监测点位。

5.1.2 监测指标与频次

电镀工业排污单位的废水排放口监测指标及最低监测频次按照表1执行。

表1 电镀工业排污单位废水监测指标最低监测频次

监测点位	监测指标	监测频次
车间或生产设施排放口	流量	自动监测
	总铬、六价铬、总镍、总镉、总银、总铅、总汞	日[a]
废水总排放口	流量	自动监测
	pH、化学需氧量、总氰化物、总铜、总锌	日
	总磷、总氮	月（日[a]）
	总铁、总铝、氨氮、氟化物、悬浮物、石油类	月

监测点位	监测指标	监测频次
雨水排放口[b]	pH、悬浮物	日
注：1. 根据原辅料使用等实际生产情况，确定具体的重金属监测指标。 2. 设区的市级及以上环保主管部门明确要求安装自动监测设备的污染物指标，须采取自动监测。		
[a] 总氮/总磷实施总量控制的区域，总氮/总磷最低监测频次按日执行。 [b] 雨水排放口有流动水排放时按日监测。若监测一年无异常情况，可放宽至每季度开展一次监测。		

专门处理电镀废水的集中式污水处理厂的车间或生产设施排放口以及废水总排放口的监测指标及最低监测频次按照表 2 执行。

表 2 专门处理电镀废水的集中式污水处理厂废水监测指标最低监测频次

监测点位	监测指标	监测频次
车间或生产设施排放口[a]	流量	自动监测
	总铬、六价铬、总镍、总镉、总银、总铅、总汞	日
废水总排放口	流量、pH、化学需氧量	自动监测
	氨氮、总氮、总磷、总氰化物、总铜、总锌	日
	总铁、总铝、氟化物、悬浮物、石油类	月
注：1. 根据专门处理电镀废水的集中式污水处理厂上游企业排放废水涉及的污染物指标，确定应开展监测的金属指标。 2. 设区的市级及以上环保主管部门明确要求安装自动监测设备的污染物指标，须采取自动监测。		
[a] 车间或生产设施排放口指含总铬、六价铬、总镍、总镉、总银、总铅、总汞废水分质处理的特定处理单元出水口（与其他废水混合前）。		

5.2 废气排放监测

5.2.1 有组织废气排放监测点位、指标与频次

电镀工业排污单位的废气排放口监测指标及最低监测频次按照表 3 执行。

表 3 电镀工业排污单位废气监测指标最低监测频次

监测点位	监测指标	监测频次
酸碱废气排气筒	氯化氢、氮氧化物、硫酸雾、氟化物	半年
铬酸雾废气排气筒	铬酸雾	半年
含氰废气排气筒	氰化氢	半年
粉尘废气排气筒	颗粒物	半年
注：1. 2015 年 1 月 1 日（含）后取得环境影响评价批复的排污单位根据环境影响评价文件及其批复，以及实际生产情况等，确定具体的监测指标。 2. 排气筒废气监测要同步监测烟气参数。 3. 监测结果超标的，应增加相应指标的监测频次。		

5.2.2 无组织废气排放监测点位、指标与频次

电镀工业排污单位无组织废气排放监测点位设置、监测指标及最低监测频次按照表 4 执行。

表 4 专业电镀企业无组织废气监测指标最低监测频次

监测点位	监测指标	监测频次
厂界	氯化氢、铬酸雾、硫酸雾、氰化氢、氟化物	年
注：1. 根据有组织废气排放情况，确定具体的监测指标。 2. 监测结果超标的，应增加相应指标的监测频次。 3. 若周边有敏感点，应适当增加监测频次。		

专门处理电镀废水的集中式污水处理厂无组织废气排放监测点位设置、监测指标及最低监测频次按照表 5 执行。

表 5 专门处理电镀废水的集中式污水处理厂无组织废气监测指标最低监测频次

监测点位	监测指标	监测频次
厂界	臭气浓度[a]	年
[a] 2015 年 1 月 1 日（含）后取得环境影响评价批复的排污单位还应根据环境影响评价文件及其批复或其他环境管理要求确定是否监测 GB 14554 中的其他恶臭污染物。		

5.3 厂界环境噪声监测

厂界环境噪声监测点位设置应遵循 HJ 819 中的原则，主要考虑噪声源在厂区内的分布情况和周边环境敏感点的位置。厂界环境噪声每季度至少开展一次昼夜监测，监测指标为等效 A 声级。周边有敏感点的，应提高监测频次。

5.4 周边环境质量影响监测

5.4.1 环境影响评价文件及其批复［仅限 2015 年 1 月 1 日（含）后取得的环境影响评价批复］、相关环境管理政策有明确要求的，按要求执行。

5.4.2 无明确要求的，排污单位可根据实际情况对周边地表水及沉积物、地下水和土壤开展监测。按照 HJ/T 91、HJ/T 164、HJ/T 166 及受纳水体环境管理要求设置地表水及沉积物、地下水和土壤监测点位，监测指标及最低监测频次按照表 6 执行。

表 6 周边环境质量影响监测指标及最低监测频次

目标环境	监测指标	监测频次
地表水	pH、总铬、六价铬、总镍、总镉、总银、总铅、总汞、总铜、总锌等	季度
地表水体沉积物	pH、总铬、总镍、总镉、总银、总铅、总汞、总铜、总锌等	年
地下水[a]	水位、pH、高锰酸盐指数、氰化物、总铬、六价铬、总铜、总锌、总镍、总铁等	年
土壤[a]	pH、总铬、总镍、总镉、总银、总铅、总汞、总铜、总锌等	年

目标环境	监测指标	监测频次
注：根据原辅料使用等实际生产情况，确定具体的重金属监测指标。		
[a] 厂界内的地下水和土壤监测按照相关技术规范和管理要求开展。		

5.5 其他要求

5.5.1 除表 1～表 5 中的监测指标外，5.5.1.1 和 5.5.1.2 中的污染物指标也应纳入监测指标范围，并参照表 1～表 5 和 HJ 819 确定监测频次。

5.5.1.1 排污许可证、所执行的污染物排放（控制）标准、环境影响评价文件及其批复［仅限 2015 年 1 月 1 日（含）后取得的环境影响评价批复］、相关环境管理规定明确要求监测的污染物指标。

5.5.1.2 排污单位根据生产过程的原辅用料、生产工艺、中间及最终产品类型、监测结果确定实际排放的，在有毒有害或优先控制污染物相关名录中的污染物指标，或其他有毒污染物指标。

5.5.2 各指标的监测频次在满足本标准的基础上，可根据 HJ 819 中监测频次的确定原则提高监测频次。

5.5.3 采样方法、监测分析方法、监测质量保证与质量控制等按照 HJ 819 执行。

5.5.4 监测方案的描述、变更按照 HJ 819 执行。

6 信息记录和报告

6.1 信息记录

6.1.1 监测信息记录

手工监测的记录和自动监测运维记录按照 HJ 819 执行。

6.1.2 生产和污染治理设施运行状况信息记录

详细记录电镀工业排污单位及专门处理电镀废水的集中式污水处理厂的以下生产及污染治理设施运行状况，日常生产中也应参照以下内容记录相关信息，并整理成台账保存备查。

6.1.2.1 生产运行状况记录

记录电镀生产设施运行、停运状态。根据批次按生产线记录以下内容：

a）镀种、工艺类型、运行时间；

b）电镀液主要成分、浓度、使用量及消耗量、温度、pH；

c）辅料使用量和消耗量、纯水使用量；

d）镀种加工面积、镀层厚度等。

6.1.2.2　污染治理设施运行状况记录

（1）污水处理设施：接管到专门处理电镀废水的集中式污水处理厂的电镀工业排污单位，按含铬废水、含氰废水、酸碱废水等“分质收集”，分别记录废水排放量；专门处理电镀废水的集中式污水处理厂及自行处理废水的电镀工业排污单位，按照“分质收集”原则，分别记录相应电镀废水处理设施开停机时间、运行时间，并按日记录污水处理量、中水回用率、污水排放量、污泥产生量（记录含水率）、污水处理使用的药剂名称及用量、用电量等。

（2）废气处理设施：根据批次按生产线记录电镀废气处理设施开停机时间、废气处理液 pH、废气排放时间及排放量等，并按月记录废气处理使用的药剂名称及消耗量。

6.1.3　工业固体废物记录

记录一般工业固体废物和危险废物的产生量、综合利用量、处置量、贮存量，危险废物还应记录其具体去向。原料或辅助工序中产生的其他危险废物的情况也应记录。

表 7　一般工业固体废物及危险废物来源

类别	来源	种类
一般工业固体废物	生产车间	废包装物、热镀锌锌灰、锌渣等，生活垃圾
危险废物	生产车间、废水/废气处理设施	槽液过滤产生的废渣、废弃槽液、废退镀液，废活性炭、废反渗透膜、废树脂、脱脂油泥、接触危险废物的弃用劳保用品及包装物、电镀污泥等
	专门处理电镀废水的集中式污水处理厂	电镀废水处理污泥，废水手工监测时产生的废水、废试剂等
注：其他可能产生的危险废物按照《国家危险废物名录》或国家规定的危险废物鉴别标准和鉴别方法认定。		

6.2　信息报告、应急报告、信息公开

按照 HJ 819 执行。

7　其他

排污单位应如实记录手工监测期间的工况（包括生产负荷、污染治理设施运行情况等），确保监测数据具有代表性。

本标准规定的内容外，按 HJ 819 执行。

HJ

中华人民共和国国家环境保护标准

HJ 986—2018

排污单位自行监测技术指南 农副食品加工业

Self-monitoring technology guidelines for pollution sources —Farm and sideline food processing industry

2018-12-04 发布 2019-03-01 实施

生 态 环 境 部 发 布

前　　言

为落实《中华人民共和国环境保护法》《中华人民共和国水污染防治法》《中华人民共和国大气污染防治法》《排污许可管理办法(试行)》，指导和规范农副食品加工业排污单位自行监测工作，制定本标准。

本标准提出了农副食品加工业排污单位自行监测的一般要求、监测方案制定、信息记录和报告的基本内容和要求。

本标准为首次发布。

本标准由生态环境部提出并组织制订。

本标准主要起草单位：中国环境监测总站、北京市环境保护监测中心、中国轻工业清洁生产中心。

本标准生态环境部 2018 年 12 月 4 日批准。

本标准自 2019 年 3 月 1 日起实施。

本标准由生态环境部解释。

排污单位自行监测技术指南　农副食品加工业

1　适用范围

本标准提出了农副食品加工业排污单位自行监测的一般要求、监测方案制定、信息记录和报告的基本内容和要求。

本标准适用于农副食品加工业排污单位在生产运行阶段或无生产但有排放的时段，对其排放的水、气污染物，噪声以及对其周边环境质量影响开展监测。

自备火力发电机组（厂）、配套动力锅炉的自行监测要求按照《排污单位自行监测技术指南　火力发电及锅炉》（HJ 820）执行。

2　规范性引用文件

本标准内容引用了下列文件或其中的条款。凡是不注明日期的引用文件，其有效版本适用于本标准。

GB 13457　肉类加工工业水污染物排放标准

GB 21901　羽绒工业水污染物排放标准

GB 21909　制糖工业水污染物排放标准

GB 25461　淀粉工业水污染物排放标准

HJ/T 2.3　环境影响评价技术导则　地面水环境

HJ/T 91　地表水和污水监测技术规范

HJ 442　近岸海域环境监测规范

HJ 819　排污单位自行监测技术指南　总则

HJ 820　排污单位自行监测技术指南　火力发电及锅炉

《国家危险废物名录》

3　术语和定义

GB 13457、GB 21901、GB 21909、GB 25461 界定的以及下列术语和定义适用于本标准。

3.1

农副食品加工业　farm and sideline food processing industry

指直接以农、林、牧、渔业产品为原料进行的谷物磨制、饲料加工、植物油和制糖加工、屠宰及肉类加工、水产品加工，以及蔬菜、水果和坚果等食品的加工。

3.2

直接排放　direct discharge

指排污单位直接向水体排放水污染物的行为。

3.3

间接排放　indirect discharge

指排污单位向公共污水处理系统排放水污染物的行为。

4　自行监测的一般要求

排污单位应查清本单位的污染源、污染物指标及潜在的环境影响，制定监测方案，设置和维护监测设施，按照监测方案开展自行监测，做好质量保证和质量控制，记录和保存监测数据与相关信息，依法向社会公开监测结果。

5　监测方案制定

5.1　废水排放监测

5.1.1　监测点位

所有排放废水的农副食品加工业排污单位均应在废水总排放口、雨水排放口设置监测点位，生活污水单独排入水体的须在生活污水排放口设置监测点位。

5.1.2　监测指标及监测频次

排污单位废水排放监测点位、监测指标及最低监测频次按照表 1 执行。

表 1　废水排放监测点位、监测指标及最低监测频次

排污单位级别	监测点位	监测指标	监测频次		备注
			直接排放	间接排放	
重点排污单位	废水总排放口	流量、pH 值、化学需氧量、氨氮	自动监测	自动监测	适用于所有的农副食品加工排污单位
		总磷	月（自动监测[a]）	季度（自动监测[a]）	

排污单位级别	监测点位	监测指标	监测频次		备注
			直接排放	间接排放	
重点排污单位	废水总排放口	总氮	月（日/自动监测[b]）	季度（日/自动监测[b]）	
		悬浮物、五日生化需氧量	月	季度	
		总氰化物	月	季度	适用于以木薯为原料的淀粉及淀粉制品制造的排污单位
		动植物油	月	季度	适用于植物油加工、屠宰及肉类加工、饲料加工（动物源性饲料）、水产品加工、豆制品制造等生产过程涉及动植物油排放的排污单位
		大肠菌群数	月	季度	适用于屠宰及肉类加工排污单位
		阴离子表面活性剂	月	季度	适用于含有羽绒清洗的屠宰及肉类加工排污单位。其他生产过程使用阴离子表面活性剂的排污单位选测
		色度	月	季度	所有的农副食品加工排污单位选测
		全盐量	月	季度	淀粉及淀粉制品制造（变性淀粉）、水产品加工、蔬菜菌类水果和坚果加工（腌渍等）等排污单位选测
		粪大肠菌群数	月	—	制糖业（以甜菜为原料）、屠宰及肉类加工、蛋品加工等生产过程涉及粪大肠菌排放的排污单位选测
		总余氯	月	—	生产过程或废水处理过程中使用含氯物质并直排环境的排污单位选测
	生活污水排放口	流量、pH 值、化学需氧量、氨氮	自动监测	—	适用于所有的农副食品加工排污单位
		总磷	月（自动监测[a]）		
		总氮	月（日/自动监测[b]）	—	
		悬浮物、五日生化需氧量	月	—	
		动植物油	月	—	适用于有职工食堂的排污单位
	雨水排放口	化学需氧量、悬浮物	日[c]		适用于所有的农副食品加工排污单位

排污单位级别	监测点位	监测指标	监测频次		备注
			直接排放	间接排放	
非重点排污单位	废水总排放口	流量、pH 值、化学需氧量、氨氮、总氮、总磷、悬浮物、五日生化需氧量	季度	半年	适用于所有的农副食品加工排污单位
		总氰化物、动植物油、大肠菌群数、阴离子表面活性剂	季度	半年	根据行业类型及原料工艺确定监测指标，同重点排污单位
		色度、全盐量、粪大肠菌群数、总余氯	半年	—	根据行业类型及原料工艺确定选测指标，同重点排污单位
	生活污水排放口	流量、pH 值、化学需氧量、氨氮、总氮、总磷、悬浮物、五日生化需氧量	季度	—	适用于所有的农副食品加工排污单位
		动植物油	季度	—	适用于有职工食堂的排污单位

注：1. 设区的市级及以上环保主管部门明确要求安装自动监测设备的污染物指标，须采取自动监测。

2. 监测结果有超标记录的，应适当增加监测频次。

[a] 水环境质量中总磷实施总量控制区域及氮磷排放重点行业（屠宰及肉类加工、淀粉及淀粉制品制造等）的重点排污单位，总磷须采取自动监测。

[b] 水环境质量中总氮实施总量控制区域及氮磷排放重点行业（屠宰及肉类加工、淀粉及淀粉制品制造等）的重点排污单位，总氮最低监测频次按日执行，待自动监测技术规范发布后，须采取自动监测。

[c] 雨水排放口有流动水排放时按日监测。若监测一年无异常情况，可放宽至每季度开展一次监测。

5.2 废气排放监测

5.2.1 有组织废气排放监测点位、指标与频次

5.2.1.1 监测点位

各工序废气通过排气筒等方式排放至外环境的，须在排气筒或排气筒前的废气排放通道设置监测点位。

5.2.1.2 监测指标与监测频次

各监测点位监测指标及最低监测频次按照表 2 执行。对于多个污染源或生产设备共用一个排气筒的，监测点位可布设在共用排气筒上，监测指标应涵盖所对应的污染源或生产设备监测指标，最低监测频次按照严格的执行。

表 2　有组织废气排放监测点位、监测指标及最低监测频次

监测点位		监测指标	监测频次	备注
颗粒粕系统	干燥器排气筒或废气处理设施排放口	颗粒物、二氧化硫、氮氧化物	半月	适用于以甜菜为原料制糖的排污单位
	造粒机排气筒或废气处理设施排放口	颗粒物	半年	
物料储运、净化、破（粉）碎、脱皮（壳）、烘干、筛分、包装等工序车间排气筒或废气处理设施排放口		颗粒物	半年	适用于谷物磨制、淀粉及淀粉制品制造、豆制品制造、植物油加工、饲料加工、制糖业等涉及颗粒物排放的排污单位
羽绒清洗工艺分毛设备排气筒或废气处理设施排放口		颗粒物	半年	适用于有羽绒清洗工艺的屠宰及肉类加工排污单位
烟熏设备排气筒或废气处理设施排放口		颗粒物	半年	适用于有烟熏工艺的屠宰及肉类加工、水产品加工等排污单位
余热利用系统排气筒或废气处理设施排放口		二氧化硫	半年	适用于建有废气余热利用系统的排污单位。监测指标可根据热源性质进行调整
亚硫酸制备燃硫废气、浸泡设备等排气筒或废气处理设施排放口		二氧化硫	半年	适用于以玉米为原料生产淀粉及淀粉制品的排污单位
热风炉、加热炉等排气筒或废气处理设施排放口		颗粒物、二氧化硫、氮氧化物	半年	适用于建有热风炉、加热炉的排污单位
焚烧炉		颗粒物、二氧化硫、氮氧化物	半年	适用于建有畜禽尸体、不合格原料或产品无害化焚烧炉的屠宰及肉类加工排污单位
加药废气等排气筒或废气处理设施排放口		氯化氢、非甲烷总烃、颗粒物	半年	适用于有变性淀粉生产的排污单位
浸出、精炼等车间排气筒或废气处理设施排放口		非甲烷总烃	季度	适用于植物油加工、豆制品制造（低温豆粕）、屠宰及肉类加工（畜禽油脂提炼）等涉及挥发性有机物排放的排污单位
化制设备排气筒或废气处理设施排放口		非甲烷总烃	半年	适用于建有畜禽尸体、不合格原料或产品无害化化制设备的屠宰及肉类加工排污单位
畜禽油脂提炼设备排气筒或废气处理设施排放口		油烟	半年	适用于有畜禽油脂提炼设备的屠宰及肉类加工排污单位
油炸、煎炒、烧烤等设备排气筒或废气处理设施排放口		油烟	半年	适用于有油炸、煎炒、烧烤等工艺的屠宰及肉类加工、坚果加工、水产品加工等涉及油烟排放的排污单位
腥臭废气收集、冷凝、净化等车间排气筒或废气处理设施排放口		氨、硫化氢、三甲胺、二甲二硫醚、甲硫醚、甲硫醇	季度	适用于水产品加工及使用低值水产品和水产品加工废弃物（如鱼骨、内脏、虾壳）等为主要原料的饲料加工的排污单位
注：废气监测须按照相应监测分析方法、技术规范同步监测烟气参数。				

5.2.2 无组织废气排放监测点位、指标与频次

无组织废气排放监测点位设置、监测指标及最低监测频次按照表 3 执行。

表 3 无组织废气排放监测点位、监测指标及最低监测频次

监测点位	监测指标	监测频次	备注
厂界	臭气浓度[a]	半年	适用于所有农副食品加工排污单位
	颗粒物	半年	适用于谷物磨制、饲料加工、淀粉及淀粉制品制造、豆制品加工、植物油加工等生产过程涉及颗粒物排放的排污单位
	非甲烷总烃	半年	适用于植物油加工、屠宰及肉类加工、豆制品制造、淀粉及淀粉制品制造等生产过程涉及挥发性有机物排放的排污单位
	氨	半年	适用于建有氨储罐的排污单位
	氨、硫化氢	半年	适用于建有污水收集处理设施的排污单位
污水处理设施周边厂界下风向侧或有臭气方位的边界线上	臭气浓度、氨、硫化氢	半年	建有污水收集处理设施的排污单位选测
注：1. 若周边有环境敏感点或监测结果超标的，应适当增加监测频次。 2. 无组织废气监测须同步监测气象因子。			
[a] 根据环境影响评价文件及其批复以及原辅用料、生产工艺等，确定是否监测其他臭气污染物。			

5.3 厂界环境噪声监测

厂界环境噪声监测点位设置应遵循 HJ 819 中的原则，主要考虑破碎设备、筛分设备、大型风机、制冷机、水泵等噪声源在厂区内的分布情况和周边环境敏感点的位置。厂界环境噪声每季度至少开展一次昼间噪声监测，夜间生产的排污单位需监测夜间噪声。周边有敏感点的，应提高监测频次。

5.4 周边环境质量影响监测

5.4.1 污染物排放标准、环境影响评价文件及其批复［仅限于 2015 年 1 月 1 日（含）后取得环境影响评价批复的排污单位］或其他环境管理政策有明确要求的，按要求执行。

5.4.2 无明确要求的，排污单位可根据实际情况对周边地表水、海水、地下水和土壤开展监测。对于废水直接排入地表水、海水的排污单位，可参照 HJ/T 2.3、HJ/T 91、HJ 442 设置监测断面和监测点位；开展地下水、土壤监测的排污单位，可按照 HJ 610、HJ/T 164、HJ/T 166 要求设置监测点位。

5.5 其他要求

5.5.1 除表 1～表 3 中的污染物指标外，5.5.1.1 和 5.5.1.2 中的污染物指标也应纳入监测指标范围，并参照表 1～表 3 和 HJ 819 确定监测频次。

5.5.1.1 排污许可证、所执行的污染物排放（控制）标准、环境影响评价文件及其批复［仅限于 2015 年 1 月 1 日（含）后取得环境影响评价批复的排污单位］、相关环境管理规定明确要求的污染物指标。

5.5.1.2 排污单位根据生产过程的原辅用料、生产工艺、中间及最终产品类型、监测结果确定实际排放的，在有毒有害或优先控制污染物相关名录中的污染物指标，或其他有毒污染物指标。

5.5.2 各指标的监测频次在满足本标准的基础上，可根据 HJ 819 中监测频次的确定原则提高监测频次。

5.5.3 采样方法、监测分析方法、监测质量保证与质量控制等按照 HJ 819 相关要求执行。

5.5.4 监测方案的描述、变更按照 HJ 819 规定执行。

6 信息记录和报告

6.1 信息记录

6.1.1 监测信息记录要求

手工监测记录和自动监测运维记录按照 HJ 819 执行。

6.1.2 生产和污染治理设施运行状况记录要求

排污单位应详细记录其生产及污染治理设施运行状况，日常生产中应参照以下内容记录相关信息，并整理成台账保存备查。

6.1.2.1 生产运行状况记录

分生产线记录每日的主要原辅料用量、耗能、产品产量：取水量（新鲜水），能源消耗（煤、电、油），主要原辅料使用量，产品产量，副产品产量等。

6.1.2.2 废水处理设施运行状况记录

按日记录废水处理量、排放量、回用水量、回用去向、污泥产生量（记录含水率）、废水处理使用的药剂名称及用量、鼓风机电量等；记录废水处理设施运行、故障及维护情况等。

6.1.2.3 废气处理设施运行状况记录

应记录除尘、脱硫、VOCs 治理等净化工艺的基本情况，按日记录废气处理使用的吸附剂、过滤材料等耗材的名称及用量；并记录废气处理设施运行参数、故障及维护情况等。

6.1.3 一般工业固体废物和危险废物记录要求

记录一般工业固体废物的产生量、综合利用量、处置量、贮存量；按照危险废物管理的相关要求，按日记录危险废物的产生量、综合利用量、处置量、贮存量及其具体去向。原料或辅助工序中产生的其他危险废物的情况也应记录。一般工业固体废物及危险废物产生情况见表 4。

表 4 一般工业固体废物及危险废物来源

类别	产生单元	固体废物
一般工业固体废物	生产车间、废水/废气处理设施等	废气处理收集的废尘/渣、废滤袋、原辅料中的剩余废物、金属、废纸箱、废木箱、废袋、煤渣等；水处理污泥（根据地方管理要求执行）
危险废物	生产车间、实验室、废气处理设施等	废有机溶剂与含有机溶剂废物、废矿物油与含矿物油废物、有机树脂类废物、石棉废物以及化学试剂等危险废物的废弃包装物、容器等
注：其他可能产生的危险废物按照《国家危险废物名录》或国家规定的危险废物鉴别标准和鉴别方法认定。		

6.2 信息报告、应急报告、信息公开

按照 HJ 819 规定执行。

7 其他

排污单位应如实记录手工监测期间的工况（包括生产负荷、污染治理设施运行情况等），确保监测数据具有代表性。

本标准规定的内容外，其他内容按照 HJ 819 规定执行。

HJ

中华人民共和国国家环境保护标准

HJ 987—2018

排污单位自行监测技术指南 农药制造工业

Self-monitoring technology guidelines for pollution sources —Pesticide manufacture

2018-12-04 发布　　　　2019-03-01 实施

生 态 环 境 部 发布

前　言

为落实《中华人民共和国环境保护法》《中华人民共和国水污染防治法》《中华人民共和国大气污染防治法》《排污许可管理办法（试行）》，指导和规范农药制造工业排污单位自行监测工作，制定本标准。

本标准提出了农药制造工业排污单位自行监测的一般要求、监测方案制定、信息记录和报告的基本内容和要求。

本标准为首次发布。

本标准生态环境部提出并组织制订。

本标准主要起草单位：中国环境监测总站、山东省环境监测中心站。

本标准由生态环境部 2018 年 12 月 4 日批准。

本标准自 2019 年 3 月 1 日起实施。

本标准由生态环境部解释。

排污单位自行监测技术指南　农药制造工业

1　适用范围

本标准提出了农药制造工业排污单位自行监测的一般要求、监测方案制定、信息记录和报告的基本内容和要求。

本标准适用于农药制造工业排污单位在生产运行阶段对其排放的水、气污染物，噪声以及对其周边环境质量影响开展监测。

自备火力发电机组（厂）、配套动力锅炉的自行监测要求按照《排污单位自行监测技术指南　火力发电及锅炉》（HJ 820）执行。

2　规范性引用文件

本标准内容引用了下列文件或其中的条款。凡是不注明日期的引用文件，其有效版本适用于本标准。

GB 14554　恶臭污染物排放标准

GB 16297　大气污染物综合排放标准

HJ/T 2.3　环境影响评价技术导则　地面水环境

HJ/T 91　地表水和污水监测技术规范

HJ/T 164　地下水环境监测技术规范

HJ/T 166　土壤环境监测技术规范

HJ 442.1～HJ 442.10　近岸海域环境监测规范

HJ 610　环境影响评价技术导则　地下水环境

HJ 819　排污单位自行监测技术指南　总则

HJ 820　排污单位自行监测技术指南　火力发电及锅炉

《国家危险废物名录》

3　术语和定义

下列术语和定义适用于本标准。

3.1

农药　pesticide

指用于预防、控制危害农业、林业的病、虫、草、鼠和其他有害生物以及有目的地调节植物、昆虫生长的化学合成或者来源于生物、其他天然物质的一种物质或几种物质的混合物及其制剂。

3.2

农药制造工业排污单位　pesticide industry pollutant emission unit

指生产用于预防、控制危害农业、林业的病、虫、草、鼠和其他有害生物以及有目的地调节植物、昆虫生长的化学合成或者来源于生物、其他天然物质的一种物质或者几种物质的混合物及其制剂的排污单位。

3.3

直接排放　direct discharge

指排污单位直接向水体排放水污染物的行为。

3.4

间接排放　indirect discharge

指排污单位向公共污水处理系统排放水污染物的行为。

3.5

农药原药　pesticide synthesis

指通过无机、有机、生物方法制备或合成的构成农药有效成分的物质或材料。

3.6

挥发性有机物　volatile organic compounds（VOCs）

指参与大气光化学反应的有机化合物，或者根据规定的方法测量或核算确定的有机化合物。

4　自行监测的一般要求

排污单位应查清本单位的污染源、污染物指标及潜在的环境影响，制定监测方案，设置和维护监测设施，按照监测方案开展自行监测，做好质量保证和质量控制，记录和保存监测数据，依法向社会公开监测结果。

5 监测方案制定

5.1 废水排放监测

5.1.1 监测点位

所有农药制造工业排污单位均须在废水总排放口、雨水排放口设置监测点位，排放总汞、烷基汞、总镉、总铬、六价铬、总砷、总铅、总镍、苯并[*a*]芘、总铍、总银、莠去津、氟虫腈的，还须在相应的车间或生产设施废水排放口设置监测点位。

5.1.2 监测指标及监测频次

排污单位废水排放监测点位、监测指标及最低监测频次按照表 1 执行。

表 1 废水排放监测点位、监测指标及最低监测频次

<table>
<tr><th rowspan="2">排污单位级别</th><th rowspan="2">监测点位</th><th rowspan="2">监测指标</th><th colspan="2">监测频次</th><th rowspan="2">备注</th></tr>
<tr><th>直接排放</th><th>间接排放</th></tr>
<tr><td rowspan="9">重点排污单位</td><td rowspan="6">废水总排放口</td><td>流量、pH、化学需氧量、氨氮</td><td colspan="2">自动监测</td><td>—</td></tr>
<tr><td>悬浮物、石油类、色度</td><td>日</td><td>月</td><td>—</td></tr>
<tr><td>磷酸盐（以 P 计）（总磷）</td><td colspan="2">月（自动监测 a）</td><td>—</td></tr>
<tr><td>五日生化需氧量</td><td>月</td><td>季度</td><td rowspan="4">根据排放标准、排污许可证等相关环境管理规定，以及生产工艺、原辅用料、中间及最终产品（农药原药），确定具体的监测指标，所属行业水污染物排放标准发布后，从其规定</td></tr>
<tr><td>挥发酚、总氰化物、氯苯、硝基苯类、苯胺类、苯、甲苯、二甲苯、乙苯、甲醛、总锌、五氯酚及五氯酚钠（以五氯酚计）、乐果、2-氯-5-氯甲基吡啶、咪唑烷、吡虫啉、三唑酮、对氯苯酚、多菌灵、邻苯二胺、吡啶、百草枯离子、2,2′：6′,2″-三联吡啶、有机磷农药（以 P 计）、马拉硫磷</td><td>月</td><td>季度</td></tr>
<tr><td>总有机碳、氟化物、硫化物、可吸附有机卤化物（AOX）、总锰、动植物油</td><td>季度</td><td>半年</td></tr>
<tr><td>车间或生产设施废水排放口</td><td>流量、总汞、烷基汞、总镉、总铬、六价铬、总砷、总铅、总镍、苯并[a]芘、总铍、总银、莠去津、氟虫腈</td><td colspan="2">月</td></tr>
<tr><td>雨水排放口 b</td><td>pH、化学需氧量、悬浮物</td><td colspan="2">日 c</td><td>—</td></tr>
</table>

排污单位级别	监测点位	监测指标	监测频次		备注
			直接排放	间接排放	
非重点排污单位	废水总排放口	流量、pH、化学需氧量、氨氮	月		—
		悬浮物、石油类、色度、五日生化需氧量、磷酸盐（以 P 计）（总磷）、总氮	季度		根据排放标准、排污许可证等相关环境管理规定，以及生产工艺、原辅用料、中间及最终产品（农药原药），确定具体的监测指标，所属行业水污染物排放标准发布后，从其规定
		挥发酚、总氰化物、氯苯、硝基苯类、苯胺类、苯、甲苯、二甲苯、乙苯、甲醛、总锌、五氯酚及五氯酚钠（以五氯酚计）、乐果、2-氯-5-氯甲基吡啶、咪唑烷、吡虫啉、三唑酮、对氯苯酚、多菌灵、邻苯二胺、吡啶、百草枯离子、2,2′：6′,2″-三联吡啶、有机磷农药（以 P 计）、马拉硫磷	季度		
		总有机碳、氟化物、硫化物、可吸附有机卤化物（AOX）、总锰、动植物油	半年		
	车间或生产设施废水排放口	流量、总汞、烷基汞、总镉、总铬、六价铬、总砷、总铅、总镍、苯并[*a*]芘、总铍、总银、莠去津、氟虫腈	季度		
	雨水排放口[b]	pH、化学需氧量、悬浮物	日[c]		—

注：表中所列监测指标，设区的市级及以上环保主管部门明确要求安装自动监测设备的，须采取自动监测。

[a] 含磷化学农药制造排污单位及水环境质量中总磷实施总量控制区域的重点排污单位，总磷须采用自动监测。

[b] 除表中规定的污染物指标外，排污单位可根据实际情况从排放的污染物指标中选择特征污染物指标开展监测。

[c] 雨水排放口有流动水排放时按日监测。若监测一年无异常情况，可放宽至每季度开展一次监测。

5.2 废气排放监测

5.2.1 有组织废气排放监测点位、监测指标及频次

5.2.1.1 废气排放监测定位、监测指标及最低监测频次

各生产工序有组织废气排放监测点位、监测指标及最低监测频次按照表 2 执行。

5.2.1.2 多个污染源或生产设备共用一个排气筒

对于多个污染源或生产设备共用一个排气筒的，监测点位可布设在共用排气筒上，监测指标应涵盖所对应的污染源或生产设备的监测指标，最低监测频次按照严格的执行。

表 2　废气排放监测点位、监测指标及最低监测频次

生产工序	监测点位	监测指标	监测频次
原辅料储存	罐区排气筒等	挥发性有机物[a]	季度
		特征污染物[b]	年
备料投料、化学合成、提纯分离、溶剂回收、车间通风系统、车间内无组织废气收集等生产工艺过程	燃烧法废气处理设施排气筒	二氧化硫、氮氧化物、颗粒物	自动监测
		二噁英类	年
	非燃烧法废气处理设施排气筒	二氧化硫[c]、氮氧化物[d]、颗粒物	自动监测
	燃烧法和非燃烧法废气处理设施排气筒	挥发性有机物[a]	月
		特征污染物[b]	半年
生物发酵	燃烧法废气处理设施排气筒	二氧化硫、氮氧化物、颗粒物	自动监测
		二噁英类	年
	非燃烧法废气处理设施排气筒	二氧化硫[c]、氮氧化物[d]、颗粒物	自动监测
	燃烧法和非燃烧法废气处理设施排气筒	挥发性有机物[a]	月
		臭气浓度、特征污染物[b]	半年
制剂加工	干燥设备、粉碎机、烘干机、包装机等排气筒[e]	颗粒物、挥发性有机物[b]	季度
废水处理设施、危废暂存场所	排气筒	挥发性有机物[a]	季度
		臭气浓度、特征污染物[b]	年
危险废物焚烧炉	排气筒	二氧化硫、氮氧化物、颗粒物、炉膛温度	自动监测
		烟气黑度，一氧化碳，氯化氢，氟化氢，汞及其化合物，镉及其化合物，砷、镍及其化合物，铅及其化合物，锑、铬、锡、铜、锰及其化合物	月
		二噁英类	年

注：1. 废气监测须按照相应监测分析方法、技术规范同步监测烟气参数。

2. 表中所列监测指标，设区的市级及以上生态环境主管部门明确要求安装自动监测设备的，须采取自动监测。

3. 未发布国家污染物监测方法标准的污染物监测指标，待国家监测方法标准发布后实施。

[a] 本标准使用非甲烷总烃作为挥发性有机物排放的综合控制指标，待农药制造工业大气污染物排放标准发布后，从其规定。

[b] 见 GB 16297、GB 14554 所列污染物，根据环境影响评价文件及其批复等相关环境管理规定，确定具体的监测指标，待农药制造工业大气污染物排放标准发布后，从其规定。

[c] 适用于排放二氧化硫的生产工艺。

[d] 适用于排放氮氧化物的生产工艺。

[e] 涉及特征污染物的，参照罐区排气筒特征污染物确定原则及监测频次执行。

5.2.2　无组织废气排放监测点位、监测指标及频次

无组织废气排放监测点位、监测指标及最低监测频次按照表 3 执行。

表 3　无组织废气排放监测点位、监测指标及最低监测频次

监测点位	监测指标	监测频次
厂界	颗粒物、臭气浓度、挥发性有机物[a]、特征污染物[b]	半年

[a] 本标准使用非甲烷总烃作为挥发性有机物排放的综合控制指标，待农药制造工业大气污染物排放标准发布后，从其规定。

[b] 见 GB 16297、GB 14554 所列污染物根据环境影响评价文件及其批复等相关环境管理规定，确定具体的监测指标，待农药制造工业大气污染物排放标准发布后，从其规定。

5.3　厂界环境噪声监测

厂界环境噪声监测点位设置应遵循 HJ 819 中的原则，主要考虑表 4 噪声源在厂区内的分布情况。厂界环境噪声每季度至少开展一次昼间噪声监测，夜间生产的排污单位须监测夜间噪声。周边有敏感点的，应提高监测频次。

表 4　厂界环境噪声布点应关注的主要噪声源

噪声源	主要设备
生产车间及配套设施	反应设备、精馏设备、蒸馏设备、过滤设备、分离设备、干燥设备、热交换设备等，以及空压机、水泵、真空泵等
污水处理	曝气设备、污泥脱水设备、风机、泵等

5.4　周边环境质量影响监测

5.4.1　环境管理政策或排污许可证有明确要求的执行方案

环境管理政策或排污许可证等［仅限 2015 年 1 月 1 日（含）后取得环境影响评价批复的排污单位］有明确要求的，按要求执行。

5.4.2　无明确要求的执行方案

无明确要求的，排污单位可根据实际情况对周边地表水、海水、地下水和土壤开展监测。对于废水直接排入地表水、海水的排污单位，可按照 HJ/T 2.3、HJ/T 91、HJ 442 及受纳水体环境管理要求设置监测断面和监测点位；开展地下水、土壤监测的排污单位，可按照 HJ 610、HJ/T 164、HJ/T 166 及地下水、土壤环境管理要求设置监测点位。监测指标及最低监测频次按照表 5 执行。

表 5　周边环境质量影响监测指标及最低监测频次

目标环境	监测指标	监测频次	备注
地表水	pH、五日生化需氧量、化学需氧量、氨氮、总氮、总磷、石油类、氰化物、挥发酚、硫化物、氟化物、锌、汞、镉、六价铬、砷、铅等	季度	根据排放标准、排污许可证等相关环境管理规定，以及生产工艺、原辅用料、中间及最终产品（农药原药），确定具体的监测指标
海水	pH、悬浮物质、化学需氧量、生化需氧量、石油类、挥发性酚、氰化物、硫化物、锌、汞、镉、总铬、六价铬、砷、铅、镍、苯并[*a*]芘等	半年	
地下水	pH、色（度）、耗氧量、氨氮、挥发性酚类（以苯酚）、氰化物、氟化物、锰、锌、砷、汞、铅、镉、六价铬、镍、铍等	年	
土壤	pH、汞、镉、铬、砷、铅、镍、锌等	年	

5.5　其他要求

5.5.1　5.5.1.1 和 5.5.1.2 中的污染指标纳入监测指标范围

除表 1～表 3 中的污染物指标外，5.5.1.1 和 5.5.1.2 中的污染物指标也应纳入监测指标范围，并参照表 1～表 3 和 HJ 819 确定监测频次。

5.5.1.1　相关环境管理规定要求的污染物指标

排污许可证、所执行的污染物排放（控制）标准、环境影响评价文件及其批复［仅限 2015 年 1 月 1 日（含）后取得环境影响评价批复的排污单位］、相关环境管理规定明确要求的污染物指标。

5.5.1.2　排污单位生产过程中排放的污染指标

排污单位根据生产过程的原辅用料、生产工艺、中间及最终产品类型、监测结果确定实际排放的，在有毒有害或优先控制污染物相关名录中的污染物指标，或其他有毒污染物指标。

5.5.2　如何提高监测频次

各指标的监测频次在满足本标准的基础上，可根据 HJ 819 中监测频次的确定原则提高监测频次。

5.5.3　采样方法等按照相关要求执行

采样方法、监测分析方法、监测质量保证与质量控制等按照 HJ 819 相关要求执行。

5.5.4　监测方案的描述、变更按规执行

监测方案的描述、变更按照 HJ 819 规定执行。

6 信息记录和报告

6.1 信息记录

6.1.1 监测信息记录

手工监测的记录和自动监测运维记录按照 HJ 819 规定执行。

6.1.2 生产和污染治理设施运行状况信息记录

排污单位应详细记录生产及污染治理设施运行状况，日常生产中也应参照以下内容记录相关信息，并整理成台账保存备查。

6.1.2.1 生产运行状况记录

按照农药产品种类，记录各生产批次以下的相关信息：

a）原辅料用量，主要包括原料用量、催化剂使用量、各类溶剂用量、吸附剂用量、其他辅料用量等；

b）中间体及最终产品产量，产出率及物料平衡；

c）新鲜用水取水量、用水量、用电量等；

d）使用的主要生产设备、设施的操作使用记录等。

6.1.2.2 废水处理设施运行状况记录

按日记录废水处理量、回用量、回用率、回用去向、排放量、污泥产生量（记录含水率）、废水处理使用的药剂名称及用量、用电量等；记录废水处理设施运行、故障及维护情况等。

6.1.2.3 废气处理设施运行状况记录

按日记录废气处理使用的吸附剂、过滤材料等耗材的名称及用量，记录废气处理设施运行、故障及维护情况等。

6.1.2.4 溶剂回收设备运行状况记录

按各产品生产批次记录溶剂名称、回收量、补充量，以及溶剂回收设备能源、耗材使用量等。

6.1.3 一般工业固体废物和危险废物信息记录

按日记录一般工业固体废物的产生量、综合利用量、处置量和贮存量等信息；按照危险废物管理的相关要求，按日记录危险废物的产生量、综合利用量、处置量、贮存量及其具体去向。原料或辅助工序中产生的其他危险废物的情况也应记录。一般工业固体废物及危险废物产生情况见表 6。

表 6　一般工业固体废物及危险废物来源

种类	来源
危险废物	氯丹生产过程中六氯环戊二烯过滤产生的残余物；氯丹氯化反应器的真空汽提产生的废物
	乙拌磷生产过程中甲苯回收工艺产生的蒸馏残渣
	甲拌磷生产过程中二乙基二硫代磷酸过滤产生的残余物
	2,4,5-三氯苯氧乙酸生产过程中四氯苯蒸馏产生的重馏分及蒸馏残余物
	2,4-二氯苯氧乙酸生产过程中产生的含 2,6-二氯苯酚残余物
	乙烯基双二硫代氨基甲酸及其盐类生产过程中产生的过滤、蒸发和离心分离残余物及废水处理污泥；产品研磨和包装工序集（除）尘装置收集的粉尘和地面清扫废物
	溴甲烷生产过程中反应器产生的废水和酸干燥器产生的废硫酸；生产过程中产生的废吸附剂和废水分离器产生的废物
	其他农药生产过程中产生的蒸馏及反应残余物
危险废物	农药生产过程中产生的废母液与反应罐及容器清洗废液
	农药生产过程中产生的废滤料和吸附剂
	农药生产过程中产生的废水处理污泥
	农药生产、配制过程中产生的过期原料及废弃产品
	非特定行业：销售及使用过程中产生的失效、变质、不合格、淘汰、伪劣的农药产品
一般工业固体废物	生产过程中产生的其他固体废物
注：其他可能产生的危险废物应按照《国家危险废物名录》或国家规定的危险废物鉴别标准和鉴别方法认定。	

6.2　信息报告、应急报告、信息公开

按照 HJ 819 规定执行。

7　其他

排污单位应如实记录手工监测期间的工况（包括生产负荷、污染治理设施运行情况等），确保监测数据具有代表性。

本标准规定的内容外，按 HJ 819 规定执行。

HJ

中华人民共和国国家环境保护标准

HJ 988—2018

排污单位自行监测技术指南 平板玻璃工业

Self-monitoring technology guidelines for pollution sources —flat glass industry

2018-12-04 发布　　2019-03-01 实施

生态环境部 发布

前　言

为落实《中华人民共和国环境保护法》《中华人民共和国大气污染防治法》《中华人民共和国水污染防治法》《排污许可管理办法（试行）》，指导和规范平板玻璃工业排污单位自行监测工作，制定本标准。

本标准提出了平板玻璃工业排污单位自行监测的一般要求、监测方案制定、信息记录和报告的基本内容和要求。

本标准为首次发布。

本标准由生态环境部提出并组织制订。

本标准主要起草单位：中国环境监测总站、河北省环境监测中心。

本标准生态环境部 2018 年 12 月 4 日批准。

本标准自 2019 年 3 月 1 日起实施。

本标准由生态环境部解释。

排污单位自行监测技术指南　平板玻璃工业

1　适用范围

本标准提出了平板玻璃工业排污单位自行监测的一般要求、监测方案制定、信息记录和报告的基本内容和要求。

本标准适用于平板玻璃工业排污单位在生产运行阶段对其排放的气、水污染物，噪声以及对周边环境质量影响开展自行监测。

本标准同样适用于电子玻璃工业太阳能电池玻璃（薄膜太阳能电池用基板玻璃、晶体硅太阳能电池用封装玻璃）排污单位的自行监测。

自备火力发电机组（厂）、配套动力锅炉的自行监测要求按照《排污单位自行监测技术指南　火力发电及锅炉》（HJ 820）执行。

2　规范性引用文件

本标准引用了下列文件或其中的条款。凡是未注明日期的引用文件，其最新版本适用于本标准。

GB 12348　工业企业厂界环境噪声排放标准

GB/T 14848　地下水质量标准

GB 26453　平板玻璃工业大气污染物排放标准

HJ 2.2　环境影响评价技术导则　大气环境

HJ/T 55　大气污染物无组织排放监测技术导则

HJ/T 164　地下水环境监测技术规范

HJ/T 194　环境空气质量手工监测技术规范

HJ 610　环境影响评价技术导则　地下水环境

HJ 819　排污单位自行监测技术指南　总则

HJ 820　排污单位自行监测技术指南　火力发电及锅炉

《国家危险废物名录》

3 术语和定义

GB 26453 界定的以及下列术语和定义适用于本标准。

3.1

平板玻璃 flat glass

板状的硅酸盐玻璃。

3.2

平板玻璃工业 flat glass industry

采用浮法、压延等工艺制造平板玻璃的工业。

4 自行监测的一般要求

排污单位应查清本单位的污染源、污染物指标及潜在的环境影响，制定监测方案，设置和维护监测设施，按照监测方案开展自行监测，做好质量保证和质量控制，记录和保存监测数据和信息，依法向社会公开监测结果。

5 监测方案制定

5.1 废气排放监测

5.1.1 有组织废气排放监测点位、指标和频次

5.1.1.1 监测点位设置

各工序废气通过排气筒等方式排放至外环境的，须在排气筒或排气筒前的废气排放通道设置监测点位。

5.1.1.2 监测指标与监测频次

平板玻璃工业排污单位有组织废气监测点位、监测指标及最低监测频次按照表 1 执行。

5.1.2 无组织废气排放监测点位、指标和频次

平板玻璃工业排污单位无组织废气监测点位的设置应按照 HJ/T 55 的要求执行，监测指标及最低监测频次按照表 2 执行。

表 1　有组织废气监测点位、监测指标及最低监测频次

主要工艺	生产设施	监测点位	监测指标	监测频次[a]
原料破碎系统	粗破机、细破机、筛分机、斗式提升机、带式输送机	各装置对应排气筒	颗粒物	年
备料与储存系统	斗式提升机、带式输送机、筛分机			
配料系统	混合机、斗式提升机、带式输送机、窑头料仓			
碎玻璃系统	碎玻璃破碎机、带式输送机			
熔化工序	玻璃熔窑	熔窑对应排气筒	二氧化硫、氮氧化物、颗粒物	自动监测
			烟气黑度	年
			氯化氢、氟化物、氨[b]	半年
			汞及其化合物[c]、镉及其化合物[c]、铬及其化合物[c]、砷及其化合物[c]、铅及其化合物[c]、镍及其化合物[c]、锌及其化合物[c]	半年
成型退火工序	在线镀膜设备	设备对应排气筒	颗粒物、氯化氢、氟化物、锡及其化合物	半年
煤制气系统	煤库、加工设备、筛分装备、上煤机		颗粒物	半年
燃石油焦系统	石油焦（粉）库、破碎装备、研磨装备、筛分设备、输送设备		颗粒物	半年
注：废气监测须按照相关标准分析方法、技术规范同步监测烟气参数。				

[a] 重点控制区可根据管理需要适当增加监测频次。

[b] 适用于以液氨等含氨物质作为还原剂去除烟气中氮氧化物的排污单位，可选测该指标。

[c] 适用于以重油、煤焦油、石油焦为燃料的平板玻璃工业排污单位。排污单位应根据各采购批次的燃料成分检测分析报告确定废气中应开展监测的重金属类型，没有分析报告的，应对本标准规定的重金属指标全部进行监测。

表 2　无组织废气监测点位、监测指标及最低监测频次

监测点位	监测指标	监测频次	备注
厂界	颗粒物	半年	适用于所有平板玻璃工业排污单位
氨罐区周边	氨	半年	适用于用液氨为原料制氢以及使用液氨或氨水作为还原剂脱硝的平板玻璃工业排污单位
煤气发生炉周边	硫化氢	半年	适用于以发生炉煤气为燃料的平板玻璃工业排污单位
储油罐周边	非甲烷总烃	年	适用于使用重油、煤焦油及使用备用储油罐的平板玻璃工业排污单位

5.2　废水排放监测

废水外排的，排污单位应在废水总排放口设置监测点位；循环冷却水单独排放的应在循环冷却水排放口设置监测点位；燃料为重油、煤焦油、石油焦的排污单位应在脱硫废水处理设施排放口设置监测点位。各监测点位监测指标及最低监测频次按照表 3 执行。

表 3　废水监测点位、监测指标及最低监测频次

监测点位	燃料类型	监测指标	监测频次	
			直接排放	间接排放
废水总排放口	所有燃料	流量、pH、化学需氧量、氨氮、悬浮物、五日生化需氧量、总磷、总氮、动植物油、石油类	月	季度
	重油、煤焦油、石油焦	氟化物、硫化物、总锌	月	季度
	发生炉煤气	挥发酚、总氰化物、硫化物	月	季度
循环冷却水排放口	所有燃料	流量、pH、悬浮物、化学需氧量、氨氮	季度	
脱硫废水处理设施排放口	重油、煤焦油、石油焦	流量、总汞、总镉、总铬、总砷、总铅、总镍、苯并[*a*]芘 [a]	季度	
发生炉灰盘水封水和洗涤煤气的洗涤水排放口	发生炉煤气	苯并[*a*]芘 [a]	季度	
雨水排放口	所有燃料	化学需氧量、氨氮、悬浮物	日 [b]	
	重油、煤焦油	石油类		
	发生炉煤气	挥发酚、总氰化物、硫化物		

[a] 若连续两次监测未检出，可放宽至每年开展一次监测；若连续两年监测未检出，可不开展监测。
[b] 排放口有流量时开展监测，排放期间按日监测。若监测一年无异常情况，可放宽至每季度开展一次监测。

5.3　厂界环境噪声监测

厂界环境噪声监测点位设置应遵循 HJ 819 中的原则，主要考虑离心风机、空压机、切割机及泵机等噪声源在厂区内的分布情况和周边环境敏感点的位置。厂界环境噪声每季度至少开展一次昼夜监测，监测指标为等效 A 声级。周边有敏感点的，应提高监测频次。

5.4　周边环境质量影响监测

5.4.1　环境管理政策或环境影响评价文件及其批复［仅限 2015 年 1 月 1 日（含）后取得环境影响评价批复的排污单位］有明确要求的，按要求执行。

5.4.2　无明确要求的，排污单位可根据实际情况对周边环境质量开展监测。

5.5　其他要求

5.5.1　除表 1～表 3 中的污染物指标外，5.5.1.1 和 5.5.1.2 中的污染物指标也应纳入监测指标范围，并参照表 1～表 3 和 HJ 819 确定监测频次。

5.5.1.1 排污许可证、所执行的污染物排放（控制）标准、环境影响评价文件及其批复［仅限 2015 年 1 月 1 日（含）后取得的环境影响评价批复］、相关管理规定明确要求的污染物指标。

5.5.1.2 排污单位根据生产过程的原辅用料、生产工艺、中间及最终产品类型、监测结果确定实际排放的，在有毒有害或优先控制污染物相关名录中的污染物指标，或其他有毒污染物指标。

5.5.2 各指标的监测频次在满足本标准的基础上，可根据 HJ 819 中监测频次的确定原则提高监测频次。

5.5.3 采样方法、监测分析方法、监测质量保证与质量控制等按照 HJ 819 执行。

5.5.4 监测方案的描述、变更按照 HJ 819 执行。

6 信息记录和报告

6.1 信息记录

6.1.1 监测信息记录

手工监测记录和自动监测运维记录按照 HJ 819 执行。

6.1.2 生产和污染治理设施运行状况记录

6.1.2.1 生产运行状况记录

分生产线记录正常工况各生产单元主要生产设施的累计生产时间、生产负荷；主要原辅料使用量（石英砂、硅砂、长石、白云石、石灰石、芒硝、纯碱等）；燃料使用量（固体燃料、燃料油、煤气、天然气等）及物质、元素占比情况信息；平板玻璃生产量（平方米、厚度、重箱、拉引量）等。

6.1.2.2 废气处理设施运行情况记录

a）记录脱硫、脱硝、除尘设备的工艺、投运时间等基本情况；

b）记录脱硫剂使用量、脱硝还原剂使用量、脱硫副产物产生量等；

c）记录脱硫、脱硝、除尘设施运行、故障及维护情况、布袋除尘器清灰周期及换袋情况等。

6.1.2.3 非正常工况记录

在排污单位开停炉、设备检修、设备运转异常或污染治理设施异常时，应记录烟气的排放方式、排放时间、主要监测指标（二氧化硫、氮氧化物、颗粒物）排放量等参数信息。

6.1.2.4 废水处理状况记录

应记录废水处理方式、去向及排放量等相关信息。

6.1.3 工业固体废物记录

记录一般工业固体废物和危险废物的产生量、综合利用量、处置量、贮存量，危险废物还应记录其具体去向。一般工业固体废物包括耐火材料、捕集粉尘、废弃包装材料、水处理沉淀物、脱硫产物等。

危险废物包括废机油、煤焦油、废催化剂、酚氰废水处理污泥等，其他工艺可能产生的危险废物按照《国家危险废物名录》和国家规定的危险废物鉴别标准和鉴别方法认定。

6.1.4 信息报告、应急报告、信息公开

按照 HJ 819 执行。

7 其他

排污单位应如实记录手工监测期间的工况（包括生产负荷、污染治理设施运行情况等），确保监测数据具有代表性。

本标准规定的内容外，按照 HJ 819 执行。

HJ

中华人民共和国国家环境保护标准

HJ 989—2018

排污单位自行监测技术指南 有色金属工业

Self-monitoring technology guidelines for pollution sources —Non-ferrous metal metallurgy industry

2018-12-04 发布　　2019-03-01 实施

生　态　环　境　部　发布

前　言

为落实《中华人民共和国环境保护法》《中华人民共和国大气污染防治法》《中华人民共和国水污染防治法》《排污许可管理办法（试行）》，指导和规范有色金属工业排污单位自行监测工作，制定本标准。

本标准提出了有色金属工业排污单位自行监测的一般要求、监测方案制定、信息记录及报告的基本内容和要求。

本标准为首次发布。

本标准由生态环境部提出并组织制订。

本标准主要起草单位：中国环境监测总站、北京矿冶科技集团有限公司、江西省环境监测中心站。

本标准生态环境部 2018 年 12 月 4 日批准。

本标准自 2019 年 3 月 1 日起实施。

本标准由生态环境部解释。

排污单位自行监测技术指南　有色金属工业

1　适用范围

本标准提出了有色金属（铝、铅、锌、铜、镍、钴、镁、钛、锡、锑、汞）工业冶炼排污单位自行监测的一般要求、监测方案制定、信息记录和报告的基本内容及要求。

本标准适用于有色金属（铝、铅、锌、铜、镍、钴、镁、钛、锡、锑、汞）工业冶炼排污单位，对其在生产运行时排放的水、气污染物，噪声以及对周边环境质量影响开展自行监测。本标准不适用于以上金属再生冶炼排污单位。

自备火力发电机组（厂）、配套动力锅炉的自行监测要求按照《排污单位自行监测技术指南　火力发电及锅炉》（HJ 820）执行。

2　规范性引用文件

本标准内容引用了下列文件或其中的条款。凡是不注明日期的引用文件，其有效版本适用于本标准。

GB 25465　铝工业污染物排放标准

GB 25466　铅、锌工业污染物排放标准

GB 25467　铜、镍、钴工业污染物排放标准

GB 25468　镁、钛工业污染物排放标准

GB 30770　锡、锑、汞工业污染物排放标准

HJ 2.2　环境影响评价技术导则　大气环境

HJ /T 2.3　环境影响评价技术导则　地面水环境

HJ/T 91　地表水和污水监测技术规范

HJ/T 164　地下水环境监测技术规范

HJ/T 166　土壤环境监测技术规范

HJ/T 194　环境空气质量手工监测技术规范

HJ 442　近岸海域环境监测规范

HJ 610　环境影响评价技术导则　地下水环境

HJ 664　环境空气质量监测点位布设技术规范（试行）

HJ 819　排污单位自行监测技术指南　总则

HJ 820　排污单位自行监测技术指南　火力发电及锅炉

《国家危险废物名录》

3　术语和定义

GB 25465、GB 25466、GB 25467、GB 25468、GB 30770 界定的以及下列术语和定义适用于本标准。

3.1

铝冶炼排污单位　aluminum smelting pollutant emission unit

指以铝土矿为原料生产氧化铝或以氧化铝为原料生产电解铝的冶炼企业事业单位和其他生产经营者。

3.2

铅、锌冶炼排污单位　lead and zinc smelting pollutant emission unit

指以铅精矿、锌精矿或铅锌混合精矿为主要原料的铅、锌冶炼企业事业单位和其他生产经营者。

3.3

铜冶炼排污单位　copper smelting enterprise pollutant emission unit

指以原生矿或铜精矿为主要原料的铜冶炼企业事业单位和其他生产经营者。

3.4

镍冶炼排污单位　nickel smelting pollutant emission unit

指以镍精矿为原料的镍冶炼企业事业单位和其他生产经营者。

3.5

钴冶炼排污单位　cobalt smelter pollutant emission unit

指以钴精矿、含钴物料为主要原料的钴冶炼企业事业单位和其他生产经营者。

3.6

镁冶炼排污单位　magnesium smelting pollutant emission unit

指以白云石为原料，采用硅热法冶炼工艺生产金属镁的企业事业单位和其他生产经营者。

3.7

钛冶炼排污单位　titanium smelting pollutant emission unit

指以钛精矿或高钛渣或四氯化钛为原料生产海绵钛的企业事业单位和其他生产经营者， 产品包括高钛渣、四氯化钛、海绵钛。

3.8

锡冶炼排污单位　tin smelting pollutant emission unit

指以锡精矿为主要原料的锡冶炼企业事业单位和其他生产经营者。

3.9

锑冶炼排污单位　antimony smelting pollutant emission unit

指以锑精矿为主要原料生产锑金属或以锑金属为原料生产氧化锑的冶炼企业事业单位和其他生产经营者。

3.10

汞冶炼排污单位　mercury smelting pollutant emission unit

指以含汞矿物为主要原料生产汞金属的冶炼企业事业单位和其他生产经营者。

4　自行监测的一般要求

排污单位应查清本单位的污染源、污染物指标及潜在的环境影响，制定监测方案，设置和维护监测设施，按照监测方案开展自行监测，做好质量保证和质量控制，记录和保存监测数据，依法向社会公开监测结果。

5　监测方案制定

5.1　废水排放监测

5.1.1　监测点位

排污单位均须在废水总排放口、雨水排放口设置监测点位，生活污水单独排入水体的须在生活污水排放口设置监测点位。

涉及监控位置为车间或生产设施废水排放口的，采样点位一律设在车间或车间处理设施排放口或专门处理此类污染物设施的排口。

5.1.2　监测指标与频次

有色金属工业排污单位废水排放监测点位、指标及最低监测频次按照表 1 执行。

表 1　有色金属工业排污单位废水监测点位、指标及最低监测频次

行业类型	监测点位	监测指标	监测频次
铝冶炼	废水总排放口	流量、pH 值、化学需氧量、氨氮	自动监测
		总磷	日（自动监测[a]）
		总氮	日[b]
		氟化物	月
		悬浮物、石油类、总氰化物[c]、硫化物[c]、挥发酚[c]	季度
铅、锌冶炼	废水总排放口	流量、pH 值、化学需氧量、氨氮	自动监测
		总磷	日（自动监测[a]）
		总氮	日[b]
		总铅、总砷、总镉、总汞	日
		总锌、总铜、总铬、总镍	月
		悬浮物、氟化物、硫化物	季度
	车间或生产设施废水排放口	总铅、总砷、总镉、总汞	日
		总铬、总镍	月
铜、镍、钴冶炼	废水总排放口	流量、pH 值、化学需氧量、氨氮	自动监测
		总磷	日（自动监测[a]）
		总氮	日[b]
		总铅、总砷、总镉、总汞	日
		总锌、总铜、总镍、总钴	月
		悬浮物、氟化物、石油类、硫化物	季度
	车间或生产设施废水排放口	总铅、总砷、总镉、总汞	日
		总镍、总钴	月
镁、钛冶炼	废水总排放口	流量、pH 值、化学需氧量、氨氮	自动监测
		总磷	日（自动监测[a]）
		总氮	日[b]
		总铬、六价铬	日
		总铜	月
		悬浮物、石油类	季度
	车间或生产设施废水排放口	总铬、六价铬	日
锡、锑、汞冶炼	废水总排放口	流量、pH 值、化学需氧量、氨氮	自动监测
		总磷	日（自动监测[a]）
		总氮	日[b]
		总铅、总砷、总镉、总汞	日
		总锌、总铜、总锡[d]、总锑、六价铬	月
		悬浮物、氟化物、硫化物、石油类	季度
	车间或生产设施废水排放口	总铅、总砷、总镉、总汞	日
		六价铬	月
生活污水排放口		流量、pH 值、悬浮物、化学需氧量、氨氮、总氮、总磷、五日生化需氧量、动植物油	月

行业类型	监测点位	监测指标	监测频次
雨水排放口		pH 值、化学需氧量、悬浮物、石油类	日[e]

注：表中所列监测指标，设区的市级及以上环保主管部门明确要求安装自动监测设备的，需采取自动监测。

[a] 水环境质量中总磷实施总量控制区域，总磷需采取自动监测。
[b] 水环境质量中总氮实施总量控制区域，总氮最低监测频次按日执行，待自动监测技术规范发布后，须采取自动监测。
[c] 设有煤气生产系统的铝冶炼排污单位需监测总氰化物、硫化物、挥发酚。
[d] 锡、锑冶炼排污单位废水监测项目。
[e] 雨水排放口有流动水排放时按日监测。若监测一年无异常情况，可放宽至每季度开展一次监测。

5.2 废气排放监测

5.2.1 有组织废气排放监测点位、指标与频次

有色金属工业排污单位有组织废气排放监测点位、监测指标及最低监测频次按照表 2 执行。对于多个污染源或生产设备共用一个排气筒的，监测点位可布设在共用排气筒上，监测指标应涵盖所对应的污染源或生产设备监测指标，最低监测频次按照严格的执行。

表 2 有色金属工业排污单位有组织废气排放监测点位、指标及最低监测频次

行业类型	监测点位	监测指标	监测频次
氧化铝	原料制备及输送系统排气筒	颗粒物	半年
	熟料中碎系统排气筒	颗粒物	半年
	氧化铝贮运系统排气筒	颗粒物	半年
	熟料烧成窑排气筒	二氧化硫、氮氧化物[a]、颗粒物	自动监测
	氢氧化铝焙烧炉排气筒	二氧化硫、氮氧化物[a]、颗粒物	自动监测
	石灰炉（窑）排气筒	氮氧化物[a]、颗粒物	自动监测
电解铝	原料制备及输送系统排气筒	颗粒物	半年
	电解质破碎系统排气筒	颗粒物	半年
	阳极组装及残极处理系统排气筒	颗粒物	半年
	电解槽排气筒	二氧化硫、颗粒物	自动监测
		氟化物	月
	铸造系统排气筒	颗粒物	半年
铅冶炼	原料制备及输送系统排气筒	颗粒物	季度
	制酸系统（熔炼炉等）排气筒	二氧化硫、氮氧化物[a]、颗粒物	自动监测
		铅及其化合物、汞及其化合物	月
		硫酸雾	季度
	环境集烟（各炉窑进料口、出渣口、出铅口等）排气筒	二氧化硫、氮氧化物[a]、颗粒物	自动监测
		铅及其化合物、汞及其化合物	月

行业类型	监测点位	监测指标	监测频次
铅冶炼	熔铅（电铅）锅排气筒	颗粒物、铅及其化合物	季度
	还原炉、烟化炉排气筒	二氧化硫、氮氧化物[a]、颗粒物	自动监测
		铅及其化合物、汞及其化合物	月
	浮渣反射炉排气筒	二氧化硫、氮氧化物[a]、颗粒物、铅及其化合物、汞及其化合物	季度
湿法炼锌	原料制备及输送系统排气筒	颗粒物	季度
	制酸系统（沸腾炉等）排气筒	二氧化硫、氮氧化物[a]、颗粒物	自动监测
		铅及其化合物、汞及其化合物	月
		硫酸雾	季度
	回转窑排气筒	二氧化硫、氮氧化物[a]、颗粒物	自动监测
		铅及其化合物、汞及其化合物	月
	多膛炉排气筒	二氧化硫、氮氧化物[a]、颗粒物、铅及其化合物、汞及其化合物	季度
	浸出槽排气筒	硫酸雾	季度
	净化槽排气筒	硫酸雾	季度
	感应电炉排气筒	颗粒物	季度
电炉炼锌	原料制备及输送系统排气筒	颗粒物	季度
	制酸系统（沸腾炉等）排气筒	二氧化硫、氮氧化物[a]、颗粒物	自动监测
		铅及其化合物、汞及其化合物	月
		硫酸雾	季度
	环境集烟（各炉窑进料口、出渣口、出锌口等）排气筒	二氧化硫、氮氧化物[a]、颗粒物	自动监测
		铅及其化合物、汞及其化合物	月
	烟化炉（回转窑）排气筒	二氧化硫、氮氧化物[a]、颗粒物	自动监测
		铅及其化合物、汞及其化合物	月
	锌精馏系统排气筒	二氧化硫、氮氧化物[a]、颗粒物、铅及其化合物、汞及其化合物	季度
竖罐炼锌	原料制备及输送系统排气筒	颗粒物	季度
	制酸系统（沸腾炉等）排气筒	二氧化硫、氮氧化物[a]、颗粒物	自动监测
		铅及其化合物、汞及其化合物	月
		硫酸雾	季度
	焦结蒸馏系统排气筒	二氧化硫、氮氧化物[a]、颗粒物	自动监测
		铅及其化合物、汞及其化合物	月
	旋涡熔炼炉排气筒	二氧化硫、氮氧化物[a]、颗粒物	自动监测
		铅及其化合物、汞及其化合物	月
	锌精馏系统排气筒	二氧化硫、氮氧化物[a]、颗粒物、铅及其化合物、汞及其化合物	季度

行业类型	监测点位	监测指标	监测频次
密闭鼓风冶炼（ISP）	原料制备及输送系统排气筒	颗粒物	季度
	烧结机头排气筒	二氧化硫、氮氧化物[a]、颗粒物	自动监测
		铅及其化合物、汞及其化合物	季度
	制酸系统（烧结机等）排气筒	二氧化硫、氮氧化物[a]、颗粒物	自动监测
		铅及其化合物、汞及其化合物	月
		硫酸雾	季度
	烧结料破碎系统排气筒	颗粒物	季度
	熔炼备料系统排气筒	颗粒物	季度
	环境集烟（各炉窑进料口、出渣口、出铅口等）排气筒	二氧化硫、氮氧化物[a]、颗粒物	自动监测
		铅及其化合物、汞及其化合物	月
	熔铅（电铅）锅排气筒	颗粒物、铅及其化合物	季度
	锌精馏排气筒	二氧化硫、氮氧化物[a]、颗粒物、铅及其化合物、汞及其化合物	季度
	烟化炉排气筒	二氧化硫、氮氧化物[a]、颗粒物	自动监测
		铅及其化合物、汞及其化合物	月
	反射炉排气筒	二氧化硫、氮氧化物[a]、颗粒物、铅及其化合物、汞及其化合物	季度
铜冶炼	原料制备及输送系统排气筒	颗粒物	季度
	制酸系统（熔炼炉、吹炼炉等）排气筒	二氧化硫、氮氧化物[a]、颗粒物	自动监测
		铅及其化合物、砷及其化合物、汞及其化合物	月
		硫酸雾、氟化物	季度
	环境集烟（各炉窑进料口、出渣口、出铜口等）排气筒	二氧化硫、氮氧化物[a]、颗粒物	自动监测
		铅及其化合物、砷及其化合物、汞及其化合物	月
		硫酸雾、氟化物	季度
	阳极炉（精炼炉）排气筒	二氧化硫、氮氧化物[a]、颗粒物	自动监测
		铅及其化合物、砷及其化合物、汞及其化合物	月
		硫酸雾、氟化物	季度
	电解槽、电解液净化系统排气筒	硫酸雾	季度
	电积槽及其他槽排气筒	硫酸雾	季度
	真空蒸发器、脱铜电积槽排气筒	硫酸雾	季度
镍冶炼	原料制备及输送系统排气筒	颗粒物	季度
	制酸系统（熔炼炉、吹炼炉等）排气筒	二氧化硫、氮氧化物[a]、颗粒物	自动监测
		铅及其化合物、砷及其化合物、镍及其化合物、汞及其化合物	月
		硫酸雾、氟化物	季度

行业类型	监测点位	监测指标	监测频次
镍冶炼	环境集烟（各炉窑进料口、出渣口、出镍口等）排气筒	二氧化硫、氮氧化物[a]、颗粒物	自动监测
		铅及其化合物、砷及其化合物、镍及其化合物、汞及其化合物	月
		硫酸雾、氟化物	季度
	贫化炉排气筒[b]	二氧化硫、氮氧化物[a]、颗粒物	自动监测
		铅及其化合物、砷及其化合物、镍及其化合物、汞及其化合物	月
		硫酸雾、氟化物	季度
	电解槽、电解液净化系统排气筒	硫酸雾、氯气	半年
	浸出槽、电积槽排气筒	硫酸雾	半年
钴冶炼	原料制备及输送系统排气筒	颗粒物	季度
	熔炼炉、焙烧炉等排气筒	二氧化硫、氮氧化物[a]、颗粒物	自动监测
		铅及其化合物、砷及其化合物、镍及其化合物、汞及其化合物	月
		硫酸雾、氟化物	季度
	浸出槽排气筒	硫酸雾	季度
	除铁槽排气筒	硫酸雾、氯气、氨气[c]	半年
	萃取槽排气筒	硫酸雾、氨气[c]	半年
	电积槽排气筒	氯气[d]	季度
		硫酸雾[e]	半年
镁冶炼	原料制备及输送系统排气筒	颗粒物	半年
	煤磨排气筒	颗粒物	半年
	硅铁破碎机排气筒	颗粒物	半年
	球磨机排气筒	颗粒物	半年
	压球机排气筒	颗粒物	半年
	煅烧窑炉排气筒	二氧化硫、氮氧化物[a]、颗粒物	自动监测
	还原炉排气筒	二氧化硫、氮氧化物[a]、颗粒物	自动监测
	精炼炉排气筒	二氧化硫、氮氧化物[a]、颗粒物	自动监测
	精炼坩埚、铸锭机排气筒	二氧化硫、氮氧化物[a]、颗粒物	半年
钛冶炼	原料制备及输送系统排气筒	颗粒物	季度
	钛渣破碎系统排气筒	颗粒物	季度
	钛渣熔炼电炉排气筒	二氧化硫、氮氧化物[a]、颗粒物	自动监测
	四氯化钛制备尾气处理（氯化炉、精馏塔等）排气筒	颗粒物、氯气、氯化氢	季度
	电解槽等排气筒	颗粒物、氯气、氯化氢	季度
	精炼炉等排气筒	二氧化硫、氮氧化物[a]、颗粒物	季度

行业类型	监测点位	监测指标	监测频次
锡冶炼	原料制备及输送系统排气筒	颗粒物	半年
	粉煤制备排气筒	颗粒物	半年
	炼前处理排气筒	二氧化硫、氮氧化物、颗粒物	自动监测
		锡及其化合物、铅及其化合物、砷及其化合物、镉及其化合物、汞及其化合物、锑及其化合物	月
		氟化物	季度
	还原熔炼系统排气筒	二氧化硫、氮氧化物、颗粒物	自动监测
		锡及其化合物、铅及其化合物、砷及其化合物、镉及其化合物、汞及其化合物、锑及其化合物	月
		氟化物	季度
	挥发熔炼系统排气筒	二氧化硫、氮氧化物、颗粒物	自动监测
		锡及其化合物、铅及其化合物、砷及其化合物、镉及其化合物、汞及其化合物、锑及其化合物	月
		氟化物	季度
	环境集烟（各炉窑进料口、出渣口、出锡口等）排气筒	二氧化硫、氮氧化物、颗粒物	自动监测
		锡及其化合物、铅及其化合物、砷及其化合物、镉及其化合物、汞及其化合物、锑及其化合物	月
		氟化物	季度
	精炼系统排气筒	二氧化硫、氮氧化物、颗粒物、锡及其化合物、铅及其化合物、砷及其化合物、镉及其化合物、汞及其化合物、锑及其化合物、氟化物	季度
锑冶炼（以锑精矿为原料）	原料制备及输送系统排气筒	颗粒物	半年
	挥发熔炼系统（包括前床）排气筒	二氧化硫、氮氧化物、颗粒物	自动监测
		锡及其化合物、汞及其化合物、镉及其化合物、铅及其化合物、砷及其化合物、锑及其化合物	月
	挥发焙烧系统排气筒	二氧化硫、氮氧化物、颗粒物	自动监测
		锡及其化合物、汞及其化合物、镉及其化合物、铅及其化合物、砷及其化合物、锑及其化合物	月
	还原熔炼系统排气筒	二氧化硫、氮氧化物、颗粒物	自动监测
		锡及其化合物、汞及其化合物、镉及其化合物、铅及其化合物、砷及其化合物、锑及其化合物	月

行业类型	监测点位	监测指标	监测频次
锑冶炼（以锑精矿为原料）	环境集烟（各炉窑进料口、出渣口、出锑口等）排气筒	二氧化硫、氮氧化物、颗粒物、锡及其化合物、汞及其化合物、镉及其化合物、铅及其化合物、砷及其化合物、锑及其化合物	季度
锑冶炼（以铅锑精矿为原料）	原料制备及输送系统排气筒	颗粒物	半年
	沸腾焙烧系统排气筒	二氧化硫、氮氧化物、颗粒物	自动监测
		锡及其化合物、汞及其化合物、镉及其化合物、铅及其化合物、砷及其化合物、锑及其化合物	月
	烧结系统排气筒	二氧化硫、氮氧化物、颗粒物	自动监测
		锡及其化合物、汞及其化合物、镉及其化合物、铅及其化合物、砷及其化合物、锑及其化合物	月
	还原熔炼系统排气筒	二氧化硫、氮氧化物、颗粒物	自动监测
		锡及其化合物、汞及其化合物、镉及其化合物、铅及其化合物、砷及其化合物、锑及其化合物	月
	精炼系统排气筒	二氧化硫、氮氧化物、颗粒物	自动监测
		锡及其化合物、汞及其化合物、镉及其化合物、铅及其化合物、砷及其化合物、锑及其化合物	月
	吹炼系统排气筒	二氧化硫、氮氧化物、颗粒物	自动监测
		锡及其化合物、汞及其化合物、镉及其化合物、铅及其化合物、砷及其化合物、锑及其化合物	月
	环境集烟（各炉窑进料口、出渣口、出锑口等）排气筒	二氧化硫、氮氧化物、颗粒物	自动监测
		锡及其化合物、汞及其化合物、镉及其化合物、铅及其化合物、砷及其化合物、锑及其化合物	月
锑冶炼（以锑金精矿为原料）	原料制备及输送系统排气筒	颗粒物	半年
	挥发熔炼系统（包括前床）排气筒	二氧化硫、氮氧化物、颗粒物	自动监测
		锡及其化合物、汞及其化合物、镉及其化合物、铅及其化合物、砷及其化合物、锑及其化合物	月
	灰吹系统排气筒	二氧化硫、氮氧化物、颗粒物	自动监测
		锡及其化合物、汞及其化合物、镉及其化合物、铅及其化合物、砷及其化合物、锑及其化合物	月
	还原熔炼系统排气筒	二氧化硫、氮氧化物、颗粒物	自动监测
		锡及其化合物、汞及其化合物、镉及其化合物、铅及其化合物、砷及其化合物、锑及其化合物	月

行业类型	监测点位	监测指标	监测频次
锑冶炼（以锑金精矿为原料）	环境集烟（各炉窑进料口、出渣口、出锑口等）排气筒	二氧化硫、氮氧化物、颗粒物、锡及其化合物、汞及其化合物、镉及其化合物、铅及其化合物、砷及其化合物、锑及其化合物	季度
	炼金系统排气筒	二氧化硫、氮氧化物、颗粒物、锡及其化合物、汞及其化合物、镉及其化合物、铅及其化合物、砷及其化合物、锑及其化合物	半年
锑冶炼（以精锑为原料）	锑白炉排气筒	二氧化硫、氮氧化物、颗粒物、锑及其化合物	半年
汞冶炼	蒸馏炉排气筒	二氧化硫、氮氧化物、颗粒物	自动监测
		锑及其化合物、汞及其化合物、铅及其化合物	月
	马弗炉排气筒	二氧化硫、氮氧化物、颗粒物	自动监测
		锑及其化合物、汞及其化合物、铅及其化合物	月
注：1. 废气监测需按照相应监测分析方法、技术规范同步监测烟气参数。 2. 表中所列监测指标，设区的市级及以上环保主管部门明确要求安装自动监测设备的，需采取自动监测。			
[a] 适用于执行特别排放限值区域。其他地区选测，按季度执行。 [b] 部分排污单位贫化炉烟气送制酸系统。 [c] 适用于氨皂化工艺。 [d] 适用于氯化钴电积工艺。 [e] 适用于硫酸钴电积工艺。			

5.2.2 无组织废气排放监测点位、指标与频次

有色金属工业排污单位无组织废气排放监测点位、监测指标及最低监测频次按表 3 执行。

表 3 有色金属工业排污单位无组织废气排放监测点位、指标及最低监测频次

行业类型	监测点位	监测指标	监测频次
氧化铝	厂界	二氧化硫、颗粒物	季度
电解铝	厂界	二氧化硫、颗粒物、氟化物	季度
铅、锌冶炼	厂界	二氧化硫、颗粒物、硫酸雾、铅及其化合物、汞及其化合物	季度
铜冶炼	厂界	二氧化硫、颗粒物、硫酸雾、氯气、氯化氢、氟化物、砷及其化合物、铅及其化合物、汞及其化合物	季度
镍、钴冶炼	厂界	二氧化硫、颗粒物、硫酸雾、氯气、氯化氢、氟化物、砷及其化合物、镍及其化合物、铅及其化合物、汞及其化合物	季度

行业类型	监测点位	监测指标	监测频次
镁冶炼	厂界	二氧化硫、颗粒物	季度
钛冶炼	厂界	二氧化硫、颗粒物、氯气、氯化氢	季度
锡冶炼	厂界	硫酸雾、氟化物、锡及其化合物、锑及其化合物、汞及其化合物、镉及其化合物、铅及其化合物、砷及其化合物	季度
锑冶炼	厂界	硫酸雾、锡及其化合物、锑及其化合物、汞及其化合物、镉及其化合物、铅及其化合物、砷及其化合物	季度
汞冶炼	厂界	硫酸雾、汞及其化合物、铅及其化合物	季度

5.3 厂界环境噪声监测

厂界环境噪声监测点位设置应遵循 HJ 819 中的原则，主要考虑噪声源在厂区内的分布情况和周边环境敏感点的位置。厂界环境噪声每季度至少开展一次昼间噪声监测，夜间生产的排污单位须监测夜间噪声。周边有敏感点的，应提高监测频次。

5.4 周边环境质量监测

5.4.1 环境影响评价文件及其批复［仅限 2015 年 1 月 1 日（含）后取得的环境影响评价批复］、相关环境管理政策有明确要求的，按要求执行。

5.4.2 无明确要求的，若排污单位认为有必要的，可对周边水、土壤、环境空气质量开展监测。可参照 HJ 2.2、HJ 664、HJ/T 194、HJ 610、HJ/T 164、HJ/T 166 等标准中有关规定设置周边环境空气、地下水、土壤影响监测点位，对于废水直接排入地表水或海水的排污单位，可参照 HJ/T 2.3、HJ/T 91、HJ 442 等标准中相关规定设置周边地表水、海水环境影响监测点位。

表 4 有色金属工业排污单位周边环境质量影响监测指标及最低监测频次

目标环境	监测指标	监测频次
环境空气[a]	二氧化硫、二氧化氮、PM_{10}、$PM_{2.5}$、铅、其他特征污染物等	半年
地表水	pH 值、化学需氧量、氨氮、总磷、总氮、氟化物、总铜、总锌、总砷、总汞、总镉、六价铬、总铅、总镍、总钴、总锑等	季度
地下水	pH 值、高锰酸盐指数、氯化物、氟化物、氰化物、总铅、总砷、总汞、总镉、六价铬、总镍、总钴等	年
海水	pH 值、悬浮物、化学需氧量、石油类、硫化物、氟化物、铜、锌、铅、砷、镉、汞、六价铬、总铬、镍等	半年
土壤	pH 值、总镉、总汞、总砷、总铅、总铬、总铜、总镍、总锌等	年
注：排污单位应根据原辅料使用等实际生产情况，确定具体的监测指标。		
[a] 每次连测 3 天。		

5.5 其他要求

5.5.1 除表 1～表 3 中的污染物指标外，5.5.1.1 和 5.5.1.2 中的污染物指标也应纳入监测指标范围，并参照表 1～表 3 和 HJ 819 确定监测频次。

5.5.1.1 排污许可证、所执行的污染物排放（控制）标准、环境影响评价文件及其批复［仅限 2015 年 1 月 1 日（含）后取得的环境影响评价批复］、相关环境管理规定明确要求的污染物指标。

5.5.1.2 排污单位根据生产过程的原辅用料、生产工艺、中间及最终产品类型、监测结果确定实际排放的，在有毒有害或优先控制污染物相关名录中的污染物指标，或其他有毒污染物指标。

5.5.2 各指标的监测频次在满足本标准的基础上，可根据 HJ 819 中监测频次的确定原则提高监测频次。

5.5.3 采样方法、监测分析方法、监测质量保证与质量控制等按照 HJ 819 相关要求执行。

5.5.4 监测方案的描述、变更按照 HJ 819 规定执行。

6 信息记录和报告

6.1 信息记录

6.1.1 监测信息记录

手工监测记录和自动监测运维记录按照 HJ 819 规定执行。

6.1.2 生产和污染治理设施运行状况记录

排污单位应详细记录其生产及污染治理设施的运行状况，日常生产中应参照以下内容记录相关信息，并整理成台账保存备查。

6.1.2.1 生产运行状况记录

按生产班次记录正常工况各主要生产单元每项生产设施的运行状态、生产负荷、主要产品产量、原辅料及燃料使用情况（包括种类、名称、用量、有毒有害元素成分及占比）等信息。

6.1.2.2 污水处理设施运行状况记录

按日记录污水处理量、回用水量、回用率、回用去向、污水排放量、排放去向、污泥产生量（记录含水率）、污水处理使用的药剂名称及用量、用电量等；记录污水处理设施运行、故障及维护情况等。

6.1.2.3　废气处理设施运行状况记录

按日记录废气处理使用的吸附剂、过滤材料等耗材的名称和用量；记录废气处理设施运行参数、故障及维护情况等。

6.1.3　工业固体废物记录

记录一般工业固体废物和危险废物的产生量、综合利用量、处置量、贮存量，危险废物还应记录其具体去向。原料或辅助工序中产生的其他危险废物的情况也应记录。危险废物按照《国家危险废物名录》或国家规定的危险废物鉴别标准和鉴别方法认定。

6.2　信息报告、应急报告、信息公开

按照 HJ 819 规定执行。

7　其他

排污单位应如实记录手工监测期间的工况（包括生产负荷、污染治理设施运行情况等），确保监测数据具有代表性。

本标准规定的内容外，按 HJ 819 执行。

HJ

中华人民共和国国家环境保护标准

HJ 1083—2020

排污单位自行监测技术指南
水处理

Self-monitoring technology guidelines for pollution sources
—Wastewater treatment

2020-01-06发布　　2020-04-01实施

生　态　环　境　部　发布

前　言

为落实《中华人民共和国环境保护法》《中华人民共和国水污染防治法》《中华人民共和国大气污染防治法》，指导和规范水处理排污单位自行监测工作，制定本标准。

本标准提出了水处理排污单位开展自行监测的一般要求、监测方案制定、信息记录和报告等的基本内容和要求。

本标准为首次发布。

本标准由生态环境部生态环境监测司、法规与标准司组织制订。

本标准主要起草单位：中国环境监测总站、湖北省环境监测中心站。

本标准生态环境部 2020 年 1 月 6 日批准。

本标准自 2020 年 4 月 1 日起实施。

本标准由生态环境部解释。

排污单位自行监测技术指南　水处理

1　适用范围

本标准提出了水处理排污单位自行监测的一般要求、监测方案制定、信息记录和报告的基本内容和要求。

本标准适用于水处理排污单位在生产运行阶段对其排放的水、气污染物，污泥，厂界环境噪声以及对其周边环境质量影响开展监测。

本标准不适用于处理量小于 500 m^3/d 的城镇污水处理厂和其他生活污水处理厂。

单一行业类型集中式污水处理厂，若相应的行业排污单位自行监测技术指南中有明确规定的，从其规定。

自备火力发电机组（厂）、配套动力锅炉的自行监测要求按照 HJ 820 执行。

2　规范性引用文件

本标准引用了下列文件或其中的条款。凡是未注明日期的引用文件，其最新版本适用于本标准。

GB 18918　城镇污水处理厂污染物排放标准

HJ 442　近岸海域环境监测规范

HJ 819　排污单位自行监测技术指南　总则

HJ 820　排污单位自行监测技术指南　火力发电及锅炉

HJ 978　排污许可证申请与核发技术规范　水处理

HJ/T 2.3　环境影响评价技术导则　地表水环境

HJ/T 91　地表水和污水监测技术规范

3　术语和定义

GB 18918、HJ 978 界定的以及下列术语和定义适用于本标准。

3.1

水处理排污单位　wastewater treatment

指对生活污水、工业废水进行集中处理的污水处理厂，包括城镇污水处理厂、其他生活污水处理厂、工业废水集中处理厂。

3.2

城镇污水处理厂　municipal wastewater treatment plant

指对进入城镇污水收集系统的污水进行净化处理的污水处理厂。

3.3

其他生活污水处理厂　other wastewater treatment plant

指除城镇污水处理厂外，其他为社会公众提供生活污水处理服务的污水处理厂。

3.4

工业废水集中处理厂　industrial wastewater treatment plant

指除生活污水处理厂外，专门处理工业废水，或为工业园区、开发区等工业聚集区域内的排污单位提供污水处理服务并作为工业聚集区配套设施的污水处理厂。

3.5

单一行业类型集中式污水处理厂　centralized wastewater treatment plant for single type industry

指为两家及以上同行业类型排污单位提供废水处理服务的污水处理厂。

3.6

污泥　sludge

指水处理排污单位在污水净化处理过程中产生的含水率不同的半固态或固态物质，不包括栅渣、浮渣和沉沙池沙砾。

3.7

雨水排放口　rainwater outlet

指直接或通过沟、渠或者管道等设施向厂界外专门排放天然降水的排放口。

4　自行监测的一般要求

水处理排污单位应查清本单位的污染源、污染物指标及潜在的环境影响，制定监测方案，设置和维护监测设施，按照监测方案开展自行监测，做好质量保证和质量控制，记录和保存监测数据，依法向社会公开监测结果。

5 监测方案制定

5.1 进水监测

5.1.1 城镇污水处理厂和其他生活污水处理厂

城镇污水处理厂和其他生活污水处理厂进水监测点位、指标及最低监测频次按照表 1 执行。

表 1 城镇污水处理厂和其他生活污水处理厂进水监测指标及最低监测频次

监测点位	监测指标	监测频次
进水总管	流量、化学需氧量、氨氮	自动监测
	总磷、总氮	日
注：进水总管自动监测数据须与地方生态环境主管部门污染源自动监控系统平台联网。		

5.1.2 工业废水集中处理厂

工业废水集中处理厂进水监测点位、指标及最低监测频次按照表 2 执行。

表 2 工业废水集中处理厂进水监测指标及最低监测频次

监测点位	监测指标	监测频次
进水总管	流量、化学需氧量、氨氮	自动监测
	总磷、总氮	日
工业废水混合前	根据相关行业排污许可证申请与核发技术规范或自行监测技术指南中废水总排放口确定，无行业排污许可证申请与核发技术规范和自行监测技术指南的按照 HJ 819 中废水总排放口要求确定	
注：1. 进水总管自动监测数据须与地方生态环境主管部门污染源自动监控系统平台联网。 2. 工业废水混合前废水监测结果可采用废水排放单位的自行监测数据，或自行开展监测。		

5.2 废水排放监测

5.2.1 城镇污水处理厂和其他生活污水处理厂

城镇污水处理厂和其他生活污水处理厂废水排放监测点位、监测指标及最低监测频次按照表 3 执行。

接纳含有毒有害水污染物工业废水的城镇污水处理厂和其他生活污水处理厂，应参照表 4 增加有毒有害污染物监测频次。

若进水发生变化导致污染物种类发生变化，应按照表 3 调整自行监测方案。

表 3　城镇污水处理厂和其他生活污水处理厂废水排放监测指标及最低监测频次

监测点位	监测指标	监测频次	
		处理量≥2 万 m^3/d	处理量<2 万 m^3/d
废水总排放口[a]	流量、pH 值、水温、化学需氧量、氨氮、总磷、总氮[b]	自动监测	
	悬浮物、色度、五日生化需氧量、动植物油、石油类、阴离子表面活性剂、粪大肠菌群数	月	季度
	总镉、总铬、总汞、总铅、总砷、六价铬	季度	半年
	烷基汞	半年	半年
	GB 18918 的表 3 中纳入许可的指标	半年	半年
	其他污染物[c]	半年	两年
雨水排放口	pH 值、化学需氧量、氨氮、悬浮物	月[d]	
注：设区的市级及以上生态环境主管部门明确要求安装自动监测设备的污染物指标，须采取自动监测。			

[a] 废水排入环境水体之前，有其他排污单位废水混入的，应在混入前后均设置监测点位。

[b] 总氮自动监测技术规范发布实施前，按日监测。

[c] 接纳工业废水执行的排放标准中含有的其他污染物。

[d] 雨水排放口有流动水排放时按月监测。如监测一年无异常情况，可放宽至每季度开展一次监测。

5.2.2　工业废水集中处理厂

处理混合行业废水的工业废水集中处理厂废水监测指标按照纳入排污许可管控的污染物指标确定，监测点位及最低监测频次按照表 4 执行。

若排污单位进水发生变化导致污染物种类发生变化，应按照表 4 调整自行监测方案。

表 4　工业废水集中处理厂废水排放监测指标及最低监测频次

监测点位	监测指标	监测频次	
		直接排放	间接排放
废水总排放口[a]	流量、pH 值、水温、化学需氧量、氨氮、总磷、总氮[b]	自动监测	
	悬浮物、色度	日	月
	五日生化需氧量、石油类	月	季
	总镉、总铬、总汞、总铅、总砷、六价铬	月	
	其他污染物[c]	季度	
雨水排放口	pH 值、化学需氧量、氨氮、悬浮物	月[d]	
注：设区的市级及以上生态环境主管部门明确要求安装自动监测设备的污染物指标，须采取自动监测。			

[a] 废水排入环境水体之前，有其他排污单位废水混入的，应在混入前后均设置监测点位。

[b] 总氮自动监测技术规范发布实施前，按日监测。

[c] 接纳工业废水执行的排放标准中含有的其他污染物。

[d] 雨水排放口有流动水排放时按月监测。如监测一年无异常情况，可放宽至每季度开展一次监测。

5.3 废气排放监测

5.3.1 有组织废气排放监测

水处理排污单位自建固体废物焚烧设施、自建除臭装置排气筒的有组织废气排放监测点位、监测指标及最低监测频次按照表 5 执行。

表 5 有组织废气排放监测指标及最低监测频次

监测点位	监测指标	监测频次
一般固体废物焚烧炉排气筒	颗粒物、二氧化硫、氮氧化物、一氧化碳、氯化氢	自动监测
	汞及其化合物、镉、铊及其化合物、锑、砷、铅、铬、钴、铜、锰、镍及其化合物	月[a]
	二噁英类	年
危险废物焚烧炉排气筒	颗粒物（烟尘）、二氧化硫、氮氧化物、一氧化碳、氯化氢	自动监测
	烟气黑度、氟化氢、汞及其化合物、镉及其化合物、砷、镍及其化合物、铅及其化合物、铬、锡、锑、铜、锰及其化合物	月
	二噁英类	年
除臭装置排气筒	臭气浓度、硫化氢、氨	半年
注：废气烟气参数和污染物浓度应同步监测。		
[a] 若监测一年无异常情况，可放宽至每年至少开展一次监测。		

5.3.2 无组织废气排放监测

无组织废气排放监测点位、监测指标及最低监测频次按照表 6 执行。

表 6 无组织废气排放监测点位、监测指标及最低监测频次

监测点位	监测指标	监测频次
厂界或防护带边缘的浓度最高点[a]	氨、硫化氢、臭气浓度	半年
厂区甲烷体积浓度最高处[b]	甲烷[c]	年
注：废气烟气参数和污染物浓度应同步监测。		
[a] 防护带边缘的浓度最高点，通常位于靠近污泥脱水机房附近。 [b] 通常位于格栅、初沉池、污泥消化池、污泥浓缩池、污泥脱水机房等位置，选取浓度最高点设置监测点位。 [c] 执行 GB 18918 的排污单位执行。		

5.4 厂界环境噪声监测

厂界环境噪声监测点位设置应遵循 HJ 819 中的原则，点位布设时应考虑表 7 噪声源在厂区内的分布情况。厂界环境噪声每季度至少开展一次昼夜监测，周边有敏感点的，应提高监测频次。

表 7　厂界环境噪声监测指标及最低监测频次

噪声源及主要设备	监测指标	监测频次
进水泵、曝气机、污泥回流泵、污泥脱水机、空压机、各类风机等	等效连续 A 声级	季度

5.5　污泥监测

污泥监测指标及频次按表 8 执行。对于污泥出厂后有其他用途的，则应按照相关标准要求开展监测。

表 8　城镇污水处理厂和其他生活污水处理厂污泥监测指标及最低监测频次

监测指标	监测频次	备注
含水率	日	适用于采用好氧堆肥污泥稳定化处理方式的情况
蠕虫卵死亡率、粪大肠菌群菌值	月	
有机物降解率	月	适用于采用厌氧消化、好氧消化、好氧堆肥污泥稳定化处理方式的情况

5.6　周边环境质量影响监测

5.6.1　污染物排放标准、环境影响评价文件及其批复［仅限 2015 年 1 月 1 日（含）后取得环境影响评价批复的排污单位］或其他环境管理政策有明确要求的，按要求执行。

5.6.2　无明确要求的，排污单位可根据实际情况对周边地表水和海水开展监测，对于废水直接排入地表水、海水的排污单位，可按照 HJ/T 2.3、HJ/T 91、HJ 442 设置监测断面和监测点位，监测指标及最低监测频次按照表 9 执行。

表 9　周边环境质量影响监测指标及最低监测频次

目标环境	监测指标	监测频次
地表水	常规指标：pH 值、悬浮物、化学需氧量、五日生化需氧量、氨氮、总磷、总氮、石油类等 特征指标[a]：重金属类、难降解的有机化合物、余氯[b]等	每年丰、枯、平水期至少各监测一次
海水	常规指标：pH 值、化学需氧量、五日生化需氧量、溶解氧、活性磷酸盐、无机氮、石油类等 特征指标[a]：重金属类、余氯[b]等	每年大潮期、小潮期至少各监测一次
[a]适用于接收和处理相关废水较多的情况，可根据接收的废水情况确定具体监测指标。 [b]适用于采用含氯化学品对污水进行消毒的情况。		

5.7 其他要求

5.7.1 除表 1～表 9 中的污染物指标外，排污许可证、所执行的污染物排放（控制）标准、环境影响评价文件及其批复［仅限 2015 年 1 月 1 日（含）后取得环境影响评价批复的排污单位］、相关管理规定明确要求的污染物指标也应纳入监测指标范围，并参照表 1～表 9 和 HJ 819 确定监测频次。

5.7.2 各指标的监测频次在满足本标准的基础上，可根据 HJ 819 中监测频次的确定原则提高监测频次。

5.7.3 采样方法、监测分析方法、监测质量保证与质量控制等按照 HJ 819 执行。

5.7.4 监测方案的描述、变更按照 HJ 819 执行。

6 信息记录和报告

6.1 信息记录

6.1.1 手工监测记录和自动监测运维记录按照 HJ 819 执行。

6.1.2 采用水处理排污单位运行情况日报表和月报表记录水量信息，应包括污水总进水量、排水量、处理量和再生利用量等。

6.1.3 采用水处理排污单位运行情况日报表和月报表记录耗电信息，应包括用电量、鼓风机组耗电量。

6.1.4 采用水处理排污单位运行情况日报表和月报表记录药剂使用信息，应包括污水处理使用的各药剂名称及用量，并注明药剂中有效成分占比。

6.1.5 采用水处理排污单位运行情况日报表和月报表记录污泥量信息，应包括污泥产生量、处理量、各类消纳量、贮存量。

6.2 报告和信息公开

信息报告、应急报告和信息公开按照 HJ 819 执行。

7 其他

本标准规定的内容外，按照 HJ 819 执行。

HJ

中华人民共和国国家环境保护标准

HJ 1084—2020

排污单位自行监测技术指南 食品制造

Self-monitoring technology guidelines for pollution sources —Food manufacturing industry

2020-01-06 发布　　2020-04-01 实施

生　态　环　境　部　发布

前　言

为落实《中华人民共和国环境保护法》《中华人民共和国水污染防治法》《中华人民共和国大气污染防治法》《中华人民共和国噪声污染防治法》《排污许可管理办法（试行）》，指导和规范食品加工业排污单位自行监测工作，制定本标准。

本标准提出了食品加工业排污单位自行监测的一般要求、监测方案制定、信息记录和报告的基本内容和要求。

本标准为首次发布。

本标准由生态环境部生态环境监测司、法规与标准司提出并组织制订。

本标准主要起草单位：河北科技大学、河北省生态环境监测中心、河北省绿色食品办公室。

本标准生态环境部 2020 年 1 月 6 日批准。

本标准自 2020 年 4 月 1 日起实施。

本标准由生态环境部解释。

排污单位自行监测技术指南　食品制造

1　适用范围

本标准规定了食品制造排污单位自行监测的一般要求、监测方案制定、信息记录和报告的基本内容和要求。

本标准适用于食品制造排污单位对其排放的水、气污染物，噪声以及对其周边环境质量影响开展的监测。不适用于食品及饲料添加剂制造排污单位。

自备火力发电机组（厂）、配套动力锅炉的自行监测要求按照《排污单位自行监测技术指南　火力发电及锅炉》（HJ 820）执行。

2　规范性引用文件

本标准引用了下列文件或其中的条款。凡是未注明日期的引用文件，其最新版本适用于本标准。

GB 13457　肉类加工工业水污染物排放标准

GB 19430　柠檬酸工业水污染物排放标准

GB 19431　味精工业污染物排放标准

GB 25462　酵母工业水污染物排放标准

HJ 2.3　环境影响评价技术导则　地表水环境

HJ 442　近岸海域环境监测规范

HJ 610　环境影响评价技术导则　地下水环境

HJ 819　排污单位自行监测技术指南　总则

HJ 820　排污单位自行监测技术指南　火力发电及锅炉

HJ/T 91　地表水和污水监测技术规范

HJ/T 164　地下水环境监测技术规范

HJ/T 166　土壤环境监测技术规范

《国家危险废物名录》

3 术语和定义

GB 13457、GB 19430、GB 19431、GB 25462 界定的以及下列术语和定义适用于本标准。

3.1

食品制造 food manufacturing industry

食品制造包括焙烤食品制造，糖果、巧克力及蜜饯制造，方便食品制造，乳制品制造，罐头食品制造，调味品、发酵制品制造和其他食品制造。

3.2

直接排放 direct discharge

排污单位直接向水体排放水污染物的行为。

3.3

间接排放 indirect discharge

排污单位向公共污水处理系统排放水污染物的行为。

3.4

雨水排放口 rainwater outlet

指直接或通过沟、渠或者管道等设施向厂界外专门排放天然降水的排放口。

4 自行监测的一般要求

排污单位应查清本单位的污染源、污染物指标及潜在的环境影响，制定监测方案，设置和维护监测设施，按照监测方案开展自行监测，做好质量保证和质量控制，记录和保存监测数据，依法向社会公开监测结果。

5 监测方案制定

5.1 废水排放监测

5.1.1 监测点位

排污单位均应在废水总排放口、雨水排放口设置监测点位，生活污水单独排入外环境的需在生活污水排放口设置监测点位。

5.1.2 监测指标及监测频次

排污单位废水排放监测点位、监测指标及最低监测频次按照表 1 执行。

表 1　废水排放监测点位、监测指标及最低监测频次

排污单位级别	监测点位	监测指标	监测频次		备注
			直接排放	间接排放	
重点排污单位	废水总排放口	流量、pH 值、化学需氧量、氨氮	自动监测	自动监测	适用于所有的食品制造排污单位
		总磷	月（日/自动监测）[a]	季度（日/自动监测）[a]	
		总氮	月（日/自动监测）[b]	季度（日/自动监测）[b]	
		悬浮物、五日生化需氧量	月	季度	
		色度	月	季度	适用于调味品、发酵制品排污单位
		动植物油	月	季度	适用于乳制品制造、方便食品制造、肉禽类罐头制造和水产品罐头制造排污单位
		大肠菌群数	月	季度	适用于肉、禽类罐头制造排污单位
	生活污水排放口	流量、pH 值、化学需氧量、氨氮	自动监测	—	适用于所有的食品制造排污单位
		总磷	月（日/自动监测）[a]	—	
		总氮	月（日/自动监测）[b]	—	
		悬浮物、五日生化需氧量	月	—	
		动植物油	月	—	适用于有职工食堂的排污单位
	雨水排放口	化学需氧量、悬浮物	月[c]		适用于所有的食品制造排污单位
非重点排污单位	废水总排放口	流量、pH 值、悬浮物、五日生化需氧量、化学需氧量、氨氮、总磷、总氮	季度	半年	适用于所有的食品制造排污单位
		色度	季度	半年	适用于调味品、发酵制品排污单位
		动植物油	季度	半年	适用于乳制品制造、方便食品制造、肉禽类罐头制造和水产品罐头制造排污单位
		大肠菌群数	季度	半年	适用于肉、禽类罐头制造排污单位
	生活污水排放口	流量、pH 值、悬浮物、五日生化需氧量、化学需氧量、氨氮、总磷、总氮	季度	—	适用于所有的食品制造排污单位
		动植物油	季度	—	适用于有职工食堂的排污单位

排污单位级别	监测点位	监测指标	监测频次		备注
			直接排放	间接排放	
注：1. 设区的市级及以上生态环境主管部门明确要求安装自动监测设备的污染物指标，须采取自动监测。 2. 监测结果有超标记录的，应适当增加监测频次。					
[a] 水环境质量中总磷实施总量控制区域及氮、磷排放重点行业的重点排污单位，总磷须采取自动监测。 [b] 水环境质量中总氮实施总量控制区域及氮、磷排放重点行业的重点排污单位，总氮最低监测频次按日执行，待自 动监测技术规范发布后，须采取自动监测。 [c] 雨水排放口有流动水排放时按月监测。如监测一年无异常情况，可放宽至每季度开展一次监测。					

5.2 废气排放监测

5.2.1 有组织废气排放监测点位、指标与频次

5.2.1.1 各生产工序有组织废气排放监测点位、指标及最低检测频次按照表 2 执行。

表 2 有组织废气排放监测点位、监测指标及最低监测频次

监测点位	监测指标	监测频次	备注
颗粒物废气处理设施排放口	颗粒物	半年	适用于原辅料储运、输送、破（粉）碎、烘干、筛分及产品的烘干、造粒、包装等有颗粒物排放的生产工序
热风炉、加热炉等排气筒或废气处理设施排放口	颗粒物、二氧化硫、氮氧化物	半年	适用于有热风炉、加热炉的生产工序
流化床等干燥设施废气排放口	非甲烷总烃	半年	适用于产品及其副产品干燥过程等涉及挥发性有机物排放的生产工序
油烟废气处理设施排放口	油烟、非甲烷总烃	半年	适用于油炸、煎炒、烧烤、烘焙等涉及油烟排放的生产工序
恶臭气体废气处理设施排放口	臭气浓度、氨[a]、硫化氢[a]、三甲胺[a]、二甲二硫醚[a]、甲硫醚[a]、甲硫醇[a]	季度	适用于以水产品为原料进行罐头等食品加工，有恶臭废气收集、净化等车间排气筒的生产工序或废水处理设施的废气排放口
注：监测须按照相应监测分析方法、技术规范同步监测废气排放参数。			
[a] 根据环境影响评价文件及其批复确定监测指标。			

5.2.1.2 对于多个污染源或生产设备共用一个排气筒的，监测点位可布设在共用排气筒上。当执行不同排放控制要求的废气合并排气筒排放时，应在废气混合前进行监测；若监测点位只能布设在混合后的排气筒上，监测指标应涵盖所对应污染源或生产设备的监测指标，最低监测频次按照严格的执行。

5.2.2 无组织废气排放监测点位、指标与频次

无组织废气排放监测点位、监测指标及最低监测频次按照表 3 执行。

表 3 无组织废气排放监测点位、监测指标及最低监测频次

监测点位	监测指标	监测频次	备注
厂界	臭气浓度[a]	半年	适用于所有排污单位
	非甲烷总烃	半年	适用于生产过程中涉及挥发性有机物排放的排污单位
	颗粒物	半年	适用于有原料破（粉）碎、脱皮（壳）、筛分及产品筛分、喷浆造粒工序等涉及颗粒物排放的排污单位
	氨	半年	适用于有氨制冷系统或液氨储罐的排污单位
	硫化氢、氨	半年	适用于有生化污水处理的排污单位

注：1. 若周边有环境敏感点或监测结果超标的，应适当增加监测频次。
2. 无组织废气监测须同步监测气象参数。

[a] 根据环境影响评价文件及其批复以及原辅用料、生产工艺等，确定是否监测其他恶臭污染物。

5.3 厂界环境噪声监测

厂界环境噪声监测点位设置遵循 HJ 819 中的原则，应主要考虑清洗机、破碎机、脱水机、干燥机、筛选设备、切割机、搅拌机、精磨机、水洗设备、喷浆造粒机、喷雾干燥机、流化床、大型排风扇、冷风机、真空泵、制冷机、包装机等强噪声设备在厂区内的分布情况。厂界环境噪声监测点位和监测频次按照表 4 执行，周边有敏感点的，应提高监测频次。

表 4 厂界环境噪声监测点位、监测指标及最低监测频次

监测点位	监测指标	监测频次	备注
企业厂界四周	等效连续 A 声级	季度	适用于所有的食品制造单位

5.4 周边环境质量影响监测

5.4.1 污染物排放标准、环境影响评价文件及其批复［仅限于 2015 年 1 月 1 日（含）后取得环境影响评价批复的排污单位］或其他环境政策有明确要求的，按要求执行。

5.4.2 无明确要求的，排污单位可根据实际情况对周边地表水、海水、地下水和土壤开展监测。对于废水直接排入地表水、海水的排污单位，可参照 HJ 2.3、HJ/T 91、HJ 442 设置监测断面和监测点位；开展地下水、土壤监测的排污单位，可按照 HJ 610、HJ/T 164、HJ/T 166 要求设置监测点位。

5.5 其他要求

5.5.1 除表 1～表 4 中的污染物指标外，5.5.1.1 和 5.5.1.2 中的污染物指标也应纳入监测指

标范围，并参照表 1～表 4 和 HJ 819 确定监测频次。

5.5.1.1 排污许可证、所执行的污染物排放（控制）标准、环境影响评价文件及其批复 [仅限于 2015 年 1 月 1 日（含）后取得环境影响评价批复的排污单位]、相关环境管理规定明确要求的污染物指标。

5.5.1.2 排污单位根据生产过程的原辅用料、生产工艺、中间及最终产品类型、监测结果确定实际排放的，在国家有毒有害物名录或优先控制污染物相关名录中的污染物指标，或其他有毒污染物指标。

5.5.2 各指标的监测频次在满足本标准的基础上，可根据 HJ 819 中监测频次的确定原则提高监测频次。

5.5.3 采样方法、监测分析方法、监测质量保证与质量控制等按照 HJ 819 相关要求执行。

5.5.4 监测方案的编写、变更按照 HJ 819 执行。

6 信息记录和报告

6.1 信息记录

6.1.1 监测信息记录要求

手工监测记录和自动监测运维记录按照 HJ 819 等有关要求执行。

6.1.2 生产和污染治理设施运行状况记录要求

排污单位应详细记录其生产及污染治理设施运行状况，日常生产中应参照以下内容记录相关信息，并整理成台账保存备查。

6.1.2.1 生产运行状况记录

按食品生产种类，记录各生产批次以下的相关信息：

a）原辅料用量；

b）中间产品及最终产品产量，产出率及物料平衡；

c）新鲜用水取水量、用水量、用电量等；

d）使用的主要生产设备、设施的操作使用记录等。

6.1.2.2 废水处理设施运行状况记录

按日记录废水处理量、排放量、回用水量、污泥产生量（记录含水率）、废水处理使用的药剂名称及用量、鼓风机电量等；记录废水处理设施运行、故障及维护情况等。

6.1.2.3 废气处理设施运行状况记录

按日记录废气处理使用的吸附剂、过滤材料等耗材的名称及用量，记录废气处理设施运行、故障及维护情况等。

6.1.3 一般工业固体废物和危险废物记录要求

按日记录一般工业固体废物的产生量、综合利用量、处置量、贮存量；按照危险废物管理的相关要求，按日记录危险废物的产生量、综合利用量、处置量、贮存量、转移量及其具体去向。

一般工业固体废物及危险废物产生情况见表 5。

表 5 一般工业固体废物及危险废物来源

类别	产生单元	固体废物
一般工业固体废物	生产车间、废水/废气处理设施等	原辅料及加工过程中产生的剩余废物、废包装材料、炉渣等；废气处理收集的废尘/渣、废滤袋；水处理污泥（根据地方管理要求执行）
危险废物	生产车间、实验室、废气处理设施等	废活性炭、废矿物油与含矿物油废物及化学试剂的包装物，容器等
注：废活性炭是否属于危险废物由项目环境影响评价和批复界定，其他可能产生的危险废物按照《国家危险废物名录》或国家规定的危险废物鉴别标准和鉴别方法认定。		

6.2 信息报告、应急报告、信息公开

按照 HJ 819 规定执行。

7 其他

本标准规定的内容外，其他内容按照 HJ 819 规定执行。

HJ

中华人民共和国国家环境保护标准

HJ 1085—2020

排污单位自行监测技术指南 酒、饮料制造

Self-monitoring technology guidelines for pollution sources —Alcohol products and beverage manufacturing industry

2020-01-06发布　　　　2020-04-01实施

生 态 环 境 部 发布

前　　言

为落实《中华人民共和国环境保护法》《中华人民共和国水污染防治法》《中华人民共和国大气污染防治法》《中华人民共和国噪声污染防治法》《排污许可管理办法（试行）》，指导和规范酒、饮料制造排污单位自行监测工作，制定本标准。

本标准规定了酒、饮料制造排污单位自行监测的一般要求、监测方案制定、信息记录和报告的基本内容和要求。

本标准为首次发布。

本标准由生态环境部生态环境监测司、法规与标准司提出并组织制订。

本标准主要起草单位：河北科技大学、河北省生态环境监测中心、河北省绿色食品办公室。

本标准生态环境部 2020 年 1 月 6 日批准。

本标准自 2020 年 4 月 1 日起实施。

本标准由生态环境部解释。

排污单位自行监测技术指南　酒、饮料制造

1　适用范围

本标准规定了酒、饮料制造排污单位自行监测的一般要求、监测方案制定、信息记录和报告的基本内容和要求。

本标准适用于酒、饮料制造排污单位对其排放的水、气污染物，噪声以及对其周边环境质量影响开展监测。

自备火力发电机组（厂）、配套动力锅炉的自行监测要求按照《排污单位自行监测技术指南　火力发电及锅炉》（HJ 820）执行。

2　规范性引用文件

本标准引用了下列文件或其中的条款。凡是未注明日期的引用文件，其最新版本适用于本标准。

GB 19821　啤酒工业污染物排放标准

GB 27631　发酵酒精和白酒工业水污染物排放标准

HJ 2.3　环境影响评价技术导则　地表水环境

HJ 442　近岸海域环境监测规范

HJ 610　环境影响评价技术导则　地下水环境

HJ 819　排污单位自行监测技术指南　总则

HJ 820　排污单位自行监测技术指南　火力发电及锅炉

HJ/T 91　地表水和污水监测技术规范

HJ/T 164　地下水环境监测技术规范

HJ/T 166　土壤环境监测技术规范

《国家危险废物名录》

3　术语和定义

GB 19821、GB 27631 界定的以及下列术语和定义适用于本标准。

3.1

酒制造　alcohol products manufacturing industry

指酒精、白酒、啤酒及其专用麦芽、黄酒、葡萄酒、果酒、配制酒以及其他酒的制造。

3.2

饮料制造　beverage manufacturing industry

指果菜汁及果菜汁饮料、含乳饮料和植物蛋白饮料、碳酸饮料、瓶（罐）装饮用水、固体饮料、茶饮料及其他饮料的制造。

3.3

直接排放　direct discharge

排污单位直接向水体排放水污染物的行为。

3.4

间接排放　indirect discharge

排污单位向公共污水处理系统排放水污染物的行为。

3.5

雨水排放口　rainwater outlet

指直接或通过沟、渠或者管道等设施向厂界外专门排放天然降水的排放口。

4　自行监测的一般要求

排污单位应查清本单位的污染源、污染物指标及潜在的环境影响，制定监测方案，设置和维护监测设施，按照监测方案开展自行监测，做好质量保证和质量控制，记录和保存监测数据，依法向社会公开监测结果。

5　监测方案制定

5.1　废水排放监测

5.1.1　监测点位

排污单位均应在废水总排放口、雨水排放口设置监测点位，生活污水单独排入外环境的需在生活污水排放口设置监测点位。

5.1.2　监测指标及监测频次

排污单位废水排放监测点位、监测指标及最低监测频次按照表 1 执行。

表 1　废水排放监测点位、监测指标及最低监测频次

<table>
<tr><th rowspan="2">排污单位级别</th><th rowspan="2">监测点位</th><th rowspan="2">监测指标</th><th colspan="2">监测频次</th><th rowspan="2">备注</th></tr>
<tr><th>直接排放</th><th>间接排放</th></tr>
<tr><td rowspan="10">重点排污单位</td><td rowspan="5">废水总排放口</td><td>流量、pH 值、化学需氧量、氨氮</td><td>自动监测</td><td>自动监测</td><td rowspan="4">适用于所有酒、饮料制造排污单位</td></tr>
<tr><td>总磷</td><td>月（日/自动监测）[a]</td><td>季度（日/自动监测）[a]</td></tr>
<tr><td>总氮</td><td>月（日/自动监测）[b]</td><td>季度（日/自动监测）[b]</td></tr>
<tr><td>悬浮物、五日生化需氧量</td><td>月</td><td>季度</td></tr>
<tr><td>色度</td><td>月</td><td>季度</td><td>适用于发酵酒精和白酒制造排污单位，其他排污单位为选测项目</td></tr>
<tr><td rowspan="4">生活污水排放口</td><td>流量、pH 值、化学需氧量、氨氮</td><td>自动监测</td><td>—</td><td rowspan="2">适用于所有酒、饮料制造排污单位</td></tr>
<tr><td>总磷</td><td>月（日/自动监测）[a]</td><td>—</td></tr>
<tr><td>总氮</td><td>月（日/自动监测）[b]</td><td>—</td><td rowspan="3">适用于所有酒、饮料制造排污单位</td></tr>
<tr><td>悬浮物、五日生化需氧量</td><td>月</td><td>—</td></tr>
<tr><td>雨水排放口</td><td>悬浮物、化学需氧量</td><td colspan="2">月[c]</td></tr>
<tr><td rowspan="3">非重点排污单位</td><td rowspan="2">废水总排放口</td><td>流量、pH 值、悬浮物、五日生化需氧量、化学需氧量、氨氮、总氮、总磷</td><td>季度</td><td>半年</td><td>适用于所有酒、饮料制造排污单位</td></tr>
<tr><td>色度</td><td>季度</td><td>半年</td><td>适用于发酵酒精和白酒制造排污单位，其他排污单位为选测项目</td></tr>
<tr><td>生活污水排放口</td><td>流量、pH 值、悬浮物、五日生化需氧量、化学需氧量、氨氮、总氮、总磷</td><td>季度</td><td>—</td><td>适用于所有酒、饮料制造排污单位</td></tr>
<tr><td colspan="6">注：1. 设区的市级及以上生态环境主管部门明确要求安装自动监测设备的污染物指标，须采取自动监测。
2. 监测结果有超标记录的，应适当增加监测频次。</td></tr>
<tr><td colspan="6">[a] 水环境质量中总磷实施总量控制区域及氮、磷排放重点行业的重点排污单位，总磷须采取自动监测。
[b] 水环境质量中总氮实施总量控制区域及氮、磷排放重点行业的重点排污单位，总氮最低监测频次按日执行，待自动监测技术规范发布后，须采取自动监测。
[c] 雨水排放口有流动水排放时按月监测。若监测一年无异常情况，可放宽至每季度开展一次监测。</td></tr>
</table>

5.2　废气排放监测

5.2.1　有组织废气排放监测点位、指标及频次

5.2.1.1　各生产工序有组织废气排放监测点位、指标及最低监测频次按照表 2 执行。

表 2　有组织废气排放监测点位、监测指标及最低监测频次

监测点位	监测指标	监测频次	备注
原辅料储运、破（粉）碎、脱皮（壳）、烘干、筛分等工序车间排气筒或废气处理设施排放口	颗粒物	半年	适用于有原辅料储运、破（粉）碎、脱皮（壳）、烘干、筛分等生产过程涉及颗粒物排放的排污单位
干燥设施等废气排放口	非甲烷总烃	季度	适用于产品干燥过程等涉及挥发性有机物排放的生产工序
恶臭气体处理设施排放口	臭气浓度、氨[a]、硫化氢[a]	半年	适用于有生化污水处理的排污单位
注：监测须按照相应监测分析方法、技术规范同步监测废气排放参数。			
[a]根据环境影响评价文件及其批复确定监测指标。			

5.2.1.2　对于多个污染源或生产设备共用一个排气筒的，监测点位可布设在共用排气筒上。当执行不同排放控制要求的废气合并排气筒排放时，应在废气混合前进行监测；若监测点位只能布设在混合后的排气筒上，监测指标应涵盖所对应污染源或生产设备的监测指标，最低监测频次按照严格的执行。

5.2.2　无组织废气排放监测点位、指标与频次

无组织废气排放监测点位、指标及最低监测频次按表 3 执行。

表 3　无组织废气排放监测点位、监测指标及最低监测频次

监测点位	监测指标	监测频次	备注
厂界	臭气浓度[a]	半年	适用于所有排污单位
	非甲烷总烃	半年	适用于生产过程中涉及挥发性有机物排放的排污单位
	颗粒物	半年	适用于有原辅料储运、破（粉）碎、脱皮（壳）、烘干、筛分等生产过程涉及颗粒物排放的生产工序
	氨	半年	适用于有氨制冷系统或液氨储罐的排污单位
	硫化氢、氨	半年	适用于有生化污水处理的排污单位
注：1. 若周边有环境敏感点或监测结果超标的，应适当增加监测频次。 2. 无组织废气监测须同步监测气象参数。			
[a] 根据环境影响评价文件及其批复以及原辅用料、生产工艺等，确定是否监测其他恶臭污染物。			

5.3　厂界环境噪声监测

厂界环境噪声监测点位设置应遵循 HJ 819 中的原则，主要考虑表 4 噪声源在厂区内的分布情况。厂界环境噪声每季度至少开展一次监测，周边有敏感点的，应提高监测频次。

表 4 厂界环境噪声布点应关注的主要噪声源

噪声源	主要设备
生产车间及配套设施	破碎设备、筛分设备、大型风机、制冷机、水泵等
污水处理	曝气设备、风机、泵等

5.4 周边环境质量影响监测

5.4.1 污染物排放标准、环境影响评价文件及其批复［仅限于 2015 年 1 月 1 日（含）后取得环境影响评价批复的排污单位］或其他环境管理政策有明确要求的，按要求执行。

5.4.2 无明确要求的，排污单位可根据实际情况对周边地表水、海水、地下水和土壤开展监测。对于废水直接排入地表水、海水的排污单位，可参照 HJ 2.3、HJ/T 91、HJ 442 及受纳水体环境管理要求设置监测断面及监测点位；开展地下水、土壤监测的排污单位，可按照 HJ 610、HJ/T 164、HJ/T 166 及地下水、土壤环境管理要求设置监测点位。

5.5 其他要求

5.5.1 除表 1～表 4 中的污染物指标外，5.5.1.1 和 5.5.1.2 中的污染物指标也应纳入监测指标范围，并参照表 1～表 4 和 HJ 819 确定监测频次。

5.5.1.1 排污许可证、所执行的污染物排放（控制）标准、环境影响评价文件及其批复［仅限 2015 年 1 月 1 日（含）后取得环境影响评价批复的排污单位］、相关环境管理规定明确要求的污染物指标。

5.5.1.2 排污单位根据生产过程的原辅用料、生产工艺、中间及最终产品类型、监测结果确定实际排放的，在国家有毒有害物名录中或优先控制污染物相关名录中的污染物指标，或其他有毒污染物指标。

5.5.2 各指标的监测频次在满足本标准的基础上，可根据 HJ 819 中监测频次的确定原则提高监测频次。

5.5.3 采样方法、监测分析方法、监测质量保证与质量控制等按照 HJ 819 执行。

5.5.4 监测方案的编写、变更按照 HJ 819 执行。

6 信息记录和报告

6.1 信息记录

6.1.1 监测信息记录

手工监测记录和自动监测运维记录按照 HJ 819 执行。

6.1.2 生产和污染治理设施运行状况记录要求

排污单位应详细记录其生产及污染治理设施运行状况，日常生产中也应参照以下内容记录相关信息，并整理成台账保存备查。

6.1.2.1 生产运行状况记录

按照酒、饮料产品种类，记录各生产批次以下的相关信息：

a）原辅料用量；

b）中间产品及最终产品产量，产出率及物料平衡；

c）新鲜用水取水量、用水量、用电量等；

d）使用的主要生产设备、设施的操作使用记录等。

6.1.2.2 废水处理设施运行状况记录

按日记录废水处理量、回用量、回用率、排放量、污泥产生量（记录含水率）、废水处理使用的药剂名称及用量、用电量等；记录废水处理设施运行、故障及维护情况等。

6.1.2.3 废气处理设施运行状况记录

按日记录废气处理使用的吸附剂、过滤材料等耗材的名称及用量，记录废气处理设施运行、故障及维护情况等。

6.1.3 一般工业固体废物和危险废物记录要求

按日记录一般工业固体废物的产生量、综合利用量、处置量、贮存量；按照危险废物管理的相关要求，按日记录危险废物的产生量、综合利用量、处置量、贮存量、转移量及其具体去向。一般工业固体废物及危险废物产生情况见表 5。

表 5 一般工业固体废物及危险废物来源

类别	产生单元	固体废物
一般工业固体废物	生产车间、废水/废气处理设施等	原辅料及加工过程中产生的剩余废物、废包装材料、炉渣、废窖泥、废酒糟和废稻草等；废气处理收集的废尘/渣、废滤袋；水处理污泥（根据地方管理要求执行）等
危险废物	生产车间、实验室、废气处理设施等	废活性炭、废矿物油与含矿物油废物及化学试剂的包装物，容器等
注：废活性炭是否属于危险废物由项目环境影响评价和批复界定，其他可能产生的危险废物按照《国家危险废物名录》或国家规定的危险废物鉴别标准和鉴别方法认定。		

6.2 信息报告、应急报告、信息公开

按照 HJ 819 执行。

7 其他

本标准规定的内容外，其他内容按照 HJ 819 执行。

HJ

中华人民共和国国家环境保护标准

HJ 1086—2020

排污单位自行监测技术指南 涂装

Self-monitoring technology guidelines for pollution sources —Coating

2020-01-06 发布　　2020-04-01 实施

生态环境部 发布

前　　言

为落实《中华人民共和国环境保护法》《中华人民共和国水污染防治法》《中华人民共和国大气污染防治法》《排污许可管理办法（试行）》，指导和规范含涂装工序工业排污单位自行监测工作，制定本标准。

本标准提出了含涂装工序工业排污单位自行监测的一般要求、监测方案制定、信息记录和报告的基本内容和要求。

本标准为首次发布。

本标准由生态环境部生态环境监测司、法规与标准司提出并组织制订。

本标准主要起草单位：机械工业第四设计研究院有限公司、生态环境部环境工程评估中心、河南省环境监测中心。

本标准生态环境部2020年1月6日批准。

本标准自2020年4月1日起实施。

本标准由生态环境部解释。

排污单位自行监测技术指南　涂装

1　适用范围

本标准规定了含涂装工序工业排污单位自行监测的一般要求、监测方案制定、信息记录和报告的基本内容和要求。

本标准适用于含涂装工序工业排污单位在生产运行阶段对其排放的水、气污染物，噪声以及对周边环境质量影响开展自行监测。

本标准不适用于《面向装备制造业产品全生命周期工艺知识　第1部分：通用制造工艺分类》（GB/T 22124.1）界定的热喷涂工序，其自行监测参考《排污单位自行监测技术指南　总则》（HJ 819）或其他行业指南。

排污单位自备火力发电机组（厂）、配套锅炉的自行监测要求按照《排污单位自行监测技术指南　火力发电及锅炉》（HJ 820）执行。

2　规范性引用文件

本标准引用了下列文件或其中的条款。凡是未注明日期的引用文件，其最新版本（包括所有的修改单）适用于本标准。

GB 12348　工业企业厂界环境噪声排放标准

GB/T 22124.1　面向装备制造业产品全生命周期工艺知识　第 1 部分：通用制造工艺分类

HJ 194　环境空气质量手工监测技术规范

HJ 442　近岸海域环境监测规范

HJ 664　环境空气质量监测点位布设技术规范（试行）

HJ 819　排污单位自行监测技术指南　总则

HJ 820　排污单位自行监测技术指南　火力发电及锅炉

HJ 964　环境影响评价技术导则　土壤环境（试行）

HJ/T 55　大气污染物无组织排放监测技术导则

HJ/T 91　地表水和污水监测技术规范

HJ/T 164　地下水环境监测技术规范

HJ/T 166　土壤环境监测技术规范

《国务院关于印发打赢蓝天保卫战三年行动计划的通知》（国发〔2018〕22 号）

《固定污染源排污许可分类管理名录》

《国家危险废物名录》

《涂装行业清洁生产评价指标体系》（国家发展改革委、环境保护部、工业和信息化部公告 2016 年 第 21 号）

《重点排污单位名录管理规定（试行）》（环办监测〔2017〕86 号）

3 术语和定义

GB/T 22124.1、HJ 819、《涂装行业清洁生产评价指标体系》界定的以及下列术语和定义适用于本标准。

3.1

涂装　coating

采用合适的施工方法和工艺技术，将不同种类的涂料涂覆在物体表面并牢固附着于被涂物体的涂料成膜工艺。

包括涂料调配、机械预处理（抛丸、打磨、喷砂、喷丸、清理等）、化学预处理（溶剂擦洗、酸洗除锈、擦洗除锈和化学脱脂等）、转化膜处理（磷化、钝化、锆化、硅烷化、化学氧化等）、涂覆（含底漆、中涂、面漆、清漆、胶）、流平、固化成膜等生产环节的工序。

3.2

喷涂　spraying coat

通过喷枪或雾化器，借助压力、离心力、电场力等，将涂料施涂于被涂物表面的涂装方法。

3.3

挥发性有机物　volatile organic compounds（VOCs）

参与大气光化学反应的有机化合物，或者根据规定的方法测量或核算确定的有机化合物。

在表征 VOCs 总体排放情况时，根据行业特征和环境管理要求，可采用总挥发性有机物（以 TVOC 表示）、非甲烷总烃（以 NMHC 表示）作为污染物控制项目。

3.4

直接排放　direct discharge

指排污单位直接向环境水体排放水污染物的行为。

3.5

间接排放 indirect discharge

指排污单位向公共污水处理系统排放水污染物的行为。

3.6

雨水排放口 rainwater outlet

指直接或通过沟、渠或者管道等设施向厂界外专门排放天然降水的排放口。

4 自行监测的一般要求

排污单位应查清本单位的污染源、污染物指标及潜在的环境影响，制定监测方案，设置和维护监测设施，按照监测方案开展自行监测，做好质量保证和质量控制，记录和保存监测数据和信息，依法向社会公开监测结果。

5 监测方案制定

5.1 废水排放监测

5.1.1 监测点位

有转化膜处理工序或其他特殊工序，且产生含第一类污染物的废水，须在车间或生产设施废水排放口设置监测点位。

所有含涂装工序工业排污单位均须在废水总排放口设置监测点位；生活污水单独直接排入外环境的还需在生活污水排放口设置监测点位。

5.1.2 监测指标及监测频次

排污单位废水排放监测点位、监测指标及最低监测频次按照表 1 执行。

5.2 废气排放监测

5.2.1 有组织废气排放监测点位、指标与频次

排污单位的有组织废气排放监测点位、监测指标及最低监测频次按表 2 执行。

表 1　废水排放监测点位、监测指标及最低监测频次

监测点位	单位性质	监测指标	监测频次	
			直接排放	间接排放
车间或生产设施废水排放口	重点排污单位	流量、六价铬[a]、总铬[a]、总镍[a]	月	
	非重点排污”单位		季度	
废水总排放口	重点排污单位	流量、pH 值、化学需氧量、氨氮、总磷	自动监测	
		总氮、悬浮物、石油类、阴离子表面活性剂（LAS）	月	季度
		氟化物[a]、总锌[a]、总锰[a]、总铜[a]	月	季度
	非重点排污单位	流量、pH 值、化学需氧量、氨氮、总磷、总氮、悬浮物	季度	半年
生活污水排放口	重点排污单位	流量、pH 值、化学需氧量、氨氮、总磷	自动监测	—
		总氮、悬浮物、五日生化需氧量、动植物油	季度	—
	非重点排污单位	流量、pH 值、化学需氧量、氨氮、总磷、总氮、悬浮物	季度	—
雨水排放口		pH 值、化学需氧量、悬浮物	月[b]	

注：本标准重点排污单位按环境要素实行分类管理，纳入水环境重点排污单位名录，按本表执行。

[a] 根据原辅材料使用等实际生产情况，确定具体的特征污染物监测指标。不产生的污染物，可不进行监测。

[b] 雨水排放口有流动水排放时按月监测。若监测一年无异常情况，可放宽至每季度开展一次监测。

表 2　有组织废气排放监测点位、监测指标及最低监测频次

生产工序	监测点位	监测指标	监测频次		
			重点排污单位		非重点排污单位
			主要排放口	一般排放口	
预处理	机械预处理抛丸、打磨、喷砂、喷丸、清理等废气排气筒	颗粒物	季度	半年	年
	化学预处理（酸洗）废气排气筒[a]	氮氧化物、氯化氢、硫酸雾	季度	半年	年
涂覆	水性涂料涂覆设施废气排气筒	颗粒物[b]、挥发性有机物[c]、特征污染物[d]	季度	半年	年
	溶剂涂料涂覆（含溶剂擦洗）设施废气排气筒	挥发性有机物[c]	月	半年	年
		颗粒物[b]、苯、甲苯、二甲苯、特征污染物[d]	季度		
	粉末涂料涂覆设施废气排气筒	颗粒物	季度	半年	年
	混入化石燃料燃烧废气涂覆设施废气排气筒[e]	颗粒物、二氧化硫、氮氧化物	季度	半年	年
固化成膜	水性涂料（含胶）固化成膜设施废气排气筒	挥发性有机物[c]、特征污染物[d]	季度	半年	年
	溶剂涂料（含胶）固化成膜设施废气排气筒	挥发性有机物[c]	月	半年	年
		苯、甲苯、二甲苯、特征污染物[d]	季度		
	粉末涂料固化成膜设施废气排气筒	挥发性有机物[c]	季度	半年	年
	混入化石燃料燃烧废气固化成膜设施废气排气筒[e]	颗粒物、二氧化硫、氮氧化物	季度	半年	年

生产工序	监测点位	监测指标	监测频次		
			重点排污单位		非重点排污单位
			主要排放口	一般排放口	
其他	点补、调漆等生产设施排气筒	挥发性有机物[c]	季度	半年	年
	中间打磨生产设施废气排气筒	颗粒物	季度	半年	年
	工艺加热炉生产设施排气筒	颗粒物、二氧化硫、氮氧化物	季度	半年	年
	下料、加工、焊接等含尘废气排气筒	颗粒物	季度	半年	年
	树脂纤维、塑料加工等有机废气排气筒	挥发性有机物[c]	季度	半年	年

注：1. 废气监测须按照相应监测分析方法、技术规范同步监测烟气参数。
2. 根据环境影响评价文件及其批复，结合项目工艺及产排污特点，选择项目所包含监测点位进行监测。
3. 本标准重点排污单位按环境要素实行分类管理，纳入大气环境重点排污单位名录，按本表执行。
4. 本标准主要排放口为相应行业“排污许可证申请与核发技术规范”确定的主要排放口。
5. 设区的市级以上生态环境部门纳入重点排污单位名录的含涂装工序工业排污单位，主要排放口应当按期落实
“国发〔2018〕22 号”关于安装烟气排放自动监控设施的相关要求。

[a] 根据所用原料及工艺特点，确定具体监测指标。
[b] 适用于采用喷涂工艺等产生颗粒物污染物情况。
[c] 挥发性有机物的表征物质按照所执行的排放标准确定。
本表中的监测频次适用于采用非甲烷总烃表征的情况。若以 TVOC 表征，监测频次为：重点排污单位的主要排放口为半年一次，重点排污单位的一般排放口和非重点排污单位为一年一次。
根据以下原则开展 TVOC 监测：根据企业使用的原料、生产工艺、生产的产品或副产品，结合所执行的排放标准和有关环境管理中要求，筛选确定计入 TVOC 的物质；单项物质无国家污染物监测方法标准的，待国家污染物监测方法标准发布后实施。
所执行的排放标准中对非甲烷总烃和 TVOC 均提出限值要求的，应同时满足以上监测频次要求。
[d] 根据排污许可证、环境影响评价文件及其批复等相关环境管理规定，确定具体的特征污染物监测指标；待相关行业污染物排放标准发布后，从其规定；地方排放标准有要求的，从其规定。
[e] 仅适用于排气筒混入传统化石燃料燃烧废气情况。

5.2.2 无组织废气排放监测点位、指标与频次

排污单位无组织废气排放监测点位设置、监测指标及最低监测频次按表 3 执行。

5.3 厂界环境噪声监测

厂界环境噪声监测点位设置应遵循 HJ 819 中的原则及 GB 12348 中的要求，主要考虑下料、加工、抛丸、喷砂、喷丸、打磨、机泵电机、冷却塔、空调机组、空压机、风机、冷冻机等噪声源在厂区内的分布情况。

监测点位设置、监测指标及最低监测频次按表 4 执行。

表 3 无组织废气排放监测点位、监测指标及最低监测频次

监测点位	监测指标	监测频次
厂界	挥发性有机物[a]、颗粒物、特征污染物[b]	半年
涂装工段旁[c]	挥发性有机物[a]、颗粒物、特征污染物[b]	季度
注：若周边有敏感点，应适当增加监测频次。		
[a] 挥发性有机物的表征物质按照所执行的排放标准确定。 本表中的监测频次适用于采用非甲烷总烃表征的情况。若以 TVOC 表征，监测频次为：重点排污单位为半年一次，非重点排污单位为一年一次。 根据以下原则开展 TVOC 监测：根据企业使用的原料、生产工艺、生产的产品或副产品，结合所执行的排放标准和有关环境管理中要求，筛选确定计入 TVOC 的物质；单项物质无国家污染物监测方法标准的，待国家污染物监测方法标准发布后实施。 所执行的排放标准中对非甲烷总烃和 TVOC 均提出限值要求的，应同时满足以上监测频次要求。 [b] 根据排污许可证、环境影响评价文件及其批复等相关环境管理规定，确定具体的特征污染物监测指标；待相关行业污染物排放标准发布后，从其规定；地方排放标准有要求的，从其规定。 [c] 适用于涂装工段无密闭空间情况，如船舶制造工业的船坞及码头工段，监测点位设置参考 HJ/T 55。		

表 4 噪声排放监测点位、监测指标及最低监测频次

监测点位	监测指标	监测频次
厂界	等效连续 A 声级（L_{eq}）	季度
注：1. 周边有敏感点，应适当增加监测频次。 2. 夜间生产的须监测夜间噪声。		

5.4 周边环境质量影响监测

5.4.1 法律法规或环境影响评价文件及其批复［仅限 2015 年 1 月 1 日（含）后取得环境影响评价批复的排污单位］有明确规定的，按要求执行。

5.4.2 无明确要求的，若排污单位认为有必要的，可对周边水、土壤、空气环境质量开展监测。可按照 HJ 664、HJ 964、HJ/T 55、HJ/T 164、HJ/T 166、HJ 194 中相关规定设置环境空气、地下水、土壤监测点位，对于废水直接排入地表水、海水的排污单位，可按照 HJ/T 91、HJ 442 中的相关规定设置周边地表水、海水监测点位，监测指标及最低监测频次可参照表 5 执行。

表 5 周边环境质量影响监测指标及最低监测频次

环境要素	监测指标	监测频次
环境空气	挥发性有机物[a]、苯、甲苯、二甲苯、颗粒物、特征污染物[b]	半年
地表水	pH 值、溶解氧、化学需氧量、五日生化需氧量、氨氮、总氮、总磷、氟化物、石油类、阴离子表面活性剂（LAS）、锌、铜、铬（六价）等	季度
地下水	水位、pH 值、耗氧量、氨氮、氟化物、铬（六价）、铜、锌、锰、镍等	年
海水	pH 值、化学需氧量、生化需氧量、石油类、阴离子表面活性剂（LAS）、六价铬、总铬、铜、锌、镍等	半年
土壤	pH 值、铬、镍、铅、铜、锌、苯、甲苯等	年

环境要素	监测指标	监测频次
[a] 本表中暂时采用非甲烷总烃表征挥发性有机物的环境空气监测指标。相关行业污染物排放标准发布后，从其规定；地方标准有相关要求的，从其规定。 [b] 根据环境影响评价文件及其批复等相关环境管理规定，确定具体污染物项目；待相关行业大气污染物排放标准发布后，从其规定；地方排放标准有要求的，从其规定。		

5.5 其他要求

5.5.1 除表1～表5中的监测指标外，5.5.1.1和5.5.1.2中的污染物指标也应纳入监测指标范围，并参照表1～表5和HJ 819确定监测频次。

5.5.1.1 排污许可证、所执行的行业污染物排放（控制）标准、环境影响评价文件及其批复[仅限2015年1月1日（含）后取得环境影响评价批复的排污单位]、相关管理规定明确要求的污染物指标。

5.5.1.2 根据生产过程的原辅用料、生产工艺、中间及最终产品类型、监测结果确定实际排放的，在有毒有害或优先控制污染物相关名录中的污染物指标，或其他有毒污染物指标。

5.5.2 各指标的监测频次在满足本标准的基础上，可根据HJ 819中监测频次的确定原则提高监测频次；监测结果超标的，应增加相应指标的监测频次。

对于多个污染源或生产设备共用一个排气筒的，监测点位可布设在共用排气筒上。当执行不同排放控制要求的废气合并排气筒排放时，应在废气混合前进行监测；若监测点位只能布设在混合后的排气筒上，监测指标应涵盖所对应污染源或生产设备的监测指标，最低监测频次按照严格的执行。

5.5.3 采样方法、监测分析方法、监测质量保证与质量控制等按照HJ 819执行。

5.5.4 监测方案的描述、变更按照HJ 819执行。

6 信息记录和报告

6.1 信息记录

6.1.1 监测信息记录

手工监测的记录和自动监测运维记录按照HJ 819执行。

6.1.2 生产和污染治理设施运行状况信息记录

排污单位应详细记录其生产及污染治理设施运行状况，日常生产中应参照以下内容记录相关信息，并整理成台账保存备查。

6.1.2.1 生产运行状况记录

按照工艺生产单元和生产流水线分类，根据各排污单位具体情况，选择记录以下相关信息：

a）原辅料用量，包括主要原料用量、各类涂料用量、各类溶剂用量、吸附剂用量、其他辅料用量等；

b）产品产量，按生产单元记录各工序产品产量及其他关键指标；

c）取水量（新鲜水）、用水量、用电量、燃料用量等；

d）主要生产设备、设施的操作使用记录等。

6.1.2.2 废水处理设施运行状况记录

按日（或班次）记录废水处理量、废水回用量、废水排放量、污泥产生量（记录含水率）、废水处理使用的药剂名称及用量、电耗等；记录废水处理设施运行、故障及维护情况等。

6.1.2.3 废气处理设施运行状况记录

按日（或更换频次）记录废气处理使用的药剂等耗材名称及用量；记录废气处理设施运行参数、故障及维护情况等。

6.1.3 一般工业固体废物和危险废物记录

按日记录一般工业固体废物和危险废物产生、贮存、转移、利用的处置情况，并通过全国固体废物管理信息系统进行填报；按照危险废物管理的相关要求，按日记录危险废物的产生量、综合利用量、处置量、贮存量及其具体去向。原料或辅助工序中产生的其他危险废物的情况也应记录。一般工业固体废物及危险废物产生情况见表 6。

表 6 一般工业固体废物及危险废物来源

类别	主要生产来源	种类
危险废物	生产设备维修保养	废矿物油、废润滑油、废液压油等
	预处理、转化膜处理	废酸、废碱、废有机溶剂、磷化渣、硅烷废渣、浮油渣、废过滤吸附材料等
	涂装	废有机溶剂、油性漆漆渣、废密封胶等
	废气、废水处理设施	废过滤棉、废活性炭、废沸石、含油污泥、油性漆漆渣、表面处理污泥等
	其他	废乳化液、废有机树脂、含油废抹布、含油废手套等
一般工业固体废物	各生产单元	废边角料、废包装材料、生化污泥、生活垃圾等

注：1. 根据排污单位工艺产污情况，确定具体的种类指标。
2. 其他可能产生的危险废物按照《国家危险废物名录》或国家规定的危险废物鉴别标准和鉴别方法认定。
3. 列入一般工业固体废物的，若综合分析原辅材料、生产工艺、产生环节、主要危害成分等，可能具有危险特性，应按照国家规定的危险废物鉴别标准和鉴别方法认定是否属于危险废物。

6.2 信息报告、应急报告和信息公开

按照 HJ 819 执行。

7 其他

排污单位应如实记录监测期间的工况（包括生产负荷、污染治理设施运行情况等），确保监测数据具有代表性。

本标准规定的内容外，按照 HJ 819 执行。

HJ

中华人民共和国国家环境保护标准

HJ 1087—2020

排污单位自行监测技术指南
涂料油墨制造

Self-monitoring technology guidelines for pollution sources
—Manufacture of paint and ink

2020-01-06 发布 2020-04-01 实施

生 态 环 境 部 发布

前　言

为落实《中华人民共和国环境保护法》《中华人民共和国水污染防治法》《中华人民共和国大气污染防治法》《排污许可管理办法（试行）》，指导和规范涂料油墨制造排污单位的自行监测工作，制定本标准。

本标准提出了涂料油墨制造排污单位自行监测的一般要求、监测方案制定、信息记录和报告的基本内容和要求。

本标准为首次发布。

本标准由生态环境部生态环境监测司、法规与标准司提出并组织制订。

本标准主要起草单位：上海市化工环境保护监测站、华东理工大学、中国涂料工业协会、中国日用化工协会油墨分会。

本标准生态环境部 2020 年 1 月 6 日批准。

本标准自 2020 年 4 月 1 日起实施。

本标准由生态环境部解释。

排污单位自行监测技术指南　涂料油墨制造

1　适用范围

本标准提出了涂料油墨制造排污单位自行监测的一般要求、监测方案制定、信息记录和报告的基本内容和要求。

本标准适用于涂料油墨制造排污单位在生产运行阶段对其排放的水、气污染物，噪声以及对周边环境质量影响开展自行监测。

涂料油墨制造排污单位含有合成树脂生产和改性装置的自行监测要求按照《排污单位自行监测技术指南　石油化学工业》（HJ 947）执行。

排污单位自备火力发电机组（厂）、配套动力锅炉的自行监测要求按照《排污单位自行监测技术指南　火力发电及锅炉》（HJ 820）执行。

2　规范性引用文件

本标准引用了下列文件或其中的条款。凡是未注明日期的引用文件，其最新版本（包括所有的修改单）适用于本标准。

GB 3095　环境空气质量标准

GB 14554　恶臭污染物排放标准

GB/T 14848　地下水质量标准

GB 25463　油墨工业水污染物排放标准

GB 36600　土壤环境质量　建设用地土壤污染风险管控标准（试行）

GB 37824　涂料、油墨及胶粘剂工业大气污染物排放标准

HJ 2.2　环境影响评价技术导则　大气环境

HJ 194　环境空气质量手工监测技术规范

HJ 664　环境空气质量监测点位布设技术规范（试行）

HJ 819　排污单位自行监测技术指南　总则

HJ 820　排污单位自行监测技术指南　火力发电及锅炉

HJ 947　排污单位自行监测技术指南　石油化学工业

HJ/T 164　地下水环境监测技术规范

HJ/T 166　土壤环境监测技术规范

《国家危险废物名录》

3　术语和定义

GB 25463 界定的以及下列术语和定义适用于本标准。

3.1

涂料制造　manufacture of paint

在天然树脂或合成树脂中加入颜料、溶剂和辅助材料，经加工后制成覆盖材料的生产活动，包括涂料及其稀释剂、脱漆剂等辅助材料的制备环节。

3.2

油墨及类似产品制造　manufacture of ink and allied products

由颜料、连结料（植物油、矿物油、树脂、溶剂）和填充料经过混合、研磨调制而成，用于印刷的有色胶浆状物质，以及用于计算机打印、复印机用墨等生产活动。

3.3

挥发性有机物　volatile organic compounds（VOCs）

参与大气光化学反应的有机化合物，或者根据有关规定确定的有机化合物。

在表征 VOCs 总体排放情况时，根据行业特征和环境管理要求，可采用总挥发性有机物（以 TVOC 表示）、非甲烷总烃（以 NMHC 表示）作为污染物控制项目。

3.4

总挥发性有机物　total volatile organic compound（TVOC）

采用规定的监测方法，对废气中的单项 VOCs 物质进行测量，加和得到 VOCs 物质的总量，以单项 VOCs 物质的质量浓度之和计。实际工作中，应按预期分析结果，对占总量 90%以上的单项 VOCs 物质进行测量，加和得出。

3.5

非甲烷总烃　nonmethane hydrocarbons（NMHC）

采用规定的监测方法，氢火焰离子化检测器有响应的除甲烷外的其他气态有机化合物的总和，以碳的质量浓度计。

3.6

雨水排放口　rainwater outlet

指直接或通过沟、渠或者管道等设施向厂界外专门排放天然降水的排放口。

4 自行监测的一般要求

排污单位应查清本单位的污染源、污染物指标及潜在的环境影响，制定监测方案，设置和维护监测设施，按照监测方案开展自行监测，做好质量保证和质量控制，记录和保存监测数据，依法向社会公开监测结果。

5 监测方案制定

5.1 废水排放监测

5.1.1 监测点位

涂料油墨制造排污单位须在废水总排放口和雨水排放口设置监测点位，生活污水单独排入水体的须在生活污水排放口设置监测点位。含有颜料生产或其他原料中含有汞、镉、铬、六价铬、铅等重金属的，还需在生产车间或生产设施废水排放口设置监测点位。

5.1.2 监测指标及监测频次

排污单位废水排放监测点位、监测指标及最低监测频次按照表 1 执行。

表 1 废水排放监测点位、监测指标及最低监测频次

排污单位级别	监测点位	监测指标	监测频次	
			直接排放	间接排放
重点排污单位	废水总排放口	流量、pH 值、化学需氧量、氨氮	自动监测	
		悬浮物、色度、总磷、总氮、五日生化需氧量、总有机碳、石油类、动植物油	月	季度
		挥发酚、苯胺类[a]、总铜[a]、苯、甲苯、乙苯、二甲苯	季度	半年
	车间或生产设施废水排口	总汞、总镉、总铬、六价铬、总铅	月	
		烷基汞	半年	
非重点排污单位	废水总排放口	pH 值、化学需氧量、氨氮、悬浮物、色度、总磷、总氮、五日生化需氧量、总有机碳、石油类、动植物油	季度	半年
		挥发酚、苯胺类[a]、总铜[a]、苯、甲苯、乙苯、二甲苯	半年	年
	车间或生产设施废水排口	总汞、总镉、总铬、六价铬、总铅	季度	
		烷基汞	年	
雨水排放口		pH 值、化学需氧量、氨氮	月[b]	
生活污水排放口		pH 值、化学需氧量、氨氮、悬浮物、总磷、总氮、五日生化需氧量、动植物油	月	—

排污单位级别	监测点位	监测指标	监测频次	
			直接排放	间接排放

注：1. 设区的市级及以上生态环境主管部门明确要求安装自动监测设备的污染物指标，须采取自动监测。
2. 重点排污单位为纳入水环境重点排污单位名录的企业事业单位。

[a] 适用于含有颜料生产且颜料年产量在 1 000 t 及以上的油墨制造企业。

[b] 雨水排放口有流动水排放时按月监测。若监测一年无异常情况，可放宽至每季度开展一次监测。

5.2 废气排放监测

5.2.1 有组织废气排放监测点位、指标及频次

5.2.1.1 涂料油墨制造排污单位各产污环节有组织废气排放监测点位、监测指标及最低监测频次按照表 2 执行。

表 2 有组织废气排放监测点位、监测指标及最低监测频次

产污环节	监测点位	监测指标	监测频次
原料储存	储罐废气排气筒[a]	非甲烷总烃（NMHC）[b]	季度
		苯、苯系物[c]	半年
		总挥发性有机物（TVOC）[d,g]	年
配料、投料、粉碎	工艺含尘废气排气筒	颗粒物	季度
混合、研磨、调配、过滤、储槽、包装、清洗	非燃烧法工艺有机废气处理设施排气筒	非甲烷总烃（NMHC）[b]	月
		苯、苯系物[c]、异氰酸酯类[e,g]	季度
		总挥发性有机物（TVOC）[d,g]	半年
混合、研磨、调配、过滤、储槽、包装、清洗	燃烧法工艺有机废气处理设施排气筒	非甲烷总烃（NMHC）[b]	月
		苯、苯系物[c]、异氰酸酯类[e,g]、二氧化硫、氮氧化物、颗粒物	季度
		总挥发性有机物（TVOC）[d,g]	半年
		二噁英类[f]	年
其他	实验室有机废气排气筒	非甲烷总烃（NMHC）[b]	季度
	污水处理设施废气排气筒	非甲烷总烃（NMHC）[b]、臭气浓度、氨、硫化氢	半年

注：1. 废气监测须按相关标准分析方法、技术规范同步监测烟气参数。
2. 设区的市级及以上生态环境主管部门明确要求安装自动监测设备的污染物指标，须采取自动监测。

[a] 适用于 GB 37824 的固定顶罐按要求开展自行监测。如无苯系物溶剂储存，储罐废气排气筒的监测指标为 NMHC 和 TVOC。

[b] 非甲烷总烃有去除效率要求的，应同时监测污染治理设施进口。

[c] 苯系物包括苯、甲苯、二甲苯、三甲苯、乙苯和苯乙烯。

[d] 根据企业使用的原辅料、生产工艺过程、生产的产品和副产品，结合 GB 37824 附录 A 和有关环境管理要求等，筛选确定计入 TVOC 的物质。

[e] 异氰酸酯类包括甲苯二异氰酸酯（TDI）、二苯基甲烷二异氰酸酯（MDI）、异佛尔酮二异氰酸酯（IPDI）和多亚甲基多苯基异氰酸酯（PAPI），适用于聚氨酯类涂料和油墨。

[f] 燃烧含氯有机废气时，须监测该指标。

[g] 待国家污染物监测方法标准发布后实施。

5.2.1.2 对于多个污染源或生产设备共用一个排气筒的，监测点位可布设在共用排气筒上。当执行不同排放控制要求的废气合并排气筒排放时，应在废气混合前进行监测；若监测点位只能布设在混合后的排气筒上，监测指标应涵盖所对应污染源或生产设备的监测指标，最低监测频次按照严格的执行。

5.2.2 无组织废气排放监测点位、指标及频次

涂料油墨制造排污单位无组织废气监测点位设置应遵循 GB 37824 和 HJ 819 中的原则，其排放监测点位、监测指标及最低监测频次按照表 3 执行。

表 3 无组织废气排放监测点位、监测指标最低监测频次

监测点位	监测指标	监测频次
厂界	苯	半年

5.3 厂界环境噪声监测

厂界环境噪声监测点位设置应遵循 HJ 819 中的原则，主要考虑搅拌机、研磨机、分离设备、风机、水泵、空压机等噪声源在厂区内的分布情况。

厂界环境噪声每季度至少开展 1 次昼夜监测，监测指标为等效 A 声级。周边有敏感点的，应提高监测频次。

5.4 周边环境质量影响监测

5.4.1 法律法规或环境影响评价文件及其批复［仅限 2015 年 1 月 1 日（含）后取得环境影响评价批复的排污单位］有明确要求的，按要求执行。

5.4.2 无明确要求的，若排污单位认为有必要的，可对环境空气、土壤、地下水质量开展监测。可按照 HJ 2.2、HJ 194、HJ 664、HJ/T 166、HJ/T 164 中相关规定设置环境空气、土壤、地下水监测点位，监测指标及最低监测频次按照表 4 执行。

表 4 周边环境质量影响监测指标及最低监测频次

目标环境	监测指标	监测频次
环境空气	PM_{10}、苯、二甲苯、苯乙烯等	年
土壤	汞、镉、铬（六价）、铅、苯、甲苯、乙苯、间二甲苯+对二甲苯、苯乙烯等	年
地下水	汞、镉、铬（六价）、铅、苯、甲苯、乙苯、二甲苯（总量）、苯乙烯等	年
注：根据企业使用的原辅料、生产工艺过程、生产的产品和副产品，结合 GB 3095、GB 36600、GB/T 14848 和 HJ 2.2，筛选确定具体监测指标。		

5.5 其他要求

5.5.1 除表 1～表 3 中的污染物指标外，5.5.1.1 和 5.5.1.2 中的污染物指标也应纳入监测指标范围，并参照表 1～表 3 和 HJ 819 确定监测频次。

5.5.1.1 排污许可证、所执行的污染物排放（控制）标准、环境影响评价文件及其批复［仅限 2015 年 1 月 1 日（含）后取得环境影响评价批复的排污单位］、相关管理规定明确要求的污染物指标。

5.5.1.2 排污单位根据生产过程的原辅用料、生产工艺、中间及最终产品类型、监测结果确定实际排放的，在相关有毒有害或优先控制污染物名录中的污染物指标，或其他有毒污染物指标。

5.5.2 各指标的监测频次在满足本标准的基础上，可根据 HJ 819 中的确定原则提高监测频次。

5.5.3 采样方法、监测分析方法、监测质量保证与质量控制等按照 HJ 819 执行。

5.5.4 监测方案的描述、变更按照 HJ 819 执行。

6 信息记录和报告

6.1 信息记录

6.1.1 监测信息记录

手工监测记录和自动监测运维记录按照 HJ 819 执行。

6.1.2 生产和污染治理设施运行状况记录要求

排污单位应详细记录生产及污染治理设施运行状况，日常生产中也应参照以下内容记录相关信息，并整理成台账保存备查。

6.1.2.1 生产运行状况记录

按月记录原辅料用量及产量：主要原辅料（去离子水、有机溶剂、树脂、颜料、助剂、固体材料、色浆等）使用量和产品产量等。

6.1.2.2 污染治理设施运行状况记录

污染治理设施运行管理信息应当包括设备运行校验关键参数，能充分反映生产设施及治理设施运行管理情况。

a）废水处理设施运行状况记录

按班次记录污水处理量、回水用量、回用率、污水排放量、污泥产生量、污水处理使用的药剂名称及用量、鼓风机电量等；记录污水处理设施运行、故障及维护情况等。

b）废气处理设施运行状况记录

按更换批次记录废气处理使用的吸附剂、过滤材料等耗材的名称及用量，记录废气处理设施运行参数、故障及维护情况等。

6.1.3 一般工业固体废物和危险废物记录

记录一般工业固体废弃物和危险废物产生、贮存、转移、利用和处置情况，并通过全国固体废物管理信息系统进行填报。原料或辅助工序中产生的其他危险废物的情况也应记录。危险废物按照《国家危险废物名录》或国家规定的危险废物鉴别标准和鉴别方法认定。

6.2 信息报告、应急报告、信息公开

按照 HJ 819 执行。

7 其他

排污单位应如实记录手工监测期间的工况（包括生产负荷、污染治理设施运行情况等），确保监测数据具有代表性。

本标准规定的内容外，按照 HJ 819 执行。

HJ

中华人民共和国国家环境保护标准

HJ 1088—2020

排污单位自行监测技术指南 磷肥、钾肥、复混肥料、有机肥料和微生物肥料

Self-monitoring technology guidelines for pollution sources —Phosphatic，potassic，compound，organic and microbial fertilizer

2020-01-06 发布　　2020-04-01 实施

生 态 环 境 部 发布

前　言

为落实《中华人民共和国环境保护法》《中华人民共和国水污染防治法》《中华人民共和国大气污染防治法》《排污许可管理办法（试行）》，指导和规范磷肥、钾肥、复混肥料（复合肥料）、有机肥料及微生物肥料工业排污单位自行监测工作，制定本标准。

本标准提出了磷肥、钾肥、复混肥料（复合肥料）、有机肥料及微生物肥料工业排污单位自行监测的一般要求、监测方案制定、信息记录及报告的基本内容和要求。

本标准为首次发布。

本标准由生态环境部生态环境监测司、法规与标准司提出并组织制订。

本标准主要起草单位：中国环境监测总站、重庆市生态环境监测中心。

本标准生态环境部 2020 年 1 月 6 日批准。

本标准自 2020 年 4 月 1 日起实施。

本标准由生态环境部解释。

排污单位自行监测技术指南

磷肥、钾肥、复混肥料、有机肥料和微生物肥料

1 适用范围

本标准提出了磷肥、钾肥、复混肥料（复合肥料）、有机肥料及微生物肥料工业排污单位自行监测的一般要求、监测方案制定、信息记录和报告的基本内容和要求。

本标准适用于磷肥、钾肥、复混肥料（复合肥料）、有机肥料及微生物肥料工业排污单位在生产运行阶段对其排放的水、气污染物，噪声以及对其周边环境质量影响开展自行监测。

自备火力发电机组（厂）、配套动力锅炉的自行监测要求按照《排污单位自行监测技术指南　火力发电及锅炉》（HJ 820）执行。

2 规范性引用文件

本标准引用了下列文件或其中的条款。凡是未注明日期的引用文件，其最新版本适用于本标准。

GB 15580　磷肥工业水污染物排放标准

GB 18599　一般工业固体废物贮存、处置场污染控制标准

HJ 2.2　环境影响评价技术导则　大气环境

HJ 194　环境空气质量手工监测技术规范

HJ 819　排污单位自行监测技术指南　总则

HJ 820　排污单位自行监测技术指南　火力发电及锅炉

HJ/T 164　地下水环境监测技术规范

《国家危险废物名录》

3 术语和定义

下列术语和定义适用于本标准。

3.1

磷肥工业　phosphatic fertilizer industry

生产磷肥产品的工业。磷肥产品包括：磷酸一铵、磷酸二铵、重过磷酸钙、硝酸磷肥、硝酸磷钾肥、过磷酸钙、钙镁磷肥、钙镁磷钾肥和其他副产品（氟硅酸钠、氟硅酸钾等）及生产磷肥所需的中间产品磷酸（湿法）。

3.2

钾肥工业　potassic fertilizer industry

生产钾肥产品的工业。钾肥产品包括：氯化钾、硫酸钾、硝酸钾以及硫酸镁钾肥等。

3.3

复混肥料（复合肥料）工业　compound fertilizer（complex fertilizer） industry

生产复混肥料（复合肥料）的工业。复混肥料（复合肥料）指氮、磷、钾三种养分中至少标明两种养分含量的肥料（磷酸一铵、磷酸二铵、硝酸磷肥、硝酸磷钾肥、钙镁磷肥、钙镁磷钾肥、硝酸钾除外）。

3.4

有机肥料及微生物肥料工业　organic and microbial fertilizer industry

生产有机肥料及微生物肥料的工业。

3.5

直接排放　direct emission

排污单位直接向环境水体排放污染物的行为。

3.6

间接排放　indirect emission

排污单位向公共污水处理系统排放污染物的行为。

3.7

雨水排放口　rainwater outlet

指直接或通过沟、渠或者管道等设施向厂界外专门排放天然降水的排放口。

4　自行监测的一般要求

排污单位应查清本单位的污染源、污染物指标及潜在的环境影响，制定监测方案，设置和维护监测设施，按照监测方案开展自行监测，做好质量保证和质量控制，记录和保存监测数据，依法向社会公开监测结果。

5 监测方案制定

5.1 废水排放监测

所有磷肥工业排污单位均须在其废水总排放口、车间或生产设施废水排放口、生活污水排放口、雨水排放口设置监测点位，监测指标及最低监测频次按表 1 执行。

表 1 磷肥工业废水排放监测点位、监测指标及最低监测频次

监测点位	监测指标	监测频次	
		直接排放	间接排放
废水总排放口	流量、化学需氧量、氨氮、总磷	自动监测	
	pH 值、氟化物、悬浮物、总氮[a]	周	月
车间或生产设施废水排放口	总砷	月	
生活污水排放口	流量、化学需氧量、氨氮、总磷	自动监测	—
	pH 值、悬浮物、总氮[a]	周	—
雨水排放口	化学需氧量、氨氮、总磷、悬浮物	月[b]	
[a]总氮实施总量控制的区域，总氮最低监测频次按日执行。 [b]排水期间按月监测，如监测一年无异常情况，可放宽至每季度监测一次。			

所有复混肥料（复合肥料）工业排污单位均须在其废水总排放口、生活污水排放口、雨水排放口设置监测点位，监测指标及最低监测频次按表 2 执行。

表 2 复混肥料（复合肥料）工业废水排放监测点位、监测指标及最低监测频次

监测点位	监测指标	监测频次	
		直接排放	间接排放
废水总排放口	流量、化学需氧量、氨氮、总磷、总氮[a]	自动监测	
	pH 值、悬浮物	月	季度
生活污水排放口	流量、化学需氧量、氨氮、总磷、总氮[a]	自动监测	—
	pH 值、悬浮物	月	—
雨水排放口	化学需氧量、氨氮、悬浮物、总磷	月[b]	
[a]总氮自动监测技术规范发布实施前，按日监测。 [b]排水期间按月监测，如监测一年无异常情况，可放宽至每季度监测一次。			

所有钾肥工业排污单位均须在其废水总排放口、生活污水排放口、雨水排放口设置监测点位，监测指标及最低监测频次按表 3 执行。

表 3 钾肥工业废水排放监测点位、监测指标及最低监测频次

监测点位	排污单位级别	监测指标	监测频次	
			直接排放	间接排放
废水总排放口	重点排污单位	流量、化学需氧量、氨氮	自动监测	
		pH 值、悬浮物	月	季度
	非重点排污单位	流量、化学需氧量、氨氮	月	季度
		pH 值、悬浮物	季度	半年
生活污水排放口		流量、pH 值、化学需氧量、氨氮、悬浮物	半年	—
雨水排放口		化学需氧量、氨氮、悬浮物	日[a]	
[a]排水期间按日监测，如监测一年无异常情况，可放宽至每季度监测一次。				

所有有机肥料及微生物肥料工业排污单位均须在其废水总排放口、生活污水排放口、雨水排放口设置监测点位，监测指标及最低监测频次按表 4 执行。

表 4 有机肥料及微生物肥料工业废水排放监测点位、监测指标及最低监测频次

监测点位	排污单位级别	监测指标	监测频次	
			直接排放	间接排放
废水总排放口	重点排污单位	流量、化学需氧量、氨氮、总磷、总氮[a]	自动监测	
		pH 值、悬浮物	月	季度
废水总排放口	非重点排污单位	流量、化学需氧量、氨氮、总磷、总氮	月	季度
		pH 值、悬浮物	季度	半年
生活污水排放口		流量、pH 值、化学需氧量、氨氮、悬浮物	半年	—
雨水排放口		化学需氧量、氨氮、悬浮物	日[b]	
[a]总氮自动监测技术规范发布实施前，按日监测。 [b]排水期间按日监测，如监测一年无异常情况，可放宽至每季度监测一次。				

5.2 废气排放监测

5.2.1 有组织废气排放监测

对于多个污染源或生产设备共用一个排气筒的，监测点位可布设在共用排气筒上。当执行不同排放控制要求的废气合并排气筒排放时，应在废气混合前进行监测；若监测点位只能布设在混合后的排气筒上，监测指标应涵盖所对应污染源或生产设备的监测指标，最低监测频次按照严格的执行。

磷肥工业各生产工序有组织废气排放监测点位、监测指标及最低监测频次按表 5 执行。

表 5　磷肥工业有组织废气排放监测点位、监测指标及最低监测频次

产品	生产工序		监测点位	监测指标	监测频次
磷酸	原料制备		含尘废气收集处理设施排气筒	颗粒物	半年
	酸解反应		反应尾气处理系统排气筒	氟化物	月
	过滤		过滤机尾气处理系统排气筒	氟化物	月
磷酸一铵/磷酸二铵	中和反应		反应尾气处理系统排气筒	氨	季度
	成品制备	喷雾/造粒	造粒尾气处理系统排气筒	颗粒物	自动监测
				氨	季度
				氟化物	月
		干燥	干燥尾气处理系统排气筒	颗粒物	自动监测
				氟化物	月
				二氧化硫 [a]	月
				氮氧化物	月
		筛分	筛分尾气处理系统排气筒	颗粒物	半年
		破碎	破碎尾气处理系统排气筒	颗粒物	半年
		冷却	冷却尾气处理系统排气筒	颗粒物	半年
	成品包装		包装尾气排气筒	颗粒物	半年
重过磷酸钙/过磷酸钙	原料制备	磷矿烘干	烘干尾气处理系统排气筒	颗粒物	自动监测
				二氧化硫 [a]	月
				氮氧化物	月
		磷矿石破碎	含尘废气收集处理设施排气筒	颗粒物	半年
	酸解反应		反应尾气处理系统排气筒	氟化物	月
				硫酸雾 [b]	半年
	成品制备	造粒	造粒尾气处理系统排气筒	颗粒物	自动监测
		干燥	干燥尾气处理系统排气筒	颗粒物	自动监测
				二氧化硫 [a]	月
				氮氧化物	月
		筛分	筛分尾气处理系统排气筒	颗粒物	半年
		破碎	破碎尾气处理系统排气筒	颗粒物	半年
	成品包装		包装尾气排气筒	颗粒物	半年
硝酸磷肥/硝酸磷钾肥	原料制备	磷矿石破碎	含尘废气收集处理设施排气筒	颗粒物	半年
		磷矿粉烘干	烘干尾气处理系统排气筒	颗粒物	自动监测
				二氧化硫 [a]	月
				氮氧化物	月
		磷矿粉焙烧	焙烧尾气处理系统排气筒	颗粒物	自动监测
				二氧化硫 [a]	月
				氮氧化物	月
		磷矿粉冷却	冷却尾气处理系统排气筒	颗粒物	半年
	酸解反应		反应尾气处理系统排气筒	氮氧化物	自动监测
				氟化物	月
	过滤		过滤尾气处理系统排气筒	氟化物	月
	中和反应		反应尾气处理系统排气筒	氨	季度
	转化		转化尾气处理系统排气筒	氨	季度

产品	生产工序		监测点位	监测指标	监测频次
硝酸磷肥/硝酸磷钾肥	成品制备	造粒	造粒尾气处理排气筒	颗粒物	自动监测
				氨	季度
		干燥	干燥尾气处理系统排气筒	颗粒物	自动监测
				二氧化硫[a]	月
				氮氧化物	月
		筛分	筛分尾气处理系统排气筒	颗粒物	半年
		破碎	破碎尾气处理系统排气筒	颗粒物	半年
		冷却	冷却尾气处理系统排气筒	颗粒物	半年
	成品包装		包装尾气排气筒	颗粒物	半年
钙镁磷肥/钙镁磷钾肥	原料制备		含尘废气收集处理设施排气筒	颗粒物	半年
	炉料熔融		高炉尾气处理系统排气筒	颗粒物	自动监测
				二氧化硫	自动监测
				氮氧化物	自动监测
				氟化物	月
	成品制备	干燥	干燥尾气处理系统排放筒	颗粒物	自动监测
				二氧化硫	月
				氮氧化物	月
		研磨	球磨机尾气处理系统排放筒	颗粒物	半年
	成品包装		包装尾气排气筒	颗粒物	半年
氟硅酸钠/氟硅酸钾	复分解反应		反应尾气处理系统排气筒	氟化物	季度
	成品制备	干燥	干燥尾气处理系统排气筒	颗粒物	自动监测
		冷却	冷却尾气处理系统排气筒	颗粒物	半年
	成品包装		包装尾气排气筒	颗粒物	半年
注：废气监测须按照相应标准监测分析方法、技术规范同步监测烟气参数。					
[a] 采用燃煤热风炉的排污单位。 [b] 生产过磷酸钙的排污单位。					

钾肥工业各生产工序有组织废气排放监测点位、监测指标及最低监测频次按表6执行。

表6　钾肥工业有组织废气排放监测点位、监测指标及最低监测频次

产品	生产工序	监测点位	监测指标	监测频次
氯化钾、硫酸钾（钾混盐转化法、复分解法）、硫酸钾镁肥	成品制备	造粒尾气处理系统排气筒	颗粒物	半年
		干燥尾气处理系统排气筒	颗粒物	半年
			二氧化硫[a]	半年
			氮氧化物	半年
		包装尾气排气筒	颗粒物	半年
硝酸钾	中和反应	反应尾气处理系统排气筒	氮氧化物	半年
	成品制备	造粒尾气处理系统排气筒	颗粒物	半年
		干燥尾气处理系统排气筒	颗粒物	半年
			二氧化硫[a]	半年
			氮氧化物	半年
		包装尾气排气筒	颗粒物	半年

产品	生产工序	监测点位	监测指标	监测频次
硫酸钾（曼海姆法）	曼海姆炉	曼海姆炉烟气排气筒	颗粒物	半年
			二氧化硫[b]	半年
			氮氧化物	半年
硫酸钾（曼海姆法）	冷却	浆膜吸收器尾气排气筒	氯化氢	半年
		冷却器尾气处理系统排气筒	颗粒物	半年
	成品制备	破碎尾气处理系统排气筒	颗粒物	半年
		包装尾气排气筒	颗粒物	半年
注：废气监测须按照相应标准监测分析方法、技术规范同步监测烟气参数。				
[a]采用燃煤热风炉的排污单位。 [b]采用重油、燃煤发生炉制气为燃料的排污单位。				

复混肥料（复合肥料）工业各生产工序有组织废气排放监测点位、监测指标及最低监测频次按表 7 执行。

表 7　复混肥料（复合肥料）工业有组织废气排放监测点位、监测指标及最低监测频次

产品	生产工序		监测点位	监测指标	监测频次
团粒型复混肥料（复合肥料）	原料制备		含尘废气收集处理设施排气筒	颗粒物	半年
	成品制备	造粒	造粒尾气处理系统排气筒	颗粒物	自动监测
				氨	季度
				氮氧化物[a]	季度
				硫化氢[b]	半年
		干燥	干燥尾气处理系统排气筒	颗粒物	自动监测
				硫化氢[b]	半年
				二氧化硫[c]	月
				氮氧化物	月
		筛分	筛分尾气处理系统排气筒	颗粒物	半年
		破碎	破碎尾气处理系统排气筒	颗粒物	半年
		冷却	冷却系统尾气处理排气筒	颗粒物	半年
		包装	包装尾气处理系统排气筒	颗粒物	半年
熔体型复混肥料（复合肥料）	原料制备		含尘废气收集处理设施排气筒	颗粒物	半年
	成品制备	造粒	造粒尾气处理系统排气筒	颗粒物	月
				氨	季度
				硫化氢[b]	半年
		筛分	筛分尾气处理系统排气筒	颗粒物	半年
		破碎	破碎尾气处理系统排气筒	颗粒物	半年
		冷却	冷却系统尾气处理排气筒	颗粒物	半年
		包装	包装尾气处理系统排气筒	颗粒物	半年
料浆型复混肥料（复合肥料）	复分解反应		反应尾气处理系统排气筒	氯化氢	半年
	中和反应		反应尾气处理系统排气筒	氨	季度
	成品制备	造粒	造粒尾气处理系统排气筒	颗粒物	自动监测
				氨	季度

产品	生产工序		监测点位	监测指标	监测频次
料浆型复混肥料（复合肥料）	成品制备	干燥	干燥尾气处理系统排气筒	颗粒物	自动监测
				二氧化硫[c]	月
				氮氧化物	月
		筛分	筛分尾气处理系统排气筒	颗粒物	半年
		破碎	破碎尾气处理系统排气筒	颗粒物	半年
		冷却	冷却系统尾气处理排气筒	颗粒物	半年
		包装	包装尾气排气筒	颗粒物	半年
掺混型复混肥料（复合肥料）	成品制备	掺混	掺混尾气处理系统排气筒	颗粒物	半年
		筛分	筛分尾气处理系统排气筒	颗粒物	半年
		包装	包装尾气收集处理设施排气筒	颗粒物	半年
注：废气监测须按照相应标准监测分析方法、技术规范同步监测烟气参数。					
[a]生产硝基复混肥料（复合肥料）的排污单位。 [b]生产有机-无机复混肥料（复合肥料）的排污单位。 [c]采用燃煤热风炉的排污单位。					

有机肥料及微生物肥料工业各生产工序有组织废气排放监测点位、监测指标及最低监测频次按表 8 执行。

表 8　有机肥料及微生物肥料工业有组织废气排放监测点位、监测指标及最低监测频次

产品	生产工序		监测点位	监测指标	监测频次
有机肥料	原料制备		含尘废气收集处理设施排气筒	颗粒物	半年
				氨	半年
				硫化氢	半年
	成品制备	发酵	发酵尾气收集处理设施排气筒	氨	半年
				硫化氢	半年
		干燥	干燥尾气收集处理设施排气筒	氨	半年
				硫化氢	半年
		破碎	破碎尾气收集处理设施排气筒	颗粒物	半年
		造粒	造粒尾气处理系统排气筒	颗粒物	半年
		筛分	筛分尾气处理系统排气筒	颗粒物	半年
		冷却	冷却尾气处理系统排气筒	颗粒物	半年
微生物肥料	原料制备		反应尾气处理系统排气筒	颗粒物	半年
	成品制备	接种	接种尾气收集处理设施排气筒	氨	半年
				硫化氢	半年
		发酵	发酵尾气收集处理设施排气筒	氨	半年
				硫化氢	半年
		干燥	干燥尾气收集处理设施排气筒	氨	半年
				硫化氢	半年
		破碎	破碎尾气处理系统排气筒	颗粒物	半年
		包装	包装尾气排气筒	颗粒物	半年
注：废气监测须按照相应标准监测分析方法、技术规范同步监测烟气参数。					

5.2.2 无组织废气排放监测

无组织废气排放监测点位、监测指标及最低监测频次按表 9 执行。

表 9 无组织废气监测点位、监测指标及最低监测频次

工业类型	监测点位	监测指标	监测频次
磷肥工业	排污单位厂界	颗粒物、氨、氟化物	季度
钾肥工业		颗粒物、氯化氢[a]	半年
复混肥料（复合肥料）工业		颗粒物、氨、氯化氢[b]	季度
		硫化氢[c]、臭气浓度[c]	半年
有机肥料及微生物肥料工业		颗粒物、氨、硫化氢、臭气浓度	半年
注：具有生化污水处理站的排污单位，除表内监测指标外，还需在厂界监测氨、硫化氢和臭气浓度，最低监测频次与其行业无组织废气监测指标一致。			
[a]采用曼海姆法生产硫酸钾的排污单位。 [b]采用低温转化法生产硫基型复混肥料（复合肥料）的排污单位。 [c]生产有机-无机复混肥料（复合肥料）的排污单位。			

5.3 厂界环境噪声监测

厂界环境噪声监测点位设置应遵循 HJ 819 中的原则，主要考虑破碎设备、筛分设备、风机、各类压缩机、水泵等噪声源在厂区内的分布情况。

厂界环境噪声每季度至少开展一次昼、夜间监测，夜间不生产的可不开展夜间噪声监测，监测指标为等效连续 A 声级。周边有敏感点的，应增加敏感点位噪声监测。

5.4 周边环境质量影响监测

5.4.1 法律法规或环境影响评价文件及其批复［仅限 2015 年 1 月 1 日（含）后取得环境影响评价批复的排污单位］有明确要求的，按要求执行。

5.4.2 无明确要求的，若排污单位认为有必要的，可对周边空气环境质量开展监测。参照 HJ 2.2、HJ 194 中相关规定设置环境空气监测点位，监测指标及频次按表 10 执行。环境空气监测时间应与厂界周边无组织废气排放监测时间同步。

表 10 周边环境质量影响监测指标及最低监测频次

所属行业	目标环境	监测指标	监测频次
磷肥工业	环境空气	颗粒物、氟化物、氨	半年
复混肥料（复合肥料）工业	环境空气	颗粒物、氨[a]	半年
钾肥、有机肥料及微生物肥料工业	环境空气	颗粒物	半年
[a]掺混型复混肥料（复合肥料）排污单位除外。			

5.4.3 有磷石膏渣场的排污单位须监测磷石膏渣场地下水，按照 GB 18599 及 HJ/T 164 中的相关要求设置地下水监测点位，监测指标及频次按表 11 执行。

表 11 磷石膏渣场地下水监测指标及最低监测频次

目标环境	监测指标	监测频次
磷石膏渣场地下水 （对照井、污染监视监测井、污染扩散监测井）	pH 值、总磷、氟化物、砷	季度

5.5 其他要求

5.5.1 除表 1～表 11 中的污染物指标外，5.5.1.1 和 5.5.1.2 中的污染物指标也应纳入监测指标范围，并参照表 1～表 11 和 HJ 819 确定监测频次。

5.5.1.1 排污许可证、所执行的污染物排放（控制）标准、环境影响评价文件及其批复［仅限 2015 年 1 月 1 日（含）后取得环境影响评价批复的排污单位］、相关管理规定明确要求的污染物指标。

5.5.1.2 排污单位根据生产过程的原辅用料、生产工艺、中间及最终产品类型、监测结果确定实际排放的，在有毒有害或优先控制污染物相关名录中的污染物指标，或其他有毒污染物指标。

5.5.2 各指标的监测频次在满足本标准的基础上，可根据需求按照 HJ 819 中监测频次的确定原则提高监测频次。

5.5.3 涉及氮肥、磷肥、钾肥、复混肥料（复合肥料）、有机物肥料和微生物肥料两种以上工业类型的排污单位，监测方案中应涵盖所涉及工业类型的所有监测指标，监测频次按照严格的执行。

5.5.4 采样方法、监测分析方法、监测质量保证与质量控制等按照 HJ 819 执行。

5.5.5 监测方案的描述、变更按照 HJ 819 执行。

6 信息记录和报告

6.1 信息记录

6.1.1 监测信息记录

排污单位应如实记录手工监测期间的工况（包括生产负荷、污染治理设施运行情况等），确保监测数据具有代表性。手工监测记录和自动监测运维记录按照 HJ 819 执行。

6.1.2 生产和污染治理设施运行状况信息记录

排污单位应详细记录生产及污染治理设施运行状况，日常生产中也应参照以下内容记录相关信息，并整理成台账保存备查。

6.1.2.1 生产运行状况记录

按班次记录正常工况各主要生产单元每项生产设施的运行状态、生产负荷、主要产品产量、原辅料及燃料使用情况（包括种类、名称、用量、成分分析）等数据。

6.1.2.2 污染治理设施运行情况记录

（1）污水处理设施：按年记录废水污染治理设施名称及工艺、污染治理设施编号、对应生产设施名称及编号、污染因子、治理设施设计参数等基本信息，年度内发生变化时也应进行记录；记录废水处理设施开停机时间、运行时间，并按日记录污水处理量、中水回用率、污水排放量、污泥生产量（记录含水率）、污水处理使用的药剂名称及用量、用电量，按班次记录对应生产设施生产负荷、运行参数。

（2）废气处理设施：按年记录废气污染治理设施名称及工艺、污染治理设施编号、对应生产设施名称及编号、污染因子、治理设施设计参数、风机风量等基本信息，年度内发生变化时也应进行记录；根据批次按生产线记录废气处理设施开停机时间、废气排放时间及排放量等，并按月记录废气处理使用的药剂名称和消耗量。

6.1.3 工业固体废物记录

按日记录一般工业固体废物和危险废物产生量、综合利用量、处置量、贮存量，危险废物还应记录其具体去向。原料或辅助工序中产生的其他危险废物的情况也应记录。危险废物按照《国家危险废物名录》或国家规定的危险废物鉴别标准和鉴别方法认定。

6.2 信息报告、应急报告和信息公开

按照 HJ 819 执行。

7 其他

本标准规定的内容外，按照 HJ 819 执行。

HJ

中华人民共和国国家环境保护标准

HJ 1138—2020

排污单位自行监测技术指南 无机化学工业

Self-monitoring technology guidelines for pollution sources —Inorganic chemical industry

2020-11-10 发布　　2021-01-01 实施

生　态　环　境　部　发布

前　言

为落实《中华人民共和国环境保护法》《中华人民共和国水污染防治法》《中华人民共和国大气污染防治法》《排污许可管理办法（试行）》，指导和规范无机化学工业排污单位自行监测工作，制定本标准。

本标准提出了无机化学工业排污单位自行监测的一般要求、监测方案制定、信息记录和报告的基本内容和要求。

本标准为首次发布。

本标准由生态环境部生态环境监测司、法规与标准司提出并组织制订。

本标准主要起草单位：黑龙江省哈尔滨生态环境监测中心。

本标准生态环境部 2020 年 11 月 10 日批准。

本标准自 2021 年 1 月 1 日起实施。

本标准由生态环境部解释。

排污单位自行监测技术指南　无机化学工业

1　适用范围

本标准提出了无机化学工业排污单位自行监测的一般要求、监测方案制定、信息记录和报告的基本内容及要求。

本标准适用于无机化学工业排污单位在生产运行阶段对其排放的水、气污染物，噪声以及对其周边环境质量影响开展自行监测。无机化学工业具体包括：《国民经济行业分类》（GB/T 4754）中无机酸制造 2611、无机碱制造 2612、无机盐制造 2613 及其他基础化学原料制造 2619 中无机化学工业产品制造。以上述物质作为副产品的其他化工生产排污单位排放的污染物监测不适用于本标准，执行相应行业的排污单位自行监测技术指南；生产生物氢气、一般气体（电解制氢气除外）、稀有气体、液态空气及压缩空气等无机化学工业排污单位排放的污染物监测参照《排污单位自行监测技术指南　总则》（HJ 819）执行。

自备火力发电机组（厂）、配套动力锅炉的自行监测要求按照《排污单位自行监测技术指南　火力发电及锅炉》（HJ 820）执行。

2　规范性引用文件

本标准内容引用了下列文件或其中的条款。凡是不注明日期的引用文件，其有效版本适用于本标准。

GB 5085　危险废物鉴别标准

GB 8978　污水综合排放标准

GB 12348　工业企业厂界环境噪声排放标准

GB 15581　烧碱、聚氯乙烯工业污染物排放标准

GB 16297　大气污染物综合排放标准

GB 18484　危险废物焚烧污染控制标准

GB 26131　硝酸工业污染物排放标准

GB 26132　硫酸工业污染物排放标准

GB 31573　无机化学工业污染物排放标准

GB/T 4754　国民经济行业分类

HJ 2.3　环境影响评价技术导则　地表水环境

HJ 91.1　污水监测技术规范

HJ/T 164　地下水环境监测技术规范

HJ/T 166　土壤环境监测技术规范

HJ 442　近岸海域环境监测规范

HJ 610　环境影响评价技术导则　地下水环境

HJ 819　排污单位自行监测技术指南　总则

HJ 820　排污单位自行监测技术指南　火力发电及锅炉

HJ 1035　排污许可证申请与核发技术规范　无机化学工业

《国家危险废物名录》

3　术语和定义

GB 15581、GB 26131、GB 26132、GB 31573 界定的以及下列术语和定义适用于本标准。

3.1

无机化学工业排污单位　inorganic chemical industry pollutant emission unit

指以天然资源、工业品及工业副产物为原料生产无机酸、无机碱、无机盐、其他基础化学原料等无机化工产品的工业排污单位。

3.2

雨水排放口　rainwater outlet

指直接或通过沟、渠或者管道等设施向厂界外专门排放天然降水的排放口。

4　自行监测的一般要求

排污单位应查清本单位的污染源、污染物指标及潜在的环境影响，制定监测方案，设置和维护监测设施，按照监测方案开展自行监测，做好质量保证和质量控制，记录和保存监测数据，依法向社会公开监测结果。

5　监测方案制定

5.1　废水排放监测

5.1.1　监测点位

无机化学工业排污单位须在废水总排放口和雨水排放口设置监测点位，生活污水单独排入水体的须在生活污水排放口设置监测点位。排放总砷、总汞、总镉、总铅、六价铬、总铬、总镍、总铊、总锰、总钡、总锶、总钴、总钼、总锡、总锑、总银、氯化物、活性氯的，还须在车间或车间处理设施废水排放口设置监测点位。

5.1.2 监测指标及频次

无机化学工业排污单位废水排放监测点位、监测指标及最低监测频次按表 1 执行。

表 1 废水排放监测点位、监测指标及最低监测频次

排污单位级别	监测点位	监测指标	监测频次		备注
			直接排放	间接排放	
重点排污单位	废水总排放口	流量、pH 值、化学需氧量、氨氮	自动监测		—
		总磷、总氮	日（自动监测[a]）	季度（自动监测[a]）	
		悬浮物、石油类	日	季度	
		总氰化物、单质磷	日	季度	根据排污单位所执行的污染物排放（控制）标准、环境影响评价文件及其批复、排污许可证等相关环境管理规定以及生产工艺、原辅用料、中间及最终产品，确定具体的监测指标
		硫化物、氟化物	月	季度	
		总铜、总锌、总钡	季度		
	车间或车间处理设施废水排放口	总砷、总汞、总镉、总铅、六价铬、总铬、总镍、总铊、总锰、总钡、总锶、总钴、总钼、总锡、总锑、总银	季度		根据排污单位所执行的污染物排放（控制）标准、环境影响评价文件及其批复、排污许可证等相关环境管理规定以及生产工艺、原辅用料、中间及最终产品，确定具体的监测指标
		氯化物、活性氯	半年		
非重点排污单位	废水总排放口	流量、pH 值、化学需氧量、氨氮、总磷、总氮、悬浮物、石油类	半年		—
		总氰化物、单质磷、硫化物、氟化物、总锌、总铜、总钡	半年		根据排污单位所执行的污染物排放（控制）标准、环境影响评价文件及其批复、排污许可证等相关环境管理规定以及生产工艺、原辅用料、中间及最终产品，确定具体的监测指标
	车间或车间处理设施废水排放口	总砷、总汞、总镉、总铅、六价铬、总铬、总镍、总铊、总锰、总钡、总锶、总钴、总钼、总锡、总锑、总银、氯化物、活性氯	半年		根据排污单位所执行的污染物排放（控制）标准、环境影响评价文件及其批复、排污许可证等相关环境管理规定以及生产工艺、原辅用料、中间及最终产品，确定具体的监测指标

排污单位级别	监测点位	监测指标	监测频次		备注
			直接排放	间接排放	
生活污水排放口		pH 值、化学需氧量、氨氮、总磷、总氮、悬浮物、五日生化需氧量、动植物油	月	—	—
雨水排放口		pH 值、化学需氧量、氨氮	月[b]		—
注：1. 设区的市级及以上生态环境主管部门明确要求安装自动监测设备的污染物指标，须采取自动监测。 2. 若排污单位没有车间或车间处理设施废水排放口，废水循环利用或直接供下游产品再利用可不进行车间或车间处理设施废水排放口监测。					
[a] 水环境质量中总磷、总氮实施总量控制区域及管理规定中明确重点排放总磷、总氮的行业，总磷、总氮须采取自动监测。 [b] 雨水排放口有流动水排放时按月监测。若监测一年无异常情况，可放宽至每季度开展一次监测。					

5.2 废气排放监测

5.2.1 有组织废气排放监测点位、指标及频次

5.2.1.1 无机化学工业排污单位各产污环节有组织废气排放监测点位、监测指标及最低监测频次按表 2 执行。

表 2 有组织废气排放监测点位、监测指标及最低监测频次

生产工序	监测点位	监测指标	监测频次	备注
破碎、粉碎	给料口、排料口、破（粉）碎、研磨、振动筛及过滤等车间、设备排气筒	颗粒物、特征污染物[a]	半年	—
焙（煅）烧	工业窑炉等车间、设备排气筒	颗粒物、二氧化硫、氮氧化物	自动监测	根据排污单位所执行的污染物排放（控制）标准、环境影响评价文件及其批复、排污许可证等相关环境管理规定以及生产工艺、原辅用料、中间及最终产品，确定具体的监测指标
		特征污染物[a]	季度	—
浸取	浸取罐、浸出釜等车间、设备排气筒	特征污染物[a]	半年	—
溶解、沉淀	溶解槽、溶解罐、溶解池、沉淀槽、沉降分离器等车间、设备排气筒	特征污染物[a]	半年	—
酸溶、酸化、碱溶	酸溶罐、碱溶罐、酸碱调节等车间、设备排气筒	特征污染物[a]	半年	—

生产工序	监测点位	监测指标	监测频次	备注
反应	反应器、反应釜、电解槽、碳化塔、吸收塔、固碱炉等车间、设备排气筒	颗粒物、二氧化硫、氮氧化物	自动监测	根据排污单位所执行的污染物排放（控制）标准、环境影响评价文件及其批复、排污许可证等相关环境管理规定以及生产工艺、原辅用料、中间及最终产品，确定具体的监测指标
		特征污染物[a]	季度	—
蒸发、结晶、洗涤、蒸馏	蒸发器、蒸氨釜、挥氨器、闪蒸罐、真空结晶器、转鼓结晶器、洗涤塔、蒸馏塔、精馏塔、浓缩器等车间、设备排气筒	特征污染物[a]	半年	—
过滤、分离	过滤器、过滤机、分离器、压滤机、浮选机、离心机等车间、设备排气筒	特征污染物[a]	半年	—
干燥	干燥器、干燥塔、干燥箱等车间、设备排气筒	颗粒物、二氧化硫、氮氧化物、特征污染物[a]	半年	根据排污单位所执行的污染物排放（控制）标准、环境影响评价文件及其批复、排污许可证等相关环境管理规定以及生产工艺、原辅用料、中间及最终产品，确定具体的监测指标
熔化熔融	熔化炉等车间、设备排气筒	特征污染物[a]	半年	—
筛分、造粒、成品包装	造粒机、造粒塔、挤压造粒机、分装包装机械、粉体包装、固体包装等车间、设备排气筒	颗粒物、特征污染物[a]	半年	—
其他	污水处理厂废气处理设施排气筒	臭气浓度、特征污染物[a]	半年	—
注：1. 废气监测须按照相关标准、废气分析方法、技术规范同步监测烟气参数。 2. 设区的市级及以上生态环境主管部门明确要求安装自动监测设备的污染物指标，须采取自动监测。				
[a] 特征污染物指排污单位所执行的污染物排放（控制）标准、环境影响评价文件及其批复、排污许可证等相关环境管 理规定中列明的相关污染物指标。				

5.2.1.2　对于多个污染源或生产设备共用一个排气筒的，监测点位可布设在共用排气筒上。当执行不同排放控制要求的废气合并排气筒排放时，应在废气混合前进行监测；若监测点位只能布设在混合后的排气筒上，监测指标应涵盖所对应污染源或生产设备的监测指标，最低监测频次按照严格的执行。

5.2.2　无组织废气排放监测点位、指标及频次

无机化学工业排污单位无组织废气排放监测点位、监测指标及最低监测频次按表 3 执行。

表 3 无组织废气排放监测点位、监测指标及最低监测频次

监测点位	监测指标	监测频次	备注
排污单位厂界	硫化氢、硫酸雾、氯气、氯化氢、氟化物、铬酸雾、氰化氢、氨、砷及其化合物、铅及其化合物、汞及其化合物、锑及其化合物、镍及其化合物、镉及其化合物、锰及其化合物、钴及其化合物、钼及其化合物、铊及其化合物等	半年	根据排污单位所执行的污染物排放（控制）标准、环境影响评价文件及其批复、排污许可证等相关环境管理规定以及生产工艺、原辅用料、中间及最终产品，确定具体的监测指标
注：若周边有环境敏感点或监测结果超标的，应适当增加监测频次。			

5.3 厂界环境噪声监测

厂界环境噪声监测点位设置应遵循 HJ 819 中的原则，主要考虑表 4 噪声源在厂区内的分布情况和周边敏感点的位置。

厂界环境噪声每季度至少开展一次昼间监测，有夜间生产的排污单位每季度至少开展一次昼、夜间监测，监测指标为等效连续 A 声级。周边有敏感点的，应提高监测频次。

表 4 厂界环境噪声布点应关注的主要噪声源

噪声源	主要设备
生产车间及配套设施	破（粉）碎设备、工业窑炉、反应设备、蒸发设备、蒸馏设备、分离设备、热交换设备、风机、各类压缩机、泵等
污水处理设施	曝气设备、污泥脱水设备、风机、泵等

5.4 周边环境质量影响监测

5.4.1 法律法规或环境影响评价文件及其批复［仅限 2015 年 1 月 1 日（含）后取得环境影响评价批复］有明确规定的，按要求执行。

5.4.2 无明确要求的，若排污单位认为有必要的，可对周边地表水、海水、地下水和土壤开展监测。对于废水直接排入地表水、海水的排污单位，可按照 HJ 2.3、HJ 442 及受纳水体环境管理要求设置监测断面和监测点位；开展地下水和土壤监测的排污单位，可按照 HJ/T 164、HJ/T 166、HJ 610 及地下水、土壤环境管理要求设置监测点位。监测指标及最低监测频次可参照表 5 执行。

表 5 周边环境质量影响监测指标及最低监测频次

目标环境	监测指标	监测频次	备注
地表水	pH 值、化学需氧量、氨氮、总氮、总磷、石油类、氰化物、硫化物、氟化物、铜、锌、硒、砷、汞、镉、铬（六价）、铅、钼、钴、铍、硼、锑、镍、钡、钒、钛、铊等	季度	根据排污单位所执行的污染物排放（控制）标准、环境影响

目标环境	监测指标	监测频次	备注
海水	pH 值、悬浮物质、化学需氧量、非离子氨、无机氮、活性磷酸盐、石油类、铜、锌、汞、镉、铬（六价）、总铬、砷、铅、硒、镍、氰化物、硫化物等	半年	评价文件及其批复、排污许可证等相关环境管理规定以及生产工艺、原辅用料、中间及最终产品，确定具体的监测指标
地下水	pH 值、溶解性总固体、耗氧量、氨氮、总硬度、硫酸盐、氯化物、氟化物、碘化物、氰化物、铁、锰、铜、锌、铝、钠、汞、砷、硒、镉、铬（六价）、铅、铍、硼、锑、钡、镍、钼、钴、银、铊等	年	
土壤	pH 值、铜、锌、汞、镉、铬（六价）、铬、砷、铅、镍等	年	

5.5 其他要求

5.5.1 除表 1～表 3 中的监测指标外，5.5.1.1 和 5.5.1.2 中的污染物指标也应纳入监测指标范围，并参照表 1～表 3 和 HJ 819 确定监测频次。

5.5.1.1 排污许可证、所执行的污染物排放（控制）标准、环境影响评价文件及其批复［仅限 2015 年 1 月 1 日（含）后取得的环境影响评价批复］、相关环境管理规定明确要求监测的污染物指标。

5.5.1.2 排污单位根据生产过程的原辅用料、生产工艺、中间及最终产品类型、监测结果确定实际排放的，在有毒有害或优先控制污染物相关名录中的污染物指标，或其他有毒污染物指标。

5.5.2 各指标的监测频次在满足本标准的基础上，可根据 HJ 819 中监测频次的确定原则提高监测频次。

5.5.3 采样方法、监测分析方法、监测质量保证与质量控制等按照 HJ 819 执行。

5.5.4 监测方案的描述、变更按照 HJ 819 执行。

6 信息记录和报告

6.1 信息记录

6.1.1 监测信息记录

手工监测的记录和自动监测运维记录按照 HJ 819 执行。

6.1.2 生产和污染治理设施运行状况信息记录

排污单位应详细记录生产及污染治理设施运行状况，日常生产中也应参照以下内容记录相关信息，并整理成台账保存备查。

6.1.2.1　生产运行状况记录

按日或班次记录正常工况主要生产单元每项生产设施的运行状态、生产负荷、主要产品产量、原辅料及燃料使用情况（包括种类、名称、用量、有毒有害元素成分及占比）等信息。

6.1.2.2　废水处理设施运行状况记录

按日或班次记录废水处理量、回用水量、回用率、回用去向、废水排放量、排放去向、污泥产生量（记录含水率）、污水处理使用的药剂名称及用量、用电量等；记录污水处理设施运行、故障及维护情况等。

6.1.2.3　废气处理设施运行状况记录

按日或班次记录废气处理使用的吸附剂、过滤材料等耗材的名称和用量；记录废气处理设施运行参数、故障及维护情况等。

6.1.3　一般工业固体废物和危险废物信息记录

记录一般工业固体废物的产生量、综合利用量、处置量、贮存量等信息；按照危险废物管理的相关要求，按生产周期记录危险废物的产生量、综合利用量、贮存量及其具体去向。原料或辅助工序中产生的其他危险废物的情况也应记录。一般工业固体废物及危险废物产生情况见表 6。

6.2　信息报告、应急报告和信息公开

按照 HJ 819 执行。

表 6　一般工业固体废物及危险废物来源

<table>
<tr><th>类别</th><th>废物种类</th><th>来源</th></tr>
<tr><td rowspan="7">危险废物</td><td rowspan="6">含铍废物、含铬废物、含砷废物、含硒废物、含锑废物、含碲废物、含汞废物、含铊废物、含镍废物、含钡废物、含铅废物、废酸、废碱等</td><td>焙烧工艺产生的固体废物</td></tr>
<tr><td>浸取工艺产生的固体废物</td></tr>
<tr><td>反应残余物</td></tr>
<tr><td>熔渣、集（除）尘装置收集的粉尘</td></tr>
<tr><td>废水处理的污泥</td></tr>
<tr><td>酸、碱清洗产生的废酸、碱液</td></tr>
<tr><td colspan="2">其他可能产生的危险废物按照《国家危险废物名录》或国家规定的危险废物鉴别标准和鉴别方法认定</td></tr>
<tr><td>一般工业固体废物</td><td colspan="2">除界定为危险废物以外的生产过程中产生的其他固体废物</td></tr>
</table>

7 其他

排污单位应如实记录监测期间的工况（包括生产负荷、污染治理设施运行情况等），确保监测数据具有代表性。

本标准规定的内容外，按照 HJ 819 执行。

HJ

中华人民共和国国家环境保护标准

HJ 1139—2020

排污单位自行监测技术指南 化学纤维制造业

Self-monitoring technology guidelines for pollution sources —Chemical fibers manufacturing industry

2020-11-10 发布　　　　2021-01-01 实施

生　态　环　境　部　发布

前　言

为落实《中华人民共和国环境保护法》《中华人民共和国水污染防治法》《中华人民共和国大气污染防治法》《排污许可管理办法（试行）》，指导和规范化学纤维制造业排污单位自行监测工作，制定本标准。

本标准提出了化学纤维制造业排污单位自行监测的一般要求、监测方案制定、信息记录和报告的基本内容和要求。

本标准为首次发布。

本标准由生态环境部生态环境监测司、法规与标准司提出并组织制订。

本标准主要起草单位：湖北省生态环境监测中心站、中国化学纤维工业协会、华中科技大学。

本标准生态环境部 2020 年 11 月 10 日批准。

本标准自 2021 年 1 月 1 日起实施。

本标准由生态环境部解释。

排污单位自行监测技术指南　化学纤维制造业

1　适用范围

本标准提出了化学纤维制造行业排污单位自行监测的一般要求、监测方案制定、信息记录和报告的基本内容和要求。

本标准适用于化学纤维制造业排污单位在生产运行阶段对其排放的水、气污染物、噪声以及对周边环境质量影响开展自行监测。

自备火力发电机组（厂）、配套动力锅炉的自行监测要求按照《排污单位自行监测技术指南　火力发电及锅炉》（HJ 820）执行。

醋酯纤维制造中的醋酐产污设施和排放口的自行监测要求按照《排污单位自行监测技术指南　石油化学工业》（HJ 947）执行。

本标准未作规定，但排放工业废水、废气或有毒有害污染物的化学纤维制造业排污单位的其他产污设施和排放口的自行监测要求按照《排污单位自行监测技术指南　总则》（HJ 819）执行。

2　规范性引用文件

本标准内容引用了下列文件或其中的条款。凡是不注明日期的引用文件，其有效版本（包括所有的修改单）适用于本标准。

GB 31571　石油化学工业污染物排放标准

GB 31572　合成树脂工业污染物排放标准

GB/T 4146.1　纺织品　化学纤维　第 1 部分：属名

GB/T 4146.2　纺织品　化学纤维　第 2 部分：产品术语

GB/T 4754　国民经济行业分类

HJ 2.3　环境影响评价技术导则　地表水环境

HJ/T 55　大气污染物无组织排放监测技术导则

HJ/T 164　地下水环境监测技术规范

HJ/T 166　土壤环境监测技术规范

HJ 194　环境空气质量手工监测技术规范

HJ 442　近岸海域环境监测规范

HJ 664　环境空气质量监测点位布设技术规范（试行）

HJ 819　排污单位自行监测技术指南　总则

HJ 820　排污单位自行监测技术指南　火力发电及锅炉

HJ 947　排污单位自行监测技术指南　石油化学工业

HJ 1102　排污许可证申请与核发技术规范　化学纤维制造业

《国家危险废物名录》

3　术语和定义

GB/T 4146.1、GB/T 4146.2、GB/T 4754、HJ 1102 界定的以及下列术语和定义适用于本标准。

3.1

化学纤维　chemical fibers

指用天然或合成高分子化合物经化学加工制得的纤维。

3.2

化学纤维制造业　chemical fibers manufacturing industry

指从事各种化学纤维原液制备、聚合、纺丝、后处理等过程的行业。

3.3

纤维素纤维原料制造　chemical fibers material manufacturing

指以天然高分子化合物（棉短绒、木材、竹子等）为原料，经化学处理和机械加工制得化纤浆粕的生产活动。

3.4

纤维素纤维制造　chemical fibers manufacturing

指以化纤浆粕为原料，经过制备纺丝原液、纺丝和后处理等工序制造的具有纺织性能纤维的生产活动，主要产品有粘胶纤维（再生纤维素纤维）和醋酯纤维（再生纤维素醋酯纤维）。

3.5

合成纤维制造　synthetic fibers manufacturing

指以石油、天然气及煤等产品为原料，用有机合成的方式制成单体，聚合后经纺丝加工生产纤维的生产活动，主要产品有聚酯纤维（涤纶）、聚酰胺纤维（锦纶）、聚丙烯腈纤维（腈纶）、聚丙烯纤维（丙纶）、聚乙烯醇纤维（维纶）、聚氨酯弹性纤维（氨纶）以及其他芳香族聚酰胺纤维等。

3.6

循环再利用涤纶制造 recycled polyester fibers manufacturing

指以回收聚酯（PET）瓶片、泡料/摩擦料等为原料制造的化学纤维的生产活动。

3.7

莱赛尔纤维制造 lyocell fibers manufacturing

指以化纤浆粕为原料，用有机溶剂 *N*-甲基吗啉-*N*-氧化物（NMMO）直接溶解，经过纺丝和后处理等工序制造的纤维素纤维的生产活动。

3.8

非甲烷总烃 non-methane hydrocarbon（NMHC）

采用规定的监测方法，氢火焰离子化检测器有响应的除甲烷外的气态有机化合物的总和，以碳的质量浓度计。

3.9

雨水排放口 rainwater outlet

指直接或通过沟、渠或者管道等设施向厂界外专门排放天然降水的排放口。

4 自行监测的一般要求

排污单位应查清本单位的污染源、污染物指标及潜在的环境影响，制定监测方案，设置和维护监测设施，按照监测方案开展自行监测，做好质量保证和质量控制，记录和保存监测数据，依法向社会公开监测结果。

5 监测方案制定

5.1 废水排放监测

5.1.1 监测点位

排污单位均须在废水总排放口和雨水排放口设置监测点位，生活污水单独排入水体的须在生活污水排放口设置监测点位。有聚合生产单元的涤纶纤维制造排污单位还须在车间或生产设施废水排放口设置监测点位。

5.1.2 监测指标及监测频次

排污单位废水排放监测点位、监测指标及最低监测频次按照表 1 执行。

表 1　废水排放监测点位、监测指标及最低监测频次

行业类型		监测点位	监测指标	监测频次	
				直接排放	间接排放
纤维素纤维原料及纤维素纤维制造	棉浆粕	废水总排放口	流量、化学需氧量、氨氮	自动监测	自动监测
			pH 值、总氮[a]、总磷[a]、五日生化需氧量、悬浮物	季度	半年
			可吸附有机卤化物（AOX）[b]	半年	半年
		生活污水排放口	化学需氧量、氨氮	季度	—
			pH 值、总氮[a]、总磷[a]、五日生化需氧量、悬浮物	半年	—
	粘胶纤维	废水总排放口	流量、化学需氧量、氨氮	自动监测	自动监测
			总锌、硫化物、pH 值、总氮[a]、总磷[a]、五日生化需氧量、悬浮物	季度	半年
		生活污水排放口	化学需氧量、氨氮	季度	—
			总锌、pH 值、总氮[a]、总磷[a]、五日生化需氧量、悬浮物	半年	—
	醋酯纤维	废水总排放口	流量、化学需氧量、氨氮	自动监测	自动监测
			pH 值、总氮[a]、总磷[a]、五日生化需氧量、悬浮物	季度	半年
		生活污水排放口	化学需氧量、氨氮	季度	—
			pH 值、总氮[a]、总磷[a]、五日生化需氧量、悬浮物	半年	—
合成纤维制造（锦纶纤维、涤纶纤维、腈纶纤维、维纶纤维、氨纶纤维、其他合成纤维）		废水总排放口	流量、化学需氧量、氨氮	自动监测	自动监测
		废水总排放口	硫化物[c]、总有机碳、石油类[c]、pH 值、总氮[a]、总磷[a]、五日生化需氧量、悬浮物	季度	半年
			可吸附有机卤化物（AOX）[d]、丙烯腈[e]、乙醛[f]、1,4-二氯苯[g]、甲醛[h]	半年	半年
		车间或生产设施排放口	总锑[i]	半年	—
		生活污水排放口	化学需氧量、氨氮	季度	—
			硫化物、pH 值、总氮[a]、总磷[a]、五日生化需氧量、悬浮物	半年	—
循环再利用涤纶制造		废水总排放口	流量、化学需氧量、氨氮	自动监测	自动监测
			pH 值、总氮[a]、总磷[a]、五日生化需氧量、悬浮物	季度	半年
		生活污水排放口	化学需氧量、氨氮	季度	—
			pH 值、总氮[a]、总磷[a]、五日生化需氧量、悬浮物	半年	—
莱赛尔纤维制造		废水总排放口	流量、化学需氧量、氨氮	自动监测	自动监测
			pH 值、总氮[a]、总磷[a]、五日生化需氧量、悬浮物	季度	半年
		生活污水排放口	化学需氧量、氨氮	季度	—
			pH 值、总氮[a]、总磷[a]、五日生化需氧量、悬浮物	半年	—
雨水排放口			pH 值、化学需氧量、氨氮	月[j]	

行业类型	监测点位	监测指标	监测频次	
			直接排放	间接排放
注：设区的市级以上生态环境主管部门明确要求安装自动监测设备的污染物指标，须采取自动监测。				

[a] 适用于对总氮、总磷有排放限值有要求的情况。
[b] 适用于有漂白工序的棉浆粕排污单位。
[c] 适用于执行 GB 31571 的合成纤维制造排污单位。
[d] 适用于执行 GB 31572 的合成纤维制造排污单位。
[e] 适用于腈纶纤维制造排污单位。
[f] 适用于具有聚合生产单元的涤纶和维纶纤维制造排污单位。
[g] 适用于聚苯硫醚纤维制造排污单位。
[h] 适用于有帘子布生产单元的锦纶纤维和涤纶纤维制造排污单位。
[i] 适用于具有聚合生产单元的涤纶纤维制造排污单位车间或生产设施排放口。
[j] 雨水排放口有流动水排放时按月监测。若监测一年无异常情况，可放宽至每季度开展一次监测。

5.2 废气排放监测

5.2.1 有组织废气排放监测点位、指标及频次

5.2.1.1 各产品生产工序有组织废气排放监测点位、监测指标及最低监测频次按照表 2 执行。

表 2 有组织废气监测点位、监测指标及最低监测频次

行业类型		监测点位	监测指标	监测频次
化纤浆粕制造（棉浆粕）	棉浆粕	含尘废气收集处理设施排气筒	颗粒物	季度
		热风炉尾气处理设施排气筒	氮氧化物	自动监测
			颗粒物、二氧化硫	自动监测[a]（季度[b]）
			烟气黑度	半年
	污水处理场	污水处理场尾气收集排气筒	硫化氢[c]、氨[c]	半年
粘胶纤维制造	粘胶纤维长丝	工艺尾气排放筒	二硫化碳、硫化氢	月
	粘胶纤维短丝	工艺尾气排放筒	二硫化碳、硫化氢	月
		精炼机尾气收集处理设施排气筒	二硫化碳、硫化氢	半年
	污水处理场	污水处理场尾气收集排气筒	硫化氢[c]、氨[c]	半年
醋酯纤维制造	醋片生产	木浆粉碎废气收集处理设施排气筒	颗粒物	季度
		酸排气洗涤塔排气筒	非甲烷总烃	月
		干燥机尾气收集处理设施排气筒	颗粒物	季度
			非甲烷总烃	半年
	醋酸回收	工艺尾气排放筒	非甲烷总烃	月
	丙酮回收及纺丝	吸附床尾气收集处理系统排气筒	非甲烷总烃	月
	污水处理场	污水处理场废气收集排气筒	非甲烷总烃、硫化氢[c]、氨[c]	半年

行业类型		监测点位	监测指标	监测频次
锦纶纤维制造	锦纶 6 聚合	聚合反应尾气处理系统排气筒	非甲烷总烃	月
		铸带尾气收集处理系统排气筒挥发	非甲烷总烃	半年
			颗粒物	季度
		回收装置尾气排气筒	非甲烷总烃	半年
	锦纶 66 聚合	聚合装置尾气处理系统排气筒	非甲烷总烃	月
	纺丝	全牵伸丝（FDY）及工业丝纺丝油烟收集处理系统排气筒	颗粒物	季度
			非甲烷总烃	半年
		热定型机排气筒	非甲烷总烃	半年
		低弹丝（DTY）加工油烟排气筒	非甲烷总烃	半年
	纺丝组件及计量泵清洗	真空煅烧炉尾气处理系统排气筒	非甲烷总烃	月[d]
	帘子布生产	胶液调配及浸胶、烘干排气筒	非甲烷总烃	月
			甲醛	半年
			氨	半年
	污水处理场	污水处理场废气收集排气筒	非甲烷总烃、硫化氢[c]、氨[c]、甲醛[e]	半年
涤纶纤维制造	聚合	浆料配制尾气放空管	非甲烷总烃	半年
			颗粒物	季度
		真空系统排气筒	非甲烷总烃	月
			乙醛	半年
	涤纶长丝	干燥机尾气收集处理系统排气筒	非甲烷总烃	半年
			颗粒物	季度
		全牵伸丝（FDY）及工业丝纺丝油烟收集处理排气筒	非甲烷总烃	半年
		低弹丝（DTY）加工油烟排气筒	非甲烷总烃	半年
	帘子布生产	胶液调配及浸胶、烘干排气筒	非甲烷总烃	月
			甲醛	半年
			氨	半年
	涤纶短纤	热定型机排气筒	非甲烷总烃	半年
	纺丝组件及计量泵清洗	煅烧炉尾气处理系统排气筒	非甲烷总烃	月[d]
	污水处理场	污水处理场废气收集排气筒	非甲烷总烃、硫化氢[c]、氨[c]、甲醛[e]、乙醛[f]	半年
腈纶纤维制造	聚合	储罐排气筒	非甲烷总烃	月
			丙烯腈	半年
		聚合釜尾气排气筒	非甲烷总烃	月
			丙烯腈	半年
		脱单体塔排气筒	非甲烷总烃、丙烯腈	半年
		真空泵排气筒	非甲烷总烃	半年
		干燥尾气排气筒	非甲烷总烃	半年

行业类型		监测点位	监测指标	监测频次
腈纶纤维制造	原液制备	过滤机尾气排气筒	非甲烷总烃	半年
		脱单装置尾气排气筒	非甲烷总烃	半年
		脱泡装置尾气排气筒	非甲烷总烃	半年
	纺丝	二甲基乙酰胺（DMA[c]）工艺	非甲烷总烃	半年
		凝固浴废气收集系统排气筒		
		烘干废气收集系统排气筒	非甲烷总烃	半年
	溶剂回收	硫氰酸钠（NaSCN）工艺多效蒸发器尾气排放筒	非甲烷总烃	半年
		精馏塔废气排气筒	非甲烷总烃	月
	污水处理场	污水处理场废气收集排气筒	非甲烷总烃、硫化氢[c]、氨[c]、丙烯腈	半年
维纶纤维制造	聚合	尾气吸收塔排气筒	非甲烷总烃	月
			乙醛	半年
	原液制备	聚合物料仓尾气排放筒	非甲烷总烃	半年
		溶解机尾气排气筒	非甲烷总烃	半年
		脱泡器排气筒	非甲烷总烃	半年
	纺丝	牵伸尾气排气筒	非甲烷总烃	半年
		干燥机尾气收集处理系统排气筒	非甲烷总烃	半年
	污水处理场	污水处理场废气收集排气筒	非甲烷总烃、硫化氢[c]、氨[c]、乙醛[f]	半年
氨纶纤维制造	聚合	聚合工序氮封排气筒	非甲烷总烃	半年
	纺丝	纺丝甬道尾气收集处理系统排气筒	非甲烷总烃	月
	溶剂回收	精馏回收系统尾气处理系统收集处理排气筒	非甲烷总烃	月
	污水处理场	污水处理场废气收集排气筒	非甲烷总烃、硫化氢[c]、氨[c]	半年
其他合成纤维制造	熔融纺丝工艺	聚合反应尾气排气筒	非甲烷总烃	月
		纺丝油烟排气筒	非甲烷总烃	半年
		后处理装置尾气排气筒	非甲烷总烃	半年
	溶液纺丝工艺	聚合反应尾气排气筒	非甲烷总烃	月
		脱泡装置尾气排气筒	非甲烷总烃	半年
		脱单尾气处理系统排气筒	非甲烷总烃	半年
		纺丝甬道尾气收集处理系统排气筒	非甲烷总烃	半年
		后处理装置排气筒	非甲烷总烃	半年
		溶剂回收尾气处理排气筒	非甲烷总烃	半年
	污水处理场	污水处理场废气收集排气筒	非甲烷总烃、硫化氢[c]、氨[c]	半年
循环再利用涤纶制造[g]	均化增粘	真空系统排气筒	非甲烷总烃	月
			乙醛	半年

行业类型		监测点位	监测指标	监测频次
莱赛尔纤维制造	纤维制造	切粕机收集处理设施排气筒[h]	颗粒物	季度
		浸渍压榨收集设施排气筒[h]	非甲烷总烃	半年
		溶胀尾气收集处理系统排气筒[h]	非甲烷总烃	半年
		溶解尾气收集处理系统排气筒	非甲烷总烃	半年
		精炼尾气收集处理系统排气筒	非甲烷总烃	半年
		烘干尾气收集处理系统排气筒	非甲烷总烃	半年
	溶剂回收	蒸发浓缩废气收集处理设施排气筒	非甲烷总烃	半年
	污水处理场	污水处理场废气收集排气筒	非甲烷总烃、硫化氢[c]、氨[c]	半年
注：1. 废气监测须按相应监测分析方法、技术规范同步监测烟气参数。 2. 设区的市级以上生态环境主管部门明确要求安装自动监测设备的污染物指标，须采取自动监测。				
[a]适用于以煤炭、生物质和油为燃料的热风炉。 [b]适用于以天然气等气态燃料为燃料的热风炉。 [c]适用于污水处理场中有生活污水的尾气处理系统排气筒。 [d]真空煅烧过程的排放挥发性有机物需在启动 1 小时内开展监测。 [e]适用于有帘子布生产单元的锦纶纤维和涤纶纤维制造排污单位的污水处理场废气收集排气筒。 [f]适用于有聚合生产单元的涤纶和维纶排污单位污水处理场废气收集排气筒。 [g]循环再利用涤纶其他废气监测频次参照涤纶工业执行。 [h]适用于莱赛尔纤维制造（干法）。				

5.2.1.2　对于多个污染源或生产设备共用一个排气筒的，监测点位可布设在共用排气筒上。当执行不同排放控制要求的废气合并排气筒排放时，应在废气混合前进行监测；若监测点位只能布设在混合后的排气筒上，监测指标应涵盖所对应污染源或生产设备的监测指标，最低监测频次按照严格的执行。

5.2.2　无组织废气排放监测点位、指标及频次

排污单位无组织废气排放监测点位、监测指标及最低监测频次按照表 3 执行。

表 3　无组织废气监测点位、监测指标及最低监测频次

行业类型	监测点位	监测项目	监测频次
棉浆粕制造	厂界	颗粒物	季度
		氨、硫化氢	半年
粘胶纤维制造		二硫化碳、硫化氢	季度
		氨、臭气浓度	半年
醋酯纤维制造		颗粒物、非甲烷总烃	季度
		氨、硫化氢	半年
合成纤维制造（锦纶纤维、涤纶纤维、腈纶纤维、维纶纤维、氨纶纤维、其他合成纤维）		颗粒物[a]、非甲烷总烃	季度
		甲醛[b]、氨、硫化氢	半年
循环再利用涤纶制造		颗粒物、非甲烷总烃	季度
		氨、硫化氢、臭气浓度[c]	半年

行业类型	监测点位	监测项目	监测频次
莱赛尔纤维制造	厂界	颗粒物、非甲烷总烃	季度
		氨、硫化氢	半年
注：若周围有敏感点或监测结果超标的，应适当增加监测频次。			
[a] 适用于锦纶和涤纶纤维制造排污单位。			
[b] 适用于有帘子布生产单元的锦纶和涤纶纤维制造排污单位。			
[c] 适用于具有原料（瓶片、泡料等）生产工序的循环再利用涤纶纤维制造排污单位。			

5.3 厂界环境噪声监测

厂界环境噪声监测点位设置应遵循 HJ 819 中的原则，主要考虑粉碎机、过滤机、纺丝机、卷绕机、风机、各类压缩机、水泵等噪声源在厂区内的分布情况和周围敏感点的位置。

厂界环境噪声每季度至少开展一次昼夜监测，夜间不生产的可不开展夜间噪声监测，监测指标为等效连续 A 声级，周边有敏感点的，应提高监测频次。

5.4 周边环境质量影响监测

5.4.1 法律法规或环境影响评价文件及其批复［仅限 2015 年 1 月 1 日（含）后取得环境影响评价批复的排污单位］有明确规定的，按要求执行。

5.4.2 无明确要求的，若排污单位认为有必要的，可对周边环境空气、地表水、海水、地下水和土壤开展监测。可按照 HJ/T 55、HJ/T 164、HJ/T 166、HJ 194、HJ 664 中相关规定设置环境空气、地下水和土壤的监测点位，对于废水直接排入地表水、海水的排污单位，可按照 HJ 2.3、HJ 442 及受纳水体环境管理要求设置地表水、海水的监测断面和监测点位，监测指标及最低监测频次可参照表 4 执行。

表 4 周边环境质量影响监测指标及最低监测频次

目标环境	监测指标	监测频次
环境空气	非甲烷总烃、颗粒物、甲醛[a]、乙醛[b]、丙烯腈[c]等	半年
地表水	pH 值、悬浮物、化学需氧量、氨氮、五日生化需氧量、总磷、总氮、石油类、甲醛[a]、乙醛[b]、丙烯腈[c]、可吸附有机卤化物（AOX）[d]、总锌[e]、总锑[f]等	每年丰、平、枯水期至少各监测一次
海水	pH 值、化学需氧量、溶解氧、总磷、总氮、石油类、总锌[e]、总锑[f,g]等	半年
地下水	pH 值、高锰酸盐指数、氨氮、总锌[e]、总锑[f]等	年
土壤	pH 值、总锌[e]、总锑[f]等	年
[a] 适用于有帘子布生产单元的锦纶和涤纶纤维制造排污单位。		
[b] 适用于具有聚合生产单元的涤纶和维纶纤维制造排污单位。		
[c] 适用于腈纶纤维制造排污单位。		
[d] 适用于有漂白工序棉浆粕制造排污单位和执行 GB 31572 的合成纤维制造排污单位。		
[e] 适用于粘胶纤维制造排污单位。		
[f] 适用于具有聚合生产单元的涤纶纤维制造排污单位。		
[g] 待国家污染物相关排放标准发布后实施。		

5.5 其他要求

5.5.1 除表 1～表 3 中的污染物指标外，5.5.1.1 和 5.5.1.2 中的污染物指标也应纳入监测指标范围，并参照表 1～表 3 和 HJ 819 确定监测频次。

5.5.1.1 排污许可证、所执行的污染物排放（控制）标准、环境影响评价文件及其批复［仅限 2015 年 1 月 1 日（含）后取得环境影响评价批复的排污单位］、相关环境管理规定明确要求监测的污染物指标。

5.5.1.2 排污单位根据生产过程的原辅用料、生产工艺、中间及最终产品类型、监测结果确定实际排放的，在有毒有害或优先控制污染物相关名录中的污染物指标，或其他有毒污染物指标。

5.5.2 各指标的监测频次在满足本标准的基础上，可根据 HJ 819 中监测频次的确定原则提高监测频次。

5.5.3 采样方法、监测分析方法、监测质量保证与质量控制等按照 HJ 819 执行。

5.5.4 监测方案的描述、变更按照 HJ 819 执行。

6 信息记录和报告

6.1 信息记录

6.1.1 监测信息记录

手工监测记录和自动监测运维记录按照 HJ 819 执行。

6.1.2 生产和污染治理设施运行状况信息记录

排污单位应详细记录其生产及污染治理设施运行状况，日常生产中也应参照以下内容记录相关信息，并整理成台账保存备查。

6.1.2.1 生产运行状况记录

按照化纤产品种类和生产工序，根据各排污单位具体情况，记录以下相关信息：

a）原辅料用量，包括主要原料用量、各类溶剂用量、聚合剂用量、其他辅料用量等；

b）按产品类别记录各工序中间产品产量、最终产品产量、产出率及物料平衡；

c）取水量（新鲜水）、用水量、用电量、燃料用量等；

d）主要生产设备、设施的操作使用记录等。

6.1.2.2 废水处理设施运行状况记录

按日（或班次）记录污水处理量、回水用量、回用率、污水排放量、污泥产生量（记录含水率）、废水处理使用的药剂名称及用量、鼓风机电量等；记录废水处理设施运行、故障及维护情况等。

6.1.2.3 废气处理设施运行状况记录

按日（或更换频次）记录废气处理使用的吸附剂、过滤材料等耗材的名称及用量；记录废气处理设施运行参数、故障及维护情况等。

6.1.2.4 有机溶剂回收设备运行状况记录

按各产品生产批次记录有机溶剂名称、回收量、补充量，以及有机溶剂回收设备能源、耗材使用量等。

6.1.2.5 一般工业固体废物和危险废物记录要求

按日记录一般工业固体废物的产生量、综合利用量、处置量、贮存量；按照危险废物管理的相关要求，按日记录危险废物的产生量、综合利用量、处置量、贮存量及其具体去向。原料和辅助工序中产生的其他危险废物的情况也应记录。

一般工业固体废物及危险废物产生情况见表 5。

表 5 一般工业固体废物及危险废物来源

类别	来源	种类
一般工业固体废物	各生产单元	废原料、废丝、过滤废尘、废渣、生化污泥、生活垃圾等
危险废物	设备维护	废矿物油、废润滑油、废液压油、含油废抹布、含油废手套、含矿物油及化学试剂的包装物和容器等
	废水、废气处理	废活性炭、污泥等
注：活性炭是否属于危险废物由项目环境影响评价和批复界定，其他可能产生的危险废物按照《国家危险废物名录》或国家规定的危险废物鉴别标准和鉴别方法认定。		

6.2 信息报告、应急报告、信息公开

按照 HJ 819 执行。

7 其他

排污单位应如实记录手工监测期间的工况（包括生产负荷、污染治理设施运行情况等），确保监测数据具有代表性。

本标准规定的内容外，按照 HJ 819 执行。

HJ

中华人民共和国国家生态环境标准

HJ 1204—2021

排污单位自行监测技术指南
电池工业

Self-monitoring technology guidelines for pollution sources
—Battery industry

2021-11-13 发布　　2022-01-01 实施

生　态　环　境　部　发布

前　言

为贯彻《中华人民共和国环境保护法》《中华人民共和国水污染防治法》《中华人民共和国大气污染防治法》《中华人民共和国土壤污染防治法》《排污许可管理条例》等法律法规，改善生态环境质量，指导和规范电池工业排污单位自行监测工作，制定本标准。

本标准规定了电池工业排污单位自行监测的一般要求、监测方案制定、信息记录和报告的基本内容和要求。

本标准为首次发布。

本标准由生态环境部生态环境监测司、法规与标准司组织制订。

本标准主要起草单位：轻工业环境保护研究所、中国环境科学研究院。

本标准生态环境部 2021 年 11 月 13 日批准。

本标准自 2022 年 1 月 1 日起实施。

本标准由生态环境部解释。

排污单位自行监测技术指南　电池工业

1　适用范围

本标准规定了电池工业排污单位自行监测的一般要求、监测方案制定、信息记录和报告的基本内容和要求。

本标准适用于电池工业排污单位在生产运行阶段对其排放的水、气污染物，噪声以及对其周边环境质量影响开展自行监测。

自备火力发电机组（厂）、配套动力锅炉的自行监测要求按照 HJ 820 执行。

2　规范性引用文件

本标准引用了下列文件或其中的条款。凡是注明日期的引用文件，仅注日期的版本适用于本标准。凡是未注日期的引用文件，其最新版本（包括所有的修改单）适用于本标准。

GB 30484　电池工业污染物排放标准

HJ 2.2　环境影响评价技术导则　大气环境

HJ 2.3　环境影响评价技术导则　地表水环境

HJ/T 91　地表水和污水监测技术规范

HJ 164　地下水环境监测技术规范

HJ/T 166　土壤环境监测技术规范

HJ 194　环境空气质量手工监测技术规范

HJ 442.8　近岸海域环境监测技术规范　第八部分　直排海污染源及对近岸海域水环境影响监测

HJ 610　环境影响评价技术导则　地下水环境

HJ 664　环境空气质量监测点位布设技术规范（试行）

HJ 819　排污单位自行监测技术指南　总则

HJ 820　排污单位自行监测技术指南　火力发电及锅炉

HJ 964　环境影响评价技术导则　土壤环境（试行）

《国家危险废物名录》

3 术语和定义

GB 30484、HJ 819 界定的以及下列术语和定义适用于本标准。

3.1

电池工业排污单位 battery industry pollutant emission unit

生产铅蓄电池（铅酸蓄电池）、镉镍电池、氢镍电池、铁镍电池、锌锰电池、锌银电池、锌空气电池、锂电池（锂原电池，包括锂锰电池、锂亚硫酰氯电池等）、锂离子电池、太阳电池（太阳能电池，包括晶硅太阳电池、薄膜太阳电池等）、燃料电池等排污单位。

3.2

雨水排放口 rainwater outle

直接或通过沟、渠或者管道等设施向厂界外专门排放天然降水的排放口。

4 自行监测的一般要求

排污单位应查清本单位的污染源、污染物指标及潜在的环境影响，制定监测方案，设置和维护监测设施，按照监测方案开展自行监测，做好质量保证和质量控制，记录和保存监测数据，依法向社会公开监测结果。

5 监测方案制定

5.1 废水排放监测

5.1.1 监测点位

5.1.1.1 所有电池工业排污单位均应在废水总排放口、雨水排放口设置监测点位，生活污水单独排入外环境的应在生活污水排放口设置监测点位。

5.1.1.2 排放汞、银、铅、镉、镍、钴、砷的电池工业排污单位，应在相应车间或车间处理设施排放口设置监测点位。

5.1.2 监测指标及监测频次

5.1.2.1 铅蓄电池行业排污单位废水排放监测点位、监测指标及最低监测频次按照表 1 执行。

表 1　铅蓄电池行业排污单位废水排放监测点位、监测指标及最低监测频次

监测点位	监测指标	监测频次	
		直接排放	间接排放
车间或车间处理设施排放口	流量	自动监测	
	总铅	自动监测（日[a]）	
	总镉[b]	年	
废水总排放口	流量、pH 值、化学需氧量、氨氮	自动监测	
	悬浮物	月	季度
	总磷、总氮	季度（日[c]）	半年（日[c]）
生活污水排放口	流量、pH 值、化学需氧量、悬浮物、氨氮、总磷、总氮	月	
雨水排放口	pH 值、总铅	月（季度[d]）	

注：设区的市级及以上生态环境主管部门明确要求安装自动监测设备的污染物指标，应采取自动监测。

[a] 铅水质自动监测技术规范发布前，总铅最低监测频次按日执行。

[b] 适用于使用含镉原料的铅蓄电池行业排污单位。

[c] 水环境质量中总氮/总磷实施总量控制的区域最低监测频次按日执行。

[d] 雨水排放口有流动水排放时按月监测。若监测一年无异常情况，可放宽至每季度开展一次监测。

5.1.2.2　锌锰/锌银/锌空气电池行业排污单位废水排放监测点位、监测指标及最低监测频次按照表 2 执行。

表 2　锌锰/锌银/锌空气电池行业排污单位废水排放监测点位、监测指标及最低监测频次

监测点位	监测指标	监测频次	
		直接排放	间接排放
车间或车间处理设施排放口	总汞[a]、总银[b]	季度	
废水总排放口	流量、pH 值、化学需氧量、氨氮、悬浮物	季度	半年
	总磷、总氮	半年（月[c]）	年（月[c]）
	总锌、总锰[d]	季度	半年
生活污水排放口	流量、pH 值、化学需氧量、悬浮物、氨氮、总磷、总氮	季度	
雨水排放口	pH 值、总汞[a]、总银[b]、总锌、总锰[d]	月（季度[e]）	

注：设区的市级及以上生态环境主管部门明确要求安装自动监测设备的污染物指标，应采取自动监测。

[a] 适用于使用添汞原料的排污单位。

[b] 适用于锌银电池行业排污单位。

[c] 水环境质量中总氮/总磷实施总量控制的区域最低监测频次按月执行。

[d] 适用于锌锰电池行业排污单位。

[e] 雨水排放口有流动水排放时按月监测。若监测一年无异常情况，可放宽至每季度开展一次监测。

5.1.2.3　镉镍/氢镍/铁镍电池行业排污单位废水排放监测点位、监测指标及最低监测频次按照表 3 执行。

表 3　镉镍/氢镍/铁镍电池行业排污单位废水排放监测点位、监测指标及最低监测频次

监测点位	监测指标	监测频次	
		直接排放	间接排放
车间或车间处理设施排放口	流量[a]	自动监测	
	总镉[a]	自动监测（日[b]）	
	总镍	季度	
废水总排放口	流量、pH 值、化学需氧量、氨氮、悬浮物	季度	半年
	总磷、总氮	半年（月[c]）	年（月[c]）
生活污水排放口	流量、pH 值、化学需氧量、悬浮物、氨氮、总磷、总氮	季度	
雨水排放口	pH 值、总镉[a]、总镍	月（季度[d]）	

注：设区的市级及以上生态环境主管部门明确要求安装自动监测设备的污染物指标，应采取自动监测。

[a] 适用于镉镍电池行业排污单位。

[b] 镉水质自动监测技术规范发布前，总镉最低监测频次按日执行。

[c] 水环境质量中总氮/总磷实施总量控制的区域最低监测频次按月执行。

[d] 雨水排放口有流动水排放时按月监测。若监测一年无异常情况，可放宽至每季度开展一次监测。

5.1.2.4　锂锰/锂亚硫酰氯/锂离子电池行业排污单位废水排放监测点位、监测指标及最低监测频次按照表 4 执行。

表 4　锂锰/锂亚硫酰氯/锂离子电池行业排污单位废水排放监测点位、监测指标及最低监测频次

监测点位	监测指标	监测频次	
		直接排放	间接排放
车间或车间处理设施排放口	总钴[a]、总镍[b]	季度	
废水总排放口	流量、pH 值、化学需氧量、氨氮、悬浮物	季度	半年
	总磷、总氮	半年（月[c]）	年（月[c]）
	总锰[d]、总铝[e]、总铜[f]	季度	半年
生活污水排放口	流量、pH 值、化学需氧量、悬浮物、氨氮、总磷、总氮	季度	
雨水排放口	pH 值、总钴[a]、总镍[b]、总锰[d]、总铝[e]、总铜[f]	月（季度[g]）	

注：设区的市级及以上生态环境主管部门明确要求安装自动监测设备的污染物指标，应采取自动监测。

[a] 适用于使用含钴原料的锂离子电池行业排污单位。

[b] 适用于使用含镍原料的锂离子电池行业排污单位。

[c] 水环境质量中总氮/总磷实施总量控制的区域最低监测频次按月执行。

[d] 适用于锂锰电池和使用含锰原料的锂离子电池行业排污单位。

[e] 适用于使用含铝原料的锂离子电池行业排污单位。

[f] 适用于使用含铜原料的锂亚硫酰氯电池行业排污单位。

[g] 雨水排放口有流动水排放时按月监测。若监测一年无异常情况，可放宽至每季度开展一次监测。

5.1.2.5　晶硅太阳电池行业排污单位废水排放监测点位、监测指标及最低监测频次按照表 5 执行。

表 5　晶硅太阳电池行业排污单位废水排放监测点位、监测指标及最低监测频次

监测点位	监测指标	监测频次	
		直接排放	间接排放
车间或车间处理设施排放口	总银[a]	季度	
废水总排放口	流量、pH 值、化学需氧量、氨氮、悬浮物	季度	半年
	总磷、总氮	半年（月[b]）	年（月[b]）
	氟化物（以 F 计）	季度	半年
生活污水排放口	流量、pH 值、化学需氧量、悬浮物、氨氮、总磷、总氮	季度	
雨水排放口	pH 值、总银[a]	月（季度[c]）	

注：设区的市级及以上生态环境主管部门明确要求安装自动监测设备的污染物指标，应采取自动监测。

[a] 适用于采用黑硅制绒工艺的多晶硅太阳电池行业排污单位。

[b] 水环境质量中总氮/总磷实施总量控制的区域最低监测频次按月执行。

[c] 雨水排放口有流动水排放时按月监测。若监测一年无异常情况，可放宽至每季度开展一次监测。

5.1.2.6　薄膜太阳电池行业排污单位废水排放监测点位、监测指标及最低监测频次按照表 6 执行。

表 6　薄膜太阳电池行业排污单位废水排放监测点位、监测指标及最低监测频次

监测点位	监测指标	监测频次	
		直接排放	间接排放
车间或车间处理设施排放口	总镉[a]、总砷[b]	季度	
废水总排放口	流量、pH 值、化学需氧量、氨氮、悬浮物	季度	半年
	总磷、总氮	半年（月[c]）	年（月[c]）
	氟化物（以 F 计）	季度	半年
生活污水排放口	流量、pH 值、化学需氧量、悬浮物、氨氮、总磷、总氮	季度	
雨水排放口	pH 值、总镉[a]、总砷[b]	月（季度[d]）	

注：设区的市级及以上生态环境主管部门明确要求安装自动监测设备的污染物指标，应采取自动监测。

[a] 适用于铜铟镓硒太阳电池、碲化镉太阳电池行业排污单位。

[b] 适用于砷化镓太阳电池行业排污单位。

[c] 水环境质量中总氮/总磷实施总量控制的区域最低监测频次按月执行。

[d] 雨水排放口有流动水排放时按月监测。若监测一年无异常情况，可放宽至每季度开展一次监测。

5.1.2.7　燃料电池行业排污单位废水排放监测点位、监测指标及最低监测频次按照表 7 执行。

表7　燃料电池行业排污单位废水排放监测点位、监测指标及最低监测频次

<table>
<tr><th rowspan="2">监测点位</th><th rowspan="2">监测指标</th><th colspan="2">监测频次</th></tr>
<tr><th>直接排放</th><th>间接排放</th></tr>
<tr><td>生活污水排放口</td><td>流量、pH 值、化学需氧量、悬浮物、氨氮、总磷、总氮</td><td colspan="2">季度</td></tr>
<tr><td colspan="4">注：设区的市级及以上生态环境主管部门明确要求安装自动监测设备的污染物指标，应采取自动监测。</td></tr>
</table>

5.2　废气排放监测

5.2.1　有组织废气排放监测

5.2.1.1　对于多个污染源或生产设备共用一个排气筒的，监测点位可布设在共用排气筒上。当执行不同排放控制要求的废气合并排气筒排放时，应在废气混合前开展监测；若监测点位只能布设在混合后的排气筒上，监测指标应涵盖所对应的污染源或生产设备监测指标，最低监测频次按照严格的执行。

5.2.1.2　铅蓄电池行业排污单位有组织废气排放监测点位、监测指标及最低监测频次按照表 8 执行。

表8　铅蓄电池行业排污单位有组织废气排放监测点位、监测指标及最低监测频次

产污环节	监测点位	监测指标	监测频次
板栅制造	熔铅锅、浇铸机排气筒（重力浇铸板栅制造工艺）	铅及其化合物	月
		颗粒物	半年
	熔铅锅排气筒（连续板栅制造工艺）	铅及其化合物	月
		颗粒物	半年
制粉	熔铅造粒机、球磨机排气筒	铅及其化合物	月
		颗粒物	半年
和膏	和膏机排气筒	铅及其化合物	月
		颗粒物	半年
灌粉（管式电极）	灌粉机排气筒	铅及其化合物	月
		颗粒物	半年
分片、刷片	分片机、刷片机排气筒	铅及其化合物	月
		颗粒物	半年
称片	称片机排气筒	铅及其化合物	月
		颗粒物	半年
包片	包片机排气筒	铅及其化合物	月
		颗粒物	半年
配组	配组机排气筒	铅及其化合物	月
		颗粒物	半年
焊接	烧焊机、铸焊机排气筒	铅及其化合物	月
		颗粒物	半年

产污环节	监测点位	监测指标	监测频次
铅零件铸造	铅零件铸造机排气筒	铅及其化合物	月
		颗粒物	半年
化成	化成槽排气筒（外化成）	硫酸雾	季度
	充电化成架排气筒（内化成）	硫酸雾	季度
注：1. 废气监测应按照相应监测分析方法、技术规范同步监测废气参数。 2. 单独设置车间废气收集处理设施的排污单位，监测指标及频次按对应产污环节要求执行。			

5.2.1.3 锌锰/锌银/锌空气电池行业排污单位有组织废气排放监测点位、监测指标及最低监测频次按照表 9 执行。

表 9 锌锰/锌银/锌空气电池行业排污单位有组织废气排放监测点位、监测指标及最低监测频次

产污环节	监测点位	监测指标	监测频次
正极拌粉	拌粉机排气筒	颗粒物	半年
封口	封口机排气筒	沥青烟 [a]	半年
		挥发性有机物 [b]	半年
负极锌膏/锌粉配制	锌膏/锌粉配制设施排气筒	汞及其化合物 [c]	半年
		颗粒物	半年
注：1. 废气监测应按照相应监测分析方法、技术规范同步监测废气参数。 2. 单独设置车间废气收集处理设施的排污单位，监测指标及频次按对应产污环节要求执行。			
[a] 适用于糊式锌锰电池行业排污单位。 [b] 本标准使用非甲烷总烃作为挥发性有机物排放的综合控制指标，同时应根据环境影响评价文件及其批复、排污许可管控要求、地方管理要求以及原料、工艺等，确定其他监测指标。 [c] 适用于使用添汞原料的排污单位。			

5.2.1.4 镉镍/氢镍/铁镍电池行业排污单位有组织废气排放监测点位、监测指标及最低监测频次按照表 10 执行。

表 10 镉镍/氢镍/铁镍电池行业排污单位有组织废气排放监测点位、监测指标及最低监测频次

产污环节	监测点位	监测指标	监测频次
和粉、包粉	和粉机、包粉机排气筒	颗粒物	半年
合浆	合浆设施排气筒	镍及其化合物	半年
拉浆	拉浆设施排气筒	镉及其化合物 [a]	季度
极片成型	极片成型设施排气筒	镉及其化合物 [a]	季度
		镍及其化合物	半年
装配	装配设施排气筒	颗粒物	半年
注：1. 废气监测应按照相应监测分析方法、技术规范同步监测废气参数。 2. 单独设置车间废气收集处理设施的排污单位，监测指标及频次按对应产污环节要求执行。			
[a] 适用于镉镍电池行业排污单位。			

5.2.1.5 锂锰/锂亚硫酰氯/锂离子电池行业排污单位有组织废气排放监测点位、监测指标及最低监测频次按照表 11 执行。

表 11　锂锰/锂亚硫酰氯/锂离子电池行业排污单位有组织废气排放监测点位、监测指标及最低监测频次

产污环节	监测点位	监测指标	监测频次
造粒	造粒机排气筒	颗粒物[a]	半年
注液	注液机排气筒	挥发性有机物[a,c,d]、氯化氢[b]、硫酸雾[b]	半年
涂布	涂布设施排气筒	挥发性有机物[c,d]	半年
烘烤	烘烤设施排气筒	挥发性有机物[c,d]	半年

注：1. 废气监测应按照相应监测分析方法、技术规范同步监测废气参数。

2. 单独设置车间废气收集处理设施的排污单位，监测指标及频次按对应产污环节要求执行。

[a] 适用于锂锰电池行业排污单位。

[b] 适用于锂亚硫酰氯电池行业排污单位。

[c] 适用于锂离子电池行业排污单位。

[d] 本标准使用非甲烷总烃作为挥发性有机物排放的综合控制指标，同时应根据环境影响评价文件及其批复、排污许可管控要求、地方管理要求以及原料、工艺等，确定其他监测指标。

5.2.1.6　晶硅太阳电池行业排污单位有组织废气排放监测点位、监测指标及最低监测频次按照表 12 执行。

表 12　晶硅太阳电池行业排污单位有组织废气排放监测点位、监测指标及最低监测频次

产污环节	监测点位	监测指标	监测频次
制绒	制绒设施排气筒	氟化物、氯化氢、氮氧化物（以 NO_2 计）、氨[a]	半年
磷扩散	磷扩散设施排气筒	氯气	半年
硼扩散	硼扩散设施排气筒	颗粒物[b]	半年
刻蚀	刻蚀、化学清洗设施排气筒	氟化物[c]、氯化氢[c]、氮氧化物（以 NO_2 计）[c]、硫酸雾[c]	半年
沉积	沉积设施排气筒	颗粒物	半年

注：1. 废气监测应按照相应监测分析方法、技术规范同步监测废气参数。

2. 单独设置车间废气收集处理设施的排污单位，监测指标及频次按对应产污环节要求执行。

[a] 适用于采用黑硅制绒工艺的多晶硅太阳电池行业排污单位。

[b] 适用于采用硼扩散工艺的单晶硅太阳电池行业排污单位。

[c] 包括磷扩散后道刻蚀工序和硼扩散（单晶硅太阳电池）后道刻蚀工序。根据环境影响评价文件及其批复、排污许可管控要求、地方管理要求以及原料、工艺等进行选测。

5.2.1.7　薄膜太阳电池行业排污单位有组织废气排放监测点位、监测指标及最低监测频次按照表 13 执行。

表 13　薄膜太阳电池行业排污单位有组织废气排放监测点位、监测指标及最低监测频次

产污环节	监测点位	监测指标	监测频次
镀膜（沉积）	镀膜（沉积）设施排气筒	颗粒物、氟化物、镉及其化合物[a]、砷化氢[b]、硅烷[c]、硼化氢[c]、硫化氢[c]、磷化氢[c]、甲烷[c]、氨[c]	半年
清洗（外延层剥离清洗[b]）	清洗设施排气筒	氟化物、硫酸雾[c]、氨[c]、挥发性有机物[d]	半年
刻划	刻划设施排气筒	颗粒物、镉及其化合物[a,c]、砷及其化合物[b,c]	半年

清边	清边设施排气筒	颗粒物、镉及其化合物[a,c]、砷及其化合物[b,c]	半年
涂抹、封装	涂抹、封装设施排气筒	挥发性有机物[d]	半年
焊接	焊接设施排气筒	颗粒物	半年
注：1. 废气监测应按照相应监测分析方法、技术规范同步监测废气参数。 2. 单独设置车间废气收集处理设施的排污单位，监测指标及频次按对应产污环节要求执行。			
[a] 适用于铜铟镓硒太阳电池、碲化镉太阳电池行业排污单位。 [b] 适用于砷化镓太阳电池行业排污单位。 [c] 根据环境影响评价文件及其批复、排污许可管控要求、地方管理要求以及原料、工艺等进行选测。 [d] 本标准使用非甲烷总烃作为挥发性有机物排放的综合控制指标，同时应根据环境影响评价文件及其批复、排污许可管控要求、地方管理要求以及原料、工艺等，确定其他监测指标。			

5.2.1.8　燃料电池行业排污单位有组织废气排放监测点位、监测指标及最低监测频次按照表 14 执行。

表 14　燃料电池行业排污单位有组织废气排放监测点位、监测指标及最低监测频次

产污环节	监测点位	监测指标	监测频次
制浆	制浆设施排气筒	颗粒物、挥发性有机物[a]	半年
涂覆（压制）、烘干及涂胶	涂覆（压制）、烘干及涂胶等设施排气筒	挥发性有机物[a]	半年
焊接	焊接设施排气筒	颗粒物	半年
注：1. 废气监测应按照相应监测分析方法、技术规范同步监测废气参数。 2. 单独设置车间废气收集处理设施的排污单位，监测指标及频次按对应产污环节要求执行。			
[a] 本标准使用非甲烷总烃作为挥发性有机物排放的综合控制指标，同时应根据环境影响评价文件及其批复、排污许可管控要求、地方管理要求以及原料、工艺等，确定其他监测指标。			

5.2.2　无组织废气排放监测

电池工业排污单位无组织废气排放监测点位、监测指标及最低监测频次按照表 15 执行。

表 15　电池工业排污单位无组织废气排放监测点位、监测指标及最低监测频次

排污单位	监测点位	监测指标	监测频次
铅蓄电池	厂界	铅及其化合物	半年
		硫酸雾	半年
锌锰/锌银/锌空气电池	厂界	汞及其化合物[a]、沥青烟[b]	年
镉镍/氢镍/铁镍电池	厂界	镍及其化合物、镉及其化合物[c]	年
锂锰/锂亚硫酰氯/锂离子电池	厂界	挥发性有机物[d]	年
晶硅太阳电池	厂界	氟化物、氯化氢、氮氧化物（以 NO_2 计）、氯气	年
薄膜太阳电池	厂界	氟化物、挥发性有机物[d]	年
燃料电池	厂界	挥发性有机物[d]	年
注：无组织废气排放监测同步监测气象参数。			
[a] 适用于使用添汞原料的排污单位。 [b] 适用于糊式锌锰电池行业排污单位。 [c] 适用于镉镍电池行业排污单位。 [d] 本标准使用非甲烷总烃作为挥发性有机物排放的综合控制指标，同时应根据环境影响评价文件及其批复、排污许可管控要求、地方管理要求以及原料、工艺等，确定其他监测指标。			

5.3 厂界环境噪声监测

5.3.1 厂界环境噪声监测点位设置应遵循 HJ 819 中的原则，主要考虑噪声源在厂区内的分布情况和周边环境敏感点的位置。

5.3.2 厂界环境噪声每季度至少开展一次昼、夜间噪声监测，监测指标为等效连续 A 声级，夜间有频发、偶发噪声影响时同时测量频发、偶发最大声级。夜间不生产的可不开展夜间噪声监测。周边有敏感点的，应提高监测频次。

5.4 周边环境质量影响监测

5.4.1 法律法规等有明确要求的，按要求开展周边环境质量影响监测。

5.4.2 无明确要求的，若排污单位认为有必要的，可对周边环境空气、地表水、海水、地下水和土壤开展监测。对于废水直接排入地表水、海水的排污单位，可按照 HJ 2.3、HJ/T 91、HJ 442.8 及受纳水体环境管理要求设置监测断面和监测点位。开展周边环境空气、地下水和土壤监测的排污单位，可按照 HJ 2.2、HJ 194、HJ 664、HJ 610、HJ 164、HJ 964、HJ/T 166 及环境空气、地下水、土壤环境管理要求设置监测点位。监测指标及最低监测频次按照表 16 执行。

表 16 周边环境质量影响监测指标及最低监测频次

目标环境	监测指标	监测频次
环境空气	铅[a]等	半年
地表水	pH 值、铅[a]、镉[b]、汞[c]、锌[d]、铜[e]、砷[f]、氟化物[g]等	季度
海水	pH 值、铅[a]、镉[b]、汞[c]、锌[d]、镍[h]、铜[e]、砷[f]等	半年
土壤	pH 值、铅[a]、镉[b]、汞[c]、镍[h]、钴[i]、铜[e]、砷[f]等	年
地下水	pH 值、铅[a]、镉[b]、汞[c]、银[j]、锌[d]、锰[k]、镍[h]、钴[i]、铜[e]、铝[l]、砷[f]、氟化物[g]等	年
注：根据生产使用的原辅用料、工艺、产品等确定其他监测指标。		

[a] 适用于铅蓄电池行业排污单位。
[b] 适用于镉镍电池、铜铟镓硒太阳电池、碲化镉太阳电池行业排污单位。
[c] 适用于使用添汞原料的锌锰/锌银/锌空气电池行业排污单位。
[d] 适用于锌锰/锌银/锌空气电池行业排污单位。
[e] 适用于使用含铜原料的锂亚硫酰氯电池行业排污单位。
[f] 适用于砷化镓太阳电池行业排污单位。
[g] 适用于晶硅太阳电池、薄膜太阳电池行业排污单位。
[h] 适用于镉镍/氢镍/铁镍电池、使用含镍原料的锂离子电池行业排污单位。
[i] 适用于使用含钴原料的锂离子电池行业排污单位。
[j] 适用于锌银电池、采用黑硅制绒工艺的多晶硅太阳电池行业排污单位。
[k] 适用于锌锰电池、锂锰电池、使用含锰原料的锂离子电池行业排污单位。
[l] 适用于使用含铝原料的锂离子电池行业排污单位。

5.5 其他要求

5.5.1 除表 1～表 15 中的污染物指标外，5.5.1.1 和 5.5.1.2 中的污染物指标也应纳入监测指标范围，并参照表 1～表 15 和 HJ 819 确定监测频次。

5.5.1.1 排污许可证、所执行的污染物排放（控制）标准、环境影响评价文件及其批复［仅限 2015 年 1 月 1 日（含）后取得环境影响评价批复的排污单位］、相关生态环境管理规定明确要求监测的污染物指标。

5.5.1.2 排污单位根据生产过程的原辅用料、生产工艺、中间及最终产品类型、监测结果确定实际排放的，在有毒有害污染物或优先控制化学品相关名录中的污染物指标，或其他有毒污染物指标。

5.5.2 各指标的监测频次在满足本标准的基础上，可根据 HJ 819 中监测频次的确定原则提高监测频次。

5.5.3 重点排污单位依法依规应当按照本标准要求安装使用自动监测设备，非重点排污单位不作强制性要求，相应点位、指标的监测频次参照本标准确定。

5.5.4 采样方法、监测分析方法、监测质量保证与质量控制等按照 HJ 819 执行。

5.5.5 监测方案的描述、变更按照 HJ 819 执行。

6 信息记录和报告

6.1 信息记录

6.1.1 监测信息记录

手工监测记录和自动监测运维记录按照 HJ 819 执行。排污单位对自动监测数据的真实性、准确性负责，发现数据传输异常应当及时报告，并参照自动监测数据异常标记规则执行。

6.1.2 生产和污染治理设施运行状况信息记录

6.1.2.1 一般规定

排污单位应详细记录生产及污染治理设施运行状况，日常生产中应参照 6.1.2.2～6.1.2.4 记录相关信息，并整理成台账保存备查。

6.1.2.2 生产运行状况记录

按日记录各生产单元主要生产设施的累计生产时间、生产负荷；取水量；主要原辅用料使用量；能源消耗量（煤、电、天然气等）；产品产量等。

6.1.2.3 废水处理设施运行状况记录

按日记录废水处理量、废水排放量及排放去向、废水回用量及回用去向、污泥产生量（记录含水率）、废水处理使用的药剂名称及用量、用电量等；记录废水处理设施运行、故障及维护情况等。

6.1.2.4 废气处理设施运行状况记录

按日记录废气处理使用的吸附剂、过滤材料等耗材的名称和用量；记录废气处理设施运行参数、故障及维护情况等。

6.1.3 一般工业固体废物和危险废物信息记录

记录一般工业固体废物和危险废物产生、贮存、转移、利用和处置情况，并通过全国固体废物管理信息系统进行填报。原料或辅助工序中产生的其他危险废物的情况也应记录。危险废物按照《国家危险废物名录》或国家规定的危险废物鉴别标准和鉴别方法认定。

6.2 信息报告、应急报告和信息公开

按照 HJ 819 执行。

7 其他

排污单位应如实记录手工监测期间的工况（包括生产负荷、污染治理设施运行情况等），确保监测数据具有代表性。自动监测期间的工况标记，按照本行业工况标记规则执行。

本标准未规定的内容，按照 HJ 819 执行。

HJ

中华人民共和国国家生态环境标准

HJ 1205—2021

排污单位自行监测技术指南
固体废物焚烧

Self-monitoring technology guidelines for pollution sources
—Solid waste incineration

2021-11-13 发布　　2022-01-01 实施

生　态　环　境　部　发布

前　言

为贯彻《中华人民共和国环境保护法》《中华人民共和国水污染防治法》《中华人民共和国大气污染防治法》《中华人民共和国土壤污染防治法》《中华人民共和国固体废物污染环境防治法》《排污许可管理条例》等法律法规，改善生态环境质量，指导和规范固体废物焚烧排污单位自行监测工作，制定本标准。

本标准规定了固体废物焚烧排污单位自行监测的一般要求、监测方案制定、信息记录和报告的基本内容和要求。

本标准为首次发布。

本标准由生态环境部生态环境监测司、法规与标准司组织制订。

本标准主要起草单位：天津市生态环境监测中心。

本标准生态环境部 2021 年 11 月 13 日批准。

本标准自 2022 年 1 月 1 日起实施。

本标准由生态环境部解释。

排污单位自行监测技术指南　固体废物焚烧

1　适用范围

本标准规定了固体废物焚烧排污单位自行监测的一般要求、监测方案制定、信息记录和报告的基本内容及要求。

本标准适用于固体废物焚烧排污单位在生产运行阶段对其排放的水、气污染物，固体废物，噪声以及对其周边环境质量影响开展自行监测。

本标准同样适用于自建固体废物焚烧设施的自行监测，行业排污单位自行监测技术指南已规定的除外。

本标准不适用于利用水泥窑协同处置固体废物的水泥工业排污单位。

2　规范性引用文件

本标准引用了下列文件或其中的条款。凡是注明日期的引用文件，仅注日期的版本适用于本标准。凡是未注日期的引用文件，其最新版本（包括所有的修改单）适用于本标准。

GB 3095　环境空气质量标准

GB 8978　污水综合排放标准

GB 14554　恶臭污染物排放标准

GB 15618　土壤环境质量　农用地土壤污染风险管控标准（试行）

GB 16297　大气污染物综合排放标准

GB 16889　生活垃圾填埋场污染控制标准

GB 18466　医疗机构水污染物排放标准

GB 18484　危险废物焚烧污染控制标准

GB 18485　生活垃圾焚烧污染控制标准

GB 18598　危险废物填埋污染控制标准

GB 36600　土壤环境质量　建设用地土壤污染风险管控标准（试行）

GB 39707　医疗废物处理处置污染控制标准

GB/T 14848　地下水质量标准

HJ 2.2　环境影响评价技术导则　大气环境

HJ 2.3　环境影响评价技术导则　地表水环境

HJ/T 91　地表水和污水监测技术规范

HJ 164　地下水环境监测技术规范

HJ/T 166　土壤环境监测技术规范

HJ 194　环境空气质量手工监测技术规范

HJ 442.8　近岸海域环境监测技术规范　第八部分　直排海污染源及对近岸海域水环境影响监测

HJ 610　环境影响评价技术导则　地下水环境

HJ 664　环境空气质量监测点位布设技术规范（试行）

HJ 819　排污单位自行监测技术指南　总则

HJ 964　环境影响评价技术导则　土壤环境（试行）

HJ 1033　排污许可证申请与核发技术规范　工业固体废物和危险废物治理

HJ 1038　排污许可证申请与核发技术规范　危险废物焚烧

HJ 1039　排污许可证申请与核发技术规范　生活垃圾焚烧

HJ 1134　生活垃圾焚烧飞灰污染控制技术规范（试行）

《生活垃圾焚烧发电厂自动监测数据应用管理规定》（生态环境部令　第10号）

《生活垃圾焚烧发电厂自动监测数据标记规则》（生态环境部公告　2019年第50号）

3　术语和定义

GB 18484、GB 18485和GB 39707界定的以及下列术语和定义适用于本标准。

3.1

固体废物焚烧排污单位 pollutant emission unit of solid waste incineration

以焚烧方式集中处置危险废物（含医疗废物）、生活垃圾、生活污水处理设施产生的污泥、一般工业固体废物的排污单位。

3.2

生活垃圾焚烧排污单位 pollutant emission unit of municipal solid waste incineration

以焚烧方式集中处置生活垃圾的排污单位。

3.3

生活污水处理设施产生的污泥焚烧排污单位 pollutant emission unit of sludge from domestic sewage treatment facilities incineration

以焚烧方式集中处置生活污水处理设施产生的污泥的排污单位。

3.4

一般工业固体废物焚烧排污单位 pollutant emission unit of industrial solid waste

incineration

以焚烧方式集中处置一般工业固体废物的排污单位。

3.5

危险废物焚烧排污单位 pollutant emission unit of hazardous waste incineration

以焚烧方式集中处置危险废物使之分解并无害化的排污单位。

3.6

医疗废物焚烧排污单位 pollutant emission unit of medical waste incineration

以焚烧方式集中处置医疗废物使之分解并无害化的排污单位。

3.7

自建固体废物焚烧设施 self-built solid waste incineration facility

除 3.2～3.6 中排污单位以外的排污单位自建的，执行或参照执行 GB 18484 或 GB 18485 的固体废物焚烧炉。

3.8

直接排放 direct discharge

排污单位直接向环境水体排放水污染物的行为。

3.9

间接排放 indirect discharge

排污单位向污水集中处理设施排放水污染物的行为。

3.10

雨水排放口 rainwater outlet

直接或通过沟、渠或者管道等设施向厂界外专门排放天然降水的排放口。

4 自行监测的一般要求

排污单位应查清本单位的污染源、污染物指标及潜在的环境影响，制定监测方案，设置和维护监测设施，按照监测方案开展自行监测，做好质量保证和质量控制，记录和保存监测数据，依法向社会公开监测结果。

5 监测方案制定

5.1 废水排放监测

5.1.1 监测点位

固体废物焚烧排污单位均应在废水总排放口和雨水排放口设置监测点位，生活污水单独排入水体的应在生活污水排放口设置监测点位。排放 GB 8978 中第一类污染物的，还应在相应车间或车间处理设施排放口设置监测点位。

5.1.2 监测指标及监测频次

排污单位废水排放监测点位、监测指标及最低监测频次按照表 1 执行。

表 1 废水排放监测点位、监测指标及最低监测频次

<table>
<tr><th rowspan="2">排污单位类型</th><th rowspan="2">监测点位</th><th rowspan="2">监测指标</th><th colspan="2">监测频次</th></tr>
<tr><th>直接排放</th><th>间接排放</th></tr>
<tr><td rowspan="2">生活垃圾焚烧排污单位</td><td>废水总排放口</td><td>流量、pH 值、化学需氧量、氨氮、悬浮物、总磷、总氮、五日生化需氧量、粪大肠菌群数</td><td>月</td><td>季度</td></tr>
<tr><td>渗滤液处理系统废水排放口</td><td>总汞、总砷、总镉、总铅、总铬、六价铬</td><td>月</td><td>季度</td></tr>
<tr><td rowspan="2">危险废物焚烧排污单位（不含危险废物填埋场）</td><td>废水总排放口</td><td>流量、pH 值、化学需氧量、氨氮、悬浮物、总磷、总氮、五日生化需氧量、粪大肠菌群数</td><td>月</td><td>季度</td></tr>
<tr><td>车间或车间处理设施排放口</td><td>废水中含有的 GB 8978 中的第一类污染物[a]</td><td>月</td><td>季度</td></tr>
<tr><td rowspan="2">危险废物焚烧排污单位（含危险废物填埋场）</td><td>废水总排放口</td><td>流量、pH 值、化学需氧量、氨氮、悬浮物、总磷、总氮、五日生化需氧量、总有机碳、总铜、总锌、总钡、氰化物、氟化物</td><td colspan="2">月</td></tr>
<tr><td>渗滤液调节池废水排放口</td><td>总汞、烷基汞、总砷、总镉、总铬、六价铬、总铅、总铍、总镍、总银、苯并[a]芘</td><td colspan="2">月</td></tr>
<tr><td rowspan="5">医疗废物焚烧排污单位</td><td rowspan="5">废水总排放口</td><td>流量</td><td colspan="2">自动监测</td></tr>
<tr><td>pH 值、总余氯[b]</td><td colspan="2">2 次/日</td></tr>
<tr><td>化学需氧量、悬浮物</td><td colspan="2">周</td></tr>
<tr><td>粪大肠菌群数</td><td colspan="2">月</td></tr>
<tr><td>五日生化需氧量、氨氮、其他污染物[c]</td><td colspan="2">季度</td></tr>
<tr><td colspan="2">生活污水排放口</td><td>pH 值、流量、化学需氧量、氨氮、总磷、五日生化需氧量</td><td>季度</td><td>—</td></tr>
<tr><td colspan="2">雨水排放口</td><td>化学需氧量、氨氮、悬浮物</td><td colspan="2">月[d]</td></tr>
<tr><td colspan="5">注：1. 设区的市级以上生态环境部门明确要求安装自动监测设备的污染物指标，应采取自动监测。
2. 生活污水处理设施产生的污泥焚烧排污单位、一般工业固体废物焚烧排污单位等执行或参照执行 GB 18485 的排污单位按照生活垃圾焚烧排污单位监测要求执行；执行或参照执行 GB 18484 的排污单位按照危险废物焚烧排污单位监测要求执行；执行或参照执行 GB 39707 的排污单位按照医疗废物焚烧排污单位监测要求执行。</td></tr>
<tr><td colspan="5">[a] 根据生产单元工艺类型确定对应车间或车间处理设施排放口的污染物监测指标。
[b] 适用于采用含氯消毒剂消毒工艺的（采用间歇式消毒处理的，每次排放前监测）。
[c] 排污单位根据实际情况，参照 GB 18466 确定其他污染物监测指标。
[d] 雨水排放口有流动水排放时按月监测。若监测一年无异常情况，可放宽至每季度开展一次监测。</td></tr>
</table>

5.2 废气排放监测

5.2.1 有组织废气排放监测

排污单位有组织废气排放监测点位、监测指标及最低监测频次按照表2执行。

表2 有组织废气排放监测点位、监测指标及最低监测频次

排污单位类型	监测点位	监测指标	监测频次
生活垃圾焚烧排污单位	焚烧炉	炉膛内焚烧温度	自动监测
	焚烧炉排气筒	颗粒物、氮氧化物、二氧化硫、氯化氢、一氧化碳	自动监测
		二噁英类	年[a]
		汞及其化合物，镉、铊及其化合物，锑、砷、铅、铬、钴、铜、锰、镍及其化合物	月
	贮存预处理车间排气筒	颗粒物、硫化氢、氨、臭气浓度	季度
	脱酸中和剂储仓排气筒	颗粒物	年
	水泥仓排气筒		年
	活性炭原料仓排气筒		年
	飞灰贮存库排气筒		季度
	飞灰固化稳定车间排气筒		月
	渗滤液处理站排气筒	硫化氢、氨、臭气浓度	季度
危险废物焚烧排污单位	焚烧炉二燃室烟气二次燃烧段前后	焚烧炉温度	自动监测
	焚烧炉排气筒	颗粒物、氮氧化物、二氧化硫、氯化氢、一氧化碳	自动监测
		氟化氢	半年
		二噁英类	半年[a]
		汞及其化合物，铊及其化合物，镉及其化合物，铅及其化合物，砷及其化合物，铬及其化合物，锡、锑、铜、锰、镍、钴[b]及其化合物	月
	危废贮存库排气筒	挥发性有机物[c]、颗粒物、氯化氢、氟化物、氨、硫化氢、其他特征污染物[d]	季度
	配伍料坑（进料斗）排气筒		季度
危险废物焚烧排污单位	脱酸中和剂储仓排气筒	颗粒物	年
	水泥仓排气筒		年
	活性炭原料仓排气筒		年
	飞灰、焚烧残渣贮存库排气筒		季度
	飞灰固化稳定车间排气筒		月
	废水处理设施排气筒	硫化氢、氨	季度
	其他生产单元排气筒	特征污染物[d]	半年

排污单位类型	监测点位	监测指标	监测频次
注：1. 废气监测应按照相应监测分析方法、技术规范同步监测废气参数。 2. 设区的市级以上生态环境部门明确要求安装自动监测设备的污染物指标，应采取自动监测。 3. 生活污水处理设施产生的污泥焚烧排污单位、一般工业固体废物焚烧排污单位等执行或参照执行 GB 18485 的排污单位或焚烧设施按照生活垃圾焚烧排污单位监测要求执行；执行或参照执行 GB 18484 或 GB 39707 的排污单位或焚烧设施按照危险废物焚烧排污单位监测要求执行。			
[a] 如出现超标，则加密至每季度监测一次，连续 4 个季度稳定达标后，生活垃圾焚烧排污单位可恢复每年监测一次，危险废物焚烧排污单位可恢复每半年监测一次。 [b] 仅执行 GB 18484 的排污单位开展监测。 [c] 本标准暂用非甲烷总烃作为挥发性有机物排放的综合控制指标，待相关标准发布后，从其规定。 [d] 根据排污许可证、环境影响评价文件及其批复等相关生态环境管理规定及危险废物特性，从 GB 14554、GB 16297 等相关排放标准中筛选具体监测指标。			

5.2.2 无组织废气排放监测

排污单位无组织废气排放监测点位、监测指标及最低监测频次按照表 3 执行。

表 3 无组织废气排放监测点位、监测指标及最低监测频次

排污单位类型	监测点位	监测指标	监测频次
生活垃圾焚烧排污单位	厂界	硫化氢、氨、臭气浓度、颗粒物、挥发性有机物[a]、其他特征污染物[b]	季度
危险废物焚烧排污单位	厂界	硫化氢、氨、颗粒物、氯化氢、氟化物、挥发性有机物[a]、铬酸雾[c]、硫酸雾[c]、其他特征污染物[b]	季度
注：1. 无组织废气排放监测应同步监测气象参数。 2. 生活污水处理设施产生的污泥焚烧排污单位、一般工业固体废物焚烧排污单位等执行或参照执行 GB 18485 的排污单位按照生活垃圾焚烧排污单位监测要求执行；执行或参照执行 GB 18484 或 GB 39707 的排污单位按照危险废物焚烧排污单位监测要求执行。			
[a] 本标准暂用非甲烷总烃作为挥发性有机物排放的综合控制指标，待相关标准发布后，从其规定；相关标准或规定发布前生活垃圾焚烧排污单位选测。 [b] 根据排污许可证、环境影响评价文件及其批复等相关生态环境管理规定及危险废物特性，从 GB 14554、GB 16297 等相关排放标准中筛选具体监测指标。 [c] 根据排污许可证、环境影响评价文件及其批复以及生产工艺等，确定是否监测该污染物项目。			

5.3 固体废物监测

固体废物焚烧排污单位飞灰自行监测要求按照 HJ 1134 执行，其他固体废物监测点位、监测指标及最低监测频次按照表 4 执行。

表 4　固体废物监测点位、监测指标及最低监测频次

监测点位	监测指标	监测频次
焚烧炉渣/焚烧残渣	热灼减率[a]	周
[a] 应按焚烧炉分别开展监测。		

5.4　厂界环境噪声监测

5.4.1　厂界环境噪声监测点位设置应遵循 HJ 819 中的原则，主要考虑风机、水泵、破碎机、锅炉排汽、空气压缩机、出渣机、真空泵、曝气设备等噪声源在厂区内的分布情况和周边环境敏感点的位置。

5.4.2　厂界环境噪声每季度至少开展一次昼、夜间噪声监测，监测指标为等效连续 A 声级，夜间有频发、偶发噪声影响时同时测量频发、偶发最大声级。夜间不生产的可不开展夜间噪声监测，周边有敏感点的，应提高监测频次。

5.5　周边环境质量影响监测

5.5.1　法律法规等有明确要求的，按要求开展周边环境质量影响监测。

5.5.2　无明确要求的，若排污单位认为有必要的，可对周边水、土壤、环境空气质量开展监测。对于废水直接排入地表水、海水的排污单位，可按照 HJ 2.3、HJ/T 91、HJ 442.8 及受纳水体环境管理要求设置监测断面和监测点位；开展环境空气、土壤、地下水监测的排污单位，可按照 HJ 2.2、HJ 194、HJ 664、HJ 964、HJ/T 166、HJ 610、HJ 164 中相关规定设置环境空气、土壤、地下水监测点位，监测指标及最低监测频次参照表 5 执行。

表 5　周边环境质量影响监测指标及最低监测频次

目标环境	监测指标	监测频次	备注
环境空气	氨、硫化氢、臭气浓度、二噁英类、其他特征污染物[a]	年	适用于所有排污单位
地表水	pH 值、悬浮物、化学需氧量、五日生化需氧量、总磷、溶解氧、氨氮、氯化物、氟化物、硫酸盐、石油类、铜、铅、锌、砷、铬、镉、汞、镍、粪大肠菌群等	年	适用于废水直接排入地表水的排污单位
海水	pH 值、化学需氧量、五日生化需氧量、溶解氧、活性磷酸盐、无机氮、动植物油等	年	适用于废水直接排入海水的排污单位
地下水	pH 值、总硬度、溶解性总固体、高锰酸盐指数、氨氮、硝酸盐、亚硝酸盐、硫酸盐、氯化物、挥发性酚类、氰化物、砷、汞、六价铬、铅、氟、镉、铁、锰、铜、锌、粪大肠菌群、其他特征污染物[a]	年[b]	适用于生活垃圾焚烧排污单位
	浑浊度、pH 值、溶解性总固体、氯化物、硝酸盐、亚硝酸盐、其他特征污染物[a]	年[b]	适用于危险废物焚烧排污单位

目标环境		监测指标	监测频次	备注
土壤	建设用地	镉、汞、砷、铅、六价铬、铜、镍、二噁英类、其他特征污染物[a]	年	适用于所有排污单位
	农用地	pH 值、镉、汞、砷、铅、铬、铜、镍、锌、二噁英类、其他特征污染物[a]	年	适用于所有排污单位

注：1. 监测应按照相应监测分析方法、技术规范同步监测相关参数。

2. 根据企业生产工艺过程，结合 GB 3095、GB 15618、GB 36600、GB/T 14848 和 HJ 2.2，筛选确定具体监测指标。

[a] 根据排放标准及处置固体废物种类等实际生产情况，结合 GB 3095、HJ 2.2、GB 15618 和 GB 36600，筛选确定具体监测指标。

[b] 设置填埋场的排污单位，地下水监测频次分别按照 GB 16889、GB 18598 执行。

5.6 其他要求

5.6.1 除表 1～表 4 中的污染物指标外，5.6.1.1 和 5.6.1.2 中的污染物指标也应纳入监测指标范围，并参照表 1～表 4 和 HJ 819 确定监测频次。

5.6.1.1 排污许可证、所执行的污染物排放（控制）标准、环境影响评价文件及其批复[仅限 2015 年 1 月 1 日（含）后取得环境影响评价批复的排污单位]、相关生态环境管理规定明确要求的污染物指标。

5.6.1.2 排污单位根据生产过程的原辅用料、生产工艺、中间及最终产品类型、监测结果确定实际排放的，在有毒有害物或优先控制污染物相关名录中的污染物指标，或其他有毒污染物指标。

5.6.2 各指标的监测频次在满足本标准的基础上，可根据 HJ 819 中监测频次的确定原则提高监测频次。

5.6.3 重点排污单位依法依规应当按照本标准要求安装使用自动监测设备，非重点排污单位不作强制性要求，相应点位、指标的监测频次参照本标准确定。

5.6.4 采样方法、监测分析方法、监测质量保证与质量控制等按照 HJ 819 执行。

5.6.5 监测方案的描述、变更按照 HJ 819 执行。

5.6.6 监测人员安全防护按照相关标准和规定执行。

6 信息记录和报告

6.1 信息记录

6.1.1 监测信息记录

手工监测记录和自动监测运维记录按照 HJ 819 执行。排污单位对自动监测数据的真实性、准确性负责，发现数据传输异常应当及时报告，并参照自动监测数据异常标记规则执行。

6.1.2 生产和污染治理设施运行状况信息记录

6.1.2.1 一般规定

排污单位应详细记录生产及污染治理设施运行状况，日常生产中应参照 6.1.2.2～6.1.2.4 记录相关信息，并整理成台账保存备查。

6.1.2.2 生产运行状况记录

按日（或班次）记录各主要生产单元每项生产设施的运行状态、生产负荷、主要产品产量、燃料信息（包括名称、处理或消耗量、成分分析）等内容。

6.1.2.3 废水处理设施运行状况记录

按日（或班次）记录废水处理量、回用量、排放量、污泥产生量（记录含水率）、废水处理使用的药剂名称及用量、用电量等；记录废水处理设施运行、故障及维护情况等。

6.1.2.4 废气处理设施运行状况记录

按日（或班次）记录废气处理使用的吸附剂、碱吸收液、过滤材料等耗材名称及用量；记录废气处理设施运行参数、故障及维护情况等。

6.1.3 一般工业固体废物和危险废物记录

记录一般工业固体废物和危险废物产生、贮存、转移、利用和处置情况，并通过全国固体废物管理信息系统进行填报。原料或辅助工序中产生的其他危险废物的情况也应记录。危险废物按照《国家危险废物名录》或国家规定的危险废物鉴别标准和鉴别方法认定。

6.2 信息报告、应急报告和信息公开

按照 HJ 819 执行。

7 其他

排污单位应如实记录手工监测期间的工况（包括生产负荷、污染治理设施运行情况等），确保监测数据具有代表性。自动监测期间的工况标记，按照本行业工况标记规则执行。

本标准未规定的内容，按照 HJ 819 执行。

HJ

中华人民共和国国家生态环境标准

HJ 1206—2021

排污单位自行监测技术指南 人造板工业

Self-monitoring technology guidelines for pollution sources —Wood-based panel industry

2021-11-13 发布　　2022-01-01 实施

生态环境部 发布

前　言

为贯彻《中华人民共和国环境保护法》《中华人民共和国大气污染防治法》《中华人民共和国水污染防治法》《中华人民共和国土壤污染防治法》《排污许可管理条例》等法律法规，改善生态环境质量，指导和规范人造板工业排污单位自行监测工作，制定本标准。

本标准规定了人造板工业排污单位自行监测的一般要求、监测方案制定、信息记录和报告的基本内容和要求。

本标准为首次发布。

本标准由生态环境部生态环境监测司、法规与标准司组织制订。

本标准主要起草单位：天津市生态环境监测中心、河北省邢台生态环境监测中心。

本标准生态环境部 2021 年 11 月 13 日批准。

本标准自 2022 年 1 月 1 日起实施。

本标准由生态环境部解释。

排污单位自行监测技术指南　人造板工业

1　适用范围

本标准规定了人造板工业排污单位自行监测的一般要求、监测方案制定、信息记录和报告的基本内容和要求。

本标准适用于人造板工业排污单位在生产运行阶段对其排放的水、气污染物，噪声以及对其周边环境质量影响开展自行监测。

自备火力发电机组（厂）、配套动力锅炉的自行监测要求按照 HJ 820 执行。

2　规范性引用文件

本标准引用了下列文件或其中的条款。凡是注明日期的引用文件，仅注日期的版本适用于本标准。凡是未注日期的引用文件，其最新版本（包括所有的修改单）适用于本标准。

HJ 2.2　环境影响评价技术导则　大气环境

HJ 2.3　环境影响评价技术导则　地表水环境

HJ/T 91　地表水和污水监测技术规范

HJ 164　地下水环境监测技术规范

HJ 194　环境空气质量手工监测技术规范

HJ 442.8　近岸海域环境监测技术规范　第八部分　直排海污染源及对近岸海域水环境影响监测

HJ 610　环境影响评价技术导则　地下水环境

HJ 664　环境空气质量监测点位布设技术规范（试行）

HJ 819　排污单位自行监测技术指南　总则

HJ 820　排污单位自行监测技术指南　火力发电及锅炉

《国家危险废物名录》

3　术语和定义

下列术语和定义适用于本标准。

3.1

人造板工业 wood-based panel industry

生产以木材或非木材植物纤维材料为主要原料，加工成各种材料单元，施加（或不施加）胶黏剂和其他添加剂，制成的板材或成型制品的工业企业。主要包括生产胶合板、纤维板、刨花板及其他人造板产品的工业企业。

3.2

纤维板 fiberboard

将木（竹）材或其他植物纤维原料分离成纤维，利用纤维之间的交织及其自身固有的粘结物质，或者施加胶黏剂，在加热和（或）加压条件下制成的板材。

3.3

刨花板 particleboard

将木（竹）材或其他植物纤维原料加工成刨花（或碎料），施加胶黏剂（和其他添加剂），组坯成型并经热压而成的一类人造板材。

3.4

胶合板 plywood

由单板构成的多层材料，通常按相邻层单板的纹理方向大致垂直组坯胶合而成的板材。

3.5

其他人造板 other wood-based panels

除胶合板、刨花板、纤维板之外的人造板，主要包括细木工板、指接集成材等其他各类人造板。

3.6

挥发性有机物 volatile organic compounds （VOCs）

参与大气光化学反应的有机化合物，或者根据有关规定确定的有机化合物。

在表征 VOCs 总体排放情况时，根据行业特征和环境管理要求，可采用总挥发性有机物（以 TVOC 表示）、非甲烷总烃（以 NMHC 表示）作为污染物控制项目。

4 自行监测的一般要求

排污单位应查清本单位的污染源、污染物指标及潜在的环境影响，制定监测方案，设置和维护监测设施，按照监测方案开展自行监测，做好质量保证和质量控制，记录和保存监测数据，依法向社会公开监测结果。

5 监测方案制定

5.1 废水排放监测

5.1.1 监测点位

所有人造板工业排污单位均应在废水总排放口设置监测点位。

5.1.2 监测指标及监测频次

人造板工业排污单位废水排放监测点位、监测指标及最低监测频次按照表 1 执行。

表 1 废水排放监测点位、监测指标及最低监测频次

监测点位	排污单位	监测指标	监测频次	
			直接排放	间接排放
废水总排放口	重点排污单位	流量、pH 值、化学需氧量、氨氮	自动监测	
		总磷、总氮、悬浮物、五日生化需氧量、色度、甲醛	季度	半年
	非重点排污单位	流量、pH 值、化学需氧量、氨氮	季度	
		总磷、总氮、悬浮物、五日生化需氧量、色度、甲醛	半年	年
注：设区的市级及以上生态环境主管部门明确要求安装自动监测设备的污染物项目，应采取自动监测。				

5.2 废气排放监测

5.2.1 有组织废气排放监测

人造板工业排污单位有组织废气排放监测点位、监测指标及最低监测频次按照表 2 执行。

表 2 有组织废气排放监测点位、监测指标及最低监测频次

人造板种类	废气主要产生环节	监测点位	监测指标	监测频次	
				重点排污单位	非重点排污单位
纤维板	纤维干燥工段	排气筒	颗粒物、氮氧化物、非甲烷总烃	自动监测	半年
			甲醛	季度	半年
	热压、铺装工段	排气筒	颗粒物、非甲烷总烃、甲醛	年	
	砂光、锯切、分选工段	排气筒	颗粒物	年	

人造板种类	废气主要产生环节	监测点位	监测指标	监测频次	
				重点排污单位	非重点排污单位
刨花板	刨花干燥工段	排气筒	颗粒物、氮氧化物、非甲烷总烃	自动监测	半年
	热压、铺装工段	排气筒	非甲烷总烃、颗粒物、甲醛	年	
	砂光、锯切、分选工段	排气筒	颗粒物	年	
胶合板及其他人造板	单板/锯材干燥、热压工段	排气筒	非甲烷总烃	年	
	砂光、锯切、分选工段	排气筒	颗粒物	年	
注：1. 废气监测应按照相应监测分析方法、技术规范同步监测废气参数。 2. 设区的市级及以上生态环境主管部门明确要求安装自动监测设备的污染物项目，应采取自动监测。					

5.2.2 无组织废气排放监测

人造板工业排污单位无组织废气排放监测点位、监测指标及最低监测频次按照表 3 执行。

表 3 无组织废气排放监测点位、监测指标及最低监测频次

废气主要产生环节	监测点位	监测指标	监测频次
调（施）胶及其他逸散工段	厂界	甲醛、非甲烷总烃	年
注：无组织废气排放监测应同步监测气象参数。			

5.3 厂界环境噪声监测

5.3.1 厂界环境噪声监测点位设置应遵循 HJ 819 中的原则，主要考虑风机、削片机、刨片机、热压机、裁剪机等机械设备在厂区内的分布情况和周边环境敏感点的位置。

5.3.2 厂界环境噪声每季度至少开展一次昼、夜间噪声监测，监测指标为等效连续 A 声级，夜间有频发、偶发噪声影响时同时测量频发、偶发最大声级。夜间不生产的可不开展夜间噪声监测，周边有敏感点的，应提高监测频次。

5.4 周边环境质量影响监测

5.4.1 法律法规等有明确要求的，按要求开展周边环境质量影响监测；排污单位应对周边环境空气中甲醛开展监测，最低监测频次为年。

5.4.2 无明确要求的，若排污单位认为有必要，可对周边地表水、海水和环境空气开展监测。对于废水直接排入地表水、海水的排污单位，可参照 HJ 2.3、HJ/T 91、HJ 442.8 设置监测断面和监测点位；开展环境空气、地下水监测的排污单位，可参照 HJ 2.2、HJ 194、HJ 664、HJ 164、HJ 610 要求设置监测点位。

5.5 其他要求

5.5.1 除表 1～表 3 中的污染物指标外，5.5.1.1 和 5.5.1.2 中的污染物指标也应纳入监测指标范围，并参照表 1～表 3 和 HJ 819 确定监测频次。

5.5.1.1 排污许可证、所执行的污染物排放（控制）标准、环境影响评价文件及其批复［仅限 2015 年 1 月 1 日（含）后取得环境影响评价批复的排污单位］、相关生态环境管理规定明确要求的污染物指标。

5.5.1.2 排污单位根据生产过程的原辅用料、生产工艺、中间及最终产品类型、监测结果确定实际排放的，在有毒有害污染物或优先控制化学品相关名录中的污染物指标，或其他有毒污染物指标。

5.5.2 各指标的监测频次在满足本标准的基础上，可根据 HJ 819 中监测频次的确定原则提高监测频次。

5.5.3 重点排污单位依法依规应当按照本标准要求安装使用自动监测设备，非重点排污单位不作强制性要求，相应点位、指标的监测频次参照本标准确定。

5.5.4 采样方法、监测分析方法、监测质量保证与质量控制等按照 HJ 819 执行。

5.5.5 监测方案的描述、变更按照 HJ 819 执行。

6 信息记录和报告

6.1 信息记录

6.1.1 监测信息记录

手工监测记录和自动监测运维记录按照 HJ 819 执行。排污单位对自动监测数据的真实性、准确性负责，发现数据传输异常应当及时报告，并参照自动监测数据异常标记规则执行。

6.1.2 生产和污染治理设施运行状况信息记录

6.1.2.1 一般规定

排污单位应详细记录生产及污染治理设施运行状况，日常生产中应参照 6.1.2.2～6.1.2.4 记录相关信息，并整理成台账保存备查。

6.1.2.2 生产运行状况记录

按日（或批次）分生产线记录原辅料用量及产量：取水量，主要原辅用料（木材、胶黏剂、固化剂、缓冲剂、防水剂等）使用量等。原辅用料中有毒有害成分比例按批次进行记录。

6.1.2.3 废水处理运行状况记录

按班次（或批次）记录废水处理量、废水排放量、综合污泥产生量（记录含水率）、废水处理使用的药剂名称及用量、鼓风机用电量等；记录污水处理设施运行、故障及维护情况。

6.1.2.4 废气处理运行状况记录

按班次（或批次）记录废气处理使用的药剂等耗材名称及用量；记录废气处理设施运行参数、故障及维护情况等。

6.1.3 一般工业固体废物和危险废物记录

记录一般工业固体废物和危险废物产生、贮存、转移、利用和处置情况，并通过全国固体废物管理信息系统进行填报。原料或辅助工序中产生的其他危险废物的情况也应记录。危险废物按照《国家危险废物名录》或国家规定的危险废物鉴别标准和鉴别方法认定。

6.2 信息报告、应急报告和信息公开

按照 HJ 819 的规定执行。

7 其他

排污单位应如实记录手工监测期间的工况（包括生产负荷、污染治理设施运行情况等），确保监测数据具有代表性。自动监测期间的工况标记，按照本行业工况标记规则执行。

本标准未规定的内容，按照 HJ 819 执行。

HJ

中华人民共和国国家生态环境标准

HJ 1207—2021

排污单位自行监测技术指南 橡胶和塑料制品

Self-monitoring technology guidelines for pollution sources —Rubber and plastic products industry

2021-11-13 发布　　2022-01-01 实施

生　态　环　境　部　发布

前　言

为贯彻《中华人民共和国环境保护法》《中华人民共和国水污染防治法》《中华人民共和国大气污染防治法》《中华人民共和国土壤污染防治法》《排污许可管理条例》等法律法规，改善生态环境质量，指导和规范橡胶和塑料制品工业排污单位自行监测工作，制定本标准。

本标准规定了橡胶和塑料制品工业排污单位自行监测的一般要求、监测方案制定、信息记录和报告的基本内容和要求。

本标准为首次发布。

本标准发布后，执行《合成树脂工业污染物排放标准》（GB 31572）的塑料制品工业排污单位按照本标准的规定执行，不再执行《排污单位自行监测技术指南　石油化学工业》（HJ 947）中的相关规定。

本标准由生态环境部生态环境监测司、法规与标准司组织制订。

本标准主要起草单位：轻工业环境保护研究所、天津市生态环境科学研究院、中国塑料加工工业协会。

本标准生态环境部 2021 年 11 月 13 日批准。

本标准自 2022 年 1 月 1 日起实施。

本标准由生态环境部解释。

排污单位自行监测技术指南　橡胶和塑料制品

1　适用范围

本标准规定了橡胶和塑料制品工业排污单位自行监测的一般要求、监测方案制定、信息记录和报告的基本内容和要求。

本标准适用于橡胶和塑料制品工业排污单位在生产运行阶段对其排放的水、气污染物，噪声以及对其周边环境质量影响开展自行监测。

塑料制品工业排污单位中，塑料合成革制造超细纤维生产工序自行监测要求按照 HJ 879 执行，电镀工序自行监测要求按照 HJ 985 执行，涂装工序自行监测要求按照 HJ 1086 执行。

排污单位自备火力发电机组（厂）、配套动力锅炉的自行监测要求按照 HJ 820 执行。

本标准不适用于再生橡胶和再生塑料制造排污单位。

2　规范性引用文件

本标准引用了下列文件或其中的条款。凡是注明日期的引用文件，仅注日期的版本适用于本标准。凡是未注日期的引用文件，其最新版本（包括所有的修改单）适用于本标准。

GB 14554　恶臭污染物排放标准

GB 21902　合成革与人造革工业污染物排放标准

GB 27632　橡胶制品工业污染物排放标准

GB 31572　合成树脂工业污染物排放标准

GB 37822　挥发性有机物无组织排放控制标准

HJ 2.3　环境影响评价技术导则　地表水环境

HJ/T 55　大气污染物无组织排放监测技术导则

HJ/T 91　地表水和污水监测技术规范

HJ 164　地下水环境监测技术规范

HJ/T 166　土壤环境监测技术规范

HJ 442.8　近岸海域环境监测技术规范　第八部分　直排海污染源及对近岸海域水环

境影响监测

HJ 610　环境影响评价技术导则　地下水环境

HJ 819　排污单位自行监测技术指南　总则

HJ 820　排污单位自行监测技术指南　火力发电及锅炉

HJ 879　排污单位自行监测技术指南　纺织印染工业

HJ 947　排污单位自行监测技术指南　石油化学工业

HJ 964　环境影响评价技术导则　土壤环境（试行）

HJ 985　排污单位自行监测技术指南　电镀工业

HJ 1086　排污单位自行监测技术指南　涂装

HJ 1122　排污许可证申请与核发技术规范　橡胶和塑料制品工业

《国家危险废物名录》

3　术语和定义

GB 14554、GB 21902、GB 27632、GB 31572 和 GB 37822 界定的以及下列术语和定义适用于本标准。

3.1

橡胶制品工业　rubber products industry

以天然橡胶、合成橡胶及再生橡胶为原料生产各种橡胶制品的工业，但不包括橡胶鞋制造和以废轮胎、废橡胶为主要原料生产硫化橡胶粉、再生橡胶、热裂解油等产品的工业。

3.2

橡胶制品工业排污单位　pollutant emission unit of rubber products industry

包括轮胎制造，橡胶板、管、带制造，橡胶零件制造，日用及医用橡胶制品制造，运动场地用塑胶制造和其他橡胶制品制造等排污单位。

3.3

塑料制品工业　plastic products industry

以合成树脂（高分子化合物）为主要原料，经采用挤塑、注塑、吹塑、压延、层压等工艺加工成型的各种制品生产的工业，以及利用回收的废旧塑料加工再生产塑料制品的工业；不包括塑料鞋制造工业。

3.4

塑料制品工业排污单位　pollutant emission unit of plastic products industry

包括塑料薄膜制造，塑料板、管、型材制造，塑料丝、绳及编织品制造，泡沫塑料制造，塑料人造革、合成革制造，塑料包装箱及容器制造，日用塑料制品制造，人造草坪制造，塑料零件及其他塑料制品制造等排污单位。

3.5

雨水排放口 rainwater outlet

直接或通过沟、渠或者管道等设施向厂界外专门排放天然降水的排放口。

3.6

直接排放 direct discharge

排污单位直接向环境水体排放水污染物的行为。

3.7

间接排放 indirect discharge

排污单位向污水集中处理设施排放水污染物的行为。

4 自行监测的一般要求

排污单位应查清本单位的污染源、污染物指标及潜在的环境影响，制定监测方案，设置和维护监测设施，按照监测方案开展自行监测，做好质量保证和质量控制，记录和保存监测数据，依法向社会公开监测结果。

5 监测方案制定

5.1 废水排放监测

5.1.1 监测点位

橡胶和塑料制品工业排污单位均应在废水总排放口（厂区综合废水总排放口）设置监测点位，生活污水单独排入外环境的应在生活污水排放口设置监测点位，重点排污单位应在雨水排放口设置监测点位。

5.1.2 橡胶制品工业排污单位监测指标及监测频次

橡胶制品工业排污单位废水排放监测点位、监测指标及最低监测频次按照表 1 执行。

5.1.3 塑料制品工业排污单位监测指标及监测频次

塑料制品工业排污单位废水排放监测点位、监测指标及最低监测频次按照表 2 执行。

表 1　橡胶制品工业排污单位废水排放监测点位、监测指标及最低监测频次

类别	监测点位	监测指标	监测频次			
			重点排污单位		非重点排污单位	
			直接排放	间接排放	直接排放	间接排放
轮胎制造（除轮胎翻新外）、橡胶板管带制造、橡胶零件制造、运动场地用塑胶制造和其他橡胶制品制造	废水总排放口	流量、pH 值、化学需氧量、氨氮	自动监测		半年	年
		悬浮物、五日生化需氧量、总氮、总磷、石油类	季度	半年	半年	年
日用及医用橡胶制品制造		流量、pH 值、化学需氧量、氨氮	自动监测		半年	年
		悬浮物、五日生化需氧量、总氮、总磷、石油类、总锌	月	季度	半年	年
轮胎翻新		流量、pH 值、化学需氧量、氨氮	自动监测		半年	年
		悬浮物、五日生化需氧量、石油类	季度	半年	半年	年
轮胎制造（除轮胎翻新外）、橡胶板管带制造、橡胶零件制造、日用及医用橡胶制品制造、运动场地用塑胶制造和其他橡胶制品制造	生活污水排放口	流量、pH 值、化学需氧量、氨氮、悬浮物、五日生化需氧量、总氮、总磷、石油类、总锌[a]	季度	—	半年	—
轮胎翻新		流量、pH 值、化学需氧量、氨氮、悬浮物、五日生化需氧量、石油类、动植物油	季度	—	半年	—
轮胎制造、橡胶板管带制造、橡胶零件制造、日用及医用橡胶制品制造、运动场地用塑胶制造和其他橡胶制品制造	雨水排放口	化学需氧量、石油类、总锌[a]	月（季度[b]）	—	—	—

注：设区的市级及以上生态环境主管部门明确要求安装自动监测设备的污染物指标，应采用自动监测。

[a] 适用于日用及医用橡胶制品工业排污单位。

[b] 雨水排放口有流动水排放时按月监测。若监测一年无异常情况，可放宽至每季度开展一次监测。

表 2　塑料制品工业排污单位废水排放监测点位、监测指标及最低监测频次

类别	监测点位	监测指标	监测频次			
			重点排污单位		非重点排污单位	
			直接排放	间接排放	直接排放	间接排放
塑料人造革合成革制造	废水总排放口	流量、pH 值、化学需氧量、氨氮	自动监测		半年	年
		色度、悬浮物、总氮、总磷、甲苯[a]、二甲基甲酰胺[a]	季度	半年	半年	年
使用聚氯乙烯树脂生产的塑料制品制造（除塑料人造革合成革制造外）		流量、pH 值、悬浮物、化学需氧量、五日生化需氧量、氨氮、石油类	季度	半年	半年	年
使用除聚氯乙烯以外的树脂生产的塑料制品制造（除塑料人造革合成革制造外）		流量、pH 值、悬浮物、化学需氧量、五日生化需氧量、氨氮、总氮、总磷、总有机碳、可吸附有机卤化物、特征污染物[b]	季度	半年	半年	年
塑料人造革合成革制造	生活污水排放口	流量、pH 值、化学需氧量、氨氮、色度、悬浮物、总氮、总磷、甲苯[a]、二甲基甲酰胺[a]	季度	—	半年	—
使用聚氯乙烯树脂生产的塑料制品制造（除塑料人造革合成革制造外）		流量、pH 值、悬浮物、化学需氧量、五日生化需氧量、氨氮、石油类、动植物油	季度	—	半年	—
使用除聚氯乙烯以外的树脂生产的塑料制品制造（除塑料人造革合成革制造外）		流量、pH 值、悬浮物、化学需氧量、五日生化需氧量、氨氮、总氮、总磷、总有机碳、可吸附有机卤化物、特征污染物[b]	季度	—	半年	—
所有类别的塑料制品制造	雨水排放口	化学需氧量、石油类	月（季度[c]）	—	—	—

注：设区的市级及以上生态环境主管部门明确要求安装自动监测设备的污染物指标，应采用自动监测。

[a] 排污单位生产过程中不使用含甲苯、二甲基甲酰胺有机溶剂的，监测指标可不包括甲苯、二甲基甲酰胺。

[b] 特征污染物执行 GB 31572，污染物种类按使用的合成树脂类型确定。

[c] 雨水排放口有流动水排放时按月监测。若监测一年无异常情况，可放宽至每季度开展一次监测。

5.2　废气排放监测

5.2.1　有组织废气排放监测

5.2.1.1　对于多个污染源或生产设备共用一个排气筒的，监测点位可布设在共用排气筒上。当执行不同排放控制要求的废气合并排气筒排放时，应在废气混合前开展监测；若监测点位只能布设在混合后的排气筒上，监测指标应涵盖所对应污染源或生产设备的监测指标，最低监测频次按照严格的执行。

5.2.1.2　橡胶制品工业排污单位有组织废气排放监测点位、监测指标及最低监测频次按照表3执行。其中，排放口类型按 HJ 1122确定。

表 3　橡胶制品工业排污单位有组织废气排放监测点位、监测指标及最低监测频次

类别	监测点位	监测指标	监测频次		
			重点排污单位		非重点排污单位
			主要排放口	一般排放口	
轮胎制造、橡胶板管带制造、橡胶零件制造、运动场地用塑胶制造和其他橡胶制品制造	炼胶排气筒	颗粒物	自动监测	季度	年
		非甲烷总烃	自动监测（季度[a]）	季度	半年
		臭气浓度、恶臭特征污染物[b]	季度	半年	年
	硫化排气筒	非甲烷总烃	自动监测（季度[a]）	季度	半年
		臭气浓度、恶臭特征污染物[b]	季度	半年	年
	胶浆制备、浸浆、胶浆喷涂和涂胶排气筒	非甲烷总烃、甲苯及二甲苯	—	半年	
		臭气浓度、恶臭特征污染物[b]	—	半年	年
	热/冷翻排气筒[c]	非甲烷总烃	—	半年	
		颗粒物、臭气浓度、恶臭特征污染物[b]	—	半年	年
日用及医用橡胶制品制造	配料排气筒	氨、臭气浓度、恶臭特征污染物[b]	—	半年	年
	浸渍排气筒	氨、臭气浓度、恶臭特征污染物[b]	季度	—	年
	硫化排气筒	颗粒物	自动监测	—	年
		臭气浓度、恶臭特征污染物[b]	季度	—	年
轮胎制造、橡胶板管带制造、橡胶零件制造、日用及医用橡胶制品制造、运动场地用塑胶制造和其他橡胶制品制造	有机废气治理设施（燃烧法）排气筒	二氧化硫[d]、氮氧化物[d]	季度	半年	年
	综合废水处理站排气筒	臭气浓度、恶臭特征污染物[b]	—	半年	年

类别	监测点位	监测指标	监测频次		
			重点排污单位		非重点排污单位
			主要排放口	一般排放口	

注：1. 废气监测应按照相应监测分析方法、技术规范同步监测废气参数。

2. 根据环境影响评价文件及其批复，结合项目工艺及产排污特点，选择项目所包含监测点位进行监测。

3. 设区的市级及以上生态环境主管部门明确要求安装自动监测设备的污染物指标，应采用自动监测。

[a] 固定污染源废气非甲烷总烃连续监测技术规范发布实施前，重点排污单位按季度监测。

[b] 恶臭特征污染物执行 GB 14554，污染物种类按环境影响评价文件及其批复确定。

[c] 适用于轮胎翻新排污单位。

[d] 若生产过程中产生的有机废气采用燃烧法进行治理，除监测生产工序排气筒对应的监测指标外，还应监测二氧化硫、氮氧化物。

5.2.1.3 塑料制品工业排污单位有组织废气排放监测点位、监测指标及最低监测频次按照表 4 执行。其中，排放口类型按 HJ 1122 确定。

表 4 塑料制品工业排污单位有组织废气排放监测点位、监测指标及最低监测频次

类别	监测点位	监测指标	监测频次		
			重点排污单位		非重点排污单位
			主要排放口	一般排放口	
塑料人造革制造	配料、涂覆、塑化发泡、冷却、涂刮、烘干、贴合、预塑化、压延成型、挤出、流延排气筒	二甲基甲酰胺[a]、苯[a]、甲苯[a]、二甲苯[a]、VOCs[b]、臭气浓度[c]、恶臭特征污染物[c]	季度	半年	年
		颗粒物[d]	自动监测	半年	年
塑料合成革制造（干法工艺）	配料、涂刮、贴合、烘干排气筒	二甲基甲酰胺[a]、苯[a]、甲苯[a]、二甲苯[a]、VOCs[b]、臭气浓度[c]、恶臭特征污染物[c]	季度	半年	年
		颗粒物[d]	自动监测	半年	年
塑料合成革制造（湿法工艺）	配料、含浸、涂刮、凝固、水洗、烘干、冷却排气筒	二甲基甲酰胺[a]、臭气浓度[c]、恶臭特征污染物[c]	季度	半年	年
塑料合成革制造（超细纤维工艺）	配料、含浸、凝固、水洗、抽出、干燥排气筒	二甲基甲酰胺[a]、苯[a]、甲苯[a]、二甲苯[a]、VOCs[b]、臭气浓度[c]、恶臭特征污染物[c]	季度	半年	年
塑料人造革合成革制造	二甲基甲酰胺回收精馏塔排气筒	二甲基甲酰胺、臭气浓度	季度	半年	年
	后处理排气筒	苯[a]、甲苯[a]、二甲苯[a]、VOCs[b]、臭气浓度[c]、恶臭特征污染物[c]	季度	半年	年

类别	监测点位	监测指标	监测频次		
			重点排污单位		非重点排污单位
			主要排放口	一般排放口	
使用聚氯乙烯树脂生产的塑料薄膜制造	混料、挤出、吹膜、成型排气筒	非甲烷总烃	—	半年（季度[e]）	半年
		颗粒物、氯乙烯、臭气浓度[c]、恶臭特征污染物[c]	—	半年（季度[e]）	年
使用除聚氯乙烯以外的树脂生产的塑料薄膜制造		非甲烷总烃	—	半年（季度[e]）	半年
		颗粒物、特征污染物[f]、臭气浓度[c]、恶臭特征污染物[c]	—	半年（季度[e]）	年
使用聚氯乙烯树脂生产的塑料板管型材制造	混料、挤出、成型排气筒	非甲烷总烃	—	半年	
		颗粒物、氯乙烯、臭气浓度[c]、恶臭特征污染物[c]	—	半年	年
使用除聚氯乙烯以外的树脂生产的塑料板管型材制造		非甲烷总烃	—	半年	
		颗粒物、特征污染物[f]、臭气浓度[c]、恶臭特征污染物[c]	—	半年	年
使用聚氯乙烯树脂生产的塑料丝绳及编织品制造	混料、挤出、喷丝排气筒	非甲烷总烃	—	半年	
		颗粒物、氯乙烯、臭气浓度[c]、恶臭特征污染物[c]	—	半年	年
使用除聚氯乙烯以外的树脂生产的塑料丝绳及编织品制造		非甲烷总烃	—	半年	
		颗粒物、特征污染物[f]、臭气浓度[c]、恶臭特征污染物[c]	—	半年	年
使用聚氯乙烯树脂生产的泡沫塑料制造	配料、涂覆、发泡、挤出、成型、熟化排气筒	非甲烷总烃	—	半年	
		颗粒物、氯乙烯、臭气浓度[c]、恶臭特征污染物[c]	—	半年	年
使用除聚氯乙烯以外的树脂生产的泡沫塑料制造		非甲烷总烃	—	半年	
		颗粒物、特征污染物[f]、臭气浓度[c]、恶臭特征污染物[c]	—	半年	年
使用聚氯乙烯树脂生产的塑料包装箱及容器制造	塑化、成型排气筒	非甲烷总烃	—	半年	
		颗粒物、氯乙烯、臭气浓度[c]、恶臭特征污染物[c]	—	半年	年
使用除聚氯乙烯以外的树脂生产的塑料包装箱及容器制造		非甲烷总烃	—	半年	
		颗粒物、特征污染物[f]、臭气浓度[c]、恶臭特征污染物[c]	—	半年	年
使用聚氯乙烯树脂生产的日用塑料制品制造	塑化、成型、模压排气筒	非甲烷总烃	—	半年	
		颗粒物、氯乙烯、臭气浓度[c]、恶臭特征污染物[c]	—	半年	年
使用除聚氯乙烯以外的树脂生产的日用塑料制品制造		非甲烷总烃	—	半年	
		颗粒物、特征污染物[f]、臭气浓度[c]、恶臭特征污染物[c]	—	半年	年

类别	监测点位	监测指标	监测频次		
			重点排污单位		非重点排污单位
			主要排放口	一般排放口	
使用聚氯乙烯树脂生产的人造草坪制造	挤出、喷丝、背胶、烘干排气筒	非甲烷总烃	—	半年	
		颗粒物、氯乙烯、臭气浓度[c]、恶臭特征污染物[c]	—	半年	年
使用除聚氯乙烯以外的树脂生产的人造草坪制造		非甲烷总烃	—	半年	
		颗粒物、特征污染物[f]、臭气浓度[c]、恶臭特征污染物[c]	—	半年	年
使用聚氯乙烯树脂生产的塑料零件及其他塑料制品制造	配料、塑化、成型、浸渍、烘干、层压排气筒	非甲烷总烃	—	半年	
		颗粒物、氯乙烯、臭气浓度[c]、恶臭特征污染物[c]	—	半年	年
使用除聚氯乙烯以外的树脂生产的塑料零件及其他塑料制品制造		非甲烷总烃	—	半年	
		颗粒物、特征污染物[f]、臭气浓度[c]、恶臭特征污染物[c]	—	半年	年
所有类别的塑料制品制造	印刷排气筒	挥发性有机物[g]、苯[a]、甲苯[a]、二甲苯[a]	—	半年	
	有机废气治理设施（燃烧法）排气筒	二氧化硫[h]、氮氧化物[h]	季度	半年	年
	综合废水处理站排气筒	臭气浓度[c]、恶臭特征污染物[c]	—	半年	年

注：1. 废气监测应按照相应监测分析方法、技术规范同步监测废气参数。

2. 根据环境影响评价文件及其批复，结合项目工艺及产排污特点，选择项目所包含监测点位进行监测。

3. 设区的市级及以上生态环境主管部门明确要求安装自动监测设备的污染物指标，应采用自动监测。

[a] 排污单位生产过程中不使用含二甲基甲酰胺、苯、甲苯、二甲苯有机溶剂的，监测指标可不包括二甲基甲酰胺、苯、甲苯、二甲苯。

[b] 塑料人造革合成革工业排污单位执行 GB 21902，以 VOCs 作为挥发性有机物排放的综合控制指标。

[c] 环境影响评价文件及其批复确定需要监测臭气浓度、恶臭特征污染物的，应监测臭气浓度、恶臭特征污染物，臭气浓度、恶臭特征污染物执行 GB 14554，恶臭特征污染物种类按环境影响评价文件及其批复确定。

[d] 适用于使用聚氯乙烯树脂生产的排污单位。

[e] 采用流延膜工艺的废气最低监测频次为季度，采用其他工艺的废气最低监测频次为半年。

[f] 特征污染物执行 GB 31572，污染物种类按使用的合成树脂类型确定。

[g] 本标准使用非甲烷总烃作为挥发性有机物排放的综合管控指标，待印刷工业相关污染物排放标准实施后，从其规定。

[h] 若生产过程中产生的有机废气采用燃烧法进行治理，除监测生产工序排气筒对应的监测指标外，还应监测二氧化硫、氮氧化物。

5.2.2 无组织废气排放监测

排污单位无组织废气按 GB 37822、HJ/T 55 等设置监测点位。橡胶制品工业排污单位无组织废气排放监测点位、监测指标及最低监测频次按照表 5 执行，塑料制品工业排污单位无组织废气排放监测点位、监测指标及最低监测频次按照表 6 执行。

表 5 橡胶制品工业排污单位无组织废气排放监测点位、监测指标及最低监测频次

类别	监测点位	监测指标	监测频次	
			重点排污单位	非重点排污单位
轮胎制造（除轮胎翻新外）、橡胶板管带制造、橡胶零件制造、日用及医用橡胶制品制造、运动场地用塑胶制造和其他橡胶制品制造	厂界	非甲烷总烃、甲苯、二甲苯、臭气浓度、恶臭特征污染物[a]	半年	年
轮胎翻新	厂界	非甲烷总烃、臭气浓度、恶臭特征污染物[a]	半年	年
注：1. 无组织废气排放监测应同步监测气象参数。 2. 厂区内 VOCs 无组织排放监测要求按 GB 37822 规定执行。				
[a] 恶臭特征污染物执行 GB 14554，污染物种类按环境影响评价文件及其批复确定。				

表 6 塑料制品工业排污单位无组织废气排放监测点位、监测指标及最低监测频次

类别	监测点位	监测指标	监测频次	
			重点排污单位	非重点排污单位
塑料人造革合成革制造	厂界	二甲基甲酰胺[a]、苯[a]、甲苯[a]、二甲苯[a]、VOCs[b]、臭气浓度[c]、恶臭特征污染物[c]	半年	年
使用聚氯乙烯树脂生产的塑料制品制造（除塑料人造革合成革制造外）	厂界	非甲烷总烃、臭气浓度[c]、恶臭特征污染物[c]	半年	年
使用除聚氯乙烯以外的树脂生产的塑料制品制造（除塑料人造革合成革制造外）	厂界	氯化氢、苯[a]、甲苯[a]、非甲烷总烃、臭气浓度[c]、恶臭特征污染物[c]	半年	年
注：1. 无组织废气排放监测应同步监测气象参数。 2. 塑料人造革合成革制造、使用聚氯乙烯树脂生产的塑料制品制造排污单位厂区内 VOCs 无组织排放监测要求按 GB 37822 规定执行；使用除聚氯乙烯以外的树脂生产的塑料制品制造（除塑料人造革合成革制造外）排污单位厂区内 VOCs 无组织排放监测要求按 GB 31572 规定执行。				
[a] 排污单位生产过程中不使用含二甲基甲酰胺、苯、甲苯、二甲苯有机溶剂的，监测指标可不包括二甲基甲酰胺、苯、甲苯、二甲苯。 [b] 塑料人造革合成革工业排污单位执行 GB 21902，以 VOCs 作为挥发性有机物排放的综合控制指标。 [c] 环境影响评价文件及其批复确定需要监测臭气浓度、恶臭特征污染物的，应监测臭气浓度、恶臭特征污染物，臭气浓度、恶臭特征污染物执行 GB 14554，恶臭特征污染物种类按环境影响评价文件及其批复确定。				

5.3 厂界环境噪声监测

5.3.1 厂界环境噪声监测点位设置应遵循 HJ 819 中的原则，主要考虑破碎设备、风机、空压机、水泵等噪声源在厂区内的分布情况和周边环境敏感点的位置。

5.3.2 厂界环境噪声每季度至少开展一次昼、夜间噪声监测，监测指标为等效连续 A 声级，夜间有频发、偶发噪声影响时同时测量频发、偶发最大声级。夜间不生产的可不开展夜间噪声监测，周边有敏感点的，应提高监测频次。

5.4 周边环境质量影响监测

5.4.1 法律法规等有明确要求的，按要求开展环境质量监测。

5.4.2 无明确要求的，排污单位可根据实际情况对周边地表水、海水、地下水和土壤开展监测。对于废水直接排入地表水、海水的排污单位，可按照 HJ 2.3、HJ/T 91、HJ 442.8 及受纳水体环境管理要求设置监测断面和监测点位。开展周边地下水和土壤监测的排污单位，可按照 HJ 610、HJ 164、HJ 964、HJ/T 166 及地下水、土壤环境管理要求设置监测点位。监测指标及最低监测频次按照表 7 执行。

表 7 周边环境质量影响监测指标及最低监测频次

环境要素	监测指标	监测频次
地表水	pH 值、化学需氧量、氨氮、总氮、总磷、石油类、总锌[a]等	年
海水	pH 值、化学需氧量、溶解氧、石油类、总锌[a]等	年
地下水	pH 值、氨氮、总锌[a]等	年
土壤	pH 值、总锌[a]等	年
注：排污单位应根据生产使用的原辅用料、生产工艺、产品等确定具体的监测指标。		
[a]适用于日用及医用橡胶制品工业排污单位。		

5.5 其他要求

5.5.1 除表 1～表 6 中的监测指标外，5.5.1.1 和 5.5.1.2 中的污染物指标也应纳入监测指标范围，并参照表 1～表 6 和 HJ 819 确定监测频次。

5.5.1.1 排污许可证、所执行的污染物排放（控制）标准、环境影响评价文件及其批复［仅限 2015 年 1 月 1 日（含）后取得环境影响评价批复的排污单位］、相关生态环境管理规定明确要求监测的污染物指标。

5.5.1.2 排污单位根据生产过程的原辅用料、生产工艺、中间及最终产品类型、监测结果确定实际排放的，在有毒有害污染物或优先控制化学品相关名录中的污染物指标，或其他有毒污染物指标。

5.5.2 各指标的监测频次在满足本标准的基础上，可根据 HJ 819 中监测频次的确定原则提高监测频次。

5.5.3 重点排污单位依法依规应当按照本标准要求安装使用自动监测设备，非重点排污单位不作强制性要求，相应点位、指标的监测频次参照本标准确定。

5.5.4 采样方法、监测分析方法、监测质量保证与质量控制等按照 HJ 819 执行。

5.5.5 监测方案的描述、变更按照 HJ 819 执行。

6 信息记录和报告

6.1 信息记录

6.1.1 监测信息记录

手工监测记录和自动监测运维记录按照 HJ 819 执行。排污单位对自动监测数据的真实性、准确性负责，发现数据传输异常应当及时报告，并参照自动监测数据异常标记规则执行。

6.1.2 生产和污染治理设施运行状况信息记录

6.1.2.1 一般规定

排污单位应详细记录生产及污染治理设施运行状况，日常生产中参照 6.1.2.2～6.1.2.4 记录相关信息，并整理成台账保存备查。

6.1.2.2 生产运行状况记录

按照生产单元和生产线分类，根据各排污单位具体情况，记录以下相关信息：

a）原辅用料名称和用量；

b）产品产量；

c）新鲜水取水量、能源消耗量（电、天然气等）；

d）主要生产设备、设施的操作使用记录等。

6.1.2.3 废水处理设施运行状况记录

按日（或班次）记录废水产生量、废水处理量、废水回用量及回用去向、废水排放量及排放去向、污泥产生量、废水处理使用的药剂名称及用量、用电量等；记录废水处理设施运行、故障及维护情况等。

6.1.2.4 废气处理设施运行状况记录

按日（或更换频次）记录废气处理使用的吸附材料等耗材的名称和用量；记录废气处理设施运行、故障及维护情况等。

6.1.3 一般工业固体废物和危险废物记录

建立管理台账，记录一般工业固体废物和危险废物产生、贮存、转移、利用和处置情况；记录危险废物的具体去向，并通过全国固体废物管理信息系统进行填报。危险废物按照《国家危险废物名录》或国家规定的危险废物鉴别标准和鉴别方法认定。

6.2 信息报告、应急报告和信息公开

按照 HJ 819 执行。

7 其他

排污单位应如实记录手工监测期间的工况（包括生产负荷、污染治理设施运行情况等），确保监测数据具有代表性。自动监测期间的工况标记，按照本行业工况标记规则执行。

本标准未规定的内容，按照 HJ 819 执行。

HJ

中华人民共和国国家生态环境标准

HJ 1208—2021

排污单位自行监测技术指南 有色金属工业—再生金属

Self-monitoring technology guidelines for pollution sources —Non-ferrous metal metallurgy industry-secondary non-ferrous metal

2021-11-13 发布　　2022-01-01 实施

生　态　环　境　部　发布

前　　言

为贯彻《中华人民共和国环境保护法》《中华人民共和国大气污染防治法》《中华人民共和国水污染防治法》《中华人民共和国土壤污染防治法》《排污许可管理条例》等法律法规，改善生态环境质量，指导和规范再生有色金属工业排污单位自行监测工作，制定本标准。

本标准规定了再生有色金属工业排污单位自行监测的一般要求、监测方案制定、信息记录和报告的基本内容和要求。

本标准为首次发布。

本标准由生态环境部生态环境监测司、法规与标准司组织制订。

本标准主要起草单位：中国环境监测总站、河南省生态环境监测中心。

本标准生态环境部 2021 年 11 月 13 日批准。

本标准自 2022 年 1 月 1 日起实施。

本标准由生态环境部解释。

排污单位自行监测技术指南　有色金属工业—再生金属

1　适用范围

本标准规定了再生有色金属（再生铜、再生铝、再生铅、再生锌）工业排污单位自行监测的一般要求、监测方案制定、信息记录和报告的基本内容和要求。

本标准适用于以废杂有色金属为原料生产有色金属及其合金的排污单位，在生产运行阶段对其排放的水、气污染物，噪声以及对其周边环境质量影响开展自行监测。

以含铜污泥、含锌炼钢烟尘、含铅浸出渣等有色金属二次资源为主要原料生产有色金属及其合金的排污单位，可参照本标准执行。

自备火力发电机组（厂）、配套动力锅炉的自行监测要求按照 HJ 820 执行。

2　规范性引用文件

本标准引用了下列文件或其中的条款。凡是注明日期的引用文件，仅注日期的版本适用于本标准。凡是未注日期的引用文件，其最新版本（包括所有的修改单）适用于本标准。

GB 31574　再生铜、铝、铅、锌工业污染物排放标准

HJ 2.2　环境影响评价技术导则　大气环境

HJ 2.3　环境影响评价技术导则　地表水环境

HJ/T 91　地表水和污水监测技术规范

HJ 164　地下水环境监测技术规范

HJ/T 166　土壤环境监测技术规范

HJ 194　环境空气质量手工监测技术规范

HJ 442.8　近岸海域环境监测技术规范　第八部分　直排海污染源及对近岸海域水环境影响监测

HJ 610　环境影响评价技术导则　地下水环境

HJ 664　环境空气质量监测点位布设技术规范（试行）

HJ 819　排污单位自行监测技术指南　总则

HJ 820　排污单位自行监测技术指南　火力发电及锅炉

HJ 863.4　排污许可证申请与核发技术规范　有色金属工业—再生金属

HJ 964　环境影响评价技术导则　土壤环境（试行）

《国家危险废物名录》

3　术语和定义

GB 31574、HJ 863.4 界定的以及下列术语和定义适用于本标准。

3.1

再生有色金属排污单位　secondary non-ferrous metal pollutant emission unit

以废杂有色金属为原料，生产有色金属及其合金的再生有色金属企业。

3.2

再生铜排污单位　secondary copper pollutant emission unit

以废杂铜为原料，生产粗铜、阳极铜或阴极铜的再生铜企业。

3.3

再生铝排污单位　secondary aluminum pollutant emission unit

以废杂铝为原料，生产铝及铝合金的再生铝企业。

3.4

再生铅排污单位　secondary lead pollutant emission unit

以废杂铅（主要是废铅蓄电池）为原料，生产粗铅、精炼铅及铅合金的再生铅企业。

3.5

再生锌排污单位　secondary zinc pollutant emission unit

以废杂锌为原料，生产金属锌及锌合金的再生锌企业。

3.6

雨水排放口　rainwater outlet

直接或通过沟、渠或者管道等设施向厂界外专门排放天然降水的排放口。

4　自行监测的一般要求

排污单位应查清本单位的污染源、污染物指标及潜在的环境影响，制定监测方案，设置和维护监测设施，按照监测方案开展自行监测，做好质量保证和质量控制，记录和保存监测数据，依法向社会公开监测结果。

5 监测方案制定

5.1 废水排放监测

5.1.1 监测点位

5.1.1.1 排污单位应在废水总排放口、雨水排放口设置监测点位，生活污水单独排入外环境的应在生活污水排放口设置监测点位。

5.1.1.2 排放铅、砷、镍、镉、铬、锑、汞的再生有色金属工业排污单位，应在相应车间或车间处理设施排放口设置监测点位。

5.1.2 监测指标及监测频次

排污单位废水排放监测点位、监测指标及最低监测频次按照表 1 执行。

表 1 废水排放监测点位、监测指标及最低监测频次

监测点位	监测指标	监测频次	
		直接排放	间接排放
废水总排放口	流量、pH 值、化学需氧量、氨氮	自动监测	
	总氮、总磷	月（日[a]）	季度（日[a]）
	总铜、总锌	月	季度
	悬浮物、石油类、硫化物	季度	半年
生产车间或设施废水排放口	总铅、总砷、总镍、总镉、总铬、总汞、总锑[b]	月	
生活污水排放口	流量、pH 值、悬浮物、化学需氧量、氨氮、总氮、总磷、五日生化需氧量、动植物油	月	—
雨水排放口	化学需氧量、石油类、悬浮物	月（季度[c]）	
注：1. 设区的市级及以上生态环境主管部门明确要求安装自动监测设备的，应采取自动监测。 2. 排污单位应根据使用的原辅用料中含重金属情况确定车间或生产设施废水排放口监测指标。			
[a] 水环境质量中总氮、总磷实施总量控制区域最低监测频次按日执行。 [b] 适用于再生铜和再生铅排污单位。 [c] 雨水排放口有流动水排放时按月监测。若监测一年无异常情况，可放宽至每季度开展一次监测。			

5.2　废气排放监测

5.2.1　有组织废气排放监测

5.2.1.1　各生产工序有组织废气排放监测点位、监测指标及最低监测频次按照表 2～表 5 执行。

5.2.1.2　对于多个污染源或生产设备共用一个排气筒的，监测点位可布设在共用排气筒上，当执行不同排放控制要求的废气合并排气筒排放时，应在废气混合前开展监测；若监测点位只能布设在混合后的排气筒上，监测指标应涵盖所对应的污染源或生产设备监测指标，最低监测频次按照严格的执行。

表 2　再生铜工业排污单位有组织废气排放监测点位、监测指标及最低监测频次

行业类型	监测点位	监测指标	监测频次
再生铜	粗铜熔炼尾气排气筒	二氧化硫、氮氧化物（以 NO_2 计）、颗粒物	自动监测
		砷及其化合物、铅及其化合物、镉及其化合物	月
		锡及其化合物、锑及其化合物、铬及其化合物	季度
		二噁英类	年
	粗铜熔炼环境集烟排气筒	二氧化硫、氮氧化物（以 NO_2 计）、颗粒物	自动监测
		砷及其化合物、铅及其化合物、镉及其化合物	月
		锡及其化合物、锑及其化合物、铬及其化合物	季度
		二噁英类	年
	阳极铜熔炼尾气排气筒	二氧化硫、氮氧化物（以 NO_2 计）、颗粒物	自动监测
		砷及其化合物、铅及其化合物、镉及其化合物	月
		锡及其化合物、锑及其化合物、铬及其化合物	季度
		二噁英类	年
	阳极铜熔炼环境集烟排气筒	二氧化硫、氮氧化物（以 NO_2 计）、颗粒物	自动监测
		砷及其化合物、铅及其化合物、镉及其化合物	月
		锡及其化合物、锑及其化合物、铬及其化合物	季度
		二噁英类	年
	烘干炉尾气排气筒	二氧化硫、氮氧化物（以 NO_2 计）、颗粒物	自动监测
		二噁英类	年
	电解系统排气筒	硫酸雾	季度
	电解液净化系统排气筒	硫酸雾	季度
	原料预处理系统排气筒	颗粒物	季度

注：1. 废气监测应按照相应监测分析方法、技术规范同步监测废气参数。
　　2. 设区的市级及以上生态环境主管部门明确要求安装自动监测设备的，应采取自动监测。
　　3. 排污单位应根据使用的原辅用料中含重金属情况确定监测指标。

表 3　再生铝工业排污单位有组织废气排放监测点位、监测指标及最低监测频次

<table>
<tr><td>行业类型</td><td>监测点位</td><td>监测指标</td><td>监测频次</td></tr>
<tr><td rowspan="18">再生铝</td><td rowspan="4">熔炼炉尾气排气筒</td><td>二氧化硫、氮氧化物（以 NO_2 计）、颗粒物</td><td>自动监测</td></tr>
<tr><td>氟化物、氯化氢</td><td>季度</td></tr>
<tr><td>铅及其化合物、砷及其化合物、锡及其化合物、镉及其化合物、铬及其化合物</td><td>季度</td></tr>
<tr><td>二噁英类</td><td>年</td></tr>
<tr><td rowspan="4">熔炼炉环境集烟排气筒</td><td>二氧化硫、氮氧化物（以 NO_2 计）、颗粒物</td><td>自动监测</td></tr>
<tr><td>氟化物、氯化氢</td><td>季度</td></tr>
<tr><td>铅及其化合物、砷及其化合物、锡及其化合物、镉及其化合物、铬及其化合物</td><td>季度</td></tr>
<tr><td>二噁英类</td><td>年</td></tr>
<tr><td rowspan="3">精炼炉尾气排气筒</td><td>二氧化硫、氮氧化物（以 NO_2 计）、颗粒物</td><td>自动监测</td></tr>
<tr><td>氟化物、氯化氢</td><td>季度</td></tr>
<tr><td>铅及其化合物、砷及其化合物、锡及其化合物、镉及其化合物、铬及其化合物</td><td>季度</td></tr>
<tr><td rowspan="3">精炼炉环境集烟排气筒</td><td>二氧化硫、氮氧化物（以 NO_2 计）、颗粒物</td><td>自动监测</td></tr>
<tr><td>氟化物、氯化氢</td><td>季度</td></tr>
<tr><td>铅及其化合物、砷及其化合物、锡及其化合物、镉及其化合物、铬及其化合物</td><td>季度</td></tr>
<tr><td rowspan="2">铝灰渣处理系统排气筒</td><td>二氧化硫、氮氧化物（以 NO_2 计）、颗粒物</td><td>自动监测</td></tr>
<tr><td>氟化物、氯化氢</td><td>季度</td></tr>
<tr><td>原料制备及输送系统排气筒</td><td>颗粒物</td><td>季度</td></tr>
<tr><td colspan="4">注：1. 废气监测应按照相应监测分析方法、技术规范同步监测废气参数。
2. 设区的市级及以上生态环境主管部门明确要求安装自动监测设备的，应采取自动监测。
3. 排污单位应根据使用的原辅用料中含重金属情况确定监测指标。</td></tr>
</table>

表 4　再生铅工业排污单位有组织废气排放监测点位、监测指标及最低监测频次

<table>
<tr><td>行业类型</td><td>监测点位</td><td>监测指标</td><td>监测频次</td></tr>
<tr><td rowspan="7">再生铅火法冶炼</td><td rowspan="4">熔炼炉排气筒</td><td>二氧化硫、氮氧化物（以 NO_2 计）、颗粒物</td><td>自动监测</td></tr>
<tr><td>砷及其化合物、铅及其化合物、锡及其化合物、锑及其化合物、镉及其化合物、铬及其化合物</td><td>月</td></tr>
<tr><td>硫酸雾[a]</td><td>季度</td></tr>
<tr><td>二噁英类</td><td>年</td></tr>
<tr><td rowspan="3">熔炼炉环境集烟排气筒</td><td>二氧化硫、氮氧化物（以 NO_2 计）、颗粒物</td><td>自动监测</td></tr>
<tr><td>砷及其化合物、铅及其化合物、锡及其化合物、锑及其化合物、镉及其化合物、铬及其化合物</td><td>月</td></tr>
<tr><td>二噁英类</td><td>年</td></tr>
</table>

行业类型	监测点位	监测指标	监测频次
再生铅火法冶炼	精炼锅尾气排气筒	二氧化硫[b]、氮氧化物（以 NO_2 计）、颗粒物[b]	自动监测
		铅及其化合物、锑及其化合物	月
		砷及其化合物、锡及其化合物、镉及其化合物、铬及其化合物	季度
	电铅锅尾气排气筒	颗粒物、铅及其化合物	季度
	原料预处理系统排气筒（破碎、分选、预脱硫）	颗粒物、硫酸雾	季度
再生铅湿法冶炼	原料预处理系统排气筒（破碎、分选、预脱硫）	颗粒物、硫酸雾	季度
	焙解炉尾气排气筒	二氧化硫、氮氧化物（以 NO_2 计）、颗粒物	自动监测
		铅及其化合物	季度
		二噁英类	年

注：1. 废气监测应按照相应监测分析方法、技术规范同步监测废气参数。
2. 设区的市级及以上生态环境主管部门明确要求安装自动监测设备的，应采取自动监测。
3. 排污单位应根据使用的原辅用料中含重金属情况确定监测指标。

[a] 适用于有烟气制酸工序排污单位。
[b] 以天然气等清洁能源为燃料的按月监测。

表 5　再生锌工业排污单位有组织废气排放监测点位、监测指标及最低监测频次

行业类型	监测点位	监测指标	监测频次
再生锌	熔炼炉（锅）、熔析炉、回转窑（炉）尾气排气筒	二氧化硫、氮氧化物（以 NO_2 计）、颗粒物	自动监测
		砷及其化合物、铅及其化合物、镉及其化合物	月
		锡及其化合物、铬及其化合物	季度
		二噁英类	年
	熔炼炉（锅）、熔析炉、回转窑（炉）环境集烟排气筒	二氧化硫、氮氧化物（以 NO_2 计）、颗粒物	自动监测
		砷及其化合物、铅及其化合物、镉及其化合物	月
		锡及其化合物、铬及其化合物	季度
		二噁英类	年
	锌灰渣处理排气筒	颗粒物、二氧化硫[a]、氮氧化物（以 NO_2 计）[a]	季度
	原料预处理系统排气筒	颗粒物	季度
	感应电炉排气筒	颗粒物	季度
	浸出系统排气筒	硫酸雾	季度
	电解系统排气筒	硫酸雾	季度
	电解液净化系统排气筒	硫酸雾	季度

注：1. 废气监测应按照相应监测分析方法、技术规范同步监测废气参数。
2. 设区的市级及以上生态环境主管部门明确要求安装自动监测设备的，应采取自动监测。
3. 排污单位应根据使用的原辅用料中含重金属情况确定监测指标。

[a] 适用于使用燃料加热的情况。

5.2.2 无组织废气排放监测

无组织废气排放监测点位、监测指标及最低监测频次按照表 6 执行。

表 6　无组织废气排放监测点位、监测指标及最低监测频次

监测点位	监测指标	监测频次
厂界	硫酸雾[a]、氟化物[b]、氯化氢[b]、砷及其化合物、铅及其化合物、锡及其化合物、锑及其化合物[c]、镉及其化合物、铬及其化合物	季度
注：1. 无组织废气排放监测应同步监测气象参数。 2. 排污单位应根据使用的原辅用料中含重金属情况确定监测指标。		
[a] 适用于再生铜、再生铅、再生锌排污单位。 [b] 适用于再生铝排污单位。 [c] 适用于再生铜、再生铅排污单位。		

5.3 厂界环境噪声监测

5.3.1 厂界环境噪声监测点位设置应遵循 HJ 819 中的原则，主要考虑破碎设备、筛分设备、风机、空压机、水泵等噪声源在厂区内位置和周边环境敏感点的分布情况。

5.3.2 厂界环境噪声每季度至少开展一次昼、夜间噪声监测，监测指标为等效连续 A 声级，夜间有频发、偶发噪声影响时同时测量频发、偶发最大声级。夜间不生产的可不开展夜间噪声监测，周边有敏感点的，应提高监测频次。

5.4 周边环境质量影响监测

5.4.1 法律法规等有明确要求的，按要求开展环境质量监测。

5.4.2 无明确要求的，若排污单位认为有必要的，可对周边环境空气、地表水、海水、土壤、地下水环境质量开展监测。周边环境空气监测可按照 HJ 2.2、HJ 194、HJ 664 及周边环境空气环境管理要求设置监测点位。地表水、海水监测可按照 HJ 2.3、HJ/T 91、HJ 442.8 及受纳水体环境管理要求设置监测断面和监测点位。土壤及地下水监测可按照 HJ 610、HJ 164、HJ 964、HJ/T 166 及环境管理要求设置监测点位。监测指标及最低监测频次按照表 7 执行。

表 7　周边环境质量影响监测指标及最低监测频次

环境要素	监测指标	监测频次
环境空气[a]	铅、镉、汞、砷、六价铬等	半年
地表水	铅、砷、镉、汞、六价铬等	季度
海水	汞、砷、铅、总铬、镉、六价铬、镍等	半年
土壤	砷、镉、六价铬、铅、汞、镍、锑等	年
地下水	汞、砷、铅、镉、六价铬、锑、镍等	年
注：排污单位应根据使用的原辅料中含重金属情况确定监测指标。		
[a] 每次连续监测 3 天。		

5.5 其他要求

5.5.1 除表 1～表 6 中的污染物指标外，5.5.1.1 和 5.5.1.2 中的污染物指标也应纳入监测指标范围，并参照表 1～表 6 和 HJ 819 确定监测频次。

5.5.1.1 排污许可证、所执行的污染物排放（控制）标准、环境影响评价文件及其批复［仅限 2015 年 1 月 1 日（含）后取得环境影响评价批复的排污单位］、相关生态环境管理规定明确要求的污染物指标。

5.5.1.2 排污单位根据生产过程的原辅用料、生产工艺、中间及最终产品类型、监测结果确定实际排放的，在有毒有害污染物或优先控制化学品相关名录中的污染物指标，或其他有毒污染物指标。

5.5.2 各指标的监测频次在满足本标准的基础上，可根据 HJ 819 中监测频次的确定原则提高监测频次。

5.5.3 重点排污单位依法依规应当按照本标准要求安装使用自动监测设备，非重点排污单位不作强制性要求，相应点位、指标的监测频次参照本标准确定。

5.5.4 采样方法、监测分析方法、监测质量保证与质量控制等按照 HJ 819 执行。

5.5.5 监测方案的描述、变更按照 HJ 819 执行。

6 信息记录和报告

6.1 信息记录

6.1.1 监测信息记录

手工监测记录和自动监测运维记录按照 HJ 819 执行。排污单位对自动监测数据的真实准确负责，发现数据传输异常应当及时报告，并参照自动监测数据异常标记规则执行。

6.1.2 生产和污染治理设施运行状况记录

6.1.2.1 一般规定

排污单位应详细记录其生产及污染治理设施的运行状况，日常生产中应参照 6.1.2.2～6.1.2.4 记录相关信息，并整理成台账保存备查。

6.1.2.2 生产运行状况记录

按生产班次记录正常工况下各主要生产单元每项生产设施的运行状态、生产负荷、主要产品产量、原辅用料及燃料使用情况（包括种类、名称、用量、有毒有害元素成分及占比）等信息。

6.1.2.3 废水污染治理设施运行状况记录

按日记录污水处理量、回用水量、排放量、排放去向、污泥产生量、污水处理使用的药剂名称及用量、鼓风机电量等；记录污水处理设施运行、故障及维护情况等。

6.1.2.4 废气污染治理设施运行状况记录

按日记录废气处理使用的吸附剂、过滤材料等耗材的名称和用量；记录废气处理设施运行参数、故障及维护情况等。

6.1.3 一般工业固体废物和危险废物记录

记录一般工业固体废物和危险废物产生、贮存、转移、利用和处置情况，并通过全国固体废物管理信息系统进行填报。原料或辅助工序中产生的其他危险废物的情况也应记录。危险废物按照《国家危险废物名录》或国家规定的危险废物鉴别标准和鉴别方法认定。

6.2 信息报告、应急报告和信息公开

按照 HJ 819 的规定执行。

7 其他

排污单位应如实记录手工监测期间的工况（包括生产负荷、污染治理设施运行情况等），确保监测数据具有代表性。自动监测期间的工况标记，按照本行业工况标记规则执行。

本标准未规定的内容，按照 HJ 819 执行。

HJ

中华人民共和国国家生态环境标准

HJ 1209—2021

工业企业土壤和地下水自行监测技术指南（试行）

Technical guidelines of soil and groundwater self-monitoring for industrial enterprises

2021-11-13 发布　　　　2022-01-01 实施

生　态　环　境　部　发布

前　言

为贯彻《中华人民共和国环境保护法》《中华人民共和国土壤污染防治法》《地下水管理条例》等法律法规，防控工业企业土壤和地下水污染，改善生态环境质量，指导和规范工业企业土壤和地下水自行监测工作，制定本标准。

本标准规定了工业企业土壤和地下水自行监测的一般要求，监测方案制定，样品采集、保存、流转、制备与分析，监测结果分析，质量保证与质量控制，监测报告编制，监测管理的基本内容和要求。

本标准的附录 A～附录 D 为资料性附录。

本标准为首次发布。

本标准由生态环境部生态环境监测司、法规与标准司组织制订。

本标准起草单位：北京市环境保护科学研究院。

本标准生态环境部 2021 年 11 月 13 日批准。

本标准自 2022 年 1 月 1 日起实施。

本标准由生态环境部解释。

工业企业土壤和地下水自行监测技术指南（试行）

1 适用范围

本标准规定了工业企业土壤和地下水自行监测的一般要求，监测方案制定，样品采集、保存、流转、制备与分析，监测结果分析，质量保证与质量控制，监测报告编制，监测管理的基本内容和要求。

本标准适用于土壤污染重点监管单位中在产工业企业内部的土壤和地下水自行监测。其他工业企业的土壤和地下水自行监测可参照本标准执行。

土壤污染重点监管单位中贮存场和填埋场的监测，国家已发布相应技术规定的，从其规定。

2 规范性引用文件

本标准引用了下列文件或其中的条款。凡是注明日期的引用文件，仅注日期的版本适用于本标准。凡是未注日期的引用文件，其最新版本（包括所有的修改单）适用于本标准。

GB 36600　土壤环境质量　建设用地土壤污染风险管控标准（试行）

GB/T 14848　地下水质量标准

GB/T 32722　土壤质量　土壤样品长期和短期保存指南

HJ 25.2　建设用地土壤污染风险管控和修复监测技术导则

HJ 164　地下水环境监测技术规范

HJ/T 166　土壤环境监测技术规范

HJ 610　环境影响评价技术导则　地下水环境

HJ 964　环境影响评价技术导则　土壤环境（试行）

HJ 1019　地块土壤和地下水中挥发性有机物采样技术导则

《重点监管单位土壤污染隐患排查指南（试行）》（生态环境部公告　2021 年第 1 号）

3 术语和定义

下列术语和定义适用于本标准。

3.1

自行监测 self-monitoring

工业企业为掌握生产过程对土壤和地下水环境的影响情况，按照相关法律法规和技术规范，组织开展的定期监测活动。

3.2

土壤污染重点监管单位 key soil pollution supervision and management entity

设区的市级以上地方人民政府生态环境主管部门按照国务院生态环境主管部门的规定，根据有毒有害物质排放等情况，确定纳入本行政区域土壤污染重点监管单位名录的单位。

3.3

重点监测单元 key monitoring unit

企业根据排查认为可能通过渗漏、流失、扬散等途径导致土壤或地下水污染，需开展监测的重点场所或重点设施设备。

3.4

关注污染物 contaminants of concern

企业重点场所或重点设施设备运行过程中涉及且可能导致土壤或地下水污染的物质。

3.5

潜水 phreatic water

地表以下第一个稳定隔水层以上具有自由水面的地下水。

4 自行监测的一般要求

4.1 制定监测方案

企业应通过资料收集、现场踏勘及人员访谈等工作，排查企业内所有可能导致土壤或地下水污染的场所及设施设备，将其识别为重点监测单元并对其进行分类，制定自行监测方案。监测方案内容至少包括：监测点位及布置图，监测指标与频次，拟选取的样品采集、保存、流转、制备与分析方法，质量保证与质量控制等。

4.2 建设与管理监测设施

企业应根据监测方案确定的监测点位与监测指标，按照 HJ 164 的要求建设并管理地下水监测井。地下水监测井应建成长期监测井。

4.3 实施监测方案

企业应按照监测方案，根据自身条件和能力自行或委托相关机构定期开展监测活动，并将相关内容纳入企业自行监测年度报告，及排污许可证年度执行报告（仅限已核发排污许可证的企业）。

4.4 做好监测质量保证与质量控制

企业应建立自行监测质量体系，按照本标准及相关技术规范要求做好各环节质量保证与质量控制。

4.5 报送和公开监测数据

企业应按照相关法规的要求，将监测数据报生态环境主管部门并向社会公开监测结果。

5 监测方案制定

5.1 重点监测单元

5.1.1 资料收集

建议收集的资料主要包括企业基本信息、生产信息、水文地质信息、生态环境管理信息等，资料清单列表参见附录 A。可根据实际情况增减有关资料。

5.1.2 现场踏勘

应通过现场踏勘，补充和确认待监测企业内部的信息，核查所收集资料的有效性。对照企业平面布置图，勘察各场所及设施设备的分布情况，核实其主要功能、生产工艺及涉及的有毒有害物质。重点观察场所及设施设备地面硬化或其他防渗措施情况，判断是否存在通过渗漏、流失、扬散等途径导致土壤或地下水污染的隐患。

5.1.3 人员访谈

必要时，可通过人员访谈进一步补充和核实企业信息。访谈人员可包括企业负责人，熟悉企业生产活动的管理人员和职工，企业属地的生态环境、发展改革、工业和信息化等主管部门的工作人员，熟悉所在地情况的人员，相关行业专家等。

5.1.4 重点监测单元的识别与分类

对本标准 5.1.1～5.1.3 调查结果进行分析、评价和总结，结合《重点监管单位土壤污染隐患排查指南（试行）》等相关技术规范的要求排查企业内有潜在土壤污染隐患的重点场所及重点设施设备，将其中可能通过渗漏、流失、扬散等途径导致土壤或地下水污染的场所或设施设备识别为重点监测单元，开展土壤和地下水监测工作。

重点场所或重点设施设备分布较密集的区域可统一划分为一个重点监测单元，每个重点监测单元原则上面积不大于 6 400 m^2。

重点监测单元确定后，应依据表 1 所述原则对其进行分类，并填写重点监测单元清单，清单格式参见附录 B。

表 1　重点监测单元分类

单元类别	划分依据
一类单元	内部存在隐蔽性重点设施设备的重点监测单元
二类单元	除一类单元外其他重点监测单元
注：隐蔽性重点设施设备，指污染发生后不能及时发现或处理的重点设施设备，如地下、半地下或接地的储罐、池体、管道等。	

5.2　监测点位

5.2.1　布设原则

5.2.1.1　监测点位的布设应遵循不影响企业正常生产且不造成安全隐患与二次污染的原则。

5.2.1.2　点位应尽量接近重点单元内存在土壤污染隐患的重点场所或重点设施设备，重点场所或重点设施设备占地面积较大时，应尽量接近该场所或设施设备内最有可能受到污染物渗漏、流失、扬散等途径影响的隐患点。

5.2.1.3　根据地勘资料，目标采样层无土壤可采或地下水埋藏条件不适宜采样的区域，可不进行相应监测，但应在监测报告中提供地勘资料并予以说明。

5.2.2　土壤监测点

a）监测点位置及数量

1）一类单元

一类单元涉及的每个隐蔽性重点设施设备周边原则上均应布设至少 1 个深层土壤监测点，单元内部或周边还应布设至少 1 个表层土壤监测点。

2）二类单元

每个二类单元内部或周边原则上均应布设至少 1 个表层土壤监测点，具体位置及数量可根据单元大小或单元内重点场所或重点设施设备的数量及分布等实际情况适当调整。监测点原则上应布设在土壤裸露处，并兼顾考虑设置在雨水易于汇流和积聚的区域，污染途径包含扬散的单元还应结合污染物主要沉降位置确定点位。

b）采样深度

1）深层土壤

深层土壤监测点采样深度应略低于其对应的隐蔽性重点设施设备底部与土壤接触面。

下游 50 m 范围内设有地下水监测井并按照本标准要求开展地下水监测的单元可不布设深层土壤监测点。

2）表层土壤

表层土壤监测点采样深度应为 0～0.5 m。

单元内部及周边 20 m 范围内地面已全部采取无缝硬化或其他有效防渗措施，无裸露土壤的，可不布设表层土壤监测点，但应在监测报告中提供相应的影像记录并予以说明。

5.2.3 地下水监测井

a）对照点

企业原则上应布设至少 1 个地下水对照点。

对照点布设在企业用地地下水流向上游处，与污染物监测井设置在同一含水层，并应尽量保证不受自行监测企业生产过程影响。

临近河流、湖泊和海洋等地下水流向可能发生季节性变化的区域可根据流向变化适当增加对照点数量。

b）监测井位置及数量

每个重点单元对应的地下水监测井不应少于 1 个。每个企业地下水监测井（含对照点）总数原则上不应少于 3 个，且尽量避免在同一直线上。

应根据重点单元内重点场所或重点设施设备的数量及分布确定该单元对应地下水监测井的位置和数量，监测井应布设在污染物运移路径的下游方向，原则上井的位置和数量应能捕捉到该单元内所有重点场所或重点设施设备可能产生的地下水污染。

地面已采取了符合 HJ 610 和 HJ 964 相关防渗技术要求的重点场所或重点设施设备可适当减少其所在单元内监测井数量，但不得少于 1 个监测井。

企业或邻近区域内现有的地下水监测井，如果符合本标准及 HJ 164 的筛选要求，可以作为地下水对照点或污染物监测井。

监测井不宜变动，尽量保证地下水监测数据的连续性。

c）采样深度

自行监测原则上只调查潜水。涉及地下取水的企业应考虑增加取水层监测。

采样深度参见 HJ 164 对监测井取水位置的相关要求。

5.3 监测指标与频次

5.3.1 监测指标

a）初次监测

原则上所有土壤监测点的监测指标至少应包括 GB 36600 表 1 基本项目，地下水监测井的监测指标至少应包括 GB/T 14848 表 1 常规指标（微生物指标、放射性指标除外）。

企业内任何重点单元涉及上述范围外的关注污染物，应根据其土壤或地下水的污染特性，将其纳入企业内所有土壤或地下水监测点的初次监测指标。

关注污染物一般包括：

1）企业环境影响评价文件及其批复中确定的土壤和地下水特征因子；

2）排污许可证等相关管理规定或企业执行的污染物排放（控制）标准中可能对土壤或地下水产生影响的污染物指标；

3）企业生产过程的原辅用料、生产工艺、中间及最终产品中可能对土壤或地下水产生影响的，已纳入有毒有害或优先控制污染物名录的污染物指标或其他有毒污染物指标；

4）上述污染物在土壤或地下水中转化或降解产生的污染物；

5）涉及 HJ 164 附录 F 中对应行业的特征项目（仅限地下水监测）。

b）后续监测

后续监测按照重点单元确定监测指标，每个重点单元对应的监测指标至少应包括：

1）该重点单元对应的任一土壤监测点或地下水监测井在前期监测中曾超标的污染物，超标的判定参见本标准 7，受地质背景等因素影响造成超标的指标可不监测；

2）该重点单元涉及的所有关注污染物。

5.3.2 监测频次

自行监测的最低监测频次按照表 2 的要求执行。

表 2　自行监测的最低频次

监测对象		监测频次
土壤	表层土壤	年
	深层土壤	3 年
地下水	一类单元	半年（季度[a]）
	二类单元	年（半年[a]）

注：1. 初次监测应包括所有监测对象。
　　2. 应选取每年中相对固定的时间段采样。地下水流向可能发生季节性变化的区域应选取每年中地下水流向不同的时间段分别采样。

[a] 适用于周边 1 km 范围内存在地下水环境敏感区的企业。地下水环境敏感区定义参见 HJ 610。

5.4　监测方案变更

除下列情况外，监测方案不宜随意变更：

a）国家相关法律法规或标准发生变化；

b）企业的重点场所或重点设施设备位置、功能、生产工艺等发生变动；

c）企业在原有基础上增加监测点位、监测指标或监测频次。

6　样品采集、保存、流转、制备与分析

6.1　样品采集

土壤样品采集方法按照 HJ 25.2、HJ/T 166 和 HJ 1019 的要求进行。

地下水采样前应进行洗井，洗井方法按照 HJ 164 的要求进行。地下水样品采集方法按照 HJ 164、HJ 1019 的要求进行。

6.2　样品保存、流转、制备

土壤样品的保存、流转和制备按照 GB/T 32722、HJ 25.2、HJ/T 166 和拟选取分析方法的要求进行。

地下水样品的保存和流转按照 HJ 164、HJ 1019 和拟选取分析方法的要求进行。

6.3　样品分析

样品分析方法的选用应充分考虑污染物性质及所采用分析方法的检出限和干扰等因素。

监测分析方法应优先选用所执行的标准中规定的方法。选用其他国家、行业标准方法的，方法的主要特性参数（包括测定下限、精密度、准确度、干扰消除等）需符合相关标准要求。尚无国家和行业标准分析方法的，可选用其他方法，但必须做方法验证和对比实验，证明该方法主要特性参数的可靠性。

7　监测结果分析

监测结果分析应至少包括下列内容：

a）土壤污染物浓度与 GB 36600 中第二类用地筛选值、土壤环境背景值或地方土壤污染风险管控标准对比情况；

b）地下水污染物浓度与该地区地下水功能区划在 GB/T 14848 中对应的限值或地方生

态环境部门判定的该地区地下水环境本底值对比情况；

c）地下水各点位污染物监测值与该点位前次监测值对比情况；

d）地下水各点位污染物监测值趋势分析（趋势分析方法示例参见附录 C）；

e）土壤或地下水中关注污染物检出情况。

当有点位出现下列任一种情况时，该点位监测频次应至少提高 1 倍，直至至少连续 2 次监测结果均不再出现下列情况，方可恢复原有监测频次；经分析污染可能不由该企业生产活动造成时除外，但应在监测结果分析中一并说明：

a）土壤污染物浓度超过 GB 36600 中第二类用地筛选值、土壤环境背景值或地方土壤污染风险管控标准；

b）地下水污染物浓度超过该地区地下水功能区划在 GB/T 14848 中对应的限值或地方生态环境部门判定的该地区地下水环境本底值；

c）地下水污染物监测值高于该点位前次监测值 30%以上；

d）地下水污染物监测值连续 4 次以上呈上升趋势。

8 质量保证与质量控制

8.1 建立质量体系

自行监测的承担单位应具备与监测任务相适应的工作条件，配备数量充足、技术水平满足工作要求的技术人员，并有适当的措施和程序保证监测结果准确可靠。企业全部或部分委托相关机构开展监测工作的，应确认机构的能力满足自行监测的质量要求。

承担单位应根据工作需求，梳理监测方案制定与实施各环节中为保证监测工作质量应制定的工作流程、管理措施与监督措施，建立自行监测质量体系。

8.2 监测方案制定环节

企业应自行对其监测方案的适用性和准确性进行评估，评估内容包括但不仅限于：

a）重点单元的识别与分类依据是否充分，是否已按照本标准的要求提供了重点监测单元清单及标记有重点单元及监测点/监测井位置的企业总平面布置图；

b）监测点/监测井的位置、数量和深度是否符合本标准 5.2 的要求；

c）监测指标与监测频次是否符合本标准 5.3 的要求；

d）所有监测点位是否已核实具备采样条件。

8.3 样品采集、保存、流转、制备与分析环节

样品采集位置、数量和深度原则上应与监测方案保持一致，必要时可根据便携式有机

物快速测定仪、重金属快速测定仪等现场快速筛选仪器的读数或其他合理依据进行调整，应在监测报告中说明调整方案并提供相应依据。

样品采集、保存、流转、制备与分析环节的质量保证与质量控制还应满足 GB/T 32722、HJ 164、HJ/T 166、HJ 1019 及所选取分析方法的要求。

9 监测报告编制

土壤和地下水自行监测报告的一般编制格式参见附录 D，报告大纲及内容可根据企业自行监测情况适当调整，但至少应包括：

a）企业执行的自行监测方案描述（至少涵盖重点监测单元清单，标记有重点单元及监测点/监测井位置的企业总平面布置图，重点单元识别与分类过程描述，监测点位置、数量和深度的描述，各点位监测指标与频次及其选取原因描述，样品采集、保存、流转、制备等方法描述等）；

b）监测结果及分析，各监测指标选取的分析方法及检出限应在报告中明确；

c）质量保证与质量控制；

d）企业针对监测结果拟采取的主要措施。

10 监测管理

土壤污染重点监管单位应当对监测数据及信息公开内容的真实性和准确性负责。

土壤污染重点监管单位应配合生态环境主管部门的监督与检查。

附　录　A

（资料性附录）

建议收集的资料清单

建议收集的资料清单见表 A.1。

表 A.1　建议收集的资料清单

信息	信息项目	目的
基本信息	企业名称、排污许可证编号（仅限于核发排污许可证的企业）、地址、坐标；企业行业分类、经营范围；企业总平面布置图及面积	确定企业基本情况；可根据总平面布置图分区开展企业生产信息调查，并作为底图用于重点单元及监测点位的标记
生产信息	企业各场所、设施、设备分布图；企业生产工艺流程图；各场所或设施设备的功能/涉及的生产工艺/使用、贮存、转运或产出的原辅用料、中间产品和最终产品清单/涉及的有毒有害物质信息；涉及有毒有害物质的管线分布图；各场所或设施设备废气、废水、固体废物收集、排放及处理情况	确定各设施设备涉及的工艺流程；原辅用料、中间产品和最终产品使用、贮存、转运或产出的情况；涉及的有毒有害物质情况；废气、废水、固体废物收集、排放及处理情况。便于重点单元的识别、分类及相应关注污染物的确定
水文地质信息	地面覆盖、地层结构、土壤质地、岩土层渗透性等特性；地下水埋深/分布/径流方向	确定企业地质及水文地质情况，便于识别污染物运移路径。本信息可通过建井过程获取
生态环境管理信息	企业用地历史；企业所在地地下水功能区划；企业现有地下水监测井信息；土壤和地下水环境调查监测数据、历史污染记录	识别企业所在地土壤/地下水背景值、分辨可能由历史生产造成的污染、明确应执行的土壤/地下水相关标准等

附　录　B

（资料性附录）

重点监测单元清单

重点监测单元清单见表 B.1。

表 B.1　重点监测单元清单

<table>
<tr><td colspan="2">企业名称</td><td colspan="3"></td><td>所属行业</td><td colspan="4"></td></tr>
<tr><td colspan="2">填写日期</td><td></td><td colspan="2">填报人员</td><td></td><td colspan="2">联系方式</td><td colspan="2"></td></tr>
<tr><td>序号</td><td>单元内需要监测的重点场所/设施/设备名称</td><td>功能（该重点场所/设施/设备涉及的生产活动）</td><td>涉及有毒有害物质清单</td><td>关注污染物</td><td>设施坐标（中心点坐标）</td><td>是否为隐蔽性设施</td><td>单元类别（一类/二类）</td><td colspan="2">该单元对应的监测点位编号及坐标</td></tr>
<tr><td rowspan="11">单元A</td><td rowspan="5">1. ×××</td><td rowspan="5"></td><td>①</td><td rowspan="5"></td><td rowspan="5">××.×××°N
××.×××°E</td><td rowspan="5"></td><td rowspan="11"></td><td rowspan="6">土壤</td><td rowspan="3">AT1
××.×××°N
××.×××°E</td></tr>
<tr><td>②</td></tr>
<tr><td>③</td></tr>
<tr><td>④</td><td rowspan="3">AT2
××.×××°N
××.×××°E</td></tr>
<tr><td>⑤</td></tr>
<tr><td rowspan="3">2.</td><td rowspan="3"></td><td>①</td><td rowspan="3"></td><td rowspan="3"></td><td rowspan="3"></td></tr>
<tr><td>②</td><td rowspan="5">地下水</td><td rowspan="2">AS1
××.×××°N
××.×××°E</td></tr>
<tr><td>③</td></tr>
<tr><td rowspan="3">3.</td><td rowspan="3"></td><td>①</td><td rowspan="3"></td><td rowspan="3"></td><td rowspan="3"></td><td rowspan="2">AS2
××.×××°N
××.×××°E</td></tr>
<tr><td>②</td></tr>
<tr><td>③</td><td>……</td></tr>
<tr><td>单元B</td><td></td><td></td><td>①</td><td></td><td></td><td></td><td></td><td colspan="2"></td></tr>
</table>

附　录　C

（资料性附录）

污染物浓度趋势分析方法示例

某企业内部某重点单元的关注污染物为六价铬、砷和铁，故对该单元对应的污染物地下水监测井中六价铬、砷和铁的浓度进行了定期监测，监测结果见表 C.1。

表 C.1　地下水监测井中污染物浓度监测值

监测批次	六价铬/（mg/L）	砷/（mg/L）	铁/（mg/L）
1	0.012	0.020	1.9
2	0.021	0.022	1.3
3	0.036	0.023	1.5
4	0.060	0.021	1.2
5	0.067	0.021	1.1
6	0.072	0.022	1.3

对监测数据进行趋势分析（本示例采用 Excel 的“线性趋势线”功能，也可采用其他类型趋势分析），结果如图 C.1。

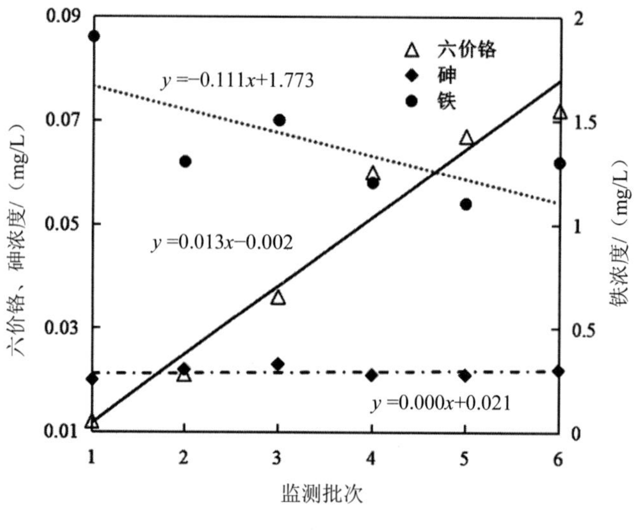

图 C.1　污染物浓度监测值变化及趋势预测

监测数据趋势分析结果表明，企业该地下水监测井中六价铬趋势线斜率（k =0.013）大于 0，说明六价铬浓度呈现上升趋势；砷趋势线斜率（k =0.000）约等于 0，说明砷浓度值基本稳定；铁趋势线斜率（k =−0.111）小于 0，说明铁浓度呈现下降趋势。

附　录　D

（资料性附录）

土壤和地下水自行监测报告编制的参考格式

1　工作背景

1.1　工作由来

1.2　工作依据

1.3　工作内容及技术路线

2　企业概况

2.1　企业名称、地址、坐标等

2.2　企业用地历史、行业分类、经营范围等

2.3　企业用地已有的环境调查与监测情况

3　地勘资料

3.1　地质信息

3.2　水文地质信息

4　企业生产及污染防治情况

4.1　企业生产概况

4.2　企业总平面布置

4.3　各重点场所、重点设施设备情况

5　重点监测单元识别与分类

5.1　重点单元情况

5.2　识别/分类结果及原因

5.3　关注污染物

6　监测点位布设方案

6.1　重点单元及相应监测点/监测井的布设位置（以企业总平面布置图为底图绘制）

6.2　各点位布设原因

6.3　各点位监测指标及选取原因

7　样品采集、保存、流转与制备

7.1　现场采样位置、数量和深度

1）土壤

2）地下水

7.2　采样方法及程序（地下水采样应包含建井洗井过程的描述）

1）土壤

2）地下水

7.3　样品保存、流转与制备

8　监测结果分析

8.1　土壤监测结果分析

1）分析方法

2）各点位监测结果

3）监测结果分析

8.2　地下水监测结果分析

1）分析方法

2）各点位监测结果

3）监测结果分析

9　质量保证与质量控制

9.1　自行监测质量体系

9.2　监测方案制定的质量保证与控制

9.3　样品采集、保存、流转、制备与分析的质量保证与控制

10　结论与措施

10.1　监测结论

10.2　企业针对监测结果拟采取的主要措施及原因

附件：

附件 1　重点监测单元清单

附件 2　实验室样品检测报告

附件 3　地下水监测井归档资料（归档资料的要求参见 HJ 164）

附件 4　地方生态环境主管部门要求或企业认为应当提交的其他相关资料

HJ

中华人民共和国国家生态环境标准

HJ 1244—2022

排污单位自行监测技术指南 稀有稀土金属冶炼

Self-monitoring technology guidelines for pollution sources —Rare and rare earth metals smelting industry

2022-04-27 发布　　2022-07-01 实施

生　态　环　境　部　发布

前　言

为贯彻《中华人民共和国环境保护法》《中华人民共和国水污染防治法》《中华人民共和国大气污染防治法》《中华人民共和国土壤污染防治法》《中华人民共和国固体废物污染环境防治法》《中华人民共和国噪声污染防治法》《排污许可管理条例》等法律法规，改善生态环境质量，指导和规范稀有稀土金属冶炼排污单位自行监测工作，制定本标准。

本标准规定了稀有稀土金属冶炼排污单位自行监测的一般要求、监测方案制定、信息记录和报告的基本内容及要求。

本标准为首次发布。

本标准由生态环境部生态环境监测司、法规与标准司组织制订。

本标准主要起草单位：中国环境监测总站、四川省生态环境监测总站、矿冶科技集团有限公司、内蒙古自治区环境监测总站。

本标准生态环境部 2022 年 4 月 27 日批准。

本标准自 2022 年 7 月 1 日起实施。

本标准由生态环境部解释。

排污单位自行监测技术指南　稀有稀土金属冶炼

1　适用范围

本标准规定了稀有稀土金属冶炼排污单位自行监测的一般要求、监测方案制定、信息记录和报告的基本内容及要求。

本标准适用于稀有稀土金属冶炼排污单位在生产运行阶段对其排放的水、气污染物，噪声以及对周边环境质量影响开展自行监测，具体包括 GB/T 4754—2017 中 3231 钨钼冶炼、3232 稀土金属冶炼、3239 其他稀有金属冶炼排污单位。属于 3239 其他稀有金属冶炼的钽、铌冶炼排污单位自行监测的内容及要求适用本标准；锆、铍冶炼排污单位自行监测的内容及要求参照本标准执行。

自备火力发电机组（厂）、配套动力锅炉的自行监测要求按照 HJ 820 执行。

环境辐射监测及信息公开要求按照《伴生放射性矿开发利用企业环境辐射监测及信息公开办法（试行）》执行。

2　规范性引用文件

本标准引用了下列文件或其中的条款。凡是注明日期的引用文件，仅注日期的版本适用于本标准。凡是未注日期的引用文件，其最新版本（包括所有的修改单）适用于本标准。

GB/T 4754—2017　国民经济行业分类

GB 26451　稀土工业污染物排放标准

GB 30485　水泥窑协同处置固体废物污染控制标准

HJ 2.2　环境影响评价技术导则　大气环境

HJ 2.3　环境影响评价技术导则　地表水环境

HJ 91.2　地表水环境质量监测技术规范

HJ 164　地下水环境监测技术规范

HJ/T 166　土壤环境监测技术规范

HJ 194　环境空气质量手工监测技术规范

HJ 442.8　近岸海域环境监测技术规范　第八部分　直排海污染源及对近岸海域水环境影响监测

HJ 610　环境影响评价技术导则　地下水环境

HJ 662　水泥窑协同处置固体废物环境保护技术规范

HJ 819　排污单位自行监测技术指南　总则

HJ 820　排污单位自行监测技术指南　火力发电及锅炉

HJ 964　环境影响评价技术导则　土壤环境（试行）

HJ 1200　排污许可证申请与核发技术规范　工业固体废物（试行）

《国家危险废物名录》

《伴生放射性矿开发利用企业环境辐射监测及信息公开办法（试行）》（国环规辐射〔2018〕1号）

3　术语和定义

GB 26451界定的以及下列术语和定义适用于本标准。

3.1

稀有稀土金属冶炼排污单位　emission unit for rare and rare earth metals smelting

从事GB/T 4754—2017中行业代码323稀有稀土金属冶炼活动的排污单位，包括从事行业代码3231钨钼冶炼的排污单位、从事行业代码3232稀土金属冶炼的排污单位、从事行业代码3239其他稀有金属冶炼的排污单位。

3.2

钨钼冶炼排污单位　tungsten and molybdenum separation and metal smelting pollutants emission unit

以钨精矿、钼精矿、含钨钼的物料为原料，生产仲钨酸铵、钨粉、钨条（杆）、钨粒、钨板坯、焙烧钼精矿、钼粉、钼条（杆）、其他钨、其他钼的排污单位，属于GB/T 4754—2017中行业代码3231钨钼冶炼行业。

3.3

稀土金属冶炼排污单位　rare earth metals smelting pollutants emission unit

以稀土精矿或含稀土的物料为原料，含有分解提取、分组、分离、金属及合金制取工艺中至少一步生产稀土化合物、稀土金属或稀土合金的排污单位，属于GB/T 4754—2017中行业代码3232稀土金属冶炼行业。

3.4

其他稀有金属冶炼排污单位　other rare metal smelting pollutants emission unit

以钽、铌、锆、铍等稀有金属精矿冶炼的排污单位，属于GB/T 4754—2017中行业代码3239其他稀有金属冶炼行业。

3.5

雨水排放口 rainwater outlet

直接或通过沟、渠或者管道等设施向厂界外专门排放天然降水的排放口。

4 自行监测的一般要求

排污单位应查清本单位的污染源、污染物指标及潜在的环境影响，制定监测方案，设置和维护监测设施，按照监测方案开展自行监测，做好质量保证和质量控制，记录和保存监测信息，依法向社会公开监测结果。

5 监测方案制定

5.1 废水排放监测

5.1.1 钨钼冶炼排污单位废水排放监测点位、监测指标及最低监测频次按照表 1 执行。

表 1 钨钼冶炼排污单位废水排放监测点位、监测指标及最低监测频次

监测点位	监测指标	监测频次	
		直接排放	间接排放
废水总排放口	流量、pH 值、化学需氧量、氨氮	自动监测	
	总磷	月	季度
	悬浮物、总锌、石油类、氟化物	季度	半年
车间或生产设施废水排放口	流量、总铅、总砷、总汞、总镉	月	季度
生活污水排放口[a]	流量、pH 值、悬浮物、化学需氧量、五日生化需氧量、氨氮、总磷	季度	—
雨水排放口	pH 值、悬浮物、化学需氧量、氨氮、石油类	月[b]	

[a] 排污单位间接排放不要求开展自行监测，但应说明排放去向。

[b] 雨水排放口有流动水排放时按月监测。若监测一年无异常情况，可放宽至每季度开展一次监测。

5.1.2 稀土金属冶炼排污单位废水排放监测点位、监测指标及最低监测频次按照表 2 执行。

表 2 稀土金属冶炼排污单位废水排放监测点位、监测指标及最低监测频次

监测点位	监测指标	监测频次	
		直接排放	间接排放
废水总排放口	流量、pH 值、化学需氧量、氨氮	自动监测	
	总磷、总氮	月	季度
	悬浮物、总锌、石油类、氟化物	季度	半年

监测点位	监测指标	监测频次	
		直接排放	间接排放
车间或生产设施废水排放口	流量、总铅、总砷、总镉、总铬、六价铬	月	季度
雨水排放口	pH 值、悬浮物、化学需氧量、氨氮、石油类	月[a]	

[a] 雨水排放口有流动水排放时按月监测。若监测一年无异常情况，可放宽至每季度开展一次监测。

5.1.3 钽铌冶炼排污单位废水排放监测点位、监测指标及最低监测频次按照表 3 执行。

表 3 钽铌冶炼排污单位废水排放监测点位、监测指标及最低监测频次

监测点位	监测指标	监测频次	
		直接排放	间接排放
废水总排放口	流量、pH 值、化学需氧量、氨氮	自动监测	
	总磷	月	季度
	悬浮物、总锌、石油类、氟化物	季度	半年
生活污水排放口[a]	流量、pH 值、悬浮物、化学需氧量、五日生化需氧量、氨氮、总磷	季度	—
雨水排放口	pH 值、悬浮物、化学需氧量、氨氮、石油类	月[b]	

[a] 排污单位间接排放不要求开展自行监测，但应说明排放去向。

[b] 雨水排放口有流动水排放时按月监测。若监测一年无异常情况，可放宽至每季度开展一次监测。

5.2 废气排放监测

5.2.1 有组织废气排放监测

5.2.1.1 对于多个污染源或生产设备共用一个排气筒的，监测点位可布设在共用排气筒上。当执行不同排放控制要求的废气合并排气筒排放时，应在废气混合前进行监测；若监测点位只能布设在混合后的排气筒上，监测指标应涵盖所对应污染源或生产设备的监测指标，最低监测频次按照最严格的规定执行。

5.2.1.2 钨钼冶炼排污单位有组织废气排放监测点位、监测指标及最低监测频次按照表 4 执行。

表 4 钨钼冶炼排污单位有组织废气排放监测点位、监测指标及最低监测频次

原料类型	生产工序	监测点位	监测指标	监测频次
钨精矿-分解-离子交换	解吸	解吸废气处理系统排气筒	氨	半年
	除钼	除钼废气处理系统排气筒	硫化氢、氨	半年
	结晶	结晶废气处理系统排气筒	氨	月
钨精矿-分解-萃取	除钼	除钼废气处理系统排气筒	硫化氢[a]、氨[a]	半年
	萃取	萃取废气处理系统排气筒	非甲烷总烃	半年
	结晶	结晶废气处理系统排气筒	氨	月

原料类型	生产工序	监测点位	监测指标	监测频次
仲钨酸铵-煅烧-还原烧结	煅烧	煅烧废气处理系统排气筒	颗粒物	自动监测（半年[b]）
			氨	月
	还原	还原废气处理系统排气筒	颗粒物	半年
	烧结	烧结废气处理系统排气筒	颗粒物	半年
钼精矿-氧化焙烧	钼精矿备料	备料废气处理系统排气筒	颗粒物	半年
	氧化焙烧	焙烧废气处理系统排气筒	颗粒物、二氧化硫	自动监测
	氧化钼破碎包装	破碎包装废气处理系统排气筒	颗粒物	半年
纯三氧化钼-还原烧结	还原	还原废气处理系统排气筒	颗粒物	半年
	烧结	烧结废气处理系统排气筒	颗粒物	半年

注：应按照相应分析方法、技术规范同步监测烟气参数。

[a] 根据除钼工艺类别选择监测指标。

[b] 适用于采用天然气等清洁能源为燃料的煅烧炉、窑。

5.2.1.3　稀土金属冶炼排污单位有组织废气排放监测点位、监测指标及最低监测频次按照表 5 执行。

表 5　稀土金属冶炼排污单位有组织废气排放监测点位、监测指标及最低监测频次

原料类型	生产工序	监测点位	监测指标	监测频次
包头混合型稀土精矿	焙烧[a]	焙烧废气处理系统排气筒	颗粒物、二氧化硫、氮氧化物（以 NO_2 计）	自动监测
			硫酸雾、氟化物	半年
	配酸	配酸废气处理系统排气筒	氯化氢	半年
	酸洗[b]	酸洗废气处理系统排气筒	氯化氢	半年
	酸溶[b]	酸溶废气处理系统排气筒	氯化氢	半年
	萃取	萃取废气处理系统排气筒	氯化氢	半年
	沉淀	沉淀废气处理系统排气筒	氯化氢[c]	半年
	煅烧	煅烧废气处理系统排气筒	颗粒物、二氧化硫、氮氧化物（以 NO_2 计）	自动监测（半年[d]）
氟碳铈稀土精矿	焙烧	焙烧废气处理系统排气筒	颗粒物、二氧化硫、氮氧化物（以 NO_2 计）	自动监测
			氟化物	半年
	配酸	配酸废气处理系统排气筒	氯化氢	半年
	浸出	浸出废气处理系统排气筒	氯化氢、氯气	半年
	萃取	萃取废气处理系统排气筒	氯化氢	半年
	沉淀	沉淀废气处理系统排气筒	氯化氢[c]	半年
	煅烧	煅烧废气处理系统排气筒	颗粒物、二氧化硫、氮氧化物（以 NO_2 计）	自动监测（半年[d]）
南方离子吸附型稀土矿	配酸	配酸废气处理系统排气筒	氯化氢	半年
	酸溶	酸溶废气处理系统排气筒	氯化氢	半年

原料类型	生产工序	监测点位	监测指标	监测频次
南方离子吸附型稀土矿	萃取	萃取废气处理系统排气筒	氯化氢	半年
	沉淀	沉淀废气处理系统排气筒	氯化氢[c]	半年
	煅烧	煅烧废气处理系统排气筒	颗粒物、二氧化硫、氮氧化物（以NO_2计）	自动监测（半年[d]）
稀土金属及合金生产（熔盐电解）		电解废气处理系统排气筒	颗粒物、氟化物	半年
稀土二次资源回收	焙烧	焙烧废气处理系统排气筒	颗粒物、二氧化硫、氮氧化物（以NO_2计）	自动监测
	酸溶	酸溶废气处理系统排气筒	氯化氢	半年
	萃取	萃取废气处理系统排气筒	氯化氢	半年
	沉淀	沉淀废气处理系统排气筒	氯化氢[c]	半年
	煅烧	煅烧废气处理系统排气筒	颗粒物、二氧化硫、氮氧化物（以NO_2计）	自动监测（半年[d]）
注：应按照相应分析方法、技术规范同步监测烟气参数。				
[a] 适用于浓硫酸强化焙烧-萃取分离工艺。				
[b] 适用于碱法分解处理-萃取分离工艺。				
[c] 适用于草酸沉淀工艺。				
[d] 适用于采用天然气等清洁能源为燃料的煅烧炉、窑，若采用纯电力能源，可不监测二氧化硫。				

5.2.1.4 钽铌冶炼排污单位有组织废气排放监测点位、监测指标及最低监测频次按照表 6 执行。

表 6 钽铌冶炼排污单位有组织废气排放监测点位、监测指标及最低监测频次

原料类型	生产工序	监测点位	监测指标	监测频次
钽铌精矿	磨矿	磨矿废气处理系统排气筒	颗粒物	半年
	分解	分解废气处理系统排气筒	氟化物、硫酸雾	半年
	中和沉淀洗涤	中和沉淀洗涤废气处理系统排气筒	氨	月
	煅烧	煅烧废气处理系统排气筒	颗粒物	自动监测（半年[a]）
			氨	月
	混料	混料废气处理系统排气筒	颗粒物	半年
	还原	还原废气处理系统排气筒	颗粒物	半年
注：应按照相应分析方法、技术规范同步监测烟气参数。				
[a] 适用于采用天然气等清洁能源为燃料的煅烧炉、窑。				

5.2.2 无组织废气排放监测

稀有稀土金属冶炼排污单位无组织废气排放监测点位设置应遵循 HJ 819 中的原则，其排放监测点位、监测指标及最低监测频次按照表 7 执行。

表 7　无组织废气排放监测点位、监测指标及最低监测频次

排污单位类型		监测点位	监测指标	监测频次
钨钼冶炼	钨冶炼	企业边界	颗粒物、二氧化硫、氨、硫化氢	季度
	钼冶炼	企业边界	颗粒物、二氧化硫	季度
稀土金属冶炼		企业边界	颗粒物、二氧化硫、氮氧化物（以 NO_2 计）、硫酸雾、氟化物、氯化氢	季度
钽铌冶炼		企业边界	颗粒物、氨、氟化物	季度
注：1. 根据生产工艺涉及的废气污染物，确定具体的监测指标。 2. 应同步监测气象参数。				

5.3　厂界环境噪声监测

5.3.1　厂界环境噪声监测点位设置应遵循 HJ 819 中的原则，主要考虑炉窑系统、输送泵、压滤机、风机、水泵等噪声源在厂区内的分布情况和周边噪声敏感建筑物的位置。

5.3.2　厂界环境噪声每季度至少开展一次昼、夜间噪声监测，监测指标为等效连续 A 声级，夜间有频发、偶发噪声影响时，同时测量频发、偶发最大声级。夜间不生产的可不开展夜间噪声监测。周边有噪声敏感建筑物的，应提高监测频次。

5.4　周边环境质量影响监测

5.4.1　法律法规等有明确要求的，按要求开展周边环境质量影响监测。

5.4.2　无明确要求的，若排污单位认为有必要的，可根据实际情况参照表 8 对周边地表水、海水、地下水、环境空气、土壤环境质量开展监测，监测点位可按照 HJ 2.3、HJ 91.2、HJ 442.8、HJ 164、HJ 610、HJ 2.2、HJ 194、HJ 964、HJ/T 166 中的相关规定设置。

表 8　周边环境质量影响监测指标及最低监测频次

环境要素	监测指标	监测频次
地表水	pH 值、氟化物、石油类、化学需氧量、总磷、氨氮、总氮、锌、镉、铅、砷、汞、六价铬等	季度
海水	pH 值、化学需氧量、非离子氨、无机氮、活性磷酸盐、锌、镉、铅、砷、汞、六价铬、石油类等	半年
地下水	pH 值、耗氧量、氨氮、氟化物、氯化物、锌、镉、铅、砷、汞、六价铬等	年
环境空气	颗粒物、二氧化硫、硫酸雾、氯化氢、氟化物、氨等	半年
土壤	pH 值、锌、镉、铅、砷、铬、汞、六价铬等	年
注：排污单位应根据环境影响评价文件及其批复、排污许可证等相关生态环境管理规定以及生产工艺、原辅用料、中间及最终产品等实际生产情况，确定具体的监测指标。		

5.5　其他要求

5.5.1　除表 1～表 7 中的污染物指标外，5.5.1.1 和 5.5.1.2 中的污染物指标也应纳入监测指

标范围，并参照表 1～表 7 和 HJ 819 确定监测频次。

5.5.1.1 排污许可证、所执行的污染物排放（控制）标准、环境影响评价文件及其批复［仅限 2015 年 1 月 1 日（含）后取得环境影响评价批复的排污单位］、相关生态环境管理规定明确要求的污染物指标。

5.5.1.2 排污单位根据生产过程的原辅用料、生产工艺、中间及最终产品类型、监测结果确定实际排放的，在有毒有害污染物名录或优先控制化学品名录中的污染物指标，或其他有毒污染物指标。

5.5.2 各指标的监测频次在满足本标准的基础上，可根据 HJ 819 中的确定原则提高监测频次。

5.5.3 重点排污单位依法依规应当安装使用自动监测设备，非重点排污单位不作强制性要求，相应点位、指标的监测频次参照本标准确定。

5.5.4 采样方法、监测分析方法、监测质量保证与质量控制等按照 HJ 819 执行。

5.5.5 监测方案的描述、变更按照 HJ 819 执行。

6 信息记录和报告

6.1 信息记录

6.1.1 监测信息记录

手工监测记录和自动监测运维记录按照 HJ 819 执行。排污单位对自动监测数据的真实性、准确性负责，发现数据传输异常应当及时报告，并参照国家标准规范或自动监测数据异常标记规则执行。

6.1.2 生产和污染治理设施运行状况信息记录

6.1.2.1 一般规定

排污单位应详细记录生产及污染治理设施运行状况，日常生产中应参照 6.1.2.2～6.1.2.5 记录相关信息，并整理成台账保存备查。

6.1.2.2 生产运行状况记录

按照生产批次或生产周期记录正常工况各主要生产单元每项生产设施的运行状态、生产负荷、运行参数、主要产品产量、原辅用料及燃料使用情况（包括种类、名称、用量、成分分析）等信息。

6.1.2.3 废水污染治理设施运行状况记录

按班次记录废水处理量、回用水量、回用去向、废水排放量、排放去向、污泥产生量及含水率、废水处理使用的药剂名称及用量、用电量等；若废水采用蒸发浓缩处理工艺的，还应记录冷凝水回用和排放情况、不凝气处理和排放情况；记录污水处理设施运行、故障及维护情况等。

6.1.2.4 废气污染治理设施运行状况记录

按更换批次记录废气处理使用的吸附剂、过滤材料等耗材的名称及用量；废气采用了副产物回收技术的，应记录副产物回收率、综合利用情况；记录废气处理设施运行参数、故障及维护情况等。

6.1.2.5 噪声污染治理设施运行状况记录

记录噪声污染治理设施日常巡检、故障及维护或更换情况等。

6.1.3 工业固体废物记录

按照 HJ 1200 记录工业固体废物的相关信息，固体废物产生情况参见表 9。可能产生的危险废物按照《国家危险废物名录》或危险废物鉴别标准和鉴别方法认定。

表 9 工业固体废物产生情况

生产工序	废物种类
分解、净化过滤、除钼、熔盐电解、废水处理等	仲钨酸铵生产过程中碱分解碱煮渣（钨渣）[a]、盐煮渣（钨渣）、净化过滤磷砷渣、除钼过程中产生的除钼渣和废水处理污泥[a]；稀土金属冶炼老化熔盐、废旧电极、熔炼炉渣；锅炉渣、废水处理中和沉淀渣、废气处理收尘渣和中和沉淀渣等
[a] 满足 GB 30485 和 HJ 662 要求进入水泥窑协同处置时，处置过程不按危险废物管理。	

6.2 信息报告、应急报告和信息公开

按照 HJ 819 执行。

7 其他

排污单位应如实记录手工监测期间的工况（包括生产负荷、污染治理设施运行情况等），确保监测数据具有代表性。自动监测期间的工况标记，按照国家标准规范和相关行业工况标记规则执行。

本标准未规定的内容，按照 HJ 819 执行。

HJ

中华人民共和国国家生态环境标准

HJ 1245—2022

排污单位自行监测技术指南 聚氯乙烯工业

Self-monitoring technology guidelines for pollution sources —Polyvinyl chloride industry

2022-04-27 发布 2022-07-01 实施

生 态 环 境 部 发布

前　言

为贯彻《中华人民共和国环境保护法》《中华人民共和国水污染防治法》《中华人民共和国大气污染防治法》《中华人民共和国土壤污染防治法》《中华人民共和国固体废物污染环境防治法》《中华人民共和国噪声污染防治法》《排污许可管理条例》等法律法规，改善生态环境质量，指导和规范聚氯乙烯工业排污单位的自行监测工作，制定本标准。

本标准规定了聚氯乙烯工业排污单位自行监测的一般要求、监测方案制定、信息记录和报告的基本内容及要求。

本标准为首次发布。

本标准由生态环境部生态环境监测司、法规与标准司组织制订。

本标准主要起草单位：中国环境监测总站、上海市环境监测中心、上海市化工环境保护监测站。

本标准生态环境部 2022 年 4 月 27 日批准。

本标准自 2022 年 7 月 1 日起实施。

本标准由生态环境部解释。

排污单位自行监测技术指南　聚氯乙烯工业

1　适用范围

本标准规定了聚氯乙烯工业排污单位自行监测的一般要求、监测方案制定、信息记录和报告的基本内容及要求。

本标准适用于聚氯乙烯工业排污单位在生产运行阶段对其排放的水、气污染物，噪声以及对周边环境质量影响开展自行监测。

聚氯乙烯工业排污单位中，无机化学生产装置的自行监测要求按照 HJ 1138 执行，自备火力发电机组（厂）、配套动力锅炉的自行监测要求按照 HJ 820 执行。

2　规范性引用文件

本标准引用了下列文件或其中的条款。凡是注明日期的引用文件，仅注日期的版本适用于本标准。凡是未注日期的引用文件，其最新版本（包括所有的修改单）适用于本标准。

GB 15581　烧碱、聚氯乙烯工业污染物排放标准

GB 37822　挥发性有机物无组织排放控制标准

HJ 2.3　环境影响评价技术导则　地表水环境

HJ 91.2　地表水环境质量监测技术规范

HJ 164　地下水环境监测技术规范

HJ/T 166　土壤环境监测技术规范

HJ 194　环境空气质量手工监测技术规范

HJ 610　环境影响评价技术导则　地下水环境

HJ 664　环境空气质量监测点位布设技术规范（试行）

HJ 819　排污单位自行监测技术指南　总则

HJ 820　排污单位自行监测技术指南　火力发电及锅炉

HJ 964　环境影响评价技术导则　土壤环境（试行）

HJ 1138　排污单位自行监测技术指南　无机化学工业

HJ 1200　排污许可证申请与核发技术规范　工业固体废物（试行）

《国家危险废物名录》

3 术语和定义

GB 15581 界定的以及下列术语和定义适用于本标准。

3.1

聚氯乙烯工业 polyvinyl chloride industry

采用乙炔法、乙烯法和单体法生产聚氯乙烯的工业。

3.2

乙炔法 acetylene method

以乙炔、氯化氢为原料生产氯乙烯的生产工艺。

3.3

乙烯法 ethylene method

以乙烯、氯气等或二氯乙烷为原料生产氯乙烯的生产工艺。

3.4

单体法 monomer method

以外购氯乙烯为原料，直接聚合反应合成聚氯乙烯的生产工艺。

3.5

雨水排放口 rainwater outlet

直接或通过沟、渠或者管道等设施向厂界外专门排放天然降水的排放口。

4 自行监测的一般要求

排污单位应查清本单位的污染源、污染物指标及潜在的环境影响，制定监测方案，设置和维护监测设施，按照监测方案开展自行监测，做好质量保证和质量控制，记录和保存监测信息，依法向社会公开监测结果。

5 监测方案制定

5.1 废水排放监测

排污单位废水排放监测点位、监测指标及最低监测频次按照表 1 执行。

表 1　废水排放监测点位、监测指标及最低监测频次

工艺类型	监测点位	监测指标	监测频次	
			直接排放	间接排放
乙炔法	废水总排放口	流量、pH 值、化学需氧量、氨氮	自动监测	
		总氮、总磷、悬浮物	周	月
		五日生化需氧量、石油类、硫化物	月	季度
	车间或生产装置排放口	氯乙烯、总汞	月	
乙烯法、单体法	废水总排放口	流量、pH 值、化学需氧量、氨氮	自动监测	
		总氮、总磷、悬浮物、五日生化需氧量、石油类	月	季度
	车间或生产装置排放口	氯乙烯	月	
生活污水排放口		流量、pH 值、化学需氧量、氨氮、悬浮物、五日生化需氧量、动植物油、总氮、总磷	季度	—
雨水排放口		化学需氧量、悬浮物	月 [a]	

[a] 雨水排放口有流动水排放时按月监测。若监测一年无异常情况，可放宽至每季度开展一次监测。

5.2　废气排放监测

5.2.1　有组织废气排放监测

5.2.1.1　对于多个污染源或生产设备共用一个排气筒的，监测点位可布设在共用排气筒上。当执行不同排放控制要求的废气合并排气筒排放时，应在废气混合前进行监测；若监测点位只能布设在混合后的排气筒上，监测指标应涵盖所对应污染源或生产设备的监测指标，最低监测频次按照严格的执行。

5.2.1.2　排污单位各产污环节有组织废气排放监测点位、监测指标及最低监测频次按照表 2～表 4 执行。

表 2　乙炔法聚氯乙烯工业排污单位有组织废气排放监测点位、监测指标及最低监测频次

产污环节		监测点位	监测指标	监测频次
原料系统	电石破碎、输送、中转、加料	除尘装置排气筒	颗粒物	半年
氯乙烯合成单元	精馏塔	精馏尾气净化装置排气筒	非甲烷总烃	月
			汞及其化合物、氯乙烯、氯化氢、二氯乙烷	季度
干燥包装单元	干燥器	干燥废气除尘装置排气筒	颗粒物、非甲烷总烃	月
			氯乙烯	季度
	料仓	含尘废气除尘装置排气筒	颗粒物	季度
	包装机	包装废气除尘装置排气筒		

产污环节		监测点位	监测指标	监测频次
公用单元	综合污水处理站	除臭装置排气筒[a]	氨、硫化氢、臭气浓度	季度

注：应按照相关分析方法、技术规范同步监测烟气参数。

[a] 电石渣浆废水不进入综合污水处理站的乙炔法聚氯乙烯工业排污单位可不监测。

表 3　乙烯法聚氯乙烯工业排污单位有组织废气排放监测点位、监测指标及最低监测频次

产污环节		监测点位	监测指标	监测频次
裂解单元	裂解炉	燃烧废气排气筒	二氧化硫、氮氧化物	自动监测
干燥包装单元	干燥器	干燥废气除尘装置排气筒	颗粒物、非甲烷总烃	月
			氯乙烯	季度
	料仓	含尘废气除尘装置排气筒	颗粒物	季度
	包装机	包装废气除尘装置排气筒		
公用单元	焚烧炉	焚烧尾气净化装置排气筒	二氧化硫、氮氧化物	自动监测
			非甲烷总烃	月
			氯化氢、汞及其化合物[a]	季度
			二噁英类	年
	综合污水处理站	除臭装置排气筒	氨、硫化氢、臭气浓度	季度

注：应按照相关分析方法、技术规范同步监测烟气参数。

[a] 适用于采用乙烯法和乙炔法联合生产的聚氯乙烯工业排污单位。

表 4　单体法聚氯乙烯工业排污单位有组织废气排放监测点位、监测指标及最低监测频次

产污环节		监测点位	监测指标	监测频次
聚氯乙烯制备单元	氯乙烯回收	氯乙烯回收尾气净化装置排气筒[a]	非甲烷总烃	月
			氯乙烯	季度
干燥包装单元	干燥器	干燥废气除尘装置排气筒	颗粒物、非甲烷总烃	月
			氯乙烯	季度
	料仓	含尘废气除尘装置排气筒	颗粒物	季度
	包装机	包装废气除尘装置排气筒		
公用单元	综合污水处理站	除臭装置排气筒	氨、硫化氢、臭气浓度	季度

注：应按照相关分析方法、技术规范同步监测烟气参数。

[a] 单体法聚氯乙烯工业排污单位采用焚烧方式处理氯乙烯回收尾气的，焚烧炉的监测要求按照表 3 执行。

5.2.2　无组织废气排放监测

排污单位无组织废气排放监测点位设置应遵循 HJ 819 中的原则，其排放监测点位、监测指标及最低监测频次按照表 5 执行。

表 5　无组织废气排放监测点位、监测指标及最低监测频次

监测点位	监测指标	监测频次
厂界	氯乙烯、氯化氢[a]、二氯乙烷[a]、汞及其化合物[a,b]、氯气[c]	季度
	氨[d]、硫化氢[d]、臭气浓度[d]	年
注：1. 应同步监测气象参数。 2. 挥发性有机物监测按 GB 37822 及其他国家挥发性有机物管理规定执行。		
[a] 单体法聚氯乙烯工业排污单位可不监测。 [b] 适用于含乙炔法生产工艺的聚氯乙烯工业排污单位。 [c] 适用于原料中含氯气的聚氯乙烯工业排污单位。 [d] 电石渣浆废水不进入综合污水处理站的乙炔法聚氯乙烯工业排污单位可不监测。		

5.3　厂界环境噪声监测

5.3.1　厂界环境噪声监测点位设置应遵循 HJ 819 中的原则，主要考虑破碎机、离心机、振动筛、包装机、风机、冷却塔、各类泵、压缩机等噪声源在厂区内的分布情况和周边噪声敏感建筑物的位置。

5.3.2　厂界环境噪声每季度至少开展一次昼、夜间噪声监测，监测指标为等效连续 A 声级，夜间有频发、偶发噪声影响时，同时测量频发、偶发最大声级。夜间不生产的可不开展夜间噪声监测。周边有噪声敏感建筑物的，应提高监测频次。

5.4　周边环境质量影响监测

5.4.1　法律法规等有明确要求的，按要求开展周边环境质量影响监测。

5.4.2　无明确要求的，若排污单位认为有必要的，可根据实际情况参照表 6 对周边环境空气、地表水、地下水、土壤开展监测，监测点位可按照 HJ 194、HJ 664、HJ 2.3、HJ 91.2、HJ 164、HJ 610、HJ/T 166、HJ 964 中的相关规定设置。

表 6　周边环境质量影响监测指标及最低监测频次

目标环境	监测指标	监测频次
环境空气	汞[a]、氯乙烯	年
地表水	pH 值、汞[a]、硫化物[a]、氯乙烯	季度
地下水	pH 值、汞[a]、硫化物[a]、氯乙烯	年
土壤	pH 值、汞[a]、氯乙烯	年
[a] 适用于含乙炔法生产工艺的聚氯乙烯工业排污单位。		

5.5　其他要求

5.5.1　除表 1～表 5 中的污染物指标外，5.5.1.1 和 5.5.1.2 中的污染物指标也应纳入监测指

标范围，并参照表 1～表 5 和 HJ 819 确定监测频次。

5.5.1.1 排污许可证、所执行的污染物排放（控制）标准、环境影响评价文件及其批复［仅限 2015 年 1 月 1 日（含）后取得环境影响评价批复的排污单位］、相关生态环境管理规定明确要求的污染物指标。

5.5.1.2 排污单位根据生产过程的原辅用料、生产工艺、中间及最终产品类型、监测结果确定实际排放的，在有毒有害污染物名录或优先控制化学品名录中的污染物指标，或其他有毒污染物指标。

5.5.2 各指标的监测频次在满足本标准的基础上，可根据 HJ 819 中的确定原则提高监测频次。

5.5.3 重点排污单位依法依规应当安装使用自动监测设备，非重点排污单位不作强制要求，相应点位、指标的监测频次参照本标准确定。

5.5.4 采样方法、监测分析方法、监测质量保证与质量控制等按照 HJ 819 执行。

5.5.5 监测方案的描述、变更按照 HJ 819 执行。

6 信息记录和报告

6.1 信息记录

6.1.1 监测信息记录

手工监测记录和自动监测运维记录按照 HJ 819 执行。排污单位对自动监测数据的真实性、准确性负责，发现数据传输异常应当及时报告，并参照国家标准规范或自动监测数据异常标记规则执行。

6.1.2 生产和污染治理设施运行状况信息记录

6.1.2.1 一般规定

排污单位应详细记录生产及污染治理设施运行状况，日常生产中也应参照 6.1.2.2～6.1.2.5 记录相关信息，并整理成台账保存备查。

6.1.2.2 生产运行状况记录

按班次记录主要生产单元各生产设施的运行状态、生产负荷、主要产品产量、原辅料及燃料使用情况（包括种类、名称、用量、有毒有害元素成分及占比）等信息。按照更换批次记录生产过程中使用的催化剂等耗材的名称及更换量。

6.1.2.3 废水污染治理设施运行状况记录

按班次记录废水处理量、回用水量、废水排放量、排放去向、污泥产生量（记录含水率）、污水处理使用的药剂名称及用量、用电量等；记录污水处理设施运行、故障及维护情况等。

6.1.2.4 废气污染治理设施运行状况记录

按更换批次记录废气处理使用的吸附剂、过滤材料等耗材的名称和用量；记录废气处理设施运行参数、故障及维护情况等。

6.1.2.5 噪声污染治理设施运行状况记录

记录噪声污染治理设施日常巡检、故障及维护或更换情况等。

6.1.3 工业固体废物记录

按照 HJ 1200 记录工业固体废物的相关信息，工业固体废物产生情况参见表 7。可能产生的危险废物按照《国家危险废物名录》或危险废物鉴别标准和鉴别方法认定。

表 7 工业固体废物产生情况

工艺类型	生产工序	废物种类
乙炔法	乙炔生产单元	电石渣、电石灰等
	氯乙烯合成单元	含汞废物（废汞触媒、含汞废活性炭等）、精馏残液等
乙烯法	氯乙烯合成单元	废催化剂、精馏残液等
所有类型	干燥包装单元	聚氯乙烯废料等
	公用单元	废气处理装置产生的废活性炭、废水处理污泥等
	所有工序	设备维护产生的废机油等

6.2 信息报告、应急报告和信息公开

按照 HJ 819 执行。

7 其他

排污单位应如实记录手工监测期间的工况（包括生产负荷、污染治理设施运行情况等），确保监测数据具有代表性。自动监测期间的工况标记，按照国家标准规范和相关行业工况标记规则执行。

本标准未规定的内容，按照 HJ 819 执行。

HJ

中华人民共和国国家生态环境标准

HJ 1246—2022

排污单位自行监测技术指南 印刷工业

Self-monitoring technology guidelines for pollution sources —Printing industry

2022-04-27 发布 2022-07-01 实施

生 态 环 境 部 发布

前　言

为贯彻《中华人民共和国环境保护法》《中华人民共和国水污染防治法》《中华人民共和国大气污染防治法》《中华人民共和国土壤污染防治法》《中华人民共和国固体废物污染环境防治法》《中华人民共和国噪声污染防治法》《排污许可管理条例》等法律法规，改善生态环境质量，指导和规范印刷工业排污单位的自行监测工作，制定本标准。

本标准规定了印刷工业排污单位自行监测的一般要求、监测方案制定、信息记录和报告的基本内容及要求。

本标准为首次发布。

本标准由生态环境部生态环境监测司、法规与标准司组织制订。

本标准主要起草单位：中国环境监测总站、上海市化工环境保护监测站、河南省生态环境监控中心、河南省信阳生态环境监测中心。

本标准生态环境部 2022 年 4 月 27 日批准。

本标准自 2022 年 7 月 1 日起实施。

本标准由生态环境部解释。

排污单位自行监测技术指南　印刷工业

1　适用范围

本标准规定了印刷工业排污单位自行监测的一般要求、监测方案制定、信息记录和报告的基本内容及要求。

本标准适用于印刷工业排污单位在生产运行阶段对其排放的水、气污染物，噪声以及对周边环境质量影响开展自行监测。

印刷工业排污单位中，自备火力发电机组（厂）、配套动力锅炉的自行监测要求按照 HJ 820 执行。

2　规范性引用文件

本标准引用了下列文件或其中的条款。凡是注明日期的引用文件，仅注日期的版本适用于本标准。凡是未注日期的引用文件，其最新版本（包括所有的修改单）适用于本标准。

GB 3095　环境空气质量标准

GB/T 4754—2017　国民经济行业分类

GB/T 14848　地下水质量标准

GB 36600　土壤环境质量　建设用地土壤污染风险管控标准（试行）

HJ 164　地下水环境监测技术规范

HJ/T 166　土壤环境监测技术规范

HJ 194　环境空气质量手工监测技术规范

HJ 664　环境空气质量监测点位布设技术规范（试行）

HJ 819　排污单位自行监测技术指南　总则

HJ 820　排污单位自行监测技术指南　火力发电及锅炉

HJ 1066　排污许可证申请与核发技术规范　印刷工业

HJ 1200　排污许可证申请与核发技术规范　工业固体废物（试行）

《国家危险废物名录》

3 术语和定义

下列术语和定义适用于本标准。

3.1

印刷工业 printing industry

GB/T 4754—2017 中规定的书、报刊印刷（C2311）、本册印制（C2312）、包装装潢及其他印刷（C2319），以及从事印刷复制及印前处理、制版，印后加工的装订、表面整饰及包装成型等生产活动的工业。

3.2

印刷工业排污单位 printing industry pollutant emission unit

从事印刷工业生产的排污单位。

3.3

挥发性有机物 volatile organic compounds（VOCs）

参与大气光化学反应的有机化合物，或者根据有关规定确定的有机化合物。

本标准使用非甲烷总烃（以 NMHC 表示）作为挥发性有机物排放的综合控制指标。

3.4

非甲烷总烃 non-methane hydrocarbons（NMHC）

采用规定的监测方法，氢火焰离子化检测器有响应的除甲烷外的气态有机化合物的总和，以碳的质量浓度计。

4 自行监测的一般要求

排污单位应查清本单位的污染源、污染物指标及潜在的环境影响，制定监测方案，设置和维护监测设施，按照监测方案开展自行监测，做好质量保证和质量控制，记录和保存监测数据，依法向社会公开监测结果。

5 监测方案制定

5.1 废水排放监测

排污单位废水排放监测点位、监测指标及最低监测频次按照表 1 执行。

表 1　废水排放监测点位、监测指标及最低监测频次

监测点位	监测指标	监测频次	
		直接排放	间接排放
废水总排放口	pH 值、化学需氧量、氨氮、悬浮物、总磷、总氮、五日生化需氧量	季度	年
车间或生产设施废水排放口	总汞、总镉、总铅、总铬、六价铬	季度	
生活污水排放口	pH 值、化学需氧量、氨氮、悬浮物、总磷、总氮、五日生化需氧量	季度	—

5.2　废气排放监测

5.2.1　有组织废气排放监测

5.2.1.1　对于多个污染源或生产设备共用一个排气筒的，监测点位可布设在共用排气筒上。当执行不同排放控制要求的废气合并排气筒排放时，应在废气混合前进行监测；若监测点位只能布设在混合后的排气筒上，监测指标应涵盖所对应污染源或生产设备的监测指标，最低监测频次按照严格的执行。

5.2.1.2　排污单位各产污环节有组织废气排放监测点位、监测指标及最低监测频次按照表 2 执行。

表 2　有组织废气排放监测点位、监测指标及最低监测频次

产污环节	监测点位	监测指标	监测频次	
			重点排污单位	非重点排污单位
印刷、烘干、复合、上光、涂布	燃烧法有机废气排气筒	NMHC[a]	自动监测	半年
		二氧化硫[d]、氮氧化物[d]	季度	半年
		颗粒物[b,d]、苯[d]、苯系物[c,d]	半年	年
	非燃烧法有机废气排气筒	NMHC[a]	自动监测	半年
		颗粒物[b,d]、苯[d]、苯系物[c,d]	半年	年
油墨、胶粘剂及光油等储存、调配和输送、平版印刷润版和清洗	燃烧法有机废气排气筒	NMHC[a]、二氧化硫[d]、氮氧化物[d]	半年	年
		苯[d]、苯系物[c,d]	年	年
	非燃烧法有机废气排气筒	NMHC[a]	半年	年
		苯[d]、苯系物[c,d]	年	年
喷粉、折页、裁切、装订等工序	含尘废气排气筒	颗粒物[d]	半年	年
注：废气监测应按照相应分析方法、技术规范同步监测烟气参数。				
[a] 非甲烷总烃有去除效率要求的，应同时监测污染治理设施进口。 [b] 挤出复合工序和热熔复合工序，需监控该项目。 [c] 苯系物包括苯、甲苯、二甲苯、三甲苯、乙苯和苯乙烯。 [d] 待印刷工业大气污染物排放标准实施后，监测指标从其规定，监测频次按本标准规定执行。				

5.2.2 无组织废气排放监测

排污单位无组织废气排放监测点位设置应遵循 HJ 819 中的原则，其排放监测点位、监测指标及最低监测频次按照表 3 执行。

表 3 无组织废气排放监测点位、监测指标及最低监测频次

监测点位	监测指标	监测频次
厂界	苯[a]	年
注：应同步监测气象参数。		
[a] 待印刷工业大气污染物排放标准实施后，监测指标从其规定，监测频次按本标准规定执行。		

5.3 厂界环境噪声监测

5.3.1 厂界环境噪声监测点位设置应遵循 HJ 819 中的原则，主要考虑印刷机、折页机、制版机、复合机、覆膜机、搅拌机、风机、水泵、空压机等噪声源在厂区内的分布情况和周边噪声敏感建筑物的位置。

5.3.2 厂界环境噪声每季度至少开展一次昼、夜间噪声监测，监测指标为等效连续 A 声级，夜间有频发、偶发噪声影响时，同时测量频发、偶发最大声级。夜间不生产的可不开展夜间噪声监测。周边有噪声敏感建筑物的，应提高监测频次。

5.4 周边环境质量影响监测

5.4.1 法律法规等有明确要求的，按要求开展周边环境质量影响监测。

5.4.2 无明确要求的，若排污单位认为有必要的，可根据实际情况参照表 4 对周边环境空气、土壤和地下水开展监测，监测点位可按照 HJ 194、HJ 664、HJ/T 166、HJ 164 中相关规定设置。

表 4 周边环境质量影响监测指标及最低监测频次

目标环境	监测指标	监测频次
环境空气	PM_{10}、苯、甲苯、二甲苯、非甲烷总烃	年
土壤	汞、镉、铅、六价铬、苯、甲苯、二甲苯	年
地下水	pH 值、氨氮、汞、镉、铅、六价铬	年
注：根据企业使用的原辅料、生产工艺过程、生产的产品和副产品，结合 GB 3095、GB 36600 和 GB/T 14848，确定监测指标。		

5.5 其他要求

5.5.1 除表 1～表 3 中的污染物指标外，5.5.1.1 和 5.5.1.2 中的污染物指标也应纳入监测指

标范围，并参照表 1～表 3 和 HJ 819 确定监测频次。

5.5.1.1 排污许可证、所执行的污染物排放（控制）标准、环境影响评价文件及其批复［仅限 2015 年 1 月 1 日（含）后取得环境影响评价批复的排污单位］、相关生态环境管理规定明确要求的污染物指标。

5.5.1.2 排污单位根据生产过程的原辅用料、生产工艺、中间及最终产品类型、监测结果确定实际排放的，在有毒有害污染物名录或优先控制化学品名录中的污染物指标，或其他有毒污染物指标。

5.5.2 各指标的监测频次在满足本标准的基础上，可根据 HJ 819 中的确定原则提高监测频次。

5.5.3 重点排污单位依法依规应当安装使用自动监测设备，非重点排污单位不作强制要求，相应点位、指标的监测频次参照本标准确定。

5.5.4 采样方法、监测分析方法、监测质量保证与质量控制等按照 HJ 819 执行。

5.5.5 监测方案的描述、变更按照 HJ 819 执行。

6 信息记录和报告

6.1 信息记录

6.1.1 监测信息记录

手工监测记录和自动监测运维记录按照 HJ 819 执行。排污单位对自动监测数据的真实性、准确性负责，发现数据传输异常应当及时报告，并参照国家标准规范或自动监测数据异常标记规则执行。

6.1.2 生产和污染治理设施运行状况信息记录

6.1.2.1 一般规定

排污单位应详细记录生产及污染治理设施运行状况，日常生产中也应参照 6.1.2.2～6.1.2.5 及 HJ 1066 记录相关信息，并整理成台账保存备查。

6.1.2.2 生产运行状况记录

按生产批次或生产周期记录原辅料用量及产量：主要原辅料（纸板、纸张、塑料、金属板材、油墨、稀释剂、胶粘剂、清洗剂、润版液等）名称、时间、回收量（回收方式）、主要成分含量（挥发性有机物、重金属）和使用量，以及产品产量等。正常情况各生产单元主要生产设施的累计生产时间，记录统计时段内主要产品产量。

6.1.2.3 废水污染治理设施运行状况记录

按班次记录污水处理量、回水用量、回用率、污水排放量、污泥产生量、污水处理使用的药剂名称及用量、鼓风机电量等，记录污水处理设施运行、故障及维护情况等。

6.1.2.4　废气污染治理设施运行状况记录

按更换批次记录废气处理使用的吸附剂、过滤材料等耗材的名称及用量，记录废气处理设施运行参数、故障及维护情况等。

6.1.2.5　噪声污染治理设施运行状况记录

记录噪声污染治理设施日常巡检、故障及维护或更换情况等。

6.1.3　工业固体废物记录

按照 HJ 1200 记录工业固体废物的相关信息，固体废物产生情况参见表 5。可能产生的危险废物按照《国家危险废物名录》或危险废物鉴别标准和鉴别方法认定。

表 5　工业固体废物产生情况

生产工序	废物种类
所有环节	废纸、废塑料、废金属等
所有环节	废油墨、废有机溶剂、废胶、废光油等及其沾染物
印刷显影	废显（定）影剂、胶片和废像纸
影像加厚（物理沉淀、氧化）	含汞废液和残渣
废气处理	废吸附剂、废滤芯及其他过滤材料、废催化剂等
废水处理	污泥
设备维护	废润滑油

6.2　信息报告、应急报告和信息公开

按照 HJ 819 执行。

7　其他

排污单位应如实记录手工监测期间的工况（包括生产负荷、污染治理设施运行情况等），确保监测数据具有代表性。自动监测期间的工况标记，按照国家标准规范和相关行业工况标记规则执行。

本标准未规定的内容，按照 HJ 819 执行。

HJ

中华人民共和国国家生态环境标准

HJ 1247—2022

排污单位自行监测技术指南 煤炭加工—合成气和液体燃料生产

Self-monitoring technology guidelines for pollution sources —Coal processing-production of synthesis gas and liquid fuel

2022-04-27 发布 2022-07-01 实施

生 态 环 境 部 发布

前　言

为贯彻《中华人民共和国环境保护法》《中华人民共和国水污染防治法》《中华人民共和国大气污染防治法》《中华人民共和国土壤污染防治法》《中华人民共和国固体废物污染环境防治法》《中华人民共和国噪声污染防治法》《排污许可管理条例》等法律法规，改善生态环境质量，指导和规范煤炭加工行业中生产合成气和液体燃料排污单位自行监测工作，制定本标准。

本标准规定了煤炭加工行业中生产合成气和液体燃料排污单位自行监测的一般要求、监测方案制定、信息记录和报告的基本内容及要求。

本标准为首次发布。

本标准由生态环境部生态环境监测司、法规与标准司组织制订。

本标准主要起草单位：中国环境监测总站、宝钢环境监测站、上海市环境监测中心、宝武碳业科技股份有限公司炭材料研究院（工程中心）、内蒙古自治区环境监测总站。

本标准生态环境部 2022 年 4 月 27 日批准。

本标准自 2022 年 7 月 1 日起实施。

本标准由生态环境部解释。

排污单位自行监测技术指南
煤炭加工—合成气和液体燃料生产

1 适用范围

本标准规定了煤炭加工行业中生产合成气和液体燃料排污单位自行监测的一般要求、监测方案制定、信息记录和报告的基本内容及要求。

本标准适用于煤炭加工行业中生产合成气和液体燃料排污单位在生产运行阶段对其排放的水、气污染物，噪声以及对周边环境质量影响开展自行监测。

生产合成气和液体燃料排污单位中，执行 GB 31572 的产污设施和排放口的自行监测按照 HJ 947 执行；自备火力发电机组（厂）、配套动力锅炉的自行监测按照 HJ 820 执行；固体废物焚烧设施的自行监测按照 HJ 1205 执行。

2 规范性引用文件

本标准引用了下列文件或其中的条款。凡是注明日期的引用文件，仅注日期的版本适用于本标准。凡是未注日期的引用文件，其最新版本（包括所有的修改单）适用于本标准。

GB 14554 恶臭污染物排放标准

GB 31571 石油化学工业污染物排放标准

GB 31572 合成树脂工业污染物排放标准

GB 37822 挥发性有机物无组织排放控制标准

HJ 2.2 环境影响评价技术导则 大气环境

HJ 2.3 环境影响评价技术导则 地表水环境

HJ 91.2 地表水环境质量监测技术规范

HJ 164 地下水环境监测技术规范

HJ/T 166 土壤环境监测技术规范

HJ 194 环境空气质量手工监测技术规范

HJ 442.8 近岸海域环境监测技术规范 第八部分 直排海污染源及对近岸海域水环境影响监测

HJ 610　环境影响评价技术导则　地下水环境

HJ 819　排污单位自行监测技术指南　总则

HJ 820　排污单位自行监测技术指南　火力发电及锅炉

HJ 947　排污单位自行监测技术指南　石油化学工业

HJ 964　环境影响评价技术导则　土壤环境（试行）

HJ 1101　排污许可证申请与核发技术规范　煤炭加工—合成气和液体燃料生产

HJ 1200　排污许可证申请与核发技术规范　工业固体废物（试行）

HJ 1205　排污单位自行监测技术指南　固体废物焚烧

《国家危险废物名录》

3　术语和定义

GB 31571 界定的以及下列术语和定义适用于本标准。

3.1

煤制合成气生产排污单位　pollutant emission unit of coal-based synthesis gas

以煤或焦炭为原料，以氧气（空气、富氧或纯氧）、水蒸气等为气化剂，在高温条件下通过化学反应把煤或焦炭中的可燃部分转化为气体的排污单位，气体有效成分包括一氧化碳、氢气和甲烷等，该合成气用于工业生产或作为化工生产的原料。

3.2

煤制液体燃料生产排污单位　pollutant emission unit of coal-based liquid fuel

通过化学加工过程把固体煤炭转化成为液体燃料、化工原料和产品（如煤制甲醇、煤制二甲醚、煤制乙二醇、煤制油、煤制烯烃等）的排污单位。

3.3

雨水排放口　rainwater outlet

直接或通过沟、渠或者管道等设施向厂界外专门排放天然降水的排放口。

4　自行监测的一般要求

排污单位应查清本单位的污染源、污染物指标及潜在的环境影响，制定监测方案，设置和维护监测设施，按照监测方案开展自行监测，做好质量保证和质量控制，记录和保存监测信息，依法向社会公开监测结果。

5 监测方案制定

5.1 废水排放监测

排污单位废水排放监测点位、监测指标及最低监测频次按照表1执行。

表1 废水排放监测点位、监测指标及最低监测频次

监测点位	监测指标	监测频次	
		直接排放	间接排放
废水总排放口	流量、化学需氧量、氨氮	自动监测	
	pH值、悬浮物、五日生化需氧量、总磷、总氮、石油类、硫化物、氟化物、总有机碳	周	月
	挥发酚、总氰化合物	月	季度
生活污水排放口	流量、化学需氧量、氨氮	月	—
	pH值、悬浮物、五日生化需氧量、总磷、总氮	季度	—
固定床碎煤加压气化工艺（送生化处理前）废水排放口	总汞、总砷、总铅	季度	
	烷基汞、苯并[*a*]芘	半年	
干粉煤、水煤浆气化灰水排放口	总汞、总砷、总铅	月	
	烷基汞	半年	
雨水排放口	化学需氧量、氨氮	月[a]	
开式循环冷却水系统总进口、总出口	总有机碳[b]	半年	

[a] 雨水排放口有流动水排放时按月监测。若监测一年无异常情况，可放宽至每季度开展一次监测。

[b] 总有机碳检测根据GB 37822中的相关要求开展。

5.2 蒸发塘废水监测

排污单位应在晾晒浓盐水的蒸发塘、送蒸发塘废水总排口及蒸发塘地下水设置监测点位，地下水监测点位设置应遵循HJ 164中的原则，监测指标及最低监测频次按照表2执行。

表2 送蒸发塘废水监测点位、监测指标及最低监测频次

监测点位	监测指标	监测频次
送蒸发塘废水总排口	流量	自动监测
	全盐量、化学需氧量、石油类	日
蒸发塘	液位	月
蒸发塘地下水	pH值、耗氧量、溶解性总固体、硫化物、氟化物、挥发性酚类、氰化物、氯化物	年

5.3 废气排放监测

5.3.1 有组织废气排放监测

5.3.1.1 对于多个污染源或生产设备共用一个排气筒的，监测点位可布设在共用排气筒上。当执行不同排放控制要求的废气合并排气筒排放时，应在废气混合前进行监测；若监测点位只能布设在混合后的排气筒上，监测指标应涵盖所对应污染源或生产设备的监测指标，最低监测频次按照最严格的规定执行。

5.3.1.2 有组织废气排放监测点位、监测指标及最低监测频次按照表 3 执行。

表 3 有组织废气排放监测点位、监测指标及最低监测频次

监测点位		监测指标	监测频次
原料煤卸料系统	汽车/火车/码头等卸煤系统排气筒	颗粒物	半年
原料煤储存系统	煤堆场排气筒	颗粒物	半年
	煤仓排气筒	颗粒物	半年
备料系统	破碎机排气筒	颗粒物	半年
	振动筛排气筒	颗粒物	半年
输煤系统	转运站排气筒	颗粒物	半年
固定床常压间歇煤气化工艺	吹风气余热回收系统或“三废”混燃系统排气筒	颗粒物、二氧化硫、氮氧化物	自动监测
		汞及其化合物[a]	半年
		烟气黑度	年
	造气废水沉淀池废气收集处理设施排气筒	氨、硫化氢、酚类、氰化氢、非甲烷总烃	季度
		苯并[a]芘	半年
固定床碎煤加压气化工艺	气化炉顶煤仓排气筒	颗粒物	半年
	煤锁放空气煤尘旋风分离器排气筒	颗粒物、苯并[a]芘	半年
		硫化氢、非甲烷总烃	年
水煤浆气流床气化工艺	磨前煤仓排气筒	颗粒物	半年
	灰仓（适用于废锅流程）排气筒	颗粒物	半年
干煤粉气流床气化工艺	预干燥机前煤仓排气筒	颗粒物	半年
	预干燥机排气筒	颗粒物	半年
	磨前煤仓排气筒	颗粒物	半年
	磨煤干燥循环风机排气筒	氮氧化物、二氧化硫[b]	月
		颗粒物	季度
	粉煤仓过滤器排气筒	颗粒物、硫化氢[c]、甲醇[c]	半年
	灰仓（适用于废锅流程）排气筒	颗粒物	半年
酸性气体脱除	尾气洗涤塔排气筒	硫化氢、甲醇、非甲烷总烃	半年
	蓄热式氧化炉排气筒	二氧化硫、氮氧化物	月
		非甲烷总烃	季度
硫回收（硫黄回收）	尾气焚烧炉排气筒	二氧化硫	自动监测

监测点位		监测指标	监测频次
		颗粒物、氮氧化物	季度
	烟气洗涤塔排气筒	二氧化硫	自动监测
		颗粒物、氮氧化物	季度
硫回收（酸性气制酸）	尾气焚烧炉排气筒	二氧化硫	自动监测
		硫酸雾	季度
	烟气洗涤塔排气筒	二氧化硫	自动监测
各生产装置	工艺加热炉排气筒	颗粒物、二氧化硫[b]	季度
		氮氧化物	季度[d]
甲醇制烯烃（MTO）	再生器排气筒	颗粒物、氮氧化物、二氧化硫[b]、非甲烷总烃	季度
乙二醇合成	亚硝酸甲酯回收塔排气筒	甲醇、非甲烷总烃、氮氧化物	半年
	尾气洗涤塔排气筒	甲醇、乙二醇[e]	半年
	尾气氧化炉排气筒	颗粒物、氮氧化物、非甲烷总烃	半年
草酸装置	草酸干燥排气筒	颗粒物	半年
	草酸包装排气筒	颗粒物	半年
油品合成	尾气脱碳再生气分离器排气筒	非甲烷总烃	半年
	尾气氧化炉排气筒	颗粒物、氮氧化物、非甲烷总烃	半年
催化剂制备	氧化反应器排气筒	氨	半年
	催化剂一段回转干燥窑排气筒	颗粒物、氮氧化物、氨	半年
	催化剂二段干燥磨机排气筒	颗粒物、氮氧化物、氨	半年
	催化剂储仓排气筒	颗粒物	半年
煤液化煤粉制备	磨煤干燥循环风机排气筒	颗粒物	季度
		氮氧化物、二氧化硫[b]	月
	煤仓排气筒	颗粒物	半年
含硫污水汽提	含硫污水储罐废气处理排气筒	非甲烷总烃、硫化氢、氨	半年
煤液化沥青成型	散气收集除雾装置排气筒	颗粒物、非甲烷总烃、沥青烟、二氧化硫	半年
储运系统	液体化学品罐区废气处理排气筒	非甲烷总烃、甲醇、乙二醇[e]	半年
	液体化学品装卸站台油气回收排气筒（汽车/火车/码头）	非甲烷总烃、甲醇、乙二醇[e]	半年
污水处理环保设施	污水处理恶臭处理排气筒	硫化氢、氨、非甲烷总烃、酚类[f]	半年
	污泥干化排气筒	颗粒物、硫化氢、氨、非甲烷总烃、臭气浓度	半年
	污水处理吹脱塔尾气排气筒	氨	半年

注：1. 应按照相应分析方法、技术规范同步监测烟气参数。

2. 原料煤卸料系统、原料煤储存系统、备料系统、输煤系统和煤仓、灰仓采取 HJ 1101 中的可行技术后可不开展监测。

[a] 适用于“三废”混燃系统。

[b] 燃料气采取脱硫净化后可不开展监测。

[c] 适用于煤粉输送载气采用来自低温甲醇洗的二氧化碳的情况。

[d] 14 MW 及以上加热炉氮氧化物采用自动监测，其余按季度监测。

[e] 待国家污染物监测方法标准发布后实施。

[f] 适用于固定床常压煤气化工艺。

5.3.2 无组织废气排放监测

排污单位无组织废气排放监测点位设置应遵循 HJ 819 中的原则，其排放监测点位、监测指标及最低监测频次按照表 4 执行。

表 4 无组织废气排放监测点位、监测指标及最低监测频次

监测点位	监测指标	监测频次
企业边界	颗粒物、非甲烷总烃、硫化氢、氨、甲醇[a]、臭气浓度[b]	季度
	苯并[a]芘[c]、酚类[c]	年
油品装卸区[d]	非甲烷总烃	年
储罐区[d]	非甲烷总烃、甲醇[a]	年
泵、压缩机、搅拌器（机）、阀门、开口阀或开口管线、泄压设备、取样连接系统	挥发性有机物[e]	半年
法兰及其他连接件、其他密封设备	挥发性有机物[e]	年

注：1. 应同步监测气象参数。

2. 挥发性有机物监测的其他要求按 GB 37822 及其他国家挥发性有机物管理规定执行。

[a] 适用于涉甲醇物料的排污单位。

[b] 根据排污许可证、环境影响评价文件及其批复等，确定是否增加监测 GB 14554 规定的其他恶臭污染物。

[c] 采用固定床常压气化的排污单位监测苯并[a]芘、酚类；采用固定床碎煤加压气化的排污单位监测苯并[a]芘；采用水煤浆气流床气化、干煤粉气流床气化的排污单位不开展苯并[a]芘、酚类监测。

[d] 厂区内挥发性有机物的监测按 GB 37822 中企业厂区内污染监控要求开展。

[e] 适用于载有气态挥发性有机物物料、液态挥发性有机物物料的设备与管线组件，按 GB 37822 的要求开展。

5.4 厂界环境噪声监测

5.4.1 厂界环境噪声监测点位设置应遵循 HJ 819 中的原则，主要考虑破碎机、离心机、振动筛、包装机、风机、冷却塔、各类泵、压缩机等噪声源在厂区内的分布情况和周边噪声敏感建筑物的位置。

5.4.2 厂界环境噪声每季度至少开展一次昼、夜间噪声监测，监测指标为等效连续 A 声级，夜间有频发、偶发噪声影响时，同时测量频发、偶发最大声级。夜间不生产的可不开展夜间噪声监测。周边有噪声敏感建筑物的，应提高监测频次。

5.5 周边环境质量影响监测

5.5.1 法律法规等有明确要求的，按要求开展周边环境质量影响监测。

5.5.2 无明确要求的，若排污单位认为有必要的，可根据实际情况参照表 5 对周边环境空气、地表水、海水、地下水和土壤开展监测，监测点位可按照 HJ 2.2、HJ 194、HJ 2.3、HJ 91.2、HJ 442.8、HJ 610、HJ 164、HJ 964、HJ/T 166 中的相关规定设置。

表 5 周边环境质量影响监测指标及最低监测频次

目标环境	监测指标	监测频次	备注
环境空气	非甲烷总烃、颗粒物、氨、硫化氢、臭气浓度	半年	适用于所有排污单位
	苯并[*a*]芘	年	
地表水	pH 值、悬浮物、化学需氧量、氨氮、总氮、总磷、石油类、硫化物、氟化物、挥发酚、氰化物、汞、砷、铅	季度	适用于废水直接排入地表水的排污单位
	苯并[*a*]芘、烷基汞	年	
海水	pH 值、悬浮物、化学需氧量、无机氮、活性磷酸盐、总有机碳、石油类、硫化物、挥发性酚类、氰化物、汞、砷、铅	半年	适用于废水直接排入海水的排污单位
	苯并[*a*]芘、烷基汞	年	
地下水	pH 值、耗氧量、硫化物、氟化物、挥发性酚类、氰化物、氯化物	年	适用于所有排污单位
土壤	汞、砷、铅、苯并[*a*]芘	年	适用于所有排污单位
注：根据排污许可证、环境影响评价文件及其批复、实际生产情况等，确定具体监测指标。			

5.6 其他要求

5.6.1 除表 1～表 5 中的污染物指标外，或涉及表中未涵盖的生产工艺，5.6.1.1 和 5.6.1.2 中的污染物指标也应纳入监测指标范围，并参照表 1～表 4 和 HJ 819 确定监测频次。

5.6.1.1 排污许可证、所执行的污染物排放（控制）标准、环境影响评价文件及其批复［仅限 2015 年 1 月 1 日（含）后取得环境影响评价批复的排污单位］、相关生态环境管理规定明确要求的污染物指标。

5.6.1.2 排污单位根据生产过程的原辅用料、生产工艺、中间及最终产品类型、监测结果确定实际排放的，在有毒有害污染物名录或优先控制化学品名录中的污染物指标，或其他有毒污染物指标。

5.6.2 各指标的监测频次在满足本标准的基础上，可根据 HJ 819 中的确定原则提高监测频次。

5.6.3 重点排污单位依法依规应当安装使用自动监测设备，非重点排污单位不作强制要求，相应点位、指标的监测频次参照本标准确定。

5.6.4 采样方法、监测分析方法、监测质量保证与质量控制等按照 HJ 819 执行。

5.6.5 监测方案的描述、变更按照 HJ 819 执行。

6 信息记录和报告

6.1 信息记录

6.1.1 监测信息记录

手工监测记录和自动监测运维记录按照 HJ 819 执行。排污单位对自动监测数据的真实性、准确性负责，发现数据传输异常应当及时报告，并参照国家标准规范或自动监测数据异常标记规则执行。

6.1.2 生产和污染治理设施运行状况信息记录

6.1.2.1 一般规定

排污单位应详细记录生产及污染治理设施运行状况，日常生产中也应参照 6.1.2.2～6.1.2.5 记录相关信息，并整理成台账保存备查。

6.1.2.2 生产运行状况记录

按班次记录正常工况各主要生产单元每套装置的运行状态、生产负荷，重点记录各装置的原料用量、辅料用量、主产品产量、副产品产量、取水量（新鲜水）、原辅用料及燃料使用情况（包括种类、名称、用量、硫和重金属等元素成分及占比）、运行时间等参数情况。

公辅设施如储罐、火炬系统、动力站等运行情况，储罐包括设计规模、工艺参数（温度、液位、周转量）等，火炬系统应记录引燃设施和火炬工作状态。

6.1.2.3 废水污染治理设施运行状况记录

按班次记录污水处理量、回水用量、回用率、污水排放量、污泥产生量、污水处理使用的药剂名称及用量、鼓风机用电量等，记录污水处理设施运行、故障及维护情况等。

蒸发塘应记录进水水质、进水水量和液位情况。

6.1.2.4 废气污染治理设施运行状况记录

记录设施运行时间、运行参数、故障及维护情况等，按更换批次记录废气处理使用的吸附剂、过滤材料等耗材的名称及用量。

6.1.2.5 噪声污染治理设施状况的记录

记录噪声污染治理设施日常巡检、故障及维护或更换情况等。

6.1.3 一般工业固体废物和危险废物记录

按照 HJ 1200 记录工业固体废物的相关信息，固体废物产生情况参见表 6。可能产生的危险废物按照《国家危险废物名录》或危险废物鉴别标准和鉴别方法认定。

表 6　一般工业固体废物及危险废物产生情况

生产工序	废物种类
煤气化、合成气制天然气及液体燃料、空分、污水处理等	生产过程中产生的气化炉渣、飞灰、滤饼，以及废催化剂、废干燥剂、废吸附剂、废碱液、废脱硫剂、废矿物油等；污水处理产生的污泥等。

6.2　信息报告、应急报告和信息公开

按照 HJ 819 执行。

7　其他

排污单位应如实记录手工监测期间的工况（包括生产负荷、污染治理设施运行情况等），确保监测数据具有代表性。自动监测期间的工况标记，按照国家标准规范和相关行业工况标记规则执行。

本标准未规定的内容，按照 HJ 819 执行。

HJ

中华人民共和国国家生态环境标准

HJ 1248—2022

排污单位自行监测技术指南 陆上石油天然气开采工业

Self-monitoring technology guidelines for pollution sources —Onshore oil and gas exploitation and production industry

2022-04-27 发布　　2022-07-01 实施

生 态 环 境 部 发布

前　言

为贯彻《中华人民共和国环境保护法》《中华人民共和国水污染防治法》《中华人民共和国大气污染防治法》《中华人民共和国土壤污染防治法》《中华人民共和国固体废物污染环境防治法》《中华人民共和国噪声污染防治法》《排污许可管理条例》等法律法规，改善生态环境质量，指导和规范陆上石油天然气开采工业排污单位自行监测工作，制定本标准。

本标准规定了陆上石油天然气开采工业排污单位自行监测的一般要求、监测方案制定、信息记录和报告的基本内容及要求。

本标准为首次发布。

本标准由生态环境部生态环境监测司、法规与标准司组织制订。

本标准主要起草单位：中国环境监测总站、中国石油集团安全环保技术研究院有限公司、黑龙江省生态环境监测中心、中国石油天然气股份有限公司新疆油田分公司实验检测研究院、中国石油天然气股份有限公司西南油气田分公司安全环保与技术监督研究院、中国石油天然气股份有限公司长庆油田分公司技术监测中心。

本标准生态环境部 2022 年 4 月 27 日批准。

本标准自 2022 年 7 月 1 日起实施。

本标准由生态环境部解释。

排污单位自行监测技术指南　陆上石油天然气开采工业

1　适用范围

本标准规定了陆上石油天然气开采工业排污单位自行监测的一般要求、监测方案制定、信息记录和报告的基本内容及要求。

本标准适用于陆上石油天然气开采工业排污单位在生产运行阶段对其排放的水、气污染物，噪声以及对周边环境质量影响开展自行监测。油砂、油页岩、页岩气、煤层气、天然气水合物等非常规油气开采工业排污单位自行监测可参照执行。

自备火力发电机组（厂）、配套动力锅炉的自行监测要求按照 HJ 820 执行。

2　规范性引用文件

本标准引用了下列文件或其中的条款。凡是注明日期的引用文件，仅注日期的版本适用于本标准。凡是未注日期的引用文件，其最新版本（包括所有的修改单）适用于本标准。

GB 36600　土壤环境质量　建设用地土壤污染风险管控标准（试行）

GB 37822　挥发性有机物无组织排放控制标准

GB 39728　陆上石油天然气开采工业大气污染物排放标准

HJ 91.2　地表水环境质量监测技术规范

HJ 164　地下水环境监测技术规范

HJ/T 166　土壤环境监测技术规范

HJ 194　环境空气质量手工监测技术规范

HJ 442.8　近岸海域环境监测技术规范　第八部分　直排海污染源及对近岸海域水环境影响监测

HJ 610　环境影响评价技术导则　地下水环境

HJ 664　环境空气质量监测点位布设技术规范（试行）

HJ 819　排污单位自行监测技术指南　总则

HJ 820　排污单位自行监测技术指南　火力发电及锅炉

HJ 964　环境影响评价技术导则　土壤环境（试行）

HJ 1200　排污许可证申请与核发技术规范　工业固体废物（试行）

《国家危险废物名录》

3 术语和定义

GB 39728 界定的以及下列术语和定义适用于本标准。

3.1

陆上石油天然气开采 onshore oil and gas exploitation and production

陆上油气田、滩海陆采油气田和海上油气田陆岸终端的石油天然气开采活动，包括石油和天然气勘探、钻井、完井、录井、测井、井下作业、试油和试气、采油和采气、油气集输与油气处理等作业或过程；不包括油砂、油页岩、页岩气、煤层气、天然气水合物等非常规油气的开采活动。

3.2

直接排放 direct discharge

排污单位直接向环境水体排放水污染物的行为。

3.3

间接排放 indirect discharge

排污单位向污水集中处理设施排放水污染物的行为。

3.4

雨水排放口 rainwater outlet

直接或通过沟、渠或者管道等设施向厂界外专门排放天然降水的排放口。

3.5

挥发性有机物 volatile organic compounds（VOCs）

参与大气光化学反应的有机化合物，或者根据有关规定确定的有机化合物。本标准使用非甲烷总烃作为排气筒和企业边界挥发性有机物排放的监测指标。

3.6

泄漏检测值 leakage detection value

采用规定的监测方法，检测仪器探测到的设备与管线组件泄漏点的 VOCs 浓度扣除环境本底值后的净值，以碳的摩尔分数表示。

3.7

稠油开采注汽锅炉 steam injection boiler used in viscous oil production

为稠油、超稠油开采提供高温高压水蒸气的生产设备。

3.8

油气田加热炉 heater used in petroleum indusry

陆上石油天然气开采过程中对原油、天然气、水及其混合物等介质进行加热的热工设备，主要类型包括管式加热炉、水套加热炉、真空相变加热炉、热媒加热炉等。

4 自行监测的一般要求

排污单位应查清本单位的污染源、污染物指标及潜在的环境影响，制定监测方案，设置和维护监测设施，按照监测方案开展自行监测，做好质量保证和质量控制，记录和保存监测信息，依法向社会公开监测结果。

5 监测方案制定

5.1 废水排放监测

排污单位废水排放监测点位、监测指标及最低监测频次按照表1执行。

表1 废水排放监测点位、监测指标及最低监测频次

监测点位	监测指标	监测频次	
		直接排放	间接排放
废水总排放口	流量、化学需氧量、氨氮	自动监测（月）[a]	
	pH值、悬浮物、五日生化需氧量、石油类、总有机碳、硫化物、总磷	月	季度
	挥发酚、阴离子表面活性剂	季度	半年
车间或生产设施废水排放口[b]	流量、总汞、总镉、总铬、总砷、总铅	月	
	烷基汞、六价铬、总镍	季度	
生活污水排放口	流量、化学需氧量、氨氮	月	—
	pH值、悬浮物、总磷、总氮、五日生化需氧量、石油类	半年	—
雨水排放口	化学需氧量、石油类	季度[c]	
注：油气田采出水回注油藏不属于废水排放。			
[a] 重点排污单位自动监测，其他单位按月监测。			
[b] 油气集中处理站、天然气处理厂、储油库、海上油气田陆岸终端的生产废水排放口。			
[c] 有流动水排放时按季度监测，如监测一年无异常情况，可放宽至每年开展一次监测。			

5.2 废气排放监测

5.2.1 有组织废气排放监测

5.2.1.1 对于多个污染源或生产设备共用一个排气筒的，监测点位可布设在共用排气筒上。当执行不同排放控制要求的废气合并排气筒排放时，应在废气混合前进行监测；若监

测点位只能布设在混合后的排气筒上，监测指标应涵盖所对应污染源或生产设备的监测指标，最低监测频次按照最严格的规定执行。

5.2.1.2　排污单位各产污环节有组织废气排放监测点位、监测指标及最低监测频次按照表2执行。

表 2　有组织废气排放监测点位、监测指标及最低监测频次

监测点位	类型	监测指标	监测频次
硫黄回收装置尾气排气筒	—	二氧化硫	自动监测（月）[a]
稠油开采注汽锅炉排气筒（单台额定功率≥16.1 MW 或 23 t/h）	燃气	氮氧化物	自动监测（月）[a]
		颗粒物、二氧化硫、氨[b]、林格曼黑度	季度
稠油开采注汽锅炉排气筒（单台额定功率＜16.1 MW 或 23 t/h）	燃气	氮氧化物	月
		颗粒物、二氧化硫、林格曼黑度	年
油气田加热炉排气筒（单台额定功率≥14 MW 或 20 t/h）	燃煤 燃油	颗粒物、二氧化硫、氮氧化物	月
		汞及其化合物[c]、氨[b]、林格曼黑度	半年
	燃气	氮氧化物	月
		颗粒物、二氧化硫、氨[b]、林格曼黑度	半年
油气田加热炉排气筒（0.5 MW 或 0.7 t/h≤单台额定功率＜14 MW 或 20 t/h）	所有类型	颗粒物、二氧化硫、氮氧化物、汞及其化合物[c]、林格曼黑度	年
油气田加热炉排气筒（单台额定功率＜0.5 MW 或 0.7 t/h）	所有类型[d]	颗粒物、二氧化硫、氮氧化物、汞及其化合物[c]、林格曼黑度	年
挥发性有机液体储罐、装载设施、废水集输和处理系统的废气收集处理装置排气筒	—	非甲烷总烃[e]	月
		硫化氢	半年
其他有机废气收集处理系统排气筒	—	非甲烷总烃[e]	半年
		硫化氢	年

注：1. 应按照相应分析方法、技术规范同步监测烟气参数。

2. 燃煤、燃油稠油开采注汽锅炉的监测要求按照 HJ 820 执行。

[a] 重点排污单位自动监测，其他单位按月监测。

[b] 使用液氨等含氨物质作为还原剂，去除烟气中氮氧化物的，可选测。

[c] 仅适用于燃煤加热炉。

[d] 燃料类型为天然气且单台额定功率小于 0.5 MW 或 0.7 t/h 的油气田加热炉排气筒每年按 10%比例抽测。

[e] 非甲烷总烃有去除效率要求的，应同时监测污染治理设施进口。

5.2.2　无组织废气排放监测

排污单位无组织废气排放监测点位设置应遵循 HJ 819 中的原则，其排放监测点位、监测指标及最低监测频次按照表 3 执行。

表 3　无组织废气排放监测点位、监测指标及最低监测频次

<table>
<tr><th colspan="2">监测点位</th><th>监测指标</th><th>监测频次</th></tr>
<tr><td>企业边界</td><td>油气集中处理站、涉及凝析油或天然气凝液的天然气处理厂、储油库、海上油气田陆岸终端</td><td>非甲烷总烃、硫化氢 [a]</td><td>季度</td></tr>
<tr><td rowspan="2">设备与管线组件密封点 [b]</td><td>泵、压缩机、搅拌器（机）、阀门、开口阀或开口管线、泄压设备、取样连接系统</td><td>泄漏检测值</td><td>半年</td></tr>
<tr><td>法兰及其他连接件、其他密封设备</td><td>泄漏检测值</td><td>年</td></tr>
<tr><td colspan="4">注：1. 应同步监测气象参数。
2. 泄漏检测值的监测要求按照 GB 39728 的规定执行。</td></tr>
<tr><td colspan="4">[a] 适用于场站内处理工艺含脱硫单元的情况。
[b] 重点地区油气集中处理站、天然气处理厂、储油库、海上油气田陆岸终端，载有气态 VOCs 物料、液态 VOCs 物料或质量占比≥10%的天然气的设备与管线组件，密封点数量≥2 000 个的，应开展泄漏检测。满足 GB 37822 中豁免条件的，可免予泄漏检测。</td></tr>
</table>

5.3　厂界环境噪声监测

5.3.1　厂界环境噪声监测点位设置应遵循 HJ 819 中的原则，主要考虑油气集中处理站、天然气处理厂、储油库、海上油气田陆岸终端、增压站内噪声源的分布情况和周边噪声敏感建筑物的位置。

5.3.2　厂界环境噪声每季度至少开展一次昼、夜间噪声监测，监测指标为等效连续 A 声级，夜间有频发、偶发噪声影响时，应同时测量频发、偶发最大声级。夜间不生产的可不开展夜间噪声监测。

5.3.3　采油气井场、配气站、集气站（输气站）、计量站、转油站、污水处理站、配注站、放水站、注水站（回注站）、脱水站等场站内声源装置稳定运行且厂界环境噪声远低于标准限值的小型场站可不开展厂界环境噪声监测；周边 2 km 范围内无噪声敏感建筑物的场站，可不开展厂界环境噪声监测。

5.4　周边环境质量影响监测

5.4.1　法律法规等有明确要求的，按要求开展周边环境质量影响监测。

5.4.2　无明确要求的，若排污单位认为有必要的，可根据实际情况参照表 4 对各类场站周边环境空气、地表水、海水、地下水和土壤开展监测，监测点位可按照 HJ 194、HJ 664、HJ 91.2、HJ 442.8、HJ 610、HJ 164、HJ 964、HJ/T 166 中的相关规定设置。

表 4　周边环境质量影响监测指标及最低监测频次

类别	监测指标	监测频次
环境空气	非甲烷总烃、硫化氢、二氧化硫、氮氧化物、颗粒物	半年
地表水	pH 值、化学需氧量、五日生化需氧量、氨氮、总磷、石油类、挥发酚、硫化物、阴离子表面活性剂、汞、六价铬、镉、砷、镍、铅	每年丰、平、枯水期各监测一次
海水	pH 值、悬浮物、化学需氧量、五日生化需氧量、石油类、挥发酚、硫化物、阴离子表面活性剂、汞、总铬、六价铬、镉、砷、镍、铅	半年
地下水[a]	石油类、石油烃（C_6～C_9）、石油烃（C_{10}～C_{40}）、汞[b]、砷、六价铬	半年
土壤[c]	石油类、石油烃（C_6～C_9）、石油烃（C_{10}～C_{40}）、汞[b]、砷、六价铬	年

[a] 当监测指标出现异常时，可按照 HJ 164 的附录 F 中石油和天然气开采业特征项目开展监测。

[b] 适用于开采天然气或含汞原油的情况。

[c] 当监测指标出现异常时，可按照 GB 36600 的表 1 中的污染物项目开展监测。

5.5　其他要求

5.5.1　除表 1～表 3 中的污染物指标外，5.5.1.1 和 5.5.1.2 中的污染物指标也应纳入监测指标范围，并参照表 1～表 3 和 HJ 819 确定监测频次。

5.5.1.1　排污许可证、所执行的污染物排放（控制）标准、环境影响评价文件及其批复［仅限 2015 年 1 月 1 日（含）后取得环境影响评价批复的排污单位］、相关生态环境管理规定明确要求的污染物指标。

5.5.1.2　排污单位根据生产过程的原辅用料、生产工艺、中间及最终产品类型、监测结果确定实际排放的，在有毒有害污染物名录或优先控制化学品名录中的污染物指标，或其他有毒污染物指标。

5.5.2　各指标的监测频次在满足本标准的基础上，可根据 HJ 819 中的确定原则提高监测频次。

5.5.3　重点排污单位依法依规应当安装使用自动监测设备，非重点排污单位不作强制性要求，相应点位、指标的监测频次参照本标准执行。

5.5.4　采样方法、监测分析方法、监测质量保证与质量控制等按照 HJ 819 执行。

5.5.5　监测方案的描述、变更按照 HJ 819 执行。

6　信息记录和报告

6.1　信息记录

6.1.1　监测信息记录

手工监测记录和自动监测运维记录按照 HJ 819 执行。排污单位对自动监测数据的真实性、准确性负责，发现数据传输异常应及时报告，并参照国家标准规范或自动监测数据异常标记规则执行。

6.1.2 生产和污染治理设施运行状况信息记录

6.1.2.1 一般规定

排污单位应详细记录生产及污染治理设施运行状况，日常生产中应参照 6.1.2.2～6.1.2.5 记录相关信息，并整理成台账保存备查。

6.1.2.2 生产运行状况记录

按日（或班次）记录各主要生产单元每套装置的原辅料用量和成分、产品产量、取水量、燃料消耗量和成分、储罐设计规模与工艺参数（温度、液位、周转量）、火炬及引燃设施工作状态（火炬气流量、火炬火焰温度、火种气流量、火种温度等）、运行时间等。

6.1.2.3 废水污染治理设施运行状况记录

按日（或班次）记录污水处理量、回水用量、回用率、污水排放量、污泥产生量及含水率、废水处理使用的药剂名称及用量、鼓风机电量等，记录废水处理设施运行、故障及维护情况等。

6.1.2.4 废气污染治理设施运行状况记录

按日（或更换批次）记录废气处理使用的吸附剂、催化剂、吸收液、过滤材料等的名称、用量及更换时间，记录废气处理设施的主要运行和维护信息，如运行时间、废气处理量、操作温度、停留时间等。

6.1.2.5 噪声污染治理设施运行状况记录

记录噪声污染治理设施日常巡检、故障及维护或更换状况等。

6.1.3 工业固体废物记录

按照 HJ 1200 记录工业固体废物的相关信息，固体废物产生情况参见表 5。可能产生的危险废物按照《国家危险废物名录》或危险废物鉴别标准和鉴别方法认定。

表 5 固体废物产生情况

生产工序	废物种类
石油开采	废弃水基钻井泥浆、灰渣、脱硫石膏、袋式（电袋）除尘器产生的破旧布袋、废旧盘根、废旧电机皮带、废弃油基钻井泥浆、油基岩屑、落地油、清罐底泥、浮油、浮渣、污泥、清管废渣、废过滤吸附介质、废防渗材料等
天然气开采	废弃水基钻井泥浆、灰渣、脱硫石膏、袋式（电袋）除尘器产生的破旧布袋、废旧盘根、废旧电机皮带、废弃油基钻井泥浆、油基岩屑、落地油、浮油、浮渣、污泥、清罐底泥、清管废渣、废脱汞剂、废过滤吸附介质、废防渗材料等

6.2 信息报告、应急报告和信息公开

按照 HJ 819 执行。

7 其他

排污单位应如实记录手工监测期间的工况（包括生产负荷、污染治理设施运行情况等），确保监测数据具有代表性。自动监测期间的工况标记，按照国家标准规范和相关行业工况标记规则执行。

本标准未规定的内容，按照 HJ 819 执行。

HJ

中华人民共和国国家生态环境标准

HJ 1249—2022

排污单位自行监测技术指南 储油库、加油站

Self-monitoring technology guidelines for pollution sources —Bulk oil terminal and oil filling station

2022-04-27 发布　　2022-07-01 实施

生　态　环　境　部　发布

前　言

为贯彻《中华人民共和国环境保护法》《中华人民共和国水污染防治法》《中华人民共和国大气污染防治法》《中华人民共和国土壤污染防治法》《中华人民共和国固体废物污染环境防治法》《中华人民共和国噪声污染防治法》《排污许可管理条例》等法律法规，改善生态环境质量，指导和规范储油库、加油站排污单位的自行监测工作，制定本标准。

本标准规定了储油库、加油站排污单位自行监测的一般要求、监测方案制定、信息记录和报告的基本内容及要求。

本标准为首次发布。

本标准由生态环境部生态环境监测司、法规与标准司组织制订。

本标准主要起草单位：中国环境监测总站、中国石油集团安全环保技术研究院有限公司、浙江省生态环境监测中心。

本标准生态环境部 2022 年 4 月 27 日批准。

本标准自 2022 年 7 月 1 日起实施。

本标准由生态环境部解释。

排污单位自行监测技术指南　储油库、加油站

1　适用范围

本标准规定了储油库、加油站排污单位自行监测的一般要求、监测方案制定、信息记录和报告的基本内容及要求。

本标准适用于《固定污染源排污许可分类管理名录》中实行排污许可重点管理、简化管理的储油库（包括码头配套的储油库区）、加油站排污单位在生产运行阶段对其排放的水、气污染物，噪声以及对周边环境质量影响开展自行监测。《固定污染源排污许可分类管理名录》中实行排污许可登记管理的储油库（包括码头配套的储油库区）、加油站排污单位可参照本标准规定开展自行监测。储存液体有机化学品的储油库排污单位可参照本标准规定开展自行监测。

自备火力发电机组（厂）、配套动力锅炉的自行监测要求按照 HJ 820 执行。

2　规范性引用文件

本标准引用了下列文件或其中的条款。凡是注明日期的引用文件，仅注日期的版本适用于本标准。凡是未注日期的引用文件，其最新版本（包括所有的修改单）适用于本标准。

GB 20950　储油库大气污染物排放标准

GB 20952　加油站大气污染物排放标准

GB 36600　土壤环境质量　建设用地土壤污染风险管控标准（试行）

GB 37822　挥发性有机物无组织排放控制标准

HJ 91.2　地表水环境质量监测技术规范

HJ 164　地下水环境监测技术规范

HJ/T 166　土壤环境监测技术规范

HJ 194　环境空气质量手工监测技术规范

HJ 442.8　近岸海域环境监测技术规范　第八部分　直排海污染源及对近岸海域水环境影响监测

HJ 610　环境影响评价技术导则　地下水环境

HJ 664　环境空气质量监测点位布设技术规范（试行）
HJ 733　泄漏和敞开液面排放的挥发性有机物检测技术导则
HJ 819　排污单位自行监测技术指南　总则
HJ 820　排污单位自行监测技术指南　火力发电及锅炉
HJ 964　环境影响评价技术导则　土壤环境（试行）
HJ 1118　排污许可证申请与核发技术规范　储油库、加油站
HJ 1200　排污许可证申请与核发技术规范　工业固体废物（试行）
《国家危险废物名录》
《固定污染源排污许可分类管理名录》

3　术语和定义

GB 20950、GB 20952 界定的以及下列术语和定义适用于本标准。

3.1

储油库排污单位　bulk oil terminal pollutant emission unit

由储油罐组成并通过油罐汽车、铁路罐车、船舶或管道等方式收发（含储存）原油、成品油等油品的排污单位（生产企业内的原油、成品油等油品储存场所除外）。

3.2

加油站排污单位　oil filling station pollutant emission unit

由储油罐、加油机及油枪等组成为机动车添加成品油的排污单位。

3.3

直接排放　direct discharge

排污单位直接向环境水体排放水污染物的行为。

3.4

间接排放　indirect discharge

排污单位向污水集中处理设施排放水污染物的行为。

3.5

雨水排放口　rainwater outlet

直接或通过沟、渠或者管道等设施向厂界外专门排放天然降水的排放口。

3.6

油气　vapor

储油库储存、收发油品及加油站加油、卸油和储存汽油过程中产生的挥发性有机物。本标准使用非甲烷总烃（以 NMHC 表示）作为排气筒和企业边界油气排放的监测指标。

3.7

储油库油气收集系统密封点 sealing point of vapor collection system in bulk oil terminal

储油库与发油设施配套的油气收集系统可能发生泄漏的部位，特指油罐车底部发油油气回收快速接头、铁路罐车顶部浸没式发油密封罩、油船油气回收管线法兰。

3.8

加油站油气回收系统密闭点 vapor recovery system closed binding sites in oil filling station

加油站油气回收系统在正常状态下应保持紧密的部位，如人工量油口端盖、卸油口、油气回收口盖帽、集液罐管口、加油机油气回收管和阀门处、排放管压力/真空阀（关闭状态时）、与油气处理装置连接的管道连接法兰、阀门等部位以及在卸油过程中应与油品运输汽车罐车等卸油工具密闭连接的接口、管道等点位。

3.9

油气处理装置 vapor recovery device

针对油气回收系统收集的油气，通过吸附、吸收、冷凝、膜分离等方法对油气进行处理回收的装置。

3.10

泄漏检测值 leakage detection value

采用规定的监测方法，检测仪器探测到的设备与管线组件、油气回收系统泄漏点的VOCs浓度扣除环境本底值后的净值，以碳的摩尔分数表示。

4 自行监测的一般要求

排污单位应查清本单位的污染源、污染物指标及潜在的环境影响，制定监测方案，设置和维护监测设施，按照监测方案开展自行监测，做好质量保证和质量控制，记录和保存监测信息，依法向社会公开监测结果。

5 监测方案制定

5.1 废水排放监测

储油库排污单位废水排放监测点位、监测指标及最低监测频次按照表1执行。

表 1　废水排放监测点位、监测指标及最低监测频次

监测点位	监测指标	监测频次	
		直接排放	间接排放
废水总排放口	流量、化学需氧量、氨氮	月	季度
	pH 值、悬浮物、石油类	季度	半年
	总有机碳、挥发酚[a]、总氰化物[a]	半年	年
生活污水排放口	流量、pH 值、化学需氧量、氨氮、悬浮物	半年	—
雨水排放口	化学需氧量、石油类	季度[b]	

[a] 适用于有切水作业的原油储库。
[b] 有流动水排放时按季度监测，如监测一年无异常情况，可放宽至每年开展一次监测。

5.2　废气排放监测

5.2.1　有组织废气排放监测

5.2.1.1　对于多个污染源或生产设备共用一个排气筒的，监测点位可布设在共用排气筒上。当执行不同排放控制要求的废气合并排气筒排放时，应在废气混合前进行监测；若监测点位只能布设在混合后的排气筒上，监测指标应涵盖所对应污染源或生产设备的监测指标，最低监测频次按照最严格的规定执行。对处理效率有要求的有机废气处理装置应分别在其废气进口及排放口设置监测点位。

5.2.1.2　储油库、加油站排污单位有组织废气排放监测点位、监测指标及最低监测频次按照表 2 执行。

表 2　有组织废气排放监测点位、监测指标及最低监测频次

排污单位类型	监测点位	监测指标	监测频次	
			重点排污单位	非重点排污单位
储油库	油气处理装置废气进口及其排放口	非甲烷总烃	月	
	污水处理设施有机废气收集处理装置排气筒	非甲烷总烃	季度	半年
加油站	油气处理装置排气筒	非甲烷总烃	半年	年

注：应按照相应分析方法、技术规范同步监测烟气参数。

5.2.1.3　储油库油气处理装置废气进口及其排放口的废气采样应在不少于50%发油鹤管处于发油时段中后期进行，连接油船的油气处理装置废气进口及其排放口废气采样应在发油时段中后期进行，对于包含吸附工艺的油气处理装置，采样应包括每个吸附塔的工作过程。

5.2.2 无组织废气排放监测

5.2.2.1 储油库、加油站排污单位无组织废气排放监测点位设置应遵循 HJ 819 中的原则，其排放监测点位、监测指标及最低监测频次按照表 3 执行。

表 3 无组织废气排放监测点位、监测指标及最低监测频次

排污单位类型	监测点位	监测指标	监测频次	
			重点排污单位	非重点排污单位
储油库	企业边界	非甲烷总烃、硫化氢[a]	半年	年
	储油库油气收集系统密封点	泄漏检测值	半年	年
	泵、压缩机、搅拌器（机）、阀门、开口阀或开口管线、泄压设备、取样连接系统[b]	泄漏检测值	半年	
	法兰及其他连接件、其他密封设备[b]	泄漏检测值	年	
	罐车底部发油快速接头泄漏点	油品滴洒量[c]	月	
加油站	企业边界	非甲烷总烃	半年	年
	加油站油气回收系统密闭点	泄漏检测值	半年	年

注：1. 应同步监测气象参数。
2. 泄漏检测值的监测方法按照 HJ 733、GB 20950、GB 20952 中的规定执行。
3. 油气泄漏检测可同步采用红外摄像方式辅助进行。

[a] 适用于储存介质为凝析油、燃料油的情况。

[b] 储油库中载有气态 VOCs 物料、液态 VOCs 物料的设备与管线组件，密封点数量≥2 000 个的，应开展泄漏检测。满足 GB 37822 中豁免条件的，可免予泄漏检测。

[c] 油品滴洒量的测定应在罐车底部发油结束断开快速接头时开展，取连续 3 次断开操作的平均值。

5.2.2.2 储油库企业边界废气监测采样不应在向铁路罐车发油时进行。

5.2.2.3 储油库油气收集系统密封点的泄漏检测应在发油时段进行，其中连接油船的油气收集系统密封点的泄漏检测应在发油时段中后期进行。

5.2.3 加油站油气回收系统监测

5.2.3.1 加油站油气回收系统监测点位、监测指标及最低监测频次按照表 4 执行。

表 4 加油站油气回收系统监测点位、监测指标及最低监测频次

监测点位	监测指标	监测频次	
		重点排污单位	非重点排污单位
加油油气回收立管	液阻	半年	年
	密闭性	半年	年
加油枪喷管	气液比	半年	年

5.2.3.2 加油站油气回收系统监测指标的检测方法执行 GB 20952 中附录 A～附录 C。

5.2.4 在线监测

5.2.4.1 加油站在线监测系统应能够监测每条加油枪气液比和油气回收系统压力，具备至少储存 1 年数据、远距离传输，具备预警、警告功能。在线监测系统监测功能、技术要求和预报警条件等执行 GB 20952 中附录 E。

5.2.4.2 加油站在线监测系统可在卸油口附近、加油机内/外（加油区）、人工量油井、油气处理装置排放口等处安装浓度传感器监测油气泄漏浓度。

5.2.4.3 加油站在线监测系统可在卸油区附近、人工量油井、加油区等重点区域安装视频监测用高清摄像头，连续对卸油操作、手工量油、加油操作等进行视频录像并存储。可整合利用加油站现有视频设备，视频资料应保持 3 个月以上以备生态环境部门监督检查，并预留接入环保管理平台的条件。

5.2.4.4 加油站在线监测系统应能监测油气处理装置进出口的压力、油气温度（冷凝法）、实时运行情况和运行时间等。

5.2.4.5 加油站在线监测系统应每年至少校准检测 1 次，校准检测方法参见 GB 20952 中附录 F。

5.3 厂界环境噪声监测

5.3.1 储油库排污单位厂界环境噪声监测点位设置应遵循 HJ 819 中的原则，主要考虑各类压缩机、泵、调压阀、节流阀等噪声源在场站内的分布情况和周边噪声敏感建筑物的位置。

5.3.2 储油库排污单位厂界环境噪声每季度至少开展一次昼、夜间噪声监测，监测指标为等效连续 A 声级。夜间有频发、偶发噪声影响时，同时测量频发、偶发最大声级。夜间不生产的可不开展夜间噪声监测，周边有噪声敏感建筑物的，应提高监测频次。

5.4 周边环境质量影响监测

5.4.1 法律法规等有明确要求的，按要求开展周边环境质量影响监测。

5.4.2 无明确要求的，若排污单位认为有必要的，可根据实际情况参照表 5 对周边环境空气、地表水、海水、地下水和土壤开展监测，监测点位可按照 HJ 194、HJ 664、HJ 91.2、HJ 442.8、HJ 610、HJ 164、HJ 964、HJ/T 166 中的相关规定设置。

表 5 周边环境质量影响监测指标及最低监测频次

类别	监测指标	监测频次
环境空气	非甲烷总烃、硫化氢[a]	半年
地表水	pH 值、化学需氧量、氨氮、悬浮物、石油类、总有机碳、挥发酚[b]、总氰化物[b]	季度

类别	监测指标	监测频次
海水	pH 值、化学需氧量、氨氮、悬浮物、石油类、总有机碳、挥发酚[b]、总氰化物[b]	半年
地下水[c]	石油类、石油烃（C_6～C_9）、石油烃（C_{10}～C_{40}）、甲基叔丁基醚[d]	半年
土壤[e]	石油类、石油烃（C_6～C_9）、石油烃（C_{10}～C_{40}）、甲基叔丁基醚[d]	年

[a] 适用于储存介质为凝析油时的情况。
[b] 适用于有切水作业的原油储库。
[c] 当监测指标出现异常时，可按照 HJ 164 的附录 F 中石油生产销售区特征项目开展监测。
[d] 适用于汽油储库、加油站。
[e] 当监测指标出现异常时，可按照 GB 36600 的表 1 中的污染物项目开展监测。

5.5 其他要求

5.5.1 除表 1～表 3 中的污染物指标外，5.5.1.1 和 5.5.1.2 中的污染物指标也应纳入监测指标范围，并参照表 1～表 3 和 HJ 819 确定监测频次。

5.5.1.1 排污许可证、所执行的污染物排放（控制）标准、环境影响评价文件及其批复[仅限 2015 年 1 月 1 日（含）后取得环境影响评价批复的排污单位]、相关生态环境管理规定明确要求的污染物指标。

5.5.1.2 排污单位根据生产过程的原辅用料、生产工艺、中间及最终产品类型、监测结果确定实际排放的，在有毒有害污染物名录或优先控制化学品名录中的污染物指标，或其他有毒污染物指标。

5.5.2 重点排污单位依法依规应当安装使用自动监测设备，非重点排污单位不作强制性要求，相应点位、指标的监测频次参照本标准确定。

5.5.3 各指标的监测频次在满足本标准的基础上，可根据 HJ 819 中的确定原则提高监测频次。

5.5.4 采样方法、监测分析方法、监测质量保证与质量控制等按照 HJ 819、GB 20952 执行。

5.5.5 监测方案的描述、变更按照 HJ 819 执行。

6 信息记录和报告

6.1 信息记录

6.1.1 监测信息记录

手工监测记录和自动监测运维记录按照 HJ 819 执行，可参考 GB 20952 中附录 G、HJ 1118 中附录 D 和附录 G。排污单位对自动监测数据的真实性、准确性负责，发现数据传输异常应及时报告，并参照国家标准规范或自动监测数据异常标记规则执行。

6.1.2 生产和污染治理设施运行状况信息记录

6.1.2.1 一般规定

排污单位应详细记录生产及污染治理设施运行状况，日常生产中也应参照 6.1.2.2～6.1.2.4 记录相关信息，并整理成台账保存备查。

6.1.2.2 生产运行状况记录

a）储油库记录内容

储油库应记录挥发性有机液体储存和挥发性有机液体装载运行参数。

b）储油库记录频次

储罐运行状态：按照排污单位生产班次记录，每班次记录 1 次。储罐发油量：按照一个收油周期进行记录，周期小于 1 天的按照 1 天记录。装载设施运行状态：按照排污单位装载次数记录，每个装载周期内记录 1 次。

c）加油站记录内容

加油站记录内容应包括加油过程中的油品种类和销售量等，以及卸油过程的卸油时间、油品种类、油品来源、卸油方式、卸油量等。

d）加油站记录频次

每季度记录 1 次。

6.1.2.3 废水、废气污染治理设施运行状况记录

a）储油库记录内容

储油库应按照设施类别分别记录设施的实际运行相关参数和运维记录。其中，有组织废气治理设施记录运行时间、运行参数等。无组织废气排放控制记录措施执行情况，包括储罐、动静密封点、装卸的维护、保养、检查等运行管理情况。废水处理设施应记录每日进水水量、出水水量、药剂名称及使用量、投放频次、电耗、污泥产生量等。污染治理设施运维记录，包括设施是否正常运行、故障原因、维护过程、检查人、检查日期及班次等。

b）储油库记录频次

污染治理设施运行：按照班次记录，每班记录 1 次。废气无组织排放控制：按月记录，1 次/月。药剂添加情况：采用批次投放方式的，按照投放批次记录，每投放批次记录 1 次；采用连续加药方式的，每班次记录 1 次。其他信息记录频次按照实际情况或工况进行记录。

c）加油站记录内容

加油站应按照设施类别分别记录设施的实际运行相关参数和运维记录。其中，有组织废气治理设施记录运行时间、运行参数等。无组织废气排放控制记录措施执行情况，包括储罐、加油枪的维护、保养、检查等运行管理情况及放空阀开关情况。污染治理设施运维记录，应包括设施是否正常运行、故障原因、维护过程、检查人、检查日期及班次等。

d）加油站记录频次

每季度记录 1 次。若设施出现异常情况，按照工况期记录，1 次/工况期。

6.1.2.4 噪声污染治理设施运行状况记录

记录噪声污染治理设施日常巡检、故障及维护或更换状况等。

6.1.3 固体废物记录

参照 HJ 1200 记录固体废物的相关信息，主要包括废塑料、废金属、灰渣、含油废液、废机油、废水处理装置离子交换树脂、废化学试剂、含油污泥等。可能产生的危险废物按照《国家危险废物名录》或危险废物鉴别标准和鉴别方法认定。

6.2 信息报告、应急报告及信息公开

按照 HJ 819 执行。

7 其他

排污单位应如实记录手工监测期间的工况（包括生产负荷、污染治理设施运行情况等），确保监测数据具有代表性。自动监测期间的工况标记，按照国家标准规范和相关行业工况标记规则执行。

本标准未规定的内容，按照 HJ 819 执行。

HJ

中华人民共和国国家生态环境标准

HJ 1250—2022

排污单位自行监测技术指南
工业固体废物和危险废物治理

Self-monitoring technology guidelines for pollution sources

—Industrial solid waste and hazardous waste storage，recycling，

treatment and disposal

2022-04-27 发布　　2022-07-01 实施

生 态 环 境 部 发布

前　言

为贯彻《中华人民共和国环境保护法》《中华人民共和国水污染防治法》《中华人民共和国大气污染防治法》《中华人民共和国土壤污染防治法》《中华人民共和国固体废物污染环境防治法》《中华人民共和国噪声污染防治法》《排污许可管理条例》等法律法规，改善生态环境质量，指导和规范工业固体废物和危险废物治理排污单位自行监测工作，制定本标准。

本标准规定了工业固体废物和危险废物治理排污单位自行监测的一般要求、监测方案制定、信息记录和报告的基本内容及要求。

本标准为首次发布。

本标准由生态环境部生态环境监测司、法规与标准司组织制订。

本标准主要起草单位：中国环境监测总站、北京市生态环境监测中心、浙江省生态环境监测中心。

本标准生态环境部 2022 年 4 月 27 日批准。

本标准自 2022 年 7 月 1 日起实施。

本标准由生态环境部解释。

排污单位自行监测技术指南　工业固体废物和危险废物治理

1　适用范围

本标准规定了工业固体废物和危险废物治理排污单位自行监测的一般要求、监测方案制定、信息记录和报告的基本内容及要求。

本标准适用于工业固体废物和危险废物治理排污单位在生产运行阶段，对其排放的水、气污染物，噪声以及对周边环境质量影响开展自行监测。

一般工业固体废物、危险废物（含医疗废物）焚烧排污单位及自建固体废物焚烧设施的自行监测要求按照 HJ 1205 执行；废铅酸液处置的设施和排放口的自行监测要求按照 HJ 1208 执行；配套动力锅炉的自行监测要求按照 HJ　820 执行；其他本标准未作规定的生产设施和排放口自行监测要求按照相应行业自行监测技术指南及 HJ 819 执行。排污单位自建的固体废物利用处置设施和排放口自行监测可参照本标准执行。

2　规范性引用文件

本标准引用了下列文件或其中的条款。凡是注明日期的引用文件，仅注日期的版本适用于本标准。凡是未注日期的引用文件，其最新版本（包括所有的修改单）适用于本标准。

GB 8978　污水综合排放标准

GB 18598　危险废物填埋污染控制标准

GB 18599　一般工业固体废物贮存和填埋污染控制标准

HJ 2.2　环境影响评价技术导则　大气环境

HJ 2.3　环境影响评价技术导则　地表水环境

HJ 91.2　地表水环境质量监测技术规范

HJ 164　地下水环境监测技术规范

HJ/T 166　土壤环境监测技术规范

HJ 194　环境空气质量手工监测技术规范

HJ/T 301　铬渣污染治理环境保护技术规范（暂行）

HJ　442.8　近岸海域环境监测技术规范　第八部分　直排海污染源及对近岸海域水环境影响监测

HJ 610　环境影响评价技术导则　地下水环境

HJ 819　排污单位自行监测技术指南　总则

HJ 820　排污单位自行监测技术指南　火力发电及锅炉

HJ 964　环境影响评价技术导则　土壤环境（试行）

HJ 1033　排污许可证申请与核发技术规范　工业固体废物和危险废物治理

HJ 1200　排污许可证申请与核发技术规范　工业固体废物（试行）

HJ 1205　排污单位自行监测技术指南　固体废物焚烧

HJ 1208　排污单位自行监测技术指南　有色金属工业—再生金属

《国家危险废物名录》

3　术语和定义

下列术语和定义适用于本标准。

3.1

工业固体废物和危险废物治理排污单位 pollutant emission unit of industrial solid waste and hazardous waste storage，recycling，treatment and disposal

开展一般工业固体废物贮存、处置以及危险废物贮存、利用、处置活动的排污单位。

3.2

一般工业固体废物贮存、处置排污单位 pollutant emission unit of general industrial solid waste storage and disposal

开展一般工业固体废物贮存、处置活动的符合 GB 18599 的排污单位。

3.3

危险废物贮存排污单位 pollutant emission unit of hazardous waste storage

开展将危险废物临时置于特定设施或场所中等活动的排污单位。

3.4

危险废物利用排污单位 pollutant emission unit of hazardous waste recycling

开展从危险废物中提取物质作为原材料或者燃料等活动的排污单位。

3.5

危险废物处置排污单位 pollutant emission unit of hazardous waste disposal

开展危险废物焚烧和用其他改变危险废物的物理、化学、生物特性的方法，减少已产生的危险废物数量、缩小危险废物体积、减少或消除其危险成分，或将危险废物最终置于符合环境保护规定要求的填埋场等活动的排污单位。

3.6

医疗废物处置排污单位 pollutant emission unit of medical waste disposal

开展医疗废物微波消毒集中处理、化学消毒集中处理、高温蒸汽集中处理等活动的排污单位。

3.7

雨水排放口 rainwater outlet

直接或通过沟、渠或者管道等设施向厂界外专门排放天然降水的排放口。

4 自行监测的一般要求

排污单位应查清本单位的污染源、污染物指标及潜在的环境影响，制定监测方案，设置和维护监测设施，按照监测方案开展自行监测，做好质量保证和质量控制，记录和保存监测信息，依法向社会公开监测结果。

5 监测方案制定

5.1 废水排放监测

5.1.1 一般工业固体废物贮存、处置单位废水排放监测点位、监测指标及最低监测频次按照表 1 执行。

表 1 一般工业固体废物贮存、处置单位废水排放监测点位、监测指标及最低监测频次

监测点位	监测指标	监测频次
废水总排放口	流量、pH 值、化学需氧量、氨氮、五日生化需氧量、悬浮物等[a]	月
渗滤液调节池	GB 8978 中的第一类污染物[a]	月
生活污水排放口	流量、pH 值、化学需氧量、氨氮、五日生化需氧量、悬浮物、总磷、总氮	季度
雨水排放口	化学需氧量、悬浮物	月[b]
注：生活污水间接排放的不要求开展自行监测，但应说明排放去向。		
[a] 根据环境影响评价文件及其批复等相关生态环境管理规定以及废物特性、工艺等，选取废水特征污染物指标开展监测。 [b] 雨水排放口有流动水排放时按月监测。若监测一年无异常情况，可放宽至每季度开展一次监测。		

5.1.2 危险废物利用与处置（不含医疗废物）单位废水排放监测点位、监测指标及最低监

测频次按照表 2 执行。

表 2　危险废物利用与处置（不含医疗废物）单位废水排放监测点位、监测指标及最低监测频次

监测点位	监测指标	监测频次	备注
废水总排放口	流量、pH 值、化学需氧量、氨氮、五日生化需氧量、悬浮物、总磷、总氮、总有机碳[a]、总铜[a]、总锌[a]、总钡[a]、氟化物[a]、氰化物[a]等[b]	季度	适用于危险废物利用（不含医疗废物）
		月	适用于危险废物处置（不含医疗废物）
渗滤液调节池排放口	总汞、烷基汞、总砷、总镉、总铬、六价铬、总铅、总铍、总镍、总银、苯并[a]芘	月	适用于危险废物填埋
车间或生产设施排放口	GB 8978 中的第一类污染物[b]	月	适用于危险废物（不含医疗废物）利用与处置（不含危险废物填埋场）
生活污水排放口	流量、pH 值、化学需氧量、氨氮、五日生化需氧量、悬浮物、总磷、总氮	季度	—
雨水排放口	化学需氧量、悬浮物	月[c]	—

注：1. 同时建有危险废物（不含医疗废物）利用和处置设施的排污单位，废水总排放口监测指标应覆盖全面并按月监测。

2. 生活污水间接排放的不要求开展自行监测，但应说明排放去向。

[a] 适用于危险废物（不含医疗废物、液态废物）填埋场废水总排放口监测。

[b] 根据环境影响评价文件及其批复等相关生态环境管理规定以及废物特性、工艺等，选取废水特征污染物指标开展监测。

[c] 雨水排放口有流动水排放时按月监测。若监测一年无异常情况，可放宽至每季度开展一次监测。

5.1.3　医疗废物处置单位废水排放监测点位、监测指标及最低监测频次按照表 3 执行。

表 3　医疗废物处置单位废水排放监测点位、监测指标及最低监测频次

监测点位	监测指标	监测频次
废水总排放口	流量	自动监测
	pH 值、总余氯[a]	2 次/日
	化学需氧量、悬浮物	周
	粪大肠菌群数	月
	五日生化需氧量、氨氮、动植物油、石油类、阴离子表面活性剂、色度、挥发酚、总氰化物	季度
车间或生产设施排放口	总汞、总镉、总铬、六价铬、总砷、总铅、总银	季度
生活污水排放口	流量、pH 值、化学需氧量、氨氮、五日生化需氧量、悬浮物、总磷、总氮	季度
雨水排放口	化学需氧量、悬浮物	月[b]

注：生活污水间接排放的不要求开展自行监测，但应说明排放去向。

[a] 适用于采用含氯消毒剂消毒工艺的（采用间歇式消毒处理的，每次排放前监测）废水总排放口监测。

[b] 雨水排放口有流动水排放时按月监测。若监测一年无异常情况，可放宽至每季度开展一次监测。

5.2 废气排放监测

5.2.1 有组织废气排放监测

5.2.1.1 对于多个污染源或生产设备共用一个排气筒的，监测点位可布设在共用排气筒上。当执行不同排放控制要求的废气合并排气筒排放时，应在废气混合前进行监测；若监测点位只能布设在混合后的排气筒上，监测指标应涵盖所对应污染源或生产设备的监测指标，最低监测频次按照最严格的规定执行。

5.2.1.2 一般工业固体废物贮存、处置单位有组织废气排放监测点位、监测指标及最低监测频次按照表 4 执行。

表 4 一般工业固体废物贮存、处置单位有组织废气排放监测点位、监测指标及最低监测频次

监测点位	监测指标	监测频次
污水处理设施除臭设施废气排气筒	氨、硫化氢、臭气浓度等 [a]	半年
[a] 根据环境影响评价文件及其批复等相关生态环境管理规定以及废物特性、工艺等，确定是否监测其他臭气污染物。		

5.2.1.3 危险废物（不含医疗废物）利用单位有组织废气排放监测点位、监测指标及最低监测频次按照表 5 执行。

表 5 危险废物（不含医疗废物）利用单位有组织废气排放监测点位、监测指标及最低监测频次

监测点位		监测指标	监测频次
贮存单元	贮存设施废气排气筒	非甲烷总烃、硫酸雾、氯化氢等 [a]	半年
分析与鉴别单元	化验室废气排气筒	非甲烷总烃、酸雾等 [a]	半年
有机物回收单元	热处理废气排气筒	颗粒物、二氧化硫、氮氧化物等 [a]	半年
	冷凝废气排气筒	非甲烷总烃等 [a]	半年
废活性炭再生单元	干燥、破碎筛分、出炭废气排气筒	颗粒物等 [a]	半年
	热处理废气排气筒	颗粒物、二氧化硫等 [a]	半年
	活化脱附废气排气筒	颗粒物等 [a]	半年
废催化剂再生单元	清灰、筛分、球磨废气排气筒	颗粒物	半年
	氯化更新废气排气筒	氯化氢等 [a]	半年
	烧炭、干燥、煅烧废气排气筒	颗粒物、二氧化硫等 [a]	半年
废包装容器清洗单元	破碎、分选废气排气筒	颗粒物等 [a]	半年
	清洗、烘干/吹干废气排气筒	非甲烷总烃、酸雾 [a]	半年
	喷漆废气排气筒	非甲烷总烃	半年
废线路板回收单元	破碎、分选废气排气筒	颗粒物等 [a]	半年
	焊点脱落废气排气筒	颗粒物、铅及其化合物、锡及其化合物等 [a]	半年

监测点位		监测指标	监测频次
废荧光灯管回收单元	锤磨、粉碎、分离废气排气筒	颗粒物、汞及其化合物[a]	半年
	汞蒸馏废气排气筒		半年
污水处理设施	除臭设施废气排气筒	氨、硫化氢、臭气浓度等[a]	半年
注：1. 酸雾指雾状的酸类物质，包括硫酸雾、铬酸雾等，根据实际情况，确定污染物指标。 2. 应按照相应分析方法、技术规范同步监测烟气参数。			
[a] 根据环境影响评价文件及其批复等相关生态环境管理规定以及废物特性、工艺等，选取废水特征污染物指标开展监测。			

5.2.1.4 危险废物（不含医疗废物）处置单位有组织废气排放监测点位、监测指标及最低监测频次按照表 6 执行。

表 6 危险废物（不含医疗废物）处置单位有组织废气排放监测点位、监测指标及最低监测频次

监测点位		监测指标	监测频次
贮存单元	贮存设施废气排气筒	非甲烷总烃、硫酸雾、氯化氢	半年
分析与鉴别单元	化验室废气排气筒	非甲烷总烃、酸雾等[a]	半年
物化处理单元	压实、破碎废气排气筒	颗粒物等[a]	半年
	气浮、汽提、吹脱、冷凝废气排气筒	非甲烷总烃等[a]	半年
固化/稳定化单元	输送、给料、破碎筛分、搅拌废气排气筒	颗粒物等[a]	半年
熔融处置单元、热脱附处置单元	配伍上料废气排气筒	颗粒物等[a]	季度
	熔融废气排气筒、热脱附废气排气筒	颗粒物、一氧化碳、二氧化硫、氮氧化物、氯化氢	自动监测
		氟化氢、汞及其化合物、铊及其化合物、镉及其化合物、砷及其化合物、铅及其化合物、铬及其化合物、锡+锑+铜+锰+镍+钴及其化合物	季度
		二噁英类	年
超临界水氧化单元	调浆废气排气筒	非甲烷总烃等[a]	半年
	超临界水氧化废气排气筒	颗粒物、二氧化硫、氮氧化物、非甲烷总烃等[a]	半年
铬渣干法解毒单元	原燃料制备废气排气筒	颗粒物、铬及其化合物	半年
	还原煅烧废气排气筒	颗粒物、二氧化硫、一氧化碳	自动监测
		烟气黑度、铬及其化合物	季度
污水处理设施	除臭设施废气排气筒	氨、硫化氢、臭气浓度[a]	半年
注：1. 酸雾指雾状的酸类物质，包括硫酸雾、铬酸雾等，根据实际情况，确定污染物指标。 2. 应按照相应分析方法、技术规范同步监测烟气参数。			
[a] 根据环境影响评价文件及其批复等相关生态环境管理规定以及废物特性、工艺等，选取废气特征污染物指标开展监测。			

5.2.1.5　医疗废物处置单位有组织废气排放监测点位、监测指标及最低监测频次按照表 7 执行。

表 7　医疗废物处置单位有组织废气排放监测点位、监测指标及最低监测频次

监测点位		监测指标	监测频次
贮存单元	贮存设施废气排气筒	非甲烷总烃等[a]	半年
消毒处理单元	破碎废气排气筒	颗粒物等[a]	半年
	高温蒸汽、微波消毒、化学消毒废气排气筒	非甲烷总烃等[a]	半年
污水处理设施	除臭设施废气排气筒	硫化氢、氨、臭气浓度、氯气[b]、甲烷[b]等[a]	季度
注：应按照相应分析方法、技术规范同步监测烟气参数。			
[a] 根据环境影响评价文件及其批复等相关生态环境管理规定以及废物特性、工艺等，选取废气特征污染物指标开展监测。 [b] 适用于设有含氯消毒工艺的排污单位。			

5.2.2　无组织废气排放监测

一般工业固体废物和危险废物治理单位无组织废气排放监测点位设置应遵循 HJ 819 中的原则，其排放监测点位、监测指标及最低监测频次按照表 8 执行。

表 8　一般工业固体废物和危险废物治理单位无组织废气排放监测点位、监测指标及最低监测频次

监测点位	监测指标	监测频次	备注
厂界	总悬浮颗粒物等[a]	季度	适用于一般工业固体废物贮存、处置
	二氧化硫	季度	适用于有煤矸石堆场的情况
	臭气浓度、颗粒物、非甲烷总烃等[a]	半年	适用于设有有机物回收单元的情况
	臭气浓度、颗粒物等[a]	半年	适用于活性炭再生、废催化剂再生及危险废物（不含医疗废物）处置（不含危险废物填埋场）
	臭气浓度、颗粒物等[a]	季度	适用于危险废物（不含医疗废物）处置（含危险废物填埋场）
	臭气浓度、氯气、甲烷、非甲烷总烃等[a]	半年	适用于医疗废物处置
注：应同步监测气象参数。			
[a] 根据环境影响评价文件及其批复等相关生态环境管理规定以及废物特性、工艺等，选取废气特征污染物指标开展监测。			

5.3　厂界环境噪声监测

5.3.1　厂界环境噪声监测点位设置应遵循 HJ 819 中的原则，主要考虑破碎设备、大型风机、制冷机、水泵等噪声源在厂区内的分布情况和周边噪声敏感建筑物的位置。

5.3.2 厂界环境噪声每季度至少开展一次昼、夜间噪声监测，监测指标为等效连续 A 声级，夜间有频发、偶发噪声影响时，同时测量频发、偶发最大声级。夜间不生产的可不开展夜间噪声监测。周边有噪声敏感建筑物的，应提高监测频次。

5.4 周边环境质量影响监测

5.4.1 法律法规、执行标准等有明确要求的，按要求开展周边环境质量影响监测。一般工业固体废物贮存和填埋、危险废物填埋（不含医疗废物、液态废物）、铬渣干法解毒处置单位周边环境地表水、地下水、土壤监测点位、监测指标及最低监测频次按照 GB 18599、GB 18598、HJ/T 301 执行。

5.4.2 无明确要求的，若排污单位认为有必要的，可根据实际情况对周边环境地表水、海水、地下水、环境空气、土壤环境质量开展监测，监测点位可按照 HJ 2.3、HJ 91.2、HJ 442.8、HJ 164、HJ 610、HJ 2.2、HJ 194、HJ 964、HJ/T 166 中的相关规定设置。

5.5 其他要求

5.5.1 除表 1～表 8 中的污染物指标外，5.5.1.1 和 5.5.1.2 中的污染物指标也应纳入监测指标范围，并参照表 1～表 8 和 HJ 819 确定监测频次。

5.5.1.1 排污许可证、所执行的污染物排放（控制）标准、环境影响评价文件及其批复［仅限 2015 年 1 月 1 日（含）后取得环境影响评价批复的排污单位］、相关生态环境管理规定明确要求的污染物指标。

5.5.1.2 排污单位根据生产过程的原辅用料、生产工艺、中间及最终产品类型、监测结果确定实际排放的，在有毒有害污染物名录或优先控制化学品名录中的污染物指标，或其他有毒污染物指标。

5.5.2 各指标的监测频次在满足本标准的基础上，可根据 HJ 819 中的确定原则提高监测频次。

5.5.3 重点排污单位依法依规应当安装使用自动监测设备，非重点排污单位不作强制性要求，相应点位、指标的监测频次参照本标准确定。

5.5.4 采样方法、监测分析方法、监测质量保证与质量控制等按照 HJ 819 执行。

5.5.5 监测方案的描述、变更按照 HJ 819 执行。

6 信息记录和报告

6.1 信息记录

6.1.1 监测信息记录

手工监测记录和自动监测运维记录按照 HJ 819 执行。排污单位对自动监测数据的真实性、准确性负责，发现数据传输异常应当及时报告，并参照国家标准规范或自动监测数据异常标记规则执行。

6.1.2 接收固体废物信息

排污单位应记录外来一般工业固体废物进场信息，包括进场时间、固体废物名称、废物类别、废物产生单位、物理状态、废物重量、贮存设施编码等。

填埋场应记录填埋情况，包括进入填埋场时间、废物名称、废物类别（属于危险废物的还需记录危险废物代码）、废物取出位置、填埋的废物质量、是否固化/稳定化、固化/稳定化后废物重量/体积、累计填埋量、剩余库容等。

外来危险废物入库信息、库存危险废物出库信息、填埋场填埋情况、库存危险废物利用/处置信息、危险废物样品分析信息、危险废物样品小试报告，应按照相关要求进行记录。

6.1.3 生产和污染治理设施运行状况记录要求

6.1.3.1 一般规定

排污单位应详细记录生产及污染治理设施运行状况，日常生产中应参照 6.1.3.1～6.1.3.5 及 HJ 1033 记录相关信息，并整理成台账保存备查。

6.1.3.2 生产运行状况记录

按照工艺生产单元或生产流水线记录正常工况各主要生产单元每项生产设施的运行状态、生产负荷、运行参数、主要产品产量、原辅用料及燃料使用情况（包括种类、名称、用量、成分分析）等信息。

6.1.3.3 废水处理设施运行状况记录

按日记录废水处理量、排放量、回用水量、废水处理使用的药剂名称及用量；记录废水排放或回用去向；记录设施运行、故障及维护情况。

6.1.3.4 废气处理设施运行状况记录

应记录除尘、脱硫、挥发性有机物（VOCs）治理等净化工艺的基本情况，按更换批次记录废气处理使用的吸附剂、过滤材料等耗材的名称及用量；废气采用了副产物回收技术的，应记录副产物回收率、综合利用情况；记录废气处理设施运行参数、故障及维护情况等。

6.1.3.5 噪声污染治理设施运行状况记录

记录噪声污染治理设施日常巡检、故障及维护或更换情况等。

6.1.4 工业固体废物记录要求

按照 HJ 1200 记录工业固体废物的相关信息，工业固体废物主要包括煤渣、废脱硫石膏、蒸馏残渣、废熔融渣（非玻璃态）、废催化剂、废有机溶剂与含有机溶剂废物、废有机树脂类废物等。可能产生的危险废物按照《国家危险废物名录》或危险废物鉴别标准和鉴别方法认定。

6.2 信息报告、应急报告及信息公开

按照 HJ 819 执行。

7 其他

排污单位应如实记录手工监测期间的工况（包括生产负荷、污染治理设施运行情况等），确保监测数据具有代表性。自动监测期间的工况标记，按照国家标准规范和相关行业工况标记规则执行。

本标准未规定的内容，按照 HJ 819 执行。

HJ

中华人民共和国国家生态环境标准

HJ 1251—2022

排污单位自行监测技术指南
金属铸造工业

Self-monitoring technology guidelines for pollution sources
—Metal foundry industry

2022-04-27 发布　　2022-07-01 实施

生　态　环　境　部　发布

前　言

为贯彻《中华人民共和国环境保护法》《中华人民共和国大气污染防治法》《中华人民共和国水污染防治法》《中华人民共和国土壤污染防治法》《中华人民共和国固体废物污染环境防治法》《中华人民共和国噪声污染防治法》《排污许可管理条例》等法律法规，改善生态环境质量，指导和规范金属铸造工业排污单位自行监测工作，制定本标准。

本标准规定了金属铸造工业排污单位开展自行监测的一般要求、监测方案制定、信息记录和报告的基本内容及要求。

本标准为首次发布。

本标准由生态环境部生态环境监测司、法规与标准司组织制订。

本标准主要起草单位：中国环境监测总站、中国铸造协会、浙江省生态环境监测中心、河南省信阳生态环境监测中心。

本标准生态环境部 2022 年 4 月 27 日批准。

本标准自 2022 年 7 月 1 日起实施。

本标准由生态环境部解释。

排污单位自行监测技术指南　金属铸造工业

1　适用范围

本标准规定了金属铸造工业排污单位自行监测的一般要求、监测方案制定、信息记录和报告的基本内容及要求。

本标准适用于金属铸造工业排污单位在生产运行阶段对其排放的水、气污染物，噪声及其对周边环境质量影响开展自行监测。

自备火力发电机组（厂）、配套动力锅炉的自行监测要求按照 HJ 820 执行。

2　规范性引用文件

本标准引用了下列文件或其中的条款。凡是注明日期的引用文件，仅注日期的版本适用于本标准。凡是未注日期的引用文件，其最新版本（包括所有的修改单）适用于本标准。

GB/T 4754—2017　国民经济行业分类

GB 8978　污水综合排放标准

GB 14554　恶臭污染物排放标准

GB 39726　铸造工业大气污染物排放标准

HJ/T 166　土壤环境监测技术规范

HJ 819　排污单位自行监测技术指南　总则

HJ 820　排污单位自行监测技术指南　火力发电及锅炉

HJ 905　恶臭污染环境监测技术规范

HJ 964　环境影响评价技术导则　土壤环境（试行）

HJ 1200　排污许可证申请与核发技术规范　工业固体废物（试行）

《国家危险废物名录》

3　术语和定义

GB 39726 界定的以及下列术语和定义适用于本标准。

3.1

铸造工业 foundry industry

生产各种金属铸件的制造业。GB/T 4754—2017 中归属金属制品业，分类为黑色金属铸造（C 3391）和有色金属铸造（C 3392）。黑色金属铸造指铸铁件、铸钢件等各种成品、半成品的制造；有色金属铸造指有色金属及其合金铸件等各种成品、半成品的制造。

3.2

金属铸造工业排污单位 metal foundry industry pollutant emission unit

从事各种金属铸件制造的排污单位，包括黑色金属铸造排污单位和有色金属铸造排污单位。黑色金属铸造排污单位指从事铸铁件、铸钢件等各种成品、半成品制造的排污单位；有色金属铸造排污单位指从事有色金属及其合金铸造的各种成品、半成品制造的排污单位。

3.3

直接排放 direct discharge

排污单位直接向环境水体排放水污染物的行为。

3.4

间接排放 indirect discharge

排污单位向公共污水处理系统排放水污染物的行为。

3.5

重点地区 key regions

根据生态环境工作要求，对大气污染严重，或生态环境脆弱，或有进一步环境空气质量改善需求等，需要严格控制大气污染物排放的地区。

4 自行监测的一般要求

排污单位应查清本单位的污染源、污染物指标及潜在的环境影响，制定监测方案，设置和维护监测设施，按照监测方案开展自行监测，做好质量保证和质量控制，记录和保存监测数据，依法向社会公开监测结果。

5 监测方案制定

5.1 废气排放监测

5.1.1 有组织废气排放监测

5.1.1.1 金属铸造工业排污单位有组织废气排放监测点位、监测指标及最低监测频次按照

表 1 执行。

表 1　有组织废气排放监测点位、监测指标及最低监测频次

生产工序	监测点位	监测指标	监测频次	
			重点地区	一般地区
金属熔炼（化）	冲天炉废气排气筒	颗粒物、二氧化硫、氮氧化物	自动监测	
	铅基及铅青铜合金熔炼（化）炉窑排气筒	铅及其化合物	季度	半年
		颗粒物、二氧化硫[a]、氮氧化物[a]	自动监测	
	其他金属熔炼（化）炉窑排气筒	颗粒物、二氧化硫[a]、氮氧化物[a]	半年	年
制芯	制芯设备废气排气筒	颗粒物、臭气浓度[b]	半年	年
造型	造型设备废气排气筒	颗粒物	半年	年
浇注	浇注设备废气排气筒	颗粒物	半年	年
清理	清理设备排气筒	颗粒物	半年	年
砂处理	砂处理设备排气筒	颗粒物	半年	年
旧砂再生	干法再生设备废气排气筒	颗粒物	半年	年
	热法再生设备废气排气筒	颗粒物、二氧化硫、氮氧化物	半年	年
铸件热处理[c]	热处理炉废气排气筒	颗粒物、二氧化硫、氮氧化物	半年	年
表面涂装[d]	表面涂装设备（线）排气筒	颗粒物、苯、苯系物、非甲烷总烃（NMHC）、总挥发性有机物（TVOC）[e]	半年	年
VOCs 废气处理系统	VOCs 废气燃烧（焚烧、氧化）装置排气筒	颗粒物、二氧化硫、氮氧化物、苯、苯系物、非甲烷总烃（NMHC）、总挥发性有机物（TVOC）[e]	半年	年
其他生产工序或设备、设施	其他生产工序或设备、设施废气排气筒	颗粒物	半年	年

注：1. 废气监测应按照相应分析方法、技术规范同步监测烟气参数。

2. 重点地区当车间或生产设施排气筒中 NMHC 初始排放速率≥2 kg/h 时，一般地区当车间或生产设施排气筒中 NMHC 初始排放速率≥3 kg/h 时，应在进入相应污染物处理设施单元的进、出口分别设置监测点位；采用的原辅材料符合国家有关低 VOCs 含量产品规定的除外。

3. 利用锅炉、工业炉窑、固体废物焚烧炉焚烧处理 VOCs 废气的，还应满足相应排放标准的控制要求。

[a] 适用于使用化石燃料的熔炼（化）炉窑。

[b] 适用于三乙胺制芯设备。

[c] 适用于执行 GB 39726 的热处理工序除电炉外的其他热处理设备。

[d] 适用于执行 GB 39726 的涂装工序。

[e] 待国家污染物监测技术规定发布后实施。

5.1.1.2　对于多个污染源或生产设备共用一根排气筒的，监测点位可布设在共用排气筒上。当执行不同排放控制要求的废气合并排气筒排放时，应在废气混合前开展监测；若监测点位只能布设在混合后的排气筒上，监测指标应涵盖所对应污染源或生产设备的监测指标，最低监测频次按照最严格的规定执行。

5.1.1.3　对于金属液处理操作或设施与金属熔炼（化）设备共用一根排气筒的，在每个手工监测时段内，应至少覆盖一次金属液处理过程。

5.1.2　无组织废气排放监测

金属铸造工业排污单位无组织废气排放监测点位、监测指标及最低监测频次按照表 2 执行。

表 2　无组织废气排放监测点位、监测指标及最低监测频次

监测点位	监测指标	监测频次
企业边界	铅及其化合物[a]	年
	臭气浓度[b]	年
厂区[c]	颗粒物	年
	非甲烷总烃[d]（NMHC）	年
注：无组织排放监测应同步监测气象参数。		
[a] 适用于铅基及铅青铜合金金属铸造排污单位。 [b] 适用于有三乙胺制芯工艺的排污单位，臭气浓度的监测点位设置参照 GB 14554、HJ 905。 [c] 厂区的监测点位设置参照 GB 39726。 [d] 适用于需监测非甲烷总烃（NMHC）的排污单位。		

5.2　废水排放监测

5.2.1　监测点位

金属铸造工业排污单位应在废水总排口设置监测点位，生活污水单独直接排入外环境的应在生活污水排放口设置监测点位。

5.2.2　监测指标及监测频次

金属铸造工业排污单位废水排放监测点位、监测指标及最低监测频次按照表 3 执行。

表 3　废水排放监测点位、监测指标及最低监测频次

监测点位	监测指标	监测频次	
		直接排放	间接排放
废水总排放口	pH 值、色度、悬浮物、化学需氧量、五日生化需氧量、氨氮、总磷、总氮	季度	年
注：污染物涉及 GB 8978 规定的第一类污染物时，应提高监测频次，监测点位按相关标准设置。			

5.3　厂界环境噪声监测

5.3.1　厂界环境噪声监测点位设置应遵循 HJ 819 中的原则，主要考虑金属熔炼（化）及

辅助设备、砂处理及砂再生设备、落砂机、造型/制芯设备、离心机、压铸机、清理打磨设备、真空泵、空压机、风机等噪声源在厂区内的分布情况和周边噪声敏感建筑物的位置。

5.3.2 厂界环境噪声每季度至少开展一次昼、夜间噪声监测，监测指标为等效连续 A 声级。夜间有频发、偶发噪声影响时，同时测量频发、偶发最大声级。夜间不生产的可不开展夜间噪声监测。周边有噪声敏感建筑物的，应提高监测频次。

5.4 周边环境质量影响监测

5.4.1 法律法规等有明确要求的，按要求开展周边环境质量影响监测。

5.4.2 无明确要求的，若排污单位认为有必要的，可根据实际情况对周边水、土壤、空气环境质量开展监测。生产铅基及铅青铜的排污单位参照 HJ/T 166、HJ 964 要求设置土壤监测点位，对周边土壤开展监测，监测指标及最低监测频次按照表 4 执行。

表 4 周边环境质量影响监测指标及最低监测频次

目标环境	监测指标	监测频次
土壤	铅、铜	年

5.5 其他要求

5.5.1 除表 1～表 3 中的污染物指标外，5.5.1.1 和 5.5.1.2 中的污染物指标也应纳入监测指标范围，并参照表 1～表 3 和 HJ 819 确定监测频次。

5.5.1.1 排污许可证、所执行的污染物排放（控制）标准、环境影响评价文件及其批复［仅限 2015 年 1 月 1 日（含）后取得环境影响评价批复的排污单位］、相关生态环境管理规定明确要求的污染物指标。

5.5.1.2 排污单位根据生产过程的原辅用料、生产工艺、中间及最终产品类型、监测结果确定实际排放的，在有毒有害污染物名录或优先控制化学品名录中的污染物指标，或其他有毒污染物指标。

5.5.2 各指标的监测频次在满足本标准的基础上，可根据 HJ 819 中的确定原则提高监测频次。

5.5.3 重点排污单位依法依规应当安装使用自动监测设备，非重点排污单位不做强制性要求，相应点位、监测指标的监测频次参照本标准确定。

5.5.4 采样方法、监测分析方法、监测质量保证与质量控制等按照 HJ 819 执行。

5.5.5 监测方案的描述、变更按照 HJ 819 执行。

5.5.6 监测人员安全防护按照相关标准和规定执行。

6 信息记录和报告

6.1 信息记录

6.1.1 监测信息记录

手工监测记录和自动监测运维记录按照 HJ 819 执行。排污单位对自动监测数据的真实性、准确性负责，发现数据传输异常应当及时报告，并参照国家标准规范或自动监测数据异常标记规则执行。

6.1.2 生产和污染治理设施运行状况信息记录

6.1.2.1 一般规定

排污单位应详细记录生产及污染治理设施运行状况，日常生产中也应参照 6.1.2.2～6.1.2.5 记录相关信息，并整理成台账保存备查。

6.1.2.2 生产运行状况记录

按日或生产班次记录正常工况下各主要生产单元每项生产设施的运行状态、生产负荷、主要产品产量、原辅用料及燃料使用情况（包括种类、名称、用量、有毒有害元素成分及占比）等信息。

6.1.2.3 废气污染治理设施运行状况记录

按日或生产班次记录废气处理设施开停机时间、废气排放时间等，按更换批次记录废气处理使用的过滤材料、吸附剂等耗材名称和用量，并记录废气处理设施运行参数、故障与维护情况等。

6.1.2.4 废水污染治理设施运行状况记录

按日或生产班次记录废水处理量、废水排放量、废水回用量及回用率、污泥产生量（记录含水率）、废水处理使用的药剂名称及用量、用电量等，记录废水处理设施运行、故障及维护情况等。

6.1.2.5 噪声污染治理设施运行状况记录

记录噪声污染治理设施日常巡检、故障及维护或更换情况等。

6.1.3 工业固体废物记录

按照 HJ 1200 记录工业固体废物的相关信息，工业固体废物产生情况参见表 5。可能产生的危险废物按照《国家危险废物名录》或危险废物鉴别标准和鉴别方法认定。

表 5　工业固体废物产生情况

主要生产工序来源	废物种类
各生产单元	废包装物等
造型、落砂、清理、制芯、砂处理、砂再生等	废砂、废磨片、废砂轮、废泡沫（采用消失模工艺的排污单位）等
金属熔炼（化）	废渣等
表面涂装	废有机溶剂、漆渣等
生产设备维护保养	废矿物油、废润滑油、废液压油等
废气、废水处理设施	除尘灰、废水处理污泥、废活性炭、废沸石、废催化剂、废紫外光灯管、废石棉等

6.2　信息报告、应急报告及信息公开

按照 HJ 819 执行。

7　其他

排污单位应如实记录手工监测期间的工况（包括生产负荷、污染治理设施运行情况等），确保监测数据具有代表性。自动监测期间的工况标记，按照国家标准规范和相关行业工况标记规则执行。

本标准未规定的内容，按照 HJ 819 执行。

HJ

中华人民共和国国家生态环境标准

HJ 1252—2022

排污单位自行监测技术指南
畜禽养殖行业

Self-monitoring technology guidelines for pollution sources
—Livestock and poultry breeding

2022-04-27 发布　　　　2022-07-01 实施

生 态 环 境 部 发布

前　言

为贯彻《中华人民共和国环境保护法》《中华人民共和国水污染防治法》《中华人民共和国大气污染防治法》《中华人民共和国土壤污染防治法》《中华人民共和国固体废物污染环境防治法》《中华人民共和国噪声污染防治法》《排污许可管理条例》等法律法规，改善生态环境质量，指导和规范畜禽养殖行业排污单位自行监测工作，制定本标准。

本标准规定了畜禽养殖行业排污单位自行监测的一般要求、监测方案制定、信息记录和报告的基本内容及要求。

本标准为首次发布。

本标准由生态环境部生态环境监测司、法规与标准司组织制订。

本标准主要起草单位：中国环境监测总站、湖南省生态环境监测中心、湖南农业大学。

本标准生态环境部 2022 年 4 月 27 日批准。

本标准自 2022 年 7 月 1 日起实施。

本标准由生态环境部解释。

排污单位自行监测技术指南　畜禽养殖行业

1　适用范围

本标准规定了畜禽养殖行业排污单位自行监测的一般要求、监测方案制定、信息记录和报告的基本内容及要求。

本标准适用于畜禽养殖行业排污单位在生产运行阶段对其排放的水、气污染物，噪声以及对周边环境质量影响开展自行监测。

本标准不适用于全部采用资源化利用模式处理畜禽养殖废弃物的养殖企业。

自备火力发电机组（厂）、配套动力锅炉的自行监测要求按照 HJ 820 执行。

2　规范性引用文件

本标准引用了下列文件或其中的条款。凡是注明日期的引用文件，仅注日期的版本适用于本标准。凡是未注日期的引用文件，其最新版本（包括所有的修改单）适用于本标准。

GB/T 4754—2017　国民经济行业分类

GB 18596　畜禽养殖业污染物排放标准

HJ 2.3　环境影响评价技术导则　地表水环境

HJ/T 55　大气污染物无组织排放监测技术导则

HJ 91.2　地表水环境质量监测技术规范

HJ 164　地下水环境监测技术规范

HJ 442.8　近岸海域环境监测技术规范　第八部分　直排海污染源及对近岸海域水环境影响监测

HJ 610　环境影响评价技术导则　地下水环境

HJ 819　排污单位自行监测技术指南　总则

HJ 820　排污单位自行监测技术指南　火力发电及锅炉

HJ 905　恶臭污染环境监测技术规范

HJ 1029　排污许可证申请与核发技术规范　畜禽养殖行业

3 术语和定义

GB 18596 界定的以及下列术语和定义适用于本标准。

3.1

畜禽养殖行业排污单位 pollutant emission unit of livestock and poultry breeding

从事 GB/T 4754—2017 中行业代码 031 牲畜饲养、032 家禽饲养、039 其他畜牧业、0531 畜牧良种繁殖活动等动物饲养活动的规模化畜禽养殖场。具体养殖品种包括生猪、肉牛、奶牛、蛋鸡、肉鸡、鸭、鹅、羊以及省级人民政府有明确规定规模标准的其他畜种。

3.2

规模化畜禽养殖场 large-scale livestock and poultry farm

养殖规模（按养殖场最大养殖能力确定）达到省级人民政府依法确定并公布规模标准的畜禽养殖场所。

3.3

场界 factory boundary

由法律文书（如土地使用证、房产证、租赁合同等）确定的业主所拥有所有权（或使用权）的场所或建筑物边界，对于畜禽养殖场原则上以其实际占地（包括建设用地、自有粪污消纳土地和租赁粪污消纳土地，其中粪污消纳土地仅考虑与畜禽养殖场紧邻且不间断的情况）的边界为场界。

4 自行监测的一般要求

排污单位应查清本单位的污染源、污染物指标及潜在的环境影响，制定监测方案，设置和维护监测设施，按照监测方案开展自行监测，做好质量保证和质量控制，记录和保存监测信息，依法向社会公开监测结果。

5 监测方案制定

5.1 废水排放监测

废水排放监测点位、监测指标及最低监测频次按照表 1 执行。

5.2 无组织废气排放监测

无组织废气排放监测点位、监测指标及最低监测频次按照表 2 执行。

表 1　废水排放监测点位、监测指标及最低监测频次

监测点位	监测指标	监测频次	
		直接排放	间接排放
废水总排放口	流量、化学需氧量、氨氮	自动监测[a]	
	总磷、总氮	月[b]	
	悬浮物、五日生化需氧量、粪大肠菌群、蛔虫卵	季度	半年
[a] 化学需氧量、氨氮原则上需开展自动监测，若地方环境管理有特殊规定的，可从其规定。 [b] 总磷、总氮实施总量控制区域，地方可根据环境管理需求适当增加监测频次。			

表 2　无组织废气排放监测点位、监测指标及最低监测频次

监测点位	监测指标	监测频次
场界	臭气浓度	半年
注：1. 应参照 HJ/T 55 和 HJ 905 同步监测气象参数。 2. 对于群众投诉较多的，应提高监测频次。		

5.3　场界环境噪声监测

5.3.1　场界环境噪声监测点位设置应遵循 HJ 819 中的原则，主要考虑养殖栏舍、破碎设备、风机、曝气设备、脱水设备、泵等噪声源在场区内的分布情况和周边噪声敏感建筑物的位置。

5.3.2　场界环境噪声每季度至少开展一次昼、夜间噪声监测，监测指标为等效连续 A 声级，夜间有频发、偶发噪声影响时，同时测量频发、偶发最大声级。夜间不生产的可不开展夜间噪声监测。周边有噪声敏感建筑物的，应提高监测频次。

5.4　周边环境质量影响监测

5.4.1　法律法规等有明确规定的，按要求开展周边环境质量影响监测。

5.4.2　无明确要求的，若排污单位认为有必要的，可根据实际情况参照 HJ 2.3、HJ 91.2、HJ 610、HJ 164、HJ 442.8 中的相关规定对周边地表水、地下水和海水开展监测。监测指标及最低监测频次按照表 3 执行。

表 3　周边环境质量影响监测指标及最低监测频次

环境要素	监测指标	监测频次
地表水	化学需氧量、氨氮、总磷、总氮、悬浮物、五日生化需氧量、粪大肠菌群、蛔虫卵	年
地下水	耗氧量（COD_{Mn}法，以 O_2 计）、氨氮、溶解性总固体、总大肠菌群	年
海水	化学需氧量、氨氮、总磷、总氮、悬浮物、五日生化需氧量、粪大肠菌群、蛔虫卵	年

5.5 其他要求

5.5.1 除表 1～表 2 中的污染物指标外，5.5.1.1 和 5.5.1.2 中的污染物指标也应纳入监测指标范围，并参照表 1～表 2 和 HJ 819 确定监测频次。

5.5.1.1 排污许可证、所执行的污染物排放（控制）标准、环境影响评价文件及其批复［仅限于 2015 年 1 月 1 日（含）后取得环境影响评价批复的排污单位］、相关生态环境管理规定明确要求的污染物指标。

5.5.1.2 排污单位根据生产过程的原辅用料、生产工艺、中间及最终产品类型、监测结果确定实际排放的，在有毒有害污染物名录或优先控制化学品名录中的污染物指标，或其他有毒污染物指标。

5.5.2 各指标的监测频次在满足本标准的基础上，可根据 HJ 819 中的确定原则提高监测频次。

5.5.3 重点排污单位依法依规应当安装使用自动监测设备，非重点排污单位不作强制性要求，相应点位、指标的监测频次参照本标准确定。

5.5.4 采样方法、监测分析方法、监测质量保证与质量控制等按照 HJ 819 执行。

5.5.5 监测方案的描述、变更按照 HJ 819 执行。

6 信息记录和报告

6.1 信息记录

6.1.1 监测信息记录

手工监测记录和自动监测运维记录按照 HJ 819 执行。排污单位对自动监测数据的真实性、准确性负责，发现数据传输异常应当及时报告，并参照国家标准规范或自动监测数据异常标记规则执行。

6.1.2 生产和污染治理设施运行状况信息记录

6.1.2.1 一般规定

排污单位应详细记录其生产及污染治理设施运行状况，日常生产中应参照 6.1.2.2～6.1.2.3 及 HJ 1029 记录相关信息，并整理成台账保存备查。

6.1.2.2 生产运行状况记录

按批次记录养殖种类、栏舍数量、栏舍面积、存栏量、出栏量等生产运行信息；按月记录总取水量、总排水量，按年汇总。

6.1.2.3 污染治理设施运行情况记录

废水污染治理设施运行情况应记录治理设施名称及工艺、设计参数、运行参数、主要药剂添加情况，污染物排放情况，污泥产生量及处理处置情况等，记录污水处理设施运行、故障及维护情况等；废气污染治理设施运行情况应记录治理设施名称及工艺、设计参数、运行参数、无组织排放控制措施等，记录废气处理设施运行故障及维护情况等；噪声污染治理设施应记录日常巡检、故障及维护或更换情况等。

6.1.3 固体废物信息记录

按日记录固体粪污的清粪方式、粪污产生量和清出量、粪污处理工艺、粪污利用去向等。

6.2 信息报告、应急报告和信息公开

按照 HJ 819 执行。

7 其他

排污单位应如实记录监测期间的工况（包括生产负荷、污染治理设施运行情况等），确保监测数据具有代表性。自动监测期间的工况标记，按照国家标准规范和相关行业工况标记规则执行。

本标准未规定的内容，按照 HJ 819 执行。

HJ

中华人民共和国国家生态环境标准

HJ 1253—2022

排污单位自行监测技术指南 电子工业

Self-monitoring technology guidelines for pollution sources —Electronics industry

2022-04-27 发布　　2022-07-01 实施

生　态　环　境　部　发布

前　　言

为贯彻《中华人民共和国环境保护法》《中华人民共和国水污染防治法》《中华人民共和国大气污染防治法》《中华人民共和国土壤污染防治法》《中华人民共和国固体废物污染环境防治法》《中华人民共和国噪声污染防治法》《排污许可管理条例》等法律法规，改善生态环境质量，指导和规范电子工业排污单位的自行监测工作，制定本标准。

本标准规定了电子工业排污单位自行监测的一般要求、监测方案制定、信息记录和报告的基本内容及要求。

本标准为首次发布。

本标准由生态环境部生态环境监测司、法规与标准司组织制订。

本标准主要起草单位：中国环境监测总站、上海市环境监测中心、上海市集成电路行业协会。

本标准生态环境部 2022 年 4 月 27 日批准。

本标准自 2022 年 7 月 1 日起实施。

本标准由生态环境部解释。

排污单位自行监测技术指南　电子工业

1　适用范围

本标准规定了电子工业排污单位自行监测的一般要求、监测方案制定、信息记录和报告的基本内容及要求。

本标准适用于电子工业排污单位在生产运行阶段对其排放的水、气污染物，噪声以及对周边环境质量影响开展自行监测。

电子工业排污单位中，自备火力发电机组（厂）、配套动力锅炉的自行监测要求按照 HJ 820 执行。

2　规范性引用文件

本标准引用了下列文件或其中的条款。凡是注明日期的引用文件，仅注日期的版本适用于本标准。凡是未注日期的引用文件，其最新版本（包括所有的修改单）适用于本标准。

GB/T 4754—2017　国民经济行业分类

GB/T 14848　地下水质量标准

GB 36600　土壤环境质量　建设用地土壤污染风险管控标准（试行）

GB 39731　电子工业水污染物排放标准

HJ 164　地下水环境监测技术规范

HJ/T 166　土壤环境监测技术规范

HJ 610　环境影响评价技术导则　地下水环境

HJ 819　排污单位自行监测技术指南　总则

HJ 820　排污单位自行监测技术指南　火力发电及锅炉

HJ 964　环境影响评价技术导则　土壤环境（试行）

HJ 1031　排污许可证申请与核发技术规范　电子工业

HJ 1200　排污许可证申请与核发技术规范　工业固体废物（试行）

《国家危险废物名录》

《固定污染源排污许可分类管理名录》

3 术语和定义

GB 39731 界定的以及下列术语和定义适用于本标准。

3.1

电子工业 electronics industry

从事 GB/T 4754—2017 中规定的计算机制造（C 391）、电子器件制造（C 397）、电子元件及电子专用材料制造（C 398）、其他电子设备制造（C 399）的工业。

3.2

计算机制造 computer manufacturing

计算机整机、计算机零部件、计算机外围设备、工业控制计算机及系统、信息安全设备以及其他计算机的制造。

3.3

电子器件制造 electronic device manufacturing

电子真空器件、半导体分立器件、集成电路、显示器件、半导体照明器件、光电子器件以及其他电子器件的制造。

3.4

电子元件制造 electronic component manufacturing

电阻电容电感元件、电子电路、敏感元件及传感器、电声器件及零件以及其他电子元件的制造。

3.5

电子专用材料制造 special electronic material manufacturing

用于电子元器件、组件及系统制备的专用电子功能材料、互联与封装材料、工艺与辅助材料的制造。

3.6

其他电子设备制造 other electronic terminal manufacturing

电子（气）物理设备以及其他未列明的电子设备的制造。

3.7

挥发性有机物 volatile organic compounds（VOCs）

参与大气光化学反应的有机化合物，或者根据有关规定确定的有机化合物。

本标准用非甲烷总烃作为挥发性有机物排放的表征指标。

3.8

非甲烷总烃 nonmethane hydrocarbons（NMHC）

采用规定的监测方法，氢火焰离子化检测器有响应的除甲烷外的其他气态有机化合物的总和，以碳的质量浓度计。

4 自行监测的一般要求

排污单位应查清本单位的污染源、污染物指标及潜在的环境影响，制定监测方案，设置和维护监测设施，按照监测方案开展自行监测，做好质量保证和质量控制，记录和保存监测信息，依法向社会公开监测结果。

5 监测方案制定

5.1 废水排放监测

排污单位废水排放监测点位、监测指标及最低监测频次按照表 1 执行。

表 1 废水排放监测点位、监测指标及最低监测频次

行业类别	监测点位	监测指标	监测频次			
			重点排污单位		非重点排污单位	
			直接排放	间接排放	直接排放	间接排放
计算机制造排污单位、其他电子设备制造排污单位	车间或生产设施废水排放口[a]	流量、总铅、总镉、总铬、六价铬、总镍、总银、总砷	日	日	月	年
	废水总排放口	流量、pH 值、化学需氧量、氨氮	自动监测	自动监测	季度	年
		悬浮物、石油类、总有机碳、总氮、总磷、阴离子表面活性剂、总氰化物、总铜[a]、总锌[a]	月	月	季度	年
电子器件制造排污单位	车间或生产设施废水排放口	流量、总铅、总镉[b]、总铬[b]、六价铬[b]、总镍、总银、总砷	日	日	月	年
	废水总排放口	流量、pH 值、化学需氧量、氨氮	自动监测	自动监测	季度	年
		悬浮物、石油类、总有机碳、总氮、总磷、阴离子表面活性剂、总氰化物、硫化物[b]、氟化物、总铜、总锌	月（自动监测[c]）	月（自动监测[c]）	季度	年
	车间或生产设施废水排放口	流量、总铅、总镉[b]、总铬[b]、六价铬[b]、总镍、总银、总砷[b]	日	日	月	年
	废水总排放口	流量、pH 值、化学需氧量、氨氮	自动监测	自动监测	季度	年
		悬浮物、石油类、总有机碳、总氮、总磷、阴离子表面活性剂、总氰化物、硫化物[b]、氟化物、总铜、总锌[b]	月	月	季度	年

行业类别	监测点位	监测指标	监测频次			
			重点排污单位		非重点排污单位	
			直接排放	间接排放	直接排放	间接排放
电子专用材料制造排污单位	车间或生产设施废水排放口	流量、总铅、总镉、总铬、六价铬、总镍、总银、总砷	日	日	月	年
	废水总排放口	流量、pH 值、化学需氧量、氨氮	自动监测	自动监测	季度	年
		悬浮物、石油类、总有机碳、总氮、总磷、阴离子表面活性剂、总氰化物、氟化物、总铜、总锌	月	月	季度	年

[a] 适用于有电镀、化学镀工艺的计算机制造排污单位和其他电子设备制造排污单位。

[b] 根据国家和地方相关排放标准、排污许可证、环境影响评价文件及批复等确定监测指标。

[c] 半导体液晶面板制造（有表面涂装工序的）重点排污单位，应对总磷采取自动监测。

5.2 废气排放监测

5.2.1 有组织废气排放监测

5.2.1.1 对于多个污染源或生产设备共用一个排气筒的，监测点位可布设在共用排气筒上。当执行不同排放控制要求的废气合并排气筒排放时，应在废气混合前进行监测；若监测点位只能布设在混合后的排气筒上，监测指标应涵盖所对应污染源或生产设备的监测指标，最低监测频次按照最严格的规定执行。

5.2.1.2 排污单位各产污环节有组织废气排放监测点位、监测指标及最低监测频次按照表 2 执行。

表 2 有组织废气排放监测点位、监测指标及最低监测频次

行业类别		监测点位	监测指标	监测频次	
				重点排污单位	非重点排污单位
计算机制造、其他电子设备制造排污单位		有机废气排放口	挥发性有机物[a]	半年（自动监测[b]）	年
			苯、甲苯、二甲苯	半年（季度[c]）	
		含尘废气排放口	颗粒物、铅及其化合物[d]、锡及其化合物[d]	半年	年
电子器件制造排污单位	电子真空器件制造	有机废气排放口	挥发性有机物[a]	半年	年
	半导体分立器件制造、集成电路制造、显示器件制造、半导体照明器件制造、光电子器件制造、其他电子器件制造	酸性废气排放口	氮氧化物、氟化物、氯化氢、硫酸雾	半年	年
		有机废气处理系统排放口	挥发性有机物[a]	半年（自动监测[e]）	年
		碱性废气排放口	氨	半年	年

行业类别		监测点位	监测指标	监测频次	
				重点排污单位	非重点排污单位
电子器件制造排污单位	电阻电容电感元件制造、敏感元件及传感器制造、电声器件及零件制造、其他电子元件制造	含尘废气排放口	颗粒物、铅及其化合物[d]、锡及其化合物[d]	半年	年
		有机废气排放口	挥发性有机物[a]、甲苯	半年	年
	电子电路制造	含尘废气排放口	颗粒物、铅及其化合物[f]、锡及其化合物[f]	半年	年
		酸性废气排放口	氮氧化物、甲醛、氯化氢、硫酸雾、氰化氢	半年	年
		有机废气排放口	挥发性有机物[a]、苯	半年	年
		碱性废气排放口	氨	半年	年
电子专用材料制造排污单位	电子功能材料	酸性废气排放口	氮氧化物	半年	年
	互联与封装材料	酸性废气排放口	氮氧化物	半年	年
		有机废气排放口	挥发性有机物[a]	半年	年
	工艺与辅助材料	含尘废气排放口	颗粒物、铅及其化合物[g]、锡及其化合物[g]	半年	年
		有机废气排放口	挥发性有机物[a]	半年	年
涉及挥发性有机物燃烧（焚烧、氧化）处理的电子工业排污单位		挥发性有机物燃烧（焚烧、氧化）装置排气筒	挥发性有机物[a]	半年（自动监测[c]）	年
			颗粒物、二氧化硫、氮氧化物	半年	年
			二噁英类[h]	年	
注：废气监测应按照相应分析方法、技术规范同步监测烟气参数。					

[a] 或按照所执行的排放标准确定表征指标。

[b] 适用于纳入《固定污染源排污许可分类管理名录》重点管理排污单位的喷漆生产线有机废气排放口。

[c] 适用于有机废气主要排放口。

[d] 适用于焊接工序中有相应污染物排放的电子工业排污单位。

[e] 适用于纳入《固定污染源排污许可分类管理名录》重点管理的集成电路制造和显示器件制造排污单位的有机废气排放口。

[f] 适用于有镀锡工序的电子工业排污单位。

[g] 适用于有锡料调配工序的电子工业排污单位。

[h] 适用于燃烧含氯有机废气的电子工业排污单位。

5.2.2 无组织废气排放监测

排污单位无组织废气排放监测点位设置应遵循 HJ 819 中的原则，其排放监测点位、监测指标及最低监测频次按照表 3 执行。

表 3　无组织废气排放监测点位、监测指标及最低监测频次

监测点位	监测指标	监测频次
厂界	挥发性有机物[a]、苯、甲醛、铅及其化合物	年
注：1. 应同步监测气象参数。 2. 根据排污单位的生产工艺和所执行的排放标准确定监测指标。		
[a] 或按照所执行的排放标准确定表征指标。		

5.3　厂界环境噪声监测

5.3.1　厂界环境噪声监测点位设置应遵循 HJ 819 中的原则，主要考虑喷漆设备、塑封压机、机床、混合机、成型机、剪板机、钻孔机、粉碎机、磨砂机等噪声源在厂区内的分布情况和周边噪声敏感建筑物的位置。

5.3.2　厂界环境噪声每季度至少开展一次昼、夜间噪声监测，监测指标为等效连续 A 声级。夜间有频发、偶发噪声影响时，同时测量频发、偶发最大声级。夜间不生产的可不开展夜间噪声监测。周边有噪声敏感建筑物的，应提高监测频次。

5.4　周边环境质量影响监测

5.4.1　法律法规等有明确要求的，按要求开展周边环境质量影响监测。

5.4.2　无明确要求的，若排污单位认为有必要的，可根据实际情况参照表 4 对周边土壤和地下水开展监测，监测点位可按照 HJ 964、HJ/T 166、HJ 610 和 HJ 164 中相关规定设置。

表 4　周边环境质量影响监测指标及最低监测频次

目标环境	监测指标	监测频次
土壤	砷、镉、六价铬、铜、铅、镍	年
地下水	pH 值、铜、锌、硫化物、氰化物、氟化物、砷、镉、六价铬、铅	年
注：根据企业使用的原辅用料、生产工艺过程、生产的产品和副产品，结合 GB 36600 和 GB/T 14848，确定监测指标。		

5.5　其他要求

5.5.1　除表 1～表 3 中的污染物指标外，5.5.1.1 和 5.5.1.2 中的污染物指标也应纳入监测指标范围，并参照表 1～表 3 和 HJ 819 确定监测频次。

5.5.1.1　排污许可证、所执行的污染物排放（控制）标准、环境影响评价文件及其批复［仅限 2015 年 1 月 1 日（含）后取得环境影响评价批复的排污单位］、相关生态环境管理规定明确要求的污染物指标。

5.5.1.2　排污单位根据生产过程的原辅用料、生产工艺、中间及最终产品类型、监测结果确定实际排放的，在有毒有害污染物名录或优先控制化学品名录中的污染物指标，或其他有毒污染物指标。

5.5.2 各指标的监测频次在满足本标准的基础上，可根据 HJ 819 中的确定原则提高监测频次。

5.5.3 重点排污单位依法依规应当安装使用自动监测设备，非重点排污单位不作强制性要求，相应点位、指标的监测频次参照本标准确定。

5.5.4 采样方法、监测分析方法、监测质量保证与质量控制等按照 HJ 819 执行。

5.5.5 监测方案的描述、变更按照 HJ 819 执行。

6 信息记录和报告

6.1 信息记录

6.1.1 监测信息记录

手工监测记录和自动监测运维记录按照 HJ 819 执行。排污单位对自动监测数据的真实性、准确性负责，发现数据传输异常应当及时报告，并参照国家标准规范或自动监测数据异常标记规则执行。

6.1.2 生产和污染治理设施运行状况信息记录

6.1.2.1 一般规定

排污单位应详细记录生产及污染治理设施运行状况，日常生产中也应参照 6.1.2.2～6.1.2.5 及 HJ 1031 记录相关信息，并整理成台账保存备查。

6.1.2.2 生产运行状况记录

按照工艺生产单元和生产流水线分类，根据各排污单位具体情况，选择记录以下相关信息：

a）原辅料用量，主要包括原料用量、各类涂料用量、各类溶剂用量、吸附剂用量、其他辅料用量等；

b）产品产量，按生产单元记录各工序产品产量及其他关键指标；

c）新鲜用水取水量、用水量、用电量、燃料用量等；

d）主要生产设备、设施的操作使用记录等。

6.1.2.3 废水污染治理设施运行状况记录

按班次记录污水处理量、回水用量、污水排放量、污泥产生量及含水率、污水处理使用的药剂名称及用量等，记录污水处理设施运行、故障及维护情况等。

6.1.2.4 废气污染治理设施运行状况记录

按更换批次记录废气处理使用的吸附剂、过滤材料等耗材的名称及用量，记录废气处理设施运行参数、故障及维护情况等。

6.1.2.5 噪声污染治理设施运行状况记录

记录噪声污染治理设施日常巡检、故障及维护或更换情况等。

6.1.3 工业固体废物记录

按照 HJ 1200 记录工业固体废物的相关信息，固体废物产生情况参见表 5。可能产生的危险废物按照《国家危险废物名录》或危险废物鉴别标准和鉴别方法认定。

表 5 工业固体废物产生情况

工序	固体废物种类
喷涂	废涂料、废溶液、油性漆漆渣
刻蚀	氢氟酸废液、废刻蚀液
光刻	废有机溶剂
显影	废显影液
剥离	废剥离液
电镀	电镀废液
清洗	废有机溶剂
废水处理设施	污泥
废气处理设施	废吸附剂、废活性炭
注：根据排污单位工艺产污情况，确定具体的种类指标。	

6.2 信息报告、应急报告及信息公开

按照 HJ 819 执行。

7 其他

排污单位应如实记录手工监测期间的工况（包括生产负荷、污染治理设施运行情况等），确保监测数据具有代表性。自动监测期间的工况标记，按照国家标准规范和相关行业工况标记规则执行。

本标准未规定的内容，按照 HJ 819 执行。

HJ

中华人民共和国国家生态环境标准

HJ 1254—2022

排污单位自行监测技术指南 砖瓦工业

Self-monitoring technology guidelines for pollution sources —Brick and tile industry

2022-04-27 发布　　2022-07-01 实施

生　态　环　境　部　发布

前　言

为贯彻《中华人民共和国环境保护法》《中华人民共和国大气污染防治法》《中华人民共和国水污染防治法》《中华人民共和国土壤污染防治法》《中华人民共和国固体废物污染环境防治法》《中华人民共和国噪声污染防治法》《排污许可管理条例》等法律法规，改善生态环境质量，指导和规范砖瓦工业排污单位的自行监测工作，制定本标准。

本标准规定了砖瓦工业排污单位自行监测的一般要求、监测方案制定、信息记录和报告的基本内容及要求。

本标准为首次发布。

本标准由生态环境部生态环境监测司、法规与标准司组织制订。

本标准主要起草单位：中国环境监测总站、河北省生态环境监测中心、江苏省南京环境监测中心、内蒙古自治区环境监测总站。

本标准生态环境部 2022 年 4 月 27 日批准。

本标准自 2022 年 7 月 1 日起实施。

本标准由生态环境部解释。

排污单位自行监测技术指南　砖瓦工业

1　适用范围

本标准规定了砖瓦工业排污单位自行监测的一般要求、监测方案制定、信息记录和报告的基本内容及要求。

本标准适用于砖瓦工业排污单位在生产运行阶段对其排放的气、水污染物，噪声以及对周边环境质量影响开展自行监测。

本标准适用于以粘土、页岩、煤矸石、粉煤灰为主要原料的砖瓦烧结制品生产过程和以砂石、粉煤灰、石灰及水泥为主要原料的砖瓦非烧结制品生产过程的自行监测。利用淤泥（江河湖海淤泥）、污泥（城市污泥）、建筑垃圾等生产砖瓦制品的排污单位参照本标准执行。

配套动力锅炉的自行监测要求按照 HJ 820 执行。

2　规范性引用文件

本标准引用了下列文件或其中的条款。凡是注明日期的引用文件，仅注日期的版本适用于本标准。凡是未注日期的引用文件，其最新版本（包括所有的修改单）适用于本标准。

GB/T 4754—2017　国民经济行业分类

GB 29620　砖瓦工业大气污染物排放标准

HJ/T 55　大气污染物无组织排放监测技术导则

HJ 819　排污单位自行监测技术指南　总则

HJ 820　排污单位自行监测技术指南　火力发电及锅炉

HJ 1200　排污许可证申请与核发技术规范　工业固体废物（试行）

《国家危险废物名录》

3　术语和定义

下列术语和定义适用于本标准。

3.1

砖瓦工业 brick and tile industry

通过原料制备、挤出（压制）成型、干燥、焙烧（蒸压）等生产过程，生产烧结砖瓦制品和非烧结砖瓦制品的工业，其行业分类为 GB/T 4754—2017 中的粘土砖瓦及建筑砌块制造（C 3031）。

3.2

砖瓦工业排污单位 brick and tile industry pollutant emission unit

从事砖瓦工业生产的排污单位。

4 自行监测的一般要求

排污单位应查清本单位的污染源、污染物指标及潜在的环境影响，制定监测方案，设置和维护监测设施，按照监测方案开展自行监测，做好质量保证和质量控制，记录和保存监测信息，依法向社会公开监测结果。

5 监测方案制定

5.1 废气排放监测

5.1.1 有组织废气排放监测

排污单位有组织废气排放监测点位、监测指标及最低监测频次按照表 1 执行。

表 1 有组织废气排放监测点位、监测指标及最低监测频次

产污环节	监测点位	监测指标	监测频次
原辅料制备、成型及包装	粉碎、筛分、配料、混合搅拌、输送设备及其他通风生产设备排气筒	颗粒物	年
人工干燥及焙烧	焙烧窑及干燥室（窑）排气筒	颗粒物、二氧化硫、氮氧化物、臭气浓度[a]	半年
		氟化物	年

注：1. 应按照相应分析方法、技术规范同步监测烟气参数。
2. 利用自然通风进行干燥且有独立排口的排气筒，参照其他通风生产设备排气筒开展自行监测。

[a] 适用于利用淤泥（江河湖海淤泥）、污泥（城市污泥）生产砖瓦制品的排污单位。

5.1.2 无组织废气排放监测

排污单位无组织废气排放监测点位设置应遵循 HJ/T 55、HJ 819 和 GB 29620 中的原则，其排放监测点位、监测指标及最低监测频次按照表 2 执行。

表 2　无组织废气排放监测点位、监测指标及最低监测频次

监测点位	监测指标	监测频次
厂界	颗粒物、二氧化硫[a]、氟化物[a]、臭气浓度[b]	年
注：应同步监测气象参数。		
[a] 非烧结砖瓦制品生产线可不监测该指标。 [b] 适用于利用淤泥（江河湖海淤泥）、污泥（城市污泥）生产砖瓦制品的排污单位。		

5.2　废水排放监测

排污单位废水排放监测点位、监测指标及最低监测频次按照表 3 执行。

表 3　废水排放监测点位、监测指标及最低监测频次

监测点位	监测指标	监测频次
废水总排放口	流量、pH 值、化学需氧量、悬浮物、五日生化需氧量、氨氮、总磷	半年

5.3　厂界环境噪声监测

5.3.1　厂界环境噪声监测点位设置应遵循 HJ 819 中的原则，主要考虑粉碎机、搅拌机、风机等噪声源在厂区内的分布情况和周边噪声敏感建筑物的位置。

5.3.2　厂界环境噪声每半年至少开展一次昼、夜间噪声监测，监测指标为等效连续 A 声级。夜间有频发、偶发噪声影响时，同时测量频发、偶发最大声级。夜间不生产的可不开展夜间噪声监测。周边有噪声敏感建筑物的，应提高监测频次。

5.4　周边环境质量影响监测

5.4.1　法律法规等有明确要求的，按要求开展周边环境质量影响监测。

5.4.2　无明确要求的，若排污单位认为有必要的，可根据实际情况对周边环境质量开展监测。

5.5　其他要求

5.5.1　除表 1～表 3 中的污染物指标外，5.5.1.1 和 5.5.1.2 中的污染物指标也应纳入监测指标范围，并参照表 1～表 3 和 HJ 819 确定监测频次。

5.5.1.1　排污许可证、所执行的污染物排放（控制）标准、环境影响评价文件及其批复［仅限 2015 年 1 月 1 日（含）后取得环境影响评价批复的排污单位］、相关生态环境管理规定明确要求的污染物指标。

5.5.1.2　排污单位根据生产过程的原辅用料、生产工艺、中间及最终产品类型、监测结果确定实际排放的，在有毒有害污染物名录或优先控制化学品名录中的污染物指标，或其他有毒污染物指标。

5.5.2 各指标的监测频次在满足本标准的基础上，可根据 HJ 819 中的确定原则提高监测频次。

5.5.3 重点排污单位依法依规应当安装使用自动监测设备，非重点排污单位不作强制性要求，相应点位、指标的监测频次参照本标准确定。

5.5.4 采样方法、监测分析方法、监测质量保证与质量控制等按照 HJ 819 执行。

5.5.5 监测方案的描述、变更按照 HJ 819 执行。

6 信息记录和报告

6.1 信息记录

6.1.1 监测信息记录

手工监测记录和自动监测运维记录按照 HJ 819 执行。排污单位对自动监测数据的真实性、准确性负责，发现数据传输异常应当及时报告，并参照国家标准规范或自动监测数据异常标记规则执行。

6.1.2 生产和污染治理设施运行状况信息记录

6.1.2.1 一般规定

排污单位应详细记录监测期间生产及污染治理设施运行状况，日常生产中应参照 6.1.2.2～6.1.2.3 记录相关信息，并整理成台账保存备查。

6.1.2.2 生产运行状况记录

按生产批次或生产周期记录有产排污环节的主要生产设施运行状态、生产负荷、主要产品产量、原辅用料及燃料使用情况（包括种类、名称、用量）等数据。

6.1.2.3 污染治理设施运行状况记录

按班次记录废气处理使用的脱硫剂、脱硝剂等药剂的名称和用量，按更换批次记录除尘设施消耗材料的更换时间和数量，记录废气处理设施运行参数、故障及维护情况等；记录废水处理方式、去向及排放量等相关信息；记录噪声污染治理设施日常巡检、故障及维护或更换情况。

6.1.3 工业固体废物记录

根据 HJ 1200 记录工业固体废物相关信息。一般工业固体废物主要包括脱硫石膏、废渣、除尘灰等。可能产生的危险废物按照《国家危险废物名录》或危险废物鉴别标准和鉴别方法认定。

6.2 信息报告、应急报告和信息公开

按照 HJ 819 执行。

7 其他

排污单位应如实记录手工监测期间的工况（包括生产负荷、污染治理设施运行情况等），确保监测数据具有代表性。自动监测期间的工况标记，按照国家标准规范和相关行业工况标记规则执行。

本标准未规定的内容，按照 HJ 819 执行。

HJ

中华人民共和国国家生态环境标准

HJ 1255—2022

排污单位自行监测技术指南 陶瓷工业

Self-monitoring technology guidelines for pollution sources —Ceramics industry

2022-04-27 发布　　2022-07-01 实施

生 态 环 境 部 发 布

前　言

为贯彻《中华人民共和国环境保护法》《中华人民共和国水污染防治法》《中华人民共和国大气污染防治法》《中华人民共和国土壤污染防治法》《中华人民共和国固体废物污染环境防治法》《中华人民共和国噪声污染防治法》《排污许可管理条例》等法律法规，改善生态环境质量，指导和规范陶瓷工业排污单位自行监测工作，制定本标准。

本标准规定了陶瓷工业排污单位自行监测的一般要求、监测方案制定、信息记录和报告的基本内容及要求。

本标准为首次发布。

本标准由生态环境部生态环境监测司、法规与标准司组织制订。

本标准主要起草单位：中国环境监测总站、江苏省南京环境监测中心、广东省生态环境监测中心。

本标准生态环境部 2022 年 4 月 27 日批准。

本标准自 2022 年 7 月 1 日起实施。

本标准由生态环境部解释。

排污单位自行监测技术指南　陶瓷工业

1　适用范围

本标准规定了陶瓷工业排污单位自行监测的一般要求、监测方案制定、信息记录和报告的基本内容及要求。

本标准适用于陶瓷工业排污单位在生产运行阶段对其排放的水、气污染物，噪声以及对周边环境质量影响开展自行监测。

2　规范性引用文件

本标准引用了下列文件或其中的条款。凡是注明日期的引用文件，仅注日期的版本适用于本标准。凡是未注日期的引用文件，其最新版本（包括所有的修改单）适用于本标准。

GB/T 4754—2017　国民经济行业分类

GB 25464　陶瓷工业污染物排放标准

HJ/T 166　土壤环境监测技术规范

HJ 954　排污许可证申请与核发技术规范　陶瓷砖瓦工业

HJ 819　排污单位自行监测技术指南　总则

HJ 964　环境影响评价技术导则　土壤环境（试行）

HJ 1200　排污许可证申请与核发技术规范　工业固体废物（试行）

《国家危险废物名录》

3　术语和定义

GB 25464 界定的以及下列术语和定义适用于本标准。

3.1

陶瓷工业　ceramics industry

用粘土类及其他矿物原料经过粉碎加工、成型、煅烧等过程而制成各种陶瓷制品的工业，主要包括建筑陶瓷、卫生陶瓷、日用瓷及陈设艺术瓷和特种陶瓷等。其行业分类为 GB/T 4754—2017 中陶瓷制品制造工业（C 307）。

3.2

陶瓷工业排污单位 ceramics industry pollutant emission unit

从事陶瓷工业生产的排污单位。

3.3

直接排放 direct discharge

排污单位直接向环境水体排放水污染物的行为。

3.4

间接排放 indirect discharge

排污单位向污水集中处理设施排放水污染物的行为。

3.5

雨水排放口 rainwater outlet

直接或通过沟、渠或者管道等设施向厂界外专门排放天然降水的排放口。

4 自行监测的一般要求

排污单位应查清本单位的污染源、污染物指标及潜在的环境影响，制定监测方案，设置和维护监测设施，按照监测方案开展自行监测，做好质量保证和质量控制，记录和保存监测信息，依法向社会公开监测结果。

5 监测方案制定

5.1 废水排放监测

排污单位废水排放监测点位、监测指标及最低监测频次按照表 1 执行。

表 1 废水排放监测点位、监测指标及最低监测频次

<table>
<tr><th rowspan="3">监测点位</th><th rowspan="3">监测指标</th><th colspan="4">监测频次</th></tr>
<tr><th colspan="2">重点排污单位</th><th colspan="2">非重点排污单位</th></tr>
<tr><th>直接排放</th><th>间接排放</th><th>直接排放</th><th>间接排放</th></tr>
<tr><td rowspan="2">废水总排放口</td><td>流量、pH 值、化学需氧量、氨氮</td><td>自动监测</td><td>季度</td><td rowspan="2">半年</td><td rowspan="2">—</td></tr>
<tr><td>悬浮物、石油类、五日生化需氧量、总磷、总氮、硫化物、氟化物、总铜、总锌、总钡</td><td>季度</td><td>半年</td></tr>
<tr><td>车间或生产设施排放口[a]</td><td>流量、总镉、总铬、总铅、总镍、总钴、总铍、可吸附有机卤化物（AOX）</td><td colspan="2">月</td><td colspan="2">季度</td></tr>
<tr><td>雨水排放口</td><td>化学需氧量</td><td colspan="4">月[b]</td></tr>
<tr><td colspan="6">[a] 根据排污许可证、环境影响评价文件及其批复确定监测指标。
[b] 雨水排放口有流动水排放时按月监测。若监测一年无异常情况，可放宽至每季度开展一次监测。</td></tr>
</table>

5.2 废气排放监测

5.2.1 有组织废气排放监测

5.2.1.1 对于多个污染源或生产设备共用一个排气筒的，监测点位可布设在共用排气筒上。当执行不同排放控制要求的废气合并排气筒排放时，应在废气混合前进行监测；若监测点位只能布设在混合后的排气筒上，监测指标应涵盖所对应污染源或生产设备的监测指标，最低监测频次按照最严格的规定执行。

5.2.1.2 排污单位有组织废气排放监测点位、监测指标及最低监测频次按照表 2 执行。

表 2 有组织废气排放监测点位、监测指标及最低监测频次

<table>
<tr><th colspan="2" rowspan="2">监测点位</th><th rowspan="2">监测指标</th><th colspan="2">监测频次</th></tr>
<tr><th>重点排污单位</th><th>非重点排污单位</th></tr>
<tr><td colspan="2" rowspan="2">喷雾干燥塔排气筒、烧成窑系统排气筒[a]</td><td>颗粒物、二氧化硫、氮氧化物</td><td>自动监测[b]</td><td rowspan="2">半年</td></tr>
<tr><td>烟气黑度</td><td>半年</td></tr>
<tr><td rowspan="2">烧成窑系统排气筒</td><td>以煤为基础燃料</td><td>铅及其化合物、镉及其化合物、镍及其化合物、氟化物、氯化物（以 HCl 计）</td><td>季度</td><td>半年</td></tr>
<tr><td>其他燃料</td><td>铅及其化合物、镉及其化合物、镍及其化合物、氟化物、氯化物（以 HCl 计）</td><td>半年</td><td>年</td></tr>
<tr><td rowspan="2">成型干燥系统排气筒</td><td>隧道式、辊道式干燥系统</td><td>颗粒物、二氧化硫[c]、氮氧化物[c]</td><td>年</td><td>年</td></tr>
<tr><td>其他通风生产设施</td><td>颗粒物</td><td>年</td><td>年</td></tr>
<tr><td colspan="2">磨、压、研磨、通风等原料制备系统，施釉系统，抛光、磨边、切割等产品修整系统，包装机等检验包装系统排气筒</td><td>颗粒物</td><td>年</td><td>年</td></tr>
<tr><td colspan="5">注：应按照相应分析方法、技术规范同步监测烟气参数。</td></tr>
<tr><td colspan="5">[a] 纯电力能源烧成窑系统排气筒，采用手工监测，监测频次为年。
[b] 按 HJ 954 要求，确定为主要排放口的窑系统排气筒，开展自动监测，其他窑系统排气筒采用手工监测，监测频次为半年。
[c] 不适用于利用余热，不外加燃料且非接触进行干燥的排污单位。</td></tr>
</table>

5.2.2 无组织废气排放监测

排污单位无组织废气排放监测点位设置应遵循 HJ 819 中的原则，其排放监测点位、监测指标及最低监测频次按照表 3 执行。

表 3 无组织废气排放监测点位、监测指标及最低监测频次

监测点位	监测指标	监测频次
厂界	颗粒物	年
注：应同步监测气象参数。		

5.3 厂界环境噪声监测

5.3.1 厂界环境噪声监测点位设置应遵循 HJ 819 中的原则，主要考虑球磨机、搅拌机、空压机、鼓风机、抛光设备、磨边设备等噪声源在厂区内的分布情况和周边噪声敏感建筑物的位置。

5.3.2 厂界环境噪声每半年至少开展一次昼、夜间噪声监测，监测指标为等效连续 A 声级。夜间有频发、偶发噪声影响时，同时测量频发、偶发最大声级。夜间不生产的可不开展夜间噪声监测。周边有噪声敏感建筑物的，应提高监测频次。

5.4 周边环境质量影响监测

5.4.1 法律法规等有明确要求的，按要求开展周边环境质量影响监测。

5.4.2 排放镉、铅等有毒有害大气污染物且周边存在耕地的，应当参照表 4 对周边耕地土壤及大气镉沉降开展监测，监测点位可按照 HJ 964、HJ/T 166 相关规定设置。

表 4 周边环境质量影响监测指标及最低监测频次

目标环境	监测指标	监测频次
耕地土壤	铅、镉	三年
	大气镉沉降[a]	年

[a] 鼓励有条件的排污单位开展，样品采集时间为一年。

5.5 其他要求

5.5.1 除表 1～表 3 中的污染物指标外，5.5.1.1 和 5.5.1.2 中的污染物指标也应纳入监测指标范围，并参照表 1～表 3 和 HJ 819 确定监测频次。

5.5.1.1 排污许可证、所执行的污染物排放（控制）标准、环境影响评价文件及其批复［仅限 2015 年 1 月 1 日（含）后取得环境影响评价批复的排污单位］、相关生态环境管理规定明确要求监测的污染物指标。

5.5.1.2 排污单位根据生产过程的原辅用料、生产工艺、中间及最终产品类型、监测结果确定实际排放的，在有毒有害污染物名录或优先控制化学品名录中的污染物指标，或其他有毒污染物指标。

5.5.2 各指标的监测频次在满足本标准的基础上，可根据 HJ 819 中的确定原则提高监测频次。

5.5.3 重点排污单位依法依规应当安装使用自动监测设备，非重点排污单位不作强制性要求，相应点位、指标的监测频次参照本标准确定。

5.5.4 采样方法、监测分析方法、监测质量保证与质量控制等按照 HJ 819 执行。

5.5.5 监测方案的描述、变更按照 HJ 819 执行。

6 信息记录和报告

6.1 信息记录

6.1.1 监测信息记录

手工监测记录和自动监测运维记录按照 HJ 819 执行。排污单位对自动监测数据的真实性、准确性负责，发现数据传输异常应当及时报告，并参照国家标准规范或自动监测数据异常标记规则执行。

6.1.2 生产和污染治理设施运行状况信息记录

6.1.2.1 一般规定

排污单位应详细记录生产及污染治理设施运行状况，日常生产中也应参照 6.1.2.2～6.1.2.5 记录相关信息，并整理成台账保存备查。

6.1.2.2 生产运行状况记录

按生产批次或生产周期记录原辅料用量及产量：主要原辅料使用量（粘土等）；燃料使用量（固体燃料、燃料油、煤气、天然气等）；陶瓷制品生产量（平方米、件数、吨）等。分生产线记录正常工况各生产单元主要生产设施的累计生产时间、生产负荷。

6.1.2.3 废水污染治理设施运行状况记录

按班次记录废水处理量、排放量、回水用量、污泥产生量、废水处理使用的药剂名称及用量等，记录污水处理设施运行、故障及维护情况等。

6.1.2.4 废气污染治理设施运行状况记录

按更换批次记录废气处理使用的吸附剂、脱硫剂、脱硫产物和过滤材料等耗材的名称及用量；按班次记录废气处理设施运行参数、故障及维护情况等。

6.1.2.5 噪声污染治理设施运行状况记录

记录噪声污染治理设施日常巡检、故障及维护或更换情况等。

6.1.3 工业固体废物记录

按照 HJ 1200 记录工业固体废物的相关信息，固体废物产生情况参见表 5。可能产生的危险废物按照《国家危险废物名录》或危险废物鉴别标准和鉴别方法认定。

表 5　工业固体废物产生情况

生产工序	废物种类
原料选择和预处理、粉碎、成型、抛光、切割等工序	原辅用料及加工过程中产生的剩余废物、废包装材料等；废气处理收集的废尘/渣、废滤袋等
拣选	陶瓷残次品
煤气发生炉	煤焦油、煤焦油渣、煤气生产过程中产生的废水处理污泥等
生产车间及实验室	废矿物油与含矿物油废物及化学试剂的包装物、容器等

6.2　信息报告、应急报告及信息公开

按照 HJ 819 执行。

7　其他

排污单位应如实记录手工监测期间的工况（包括生产负荷、污染治理设施运行情况等），确保监测数据具有代表性。自动监测期间的工况标记，按照国家标准规范和相关行业工况标记规则执行。

本标准未规定的内容，按 HJ 819 执行。

HJ

中华人民共和国国家生态环境标准

HJ 1256—2022

排污单位自行监测技术指南 中药、生物药品制品、化学药品制剂制造业

Self-monitoring technology guidelines for pollution sources —Pharmaceutical industry Chinese traditional medicine category，biological pharmaceutical products category，chemical pharmaceutics preparations category

2022-04-27 发布　　　　2022-07-01 实施

生　态　环　境　部　发布

前　言

为贯彻《中华人民共和国环境保护法》《中华人民共和国水污染防治法》《中华人民共和国大气污染防治法》《中华人民共和国土壤污染防治法》《中华人民共和国固体废物污染环境防治法》《中华人民共和国噪声污染防治法》《排污许可管理条例》等法律法规，改善生态环境质量，指导和规范中药、生物药品制品、化学药品制剂制造业排污单位自行监测工作，制定本标准。

本标准规定了中药、生物药品制品、化学药品制剂制造业排污单位自行监测的一般要求、监测方案制定、信息记录和报告的基本内容及要求。

本标准为首次发布。

本标准由生态环境部生态环境监测司、法规与标准司组织制订。

本标准主要起草单位：中国环境监测总站、江苏省南京环境监测中心。

本标准生态环境部 2022 年 4 月 27 日批准。

本标准自 2022 年 7 月 1 日起实施。

本标准由生态环境部解释。

排污单位自行监测技术指南
中药、生物药品制品、化学药品制剂制造业

1 适用范围

本标准规定了中药、生物药品制品、化学药品制剂制造业排污单位自行监测的一般要求、监测方案制定、信息记录和报告的基本内容及要求。

本标准适用于中药、生物药品制品、化学药品制剂制造业排污单位在生产运行阶段对其排放的水、气污染物，噪声以及对其周边环境质量影响开展自行监测。

本标准也适用于藏药、蒙药等民族传统医药制造业排污单位以及与中药、生物药品制品、化学药品制剂类药物相似的兽药生产企业等排污单位。

利用传统微生物发酵技术制备抗生素、维生素、氨基酸类等药物的医药制造业排污单位的自行监测按照 HJ 882 执行。中药制造业排污单位提取某种特定药物成分生产设施，其污染排放的自行监测按照 HJ 881 执行。

中药、生物药品制品、化学药品制剂制造业排污单位中，自备火力发电机组（厂）、配套动力锅炉的自行监测要求按照 HJ 820 执行。

2 规范性引用文件

本标准引用了下列文件或其中的条款。凡是注明日期的引用文件，仅注日期的版本适用于本标准。凡是未注日期的引用文件，其最新版本（包括所有的修改单）适用于本标准。

GB 14554　恶臭污染物排放标准

GB 21906　中药类制药工业水污染物排放标准

GB 21907　生物工程类制药工业水污染物排放标准

GB 21908　混装制剂类制药工业水污染物排放标准

GB 37823　制药工业大气污染物排放标准

HJ 2.3　环境影响评价技术导则　地表水环境

HJ 91.2　地表水环境质量监测技术规范

HJ 164　地下水环境监测技术规范

HJ/T 166　土壤环境监测技术规范

HJ 442.8　近岸海域环境监测技术规范　第八部分　直排海污染源及对近岸海域水环境影响监测

HJ 610　环境影响评价技术导则　地下水环境

HJ 819　排污单位自行监测技术指南　总则

HJ 820　排污单位自行监测技术指南　火力发电及锅炉

HJ 881　排污单位自行监测技术指南　提取类制药工业

HJ 882　排污单位自行监测技术指南　发酵类制药工业

HJ 964　环境影响评价技术导则　土壤环境（试行）

HJ 1200　排污许可证申请与核发技术规范　工业固体废物（试行）

《国家危险废物名录》

3　术语和定义

GB 14554、GB 21906、GB 21907、GB 21908、GB 37823 界定的以及下列术语和定义适用于本标准。

3.1

中药制造 Chinese traditional medicine manufacturing

以药用植物和药用动物等为主要原料，以中医药理论为指导，根据国家药典或药品管理部门批准文件等，生产中药饮片和中成药各种剂型产品的生产活动。

3.2

中药饮片加工 processing of traditional Chinese medicines decoction pieces

对采集的天然或人工种植、养殖的动物、植物和矿物的药材部位进行加工、炮制，使其符合中药处方调剂或中成药生产使用的活动。

3.3

中成药生产 Chinese patent medicines manufacturing

以中药材为原料，在中医药理论指导下，为了预防及治疗疾病的需要，按规定的处方和制剂工艺将其加工制成一定剂型的中药制品的生产活动。

3.4

生物药品制品制造 biological pharmaceutical products manufacturing

利用生物技术生产生物化学药品、基因工程药物和疫苗的制剂生产活动。

3.5

化学药品制剂制造 chemical pharmaceutics preparations manufacturing

将化学药物活性成分和辅料通过混合、加工和配制，形成直接用于人体疾病防治、诊断的各种剂型药物的生产活动。

3.6

溶剂回收设备 solvent recovery equipment

将各类医药制造业生产过程中使用过的溶剂收集、提纯以达到再利用或处置目的的装置。

3.7

直接排放 direct discharge

排污单位直接向环境水体排放水污染物的行为。

3.8

间接排放 indirect discharge

排污单位向公共污水处理系统排放水污染物的行为。

3.9

雨水排放口 rainwater outlet

直接或通过沟、渠或者管道等设施向厂界外专门排放天然降水的排放口。

3.10

挥发性有机物 volatile organic compounds（VOCs）

参与大气光化学反应的有机化合物，或者根据有关规定确定的有机化合物。

在表征 VOCs 总体排放情况时，根据行业特征和环境管理要求，可采用总挥发性有机物（以 TVOC 表示）、非甲烷总烃（以 NMHC 表示）作为污染物控制项目。

4 自行监测的一般要求

排污单位应查清本单位的污染源、污染物指标及潜在的环境影响，制定监测方案，设置和维护监测设施，按照监测方案开展自行监测，做好质量保证和质量控制，记录和保存监测信息，依法向社会公开监测结果。

5 监测方案制定

5.1 废水排放监测

中药制造业排污单位废水排放监测点位、监测指标及最低监测频次按照表 1 执行；生物药品制品制造业排污单位废水排放监测点位、监测指标及最低监测频次按照表 2 执行；化学药品制剂制造业排污单位废水排放监测点位、监测指标及最低监测频次按照表 3 执行。

表 1　中药制造业排污单位废水排放监测点位、监测指标及最低监测频次

监测点位	监测指标	监测频次	
		直接排放	间接排放
废水总排放口	流量、pH 值、化学需氧量、氨氮、总磷、总氮、悬浮物、五日生化需氧量、总氰化物、急性毒性（$HgCl_2$ 毒性当量）	季度	半年
	总有机碳、色度、动植物油	半年	年
生产车间或生产设施废水排放口	流量、总汞、总砷	季度	
生活污水单独排放口	流量、pH 值、化学需氧量、氨氮、总磷、总氮、悬浮物、五日生化需氧量	季度	—
雨水排放口	pH 值、化学需氧量、氨氮	月[a]	

[a] 雨水排放口有流动水排放时按月监测。若监测一年无异常情况，可放宽至每季度开展一次监测。

表 2　生物药品制品制造业排污单位废水排放监测点位、监测指标及最低监测频次

监测点位	监测指标	监测频次	
		直接排放	间接排放
废水总排放口	流量、pH 值、化学需氧量、氨氮	自动监测	
	总磷、总氮、悬浮物、五日生化需氧量、挥发酚、甲醛、乙腈、总余氯、粪大肠菌群数	月	季度
	急性毒性（$HgCl_2$ 毒性当量）、总有机碳、色度、动植物油	季度	半年
生活污水单独排放口	流量、pH 值、化学需氧量、氨氮、总磷、总氮、悬浮物、五日生化需氧量	月	—
雨水排放口	pH 值、化学需氧量、氨氮	月[a]	

[a] 雨水排放口有流动水排放时按月监测。若监测一年无异常情况，可放宽至每季度开展一次监测。

表 3　化学药品制剂制造业排污单位废水排放监测点位、监测指标及最低监测频次

监测点位	监测指标	监测频次	
		直接排放	间接排放
废水总排放口	流量、pH 值、化学需氧量、氨氮	自动监测	季度
	总磷、总氮、悬浮物、五日生化需氧量	月	季度
	急性毒性（$HgCl_2$ 毒性当量）、总有机碳	季度	半年
生活污水单独排放口	流量、pH 值、化学需氧量、氨氮、总磷、总氮、悬浮物、五日生化需氧量	月	—
雨水排放口	pH 值、化学需氧量、氨氮	月[a]	

[a] 雨水排放口有流动水排放时按月监测。若监测一年无异常情况，可放宽至每季度开展一次监测。

5.2　废气排放监测

5.2.1　有组织废气排放监测

5.2.1.1　监测点位

排污单位各工序废气通过排气筒等方式排放至外环境的，应在排气筒或排气筒前的废

气烟道设置监测点位。

5.2.1.2　监测指标及监测频次

中药制造业排污单位各工序有组织废气监测点位、监测指标及最低监测频次按照表 4、表 7 执行；生物药品制品制造业排污单位各工序有组织废气监测点位、监测指标及最低监测频次按照表 5、表 7 执行；化学药品制剂制造业排污单位各工序有组织废气监测点位、监测指标及最低监测频次按照表 6、表 7 执行。

表 4　中药制造业排污单位有组织废气排放监测点位、监测指标及最低监测频次

生产工序		监测点位	废气类型	监测指标	监测频次
预处理单元	净制、筛选、切制、干燥、粉碎、磨粉	风选机、水选机、挑选机、切药机、干燥加热器、厢式干燥器、烘干机、研磨机、粉碎机等设备废气收集排气筒	预处理（净制、切制、干燥、粉碎）废气	颗粒物、臭气浓度	半年
炮制单元	干法炮制	炒药机、煅药机等设备废气收集排气筒	干法炮制废气	颗粒物、臭气浓度	半年
	湿法炮制	蒸煮锅、煨药机等设备废气收集排气筒	湿法炮制废气	臭气浓度	半年
提取单元	配料	配料机、混合机等设备废气收集排气筒	配料废气	颗粒物	半年
	醇沉	醇沉罐等设备废气收集排气筒	醇沉废气	NMHC	半年
				TVOC[a]	年
	醇提	提取罐等设备废气收集排气筒	醇提废气	NMHC	半年
				TVOC[a]	年
	浓缩	浓缩罐等设备废气收集排气筒	浓缩废气	NMHC[b]	半年
				TVOC[a]	年
	干燥	干燥加热器、厢式干燥器、烘干机等设备废气收集排气筒	干燥废气	颗粒物、NMHC[b]	半年
				TVOC[a]	年
	溶剂回收	回收浓缩器、溶剂回收塔等溶剂回收装置废气收集排气筒	溶剂回收废气	NMHC	半年
				TVOC[a]	年
	药渣出渣	药渣出渣间废气收集排气筒	药渣出渣废气	NMHC[b]、臭气浓度	半年
				TVOC[a]	年
制剂单元	固体制剂	成型（成坨）、造丸机、制粒机、干燥加热器、厢式干燥器等设备废气收集排气筒	固体制剂废气	颗粒物、NMHC[b]	半年
				TVOC[a]	年
	半固体制剂	加热罐、热风循环恒温箱、热压涂布机等设备废气收集排气筒	半固体制剂废气	颗粒物、NMHC[b]	半年
				TVOC[a]	年
	液体制剂	洗瓶机、灌装机、干燥器等设备废气收集排气筒	液体制剂废气	NMHC[b]	半年
				TVOC[a]	年
	气体制剂	灌装机等设备废气收集排气筒	气体制剂废气	颗粒物	半年

注：1. 应按照相应分析方法、技术规范同步监测烟气参数。
2. 挥发性有机物有去除效率要求的，应同时监测污染治理设施进口。

生产工序	监测点位	废气类型	监测指标	监测频次

[a] 根据企业使用的原料、生产工艺过程、生产的产品、副产品，结合 GB 37823 中附录 B 和相关环境管理的规定等，筛选确定计入 TVOC 的物质。待 TVOC 测定方法标准发布后实施监测。

[b] 根据企业使用的原料、生产工艺过程、生产的产品、副产品，结合相关环境管理的规定等，确定使用有机溶剂的或存在挥发性有机物排放的，应开展 NMHC 监测。

表 5　生物药品制品制造业排污单位有组织废气排放监测点位、监测指标及最低监测频次

生产工序	监测点位	废气类型	监测指标	监测频次
配料	液体配料设施等设备废气收集排气筒	液体配料废气	NMHC[a]	半年
			TVOC[b]、特征污染物[c]	年
	固体配料设施等设备废气收集排气筒	固体配料废气	颗粒物	半年
发酵	接种罐、培养罐、消毒罐、生长液罐、维持液罐、洗液罐、发酵罐、补料罐、生化培养箱等设备废气收集排气筒	发酵废气	NMHC	月
			臭气浓度	半年
			TVOC[b]、特征污染物[c]	年
提取、分离	酸化罐、吸附塔、液贮罐、结晶罐、转化罐、滤液罐、结晶冷凝器、离心机、静态混合器、抽提罐、萃取罐、计量罐、脱色中间罐、配制罐、浸提设备等提取设备废气收集排气筒	提取废气	NMHC[a]	月
			TVOC[b]、特征污染物[c]	年
纯化	离心机、过滤机、柱层析系统、微滤柱系统、纯化系统、脱色罐、结晶罐等设备废气收集排气筒	纯化废气	NMHC[a]	月
			TVOC[b]、特征污染物[c]	年
干燥	真空干燥器、喷干塔等干燥设备废气收集排气筒	干燥废气	颗粒物、NMHC[a]	半年
			TVOC[b]、特征污染物[c]	年
溶剂回收	蒸馏釜、精馏塔等溶剂回收设备废气收集排气筒	溶剂回收废气	NMHC	月
			TVOC[b]、特征污染物[c]	年
固体制品	加料机、粉碎机、混粉机、搅拌机、洗瓶机、混合机、包衣机、压片机、造粒机、封口机、包装机、制粒生产线等设备废气收集排气筒	固体制品废气	颗粒物、NMHC[a]	半年
			TVOC[b]	年
半固体制品	提升加料机、冲浆罐、混合机、灌装机等设备废气收集排气筒	半固体制品废气	颗粒物、NMHC[a]	半年
			TVOC[b]	年
液体制品	洗瓶机、真空干燥器、灌装机等设备废气收集排气筒	液体制品废气	NMHC[a]	半年
			TVOC[b]	年

注：1. 应按照相应分析方法、技术规范同步监测烟气参数。

2. 挥发性有机物有去除效率要求的，应同时监测污染治理设施进口。

[a] 根据企业使用的原料、生产工艺过程、生产的产品、副产品，结合相关环境管理的规定等，确定使用有机溶剂的或存在挥发性有机物排放的，应开展 NMHC 监测。

[b] 根据企业使用的原料、生产工艺过程、生产的产品、副产品，结合 GB 37823 中附录 B 和相关环境管理的规定等，筛选确定计入 TVOC 的物质。待 TVOC 测定方法标准发布后实施监测。

[c] 见 GB 14554、GB 37823 所列污染物，根据环境影响评价文件及批复等相关环境管理的规定，确定具体监测指标。

表 6　化学药品制剂制造业排污单位有组织废气排放监测点位、监测指标及最低监测频次

生产工序		监测点位	废气类型	监测指标	监测频次
固体制剂	干燥	干燥塔、真空干燥器等设备废气收集排气筒	干燥废气	颗粒物	半年
	粉碎	粉碎机等设备废气收集排气筒	粉碎废气	颗粒物	半年
	筛分	整粒筛分机等设备废气收集排气筒	筛分废气	颗粒物	半年
	混合	槽型混合机、滚筒混合机等设备废气收集排气筒	混合废气	颗粒物、NMHC[a]	半年
				TVOC[b]	年
	制粒	混粉机、振荡筛等设备废气收集排气筒	制粒废气	颗粒物、NMHC[a]	半年
				TVOC[b]	年
	压片	单冲压片机、旋转压片机等设备废气收集排气筒	压片废气	颗粒物	半年
	包衣	包衣机、包衣锅等设备废气收集排气筒	包衣废气	颗粒物、NMHC[a]	半年
				TVOC[b]	年
	分装、填充	分装机、滚模式软胶囊机、灌装机等设备废气收集排气筒	分装废气	颗粒物、NMHC[a]	半年
				TVOC[b]	年
半固体制剂	搅拌	配料锅、均质机等设备废气收集排气筒	搅拌废气	颗粒物	半年
	加热	炼胶机等设备废气收集排气筒	加热废气	NMHC[a]	半年
				TVOC[b]	年
	分装	灌封机等设备废气收集排气筒	分装废气	NMHC[a]	半年
				TVOC[b]	年
液体制剂	清洗	洗瓶机等设备废气收集排气筒	清洗废气	NMHC[a]	半年
				TVOC[b]	年
	干燥	真空干燥器等设备废气收集排气筒	干燥废气	NMHC[a]	半年
				TVOC[b]	年
气体制剂	药物配制	全自动气雾剂灌装机等设备废气收集排气筒	配制废气	颗粒物	半年

注：1. 应按照相应分析方法、技术规范同步监测烟气参数。

2. 挥发性有机物有去除效率要求的，应同时监测污染治理设施进口。

[a] 根据企业使用的原料、生产工艺过程、生产的产品、副产品，结合相关环境管理的规定等，确定使用有机溶剂的或存在挥发性有机物排放的，应开展 NMHC 监测。

[b] 根据企业使用的原料、生产工艺过程、生产的产品、副产品，结合 GB 37823 中附录 B 和相关环境管理的规定等，筛选确定计入 TVOC 的物质。待 TVOC 测定方法标准发布后实施监测。

表 7　公用单元有组织废气排放监测点位、监测指标及最低监测频次

工序类型	监测点位	废气类型	监测指标	监测频次
物料存储	罐区、各类储罐等物料存储设施废气收集排气筒	物料存储废气、储罐呼吸气	NMHC[a]	半年
			TVOC[b]、特征污染物[c]	年
物料装卸、转运	各类装卸、转运设施废气收集排气筒	物料装卸、转运废气	NMHC[a]	半年
			TVOC[b]、特征污染物[c]	年
研发、质检等各类实验室	研发、质检实验室废气收集装置排气筒	研发废气、质检废气	NMHC	半年
			TVOC[b]、特征污染物[c]	年

工序类型	监测点位	废气类型	监测指标	监测频次
污水处理厂或处理设施	污水处理厂或处理设施废气收集排气筒	污水处理废气	NMHC、臭气浓度、硫化氢、氨	半年
废弃物暂存/贮存、处理设施	废弃物暂存/贮存、处理设施废气收集排气筒	固废暂存/贮存废气	NMHC[a]	半年
			臭气浓度、特征污染物[c]	年
动物房	动物房及辅助设施废气收集排气筒	动物房废气	臭气浓度	年
VOCs 燃烧（焚烧、氧化）装置	燃烧（焚烧、氧化）装置排气筒	VOCs 燃烧废气	颗粒物	半年
			NMHC	月
			二氧化硫、氮氧化物	季度
			TVOC[b]、特征污染物[c]、二噁英[d]	年

注：1. 应按照相应分析方法、技术规范同步监测烟气参数。
2. 挥发性有机物有去除效率要求的，应同时监测污染治理设施进口。

[a] 根据企业使用的原料、生产工艺过程、生产的产品、副产品，结合相关环境管理的规定等，确定使用有机溶剂的或存在挥发性有机物排放的，应开展 NMHC 监测。

[b] 根据企业使用的原料、生产工艺过程、生产的产品、副产品，结合 GB 37823 中附录 B 和相关环境管理的规定等，筛选确定计入 TVOC 的物质。待 TVOC 测定方法标准发布后实施监测。

[c] 见 GB 14554、GB 37823 所列污染物，根据环境影响评价文件及批复等相关环境管理的规定，确定具体监测指标。

[d] 适用于燃烧含氯有机废气的情况。

对于多个污染源或生产设备共用一个排气筒的，监测点位可布设在共用排气筒上。当执行不同排放控制要求的废气合并排气筒排放时，应在废气混合前进行监测；若监测点位只能布设在混合后的排气筒上，监测指标应涵盖所对应污染源或生产设备的监测指标，最低监测频次按照最严格的规定执行。

5.2.2 无组织废气排放监测

排污单位无组织废气排放监测点位设置应遵循 HJ 819 中的原则，其排放监测点位、监测指标及最低监测频次按照表 8 执行。

表 8 无组织废气排放监测点位、监测指标及最低监测频次

排污单位类型	监测点位	监测指标	监测频次
中药制造业	厂界	NMHC、臭气浓度、硫化氢[a]、氨[a]、特征污染物[b]	半年
	厂区内	NMHC[c]	半年
生物药品制品制造业	厂界	NMHC、臭气浓度、硫化氢[a]、氨[a]、特征污染物[b]	半年
	厂区内	NMHC[c]	半年

排污单位类型	监测点位	监测指标	监测频次
化学药品制剂制造业	厂界	NMHC、臭气浓度、硫化氢[a]、氨[a]、特征污染物[b]	半年
	厂区内	NMHC[c]	半年
注：应同步监测气象参数。			
[a] 适用于厂界内有污水处理装置的情况。 [b] 见 GB 14554、GB 37823 所列污染物，根据环境影响评价文件及批复等相关环境管理的规定，确定具体监测指标。 [c] 生态环境主管部门对厂区内 VOCs 无组织排放状况有监控要求的，应开展 NMHC 监测。			

5.3 厂界环境噪声监测

5.3.1 厂界环境噪声监测点位设置应遵循 HJ 819 中的原则，主要考虑表 9 噪声源在厂区内的分布情况和周边噪声敏感建筑物的位置。

5.3.2 厂界环境噪声每季度至少开展一次昼、夜间噪声监测，监测指标为等效连续 A 声级。夜间有频发、偶发噪声影响时，同时测量频发、偶发最大声级。夜间不生产的可不开展夜间噪声监测。周边有噪声敏感建筑物的，应提高监测频次。

表 9 厂界环境噪声监测布点应关注的主要噪声源

噪声源	主要设备
中药制造业排污单位生产车间及配套工程	筛药机、风选机、切药机、萃取设备、蒸发设备、蒸馏设备、干燥机械及设备、热交换设备、制水设备、各类制剂、分装包装设备等，以及鼓风机、空压机、水泵、真空泵、空调机组、冷却塔等辅助设备等
生物药品制品制造业排污单位生产车间及配套工程	发酵设备、离心设备、过滤设备、干燥机械及设备、制水设备、各类制剂、分装包装设备等，以及鼓风机、空压机、水泵、真空泵、空调机组、冷却塔等辅助设备等
化学药品制剂制造业排污单位生产车间及配套工程	粉碎机、筛分机械、混合机械、制粒机、干燥机械设备、冻干机械、整粒机、灌装机、灌封机、各类分装、包装设备、制水设备等，以及鼓风机、空压机、水泵、真空泵、空调机组、冷却塔等辅助设备等
各类医药制造业排污单位污水处理设施	污水提升泵、曝气设备、风机、污泥脱水设备等

5.4 周边环境质量影响监测

5.4.1 法律法规等有明确要求的，按要求开展周边环境质量影响监测。

5.4.2 无明确要求的，若排污单位认为有必要的，可根据实际情况参照表 10 对周边地表水、海水、地下水和土壤开展监测，监测点位可按照 HJ 2.3、HJ 91.2、HJ 442.8、HJ 610、HJ 164、HJ 964、HJ/T 166 中的相关规定设置。

表 10 周边环境质量影响监测指标及最低监测频次

排污单位类型	目标环境	监测指标	监测频次
中药制造业排污单位	地表水	pH 值、溶解氧、五日生化需氧量、化学需氧量、氨氮、总氮、总磷、汞、砷、氰化物等	季度
	海水	pH 值、溶解氧、悬浮物质、五日生化需氧量、化学需氧量、非离子氨、无机氮、活性磷酸盐、汞、砷、氰化物等	半年
	地下水	pH 值、汞、砷、氰化物等	年
	土壤	pH 值、汞、砷、氰化物等	年
生物药品制品制造业排污单位	地表水	pH 值、溶解氧、五日生化需氧量、化学需氧量、氨氮、总氮、总磷、挥发酚等	季度
	海水	pH 值、溶解氧、悬浮物质、五日生化需氧量、化学需氧量、非离子氨、无机氮、活性磷酸盐、挥发性酚等	半年
	地下水	pH 值、苯系物、挥发性酚类等	年
	土壤	pH 值、苯系物、各种酚类化合物等	年
化学药品制剂制造业排污单位	地表水	pH 值、溶解氧、五日生化需氧量、化学需氧量、氨氮、总氮、总磷等	季度
	海水	pH 值、溶解氧、悬浮物质、五日生化需氧量、化学需氧量、非离子氨、无机氮、活性磷酸盐等	半年

5.5 其他要求

5.5.1 除表 1～表 8 中的污染物指标外，5.5.1.1 和 5.5.1.2 中的污染物指标也应纳入监测指标范围，并参照表 1～表 8 和 HJ 819 确定监测频次。

5.5.1.1 排污许可证、所执行的污染物排放（控制）标准、环境影响评价文件及其批复［仅限 2015 年 1 月 1 日（含）后取得环境影响评价批复的排污单位］、相关生态环境管理规定明确要求的污染物指标。

5.5.1.2 排污单位根据生产过程的原辅用料、生产工艺、中间及最终产品类型、监测结果确定实际排放的，在有毒有害污染物名录或优先控制化学品名录中的污染物指标，或其他有毒污染物指标。

5.5.2 各指标的监测频次在满足本标准的基础上，可根据 HJ 819 中的确定原则提高监测频次。

5.5.3 重点排污单位依法依规应当安装使用自动监测设备，非重点排污单位不作强制性要求，相应点位、指标的监测频次参照本标准确定。

5.5.4 采样方法、监测分析方法、监测质量保证与质量控制等按照 HJ 819 执行。

5.5.5 监测方案的描述、变更按照 HJ 819 执行。

6 信息记录和报告

6.1 信息记录

6.1.1 监测信息记录

手工监测的记录和自动监测运维记录按照 HJ 819 执行。排污单位对自动监测数据的真实性、准确性负责，发现数据传输异常应当及时报告，并参照国家标准规范或自动监测数据异常标记规则执行。

6.1.2 生产和污染治理设施运行状况信息记录

6.1.2.1 一般规定

排污单位应详细记录其生产及污染治理设施运行状况，日常生产中应参照 6.1.2.2～6.1.2.6 内容记录相关信息，并整理成台账保存备查。

6.1.2.2 生产运行状况记录

按照中药、生物药品制品、化学药品制剂制造业的各类制药产品种类，记录各生产批次或周期以下相关信息：

a）原辅料用量，主要包括原料用量、各类溶剂用量、吸附剂用量、其他辅料用量等；

b）产品产量，产出率及物料平衡；

c）新鲜用水取水量、用水量、用电量等；

d）使用的主要生产设备、设施的操作使用记录等。

6.1.2.3 废水污染治理设施运行状况记录

按日记录污水处理量、回水用量、回用率、污水排放量、污泥产生量（按日或批次记录含水率）、污水处理使用的药剂名称及用量、鼓风机电量等；记录污水处理设施运行、故障及维护情况等。

6.1.2.4 废气污染治理设施运行状况记录

按更换批次记录废气处理使用的吸附剂、过滤材料等耗材的名称及用量；记录废气处理设施运行参数、故障及维护情况等。

6.1.2.5 溶剂使用及回收设备运行状况记录

按各产品生产批次或周期记录溶剂名称、使用量、回收量、补充量，以及溶剂回收设备能源、耗材使用量等。

6.1.2.6 噪声污染治理设施运行状况记录

记录噪声污染治理设施日常巡检、故障及维护或更换情况等。

6.1.3 工业固体废物记录

按照 HJ 1200 记录工业固体废物的相关信息，固体废物产生情况参见表 11。可能产生的危险废物按照《国家危险废物名录》或危险废物鉴别标准和鉴别方法认定。

表 11 工业固体废物产生情况

行业类型	废物种类
中药制造	中药生产过程中产生的废原材料、药材废渣、提取后药渣、废过滤介质
生物药品制品制造	利用生物技术生产生物化学药品、基因工程药物过程中产生的蒸馏及反应残余物
	利用生物技术生产生物化学药品、基因工程药物（不包括利用生物技术合成氨基酸、维生素、他汀类降脂药物、降糖类药物）过程中产生的废母液、反应基和培养基废物
	利用生物技术生产生物化学药品、基因工程药物（不包括利用生物技术合成氨基酸、维生素、他汀类降脂药物、降糖类药物）过程中产生的废脱色过滤介质
	利用生物技术生产生物化学药品、基因工程药物过程中产生的废吸附剂
	利用生物技术生产生物化学药品、基因工程药物过程中产生的废弃产品、原料药和中间体
化学药品制剂制造[a]	化学药品制剂生产过程中产生的废脱色过滤介质及吸附剂
	化学药品制剂生产过程中产生的废弃产品及原料药
中药制造 生物药品制品制造 化学药品制剂制造	研发、质检活动中产生的对人类或环境影响不明的化学物质废物，以及废试剂及样品、废实验器械及器皿、动物尸体和组织等实验废物
	重金属、抗生素提取、分离过程产生的废弃离子交换树脂，以及废水处理过程产生的废弃离子交换树脂、污泥
	生产、储运、销售及使用过程中产生的失效、变质、不合格、淘汰、伪劣的药品制品
	生产过程中产生的废有机溶剂与含有机溶剂废物
	生产过程中产生的除尘器粉污、药尘、废包装材料等其他固体废物

[a] 化学药品制剂制造中如涉及原料药提纯精制、再加工产生的蒸馏及反应残余物，应记录相关信息，具体物质种类或含量，经危险废物鉴别标准和鉴别方法或《国家危险废物名录》等规定认定为危险废物的，应纳入危险废物管理。

6.2 信息报告、应急报告及信息公开

信息报告、应急报告和信息公开按照 HJ 819 执行。

7 其他

排污单位应如实记录手工监测期间的工况（包括生产负荷、污染治理设施运行情况等），确保监测数据具有代表性。自动监测期间的工况标记，按照国家标准规范和相关行业工况标记规则执行。

本标准未规定的内容，按照 HJ 819 执行。